Ganz wichtig ist für dich Folgendes:

Dein neues Buch zeigt dir ganz unten auf den Seiten in grauer Schrift, was du unbedingt lernen musst. Das ist das **Grundwissen**.
Und du kannst sofort erkennen, was nur zur **Übung** dient. Auf diesen Übungsseiten gibt es oft Raumbeispiele und die Aufgaben.

Du musst immer lesen, was ganz unten auf der Seite steht.

Die Seiten zum **Grundwissen**:

Die fett gedruckten Wörter, die **Grundbegriffe**, sind wichtig. Die musst du lernen. Sie werden am Ende des Buches im Geo-Lexikon in alphabetischer Reihenfolge aufgelistet und noch einmal erklärt.

Die **Info-Kästen** geben dir interessante Informationen.

Grundwissen

Die Seiten zur **Übung**:

Diese Seiten enthalten interessante Beispiele, die dir das Lernen erleichtern.

Außerdem findest du hier die Arbeitsaufträge.

Aufgaben mit einem Pfeil ↷ sind etwas schwieriger zu lösen.

Übung

Übung macht den Meister. So heißt ein altes Sprichwort.

Und ganz am Ende eines jeden Hauptkapitels kannst du dich selbst testen.

Auf den Seiten **Gewusst – gekonnt** sollst du dich selbst testen.
Hier, am Ende des Kapitels, findest du Aufgaben:
- zum **Grundwissen** und den Fallbeispielen (**blau** umrandet),
- zu den **Methoden** (**gelb** umrandet),
- zur **Orientierung** (**grün** umrandet) und
- zum **Informationsaustausch** (**rot** umrandet).

Du kannst hier dein Wissen und deine Fertigkeiten überprüfen.

Übung   Übung

Online lernen

Durch Eingabe des Karten-Codes unter der Adresse www.diercke.de im Suche-Feld gelangst du auf die passende Doppelseite im Diercke Weltatlas (Ausgabe 2008). Die Karten-Codes findest du auf vielen Schulbuchseiten unten links oder rechts.

Auf www.diercke.de erhältst du Hinweise zu ergänzenden Karten, Informationen zur Karte sowie Zusatzmaterialien.

Seydlitz   **Diercke**

Geographie

Thüringen

7./8. Klasse

Moderator:
Peter Köhler, Eisenach

Autoren:
Tom Fleischhauer, Jena
Sarah Franz, Erfurt
Anette Gerlach, Bad Frankenhausen
Dr. Inga Gryl, Hamburg
Michael Gutberlet, Rudolstadt
Peter Köhler, Eisenach
Dr. Thomas Rößner, Erfurt

Titelbild:
Am Vulkan Ätna auf der Insel Sizilien (Italien)

Mit Beiträgen von:
J. Bauer, K. Bräuer, A. Bremm, H. Dimpfl,
W. Eckert-Schweins, W. Englert, H. Fiedler,
R. Frenzel, A. Gehrke, A. Hebel, T. Holtzhauer,
W. Latz, F.-P. Mager, F. Morgeneyer, J. Nebel,
N. Protze, M. Schmidt, A. Spiegler, I. Werb,
J. Wetzel

Ernst von Seydlitz-Kurzbach
(geb. in Tschöplau/Kreis Freystadt)
lebte von 1784 bis 1849.
Mit der Herausgabe des Lehrbuches „Leitfaden der Geographie" im Jahre 1824 begründete er das traditionsreiche Unterrichtswerk „Seydlitz". Ausführliche Informationen: www.schroedel.de/seydlitz-chronik.

Carl Diercke (geb. in Kyritz, Landkreis Ostprignitz/Preußen) lebte von 1842 bis 1913 und war Pädagoge und Kartograph. Von ihm stammt der bekannte Diercke-Schulatlas, der erstmals 1883 unter dem Namen „Schul-Atlas über alle Teile der Erde" erschien. Weitere Informationen:
www.diercke.de.

© 2014 Bildungshaus Schulbuchverlage
Westermann Schroedel Diesterweg Schöningh Winklers GmbH,
Georg-Westermann-Allee 66, 38104 Braunschweig
www.westermann.de

Das Werk und seine Teile sind urheberrechtlich geschützt. Jede Nutzung in anderen als den gesetzlich zugelassenen bzw. vertraglich zugestandenen Fällen bedarf der vorherigen schriftlichen Einwilligung des Verlages. Nähere Informationen zur vertraglich gestatteten Anzahl von Kopien finden Sie auf www.schulbuchkopie.de.

Für Verweise (Links) auf Internet-Adressen gilt folgender Haftungshinweis: Trotz sorgfältiger inhaltlicher Kontrolle wird die Haftung für die Inhalte der externen Seiten ausgeschlossen. Für den Inhalt dieser externen Seiten sind ausschließlich deren Betreiber verantwortlich. Sollten Sie daher auf kostenpflichtige, illegale oder anstößige Inhalte treffen, so bedauern wir dies ausdrücklich und bitten Sie, uns umgehend per E-Mail davon in Kenntnis zu setzen, damit beim Nachdruck der Verweis gelöscht wird.

Druck A^5 / Jahr 2022
Alle Drucke der Serie A sind inhaltlich unverändert.

Redaktion: Jens Gläser
Satz: Ines Nové, Leipzig
Umschlaggestaltung: Thomas Schröder
Layout: Artbox Grafik & Satz GmbH, Bremen
Druck und Bindung: Westermann Druck GmbH,
Georg-Westermann-Allee 66, 38104 Braunschweig

ISBN (Schroedel) 978-3-507-**52951**-9
ISBN (Westermann) 978-3-14-**151161**-1

Inhaltsverzeichnis

Die unterschiedlichen Aufgaben in deinem Geographiebuch 6

1. Die Erde als Naturraum 8
Der Schalenbau der Erde 10
Platten und Plattenbewegung 12
Die Vorgänge an den Riftzonen – ein Ozean entsteht 14
Die Vorgänge an den Subduktionszonen – ein Ozean verschwindet 16
Zwei Kontinentplatten treffen aufeinander – der Himalaya entsteht 18
Die Entstehung der Bruchschollengebirge in Mitteleuropa 20
Vulkanismus und Erdbeben 22
Tsunami – Riesenwelle nach einem Seebeben 24
Methode: Experimente zur Plattentektonik 26
Methode: Arbeit mit der erdgeschichtlichen Zeittafel 28
Was beeinflusst unser Klima? 30
Klimafaktoren: Land-Wasser-Verteilung und Meeresströmungen 32
Klimafaktor: Höhenlage – die Höhenstufen der Vegetation 34
Orientierung: Die Beleuchtungszonen der Erde 36
Orientierung: Klimazonen der Erde 38
Methode: Klimakarten auswerten 40
Der tropische Passatkreislauf 42
Der tropische Monsun 44
Methode: Zeichnen eines Profils 46
Orientierung: Die Vegetation der Erde 48
Orientierung: Vegetationszonen der Erde 50
Vegetationszonen: Fallbeispiel Wüsten und Halbwüsten 52
Vegetationszonen: Fallbeispiel Savannen 54
Vegetationszonen: Fallbeispiel tropischer Regenwald 56
Gewusst – gekonnt: Die Erde als Naturraum 58

2. Tourismus und Freizeit 60
Das Modell der Wirtschaftssektoren 62
Wohin geht die Reise? 64
Das Konzept des nachhaltigen Tourismus: Beispiel Osterinsel 66
Methode: Pro-und-Kontra-Diskussion 67
Reisen früher und heute – die Entwicklung des Verkehrs 68
Deutschland macht Urlaub 70
Der Pauschaltourismus – alles in einem Angebot? 72
Tourismus am Roten Meer – die Beispiele Eilat und Sharm el Sheikh 74
Mit Rad und Rucksack durch die Welt 76
Der Event-Tourismus 78
Musical – ein Beispiel für Event-Tourismus? 80
Freizeitpark – eine andere Art der Freizeitgestaltung 81
Alles inszeniert – na und? 82
Wie frei ist meine Freizeit? 84
Free Time 2.0 – Leben im virtuellen Raum 86
Gewusst – gekonnt: Tourismus und Freizeit 88

Inhaltsverzeichnis

3. Landwirtschaft und Ernährungssicherung 90
Die Landwirtschaft sichert unsere Ernährung 92
Orientierung: Landwirtschaftszonen der Erde 94
Landwirtschaft im Regenwald 96
Die Nutzung des tropischen Regenwaldes 98
Plantagenwirtschaft in den Tropen 100
Land Grabbing – geraubtes Land? 102
Methode: Quellentexte auswerten 103
Die Sahelzone – Landwirtschaft in den wechselfeuchten Tropen 104
Der Mensch verändert die Sahelzone 106
Methode: Wirkungsgefüge – Beispiele zur Lösung der Probleme im Sahel 108
Lösungen für die Probleme des Sahel? 110
Methode: Satellitenbilder beschreiben und auswerten 112
Oasen in der Wüste – Landwirtschaft in den trockenen Tropen 114
Landwirtschaft in den Subtropen 116
Die Entwicklung der Landwirtschaft in armen Ländern 118
Mehr Nahrungsmittel durch das Entwicklungsprogamm „Grüne Revolution" 120
Nahrungsmittel – ein wertvolles Gut 122
Weltweite Ernährungstrends – Fallbeispiel McDonald´s 124
Coca-Cola – ein Getränk erobert die Welt 126
Gewusst – gekonnt: Landwirtschaft und Ernährungssicherung 128

4. Energetische Ressourcen 130
Die Energieressourcen im Überblick 132
Erdöl – Entstehung und Verwendung 134
Förderung und Transport von Erdöl 136
Erdöl – Schmiermittel der Weltwirtschaft 138
Methode: Fragegeleitete Raumanalyse – Raumbeispiel Dubai 140
Fragegeleitete Raumanalyse – Raumbeispiel Nigeria 144
Kohlegewinnung in China 146
Umweltbelastungen durch Kohlenutzung in China 148
Palmöl – Energie aus dem tropischen Regenwald 150
Energieversorgung – Beispiel: Europäisches Energieverbundnetz 152
Reichweite und Potenzial der Energieträger 154
Gewusst – gekonnt: Energetische Ressourcen 156

5. Die Entwicklung der Weltbevölkerung 158
Sieben Milliarden Menschen auf der Erde und kein Ende in Sicht? 160
Ursachen des explosionsartigen Bevölkerungswachstums 162
Methode: Bevölkerungsdiagramme auswerten 164
Raumbeispiel Indien – ein Land mit mehr als 1,2 Milliarden Menschen 166
Raumbeispiel China – die Einkindpolitik 168
Raumbeispiel Deutschland – Achtung, die Bevölkerung schrumpft! 170
Methode: Erstellen von Bevölkerungsdiagrammen mit Microsoft Excel 2010 ... 172

Inhaltsverzeichnis

Methode: Statistiken kritisch hinterfragen	174
Aids – eine Gefahr für die Menschheit	176
Menschen verlassen ihre Heimat	178
Ursachen und Folgen von Migration: das Beispiel des Senegal	180
In der neuen Heimat	182
Gewusst – gekonnt: Die Entwicklung der Weltbevölkerung	184

6. Gesteine – ihre Entstehung, Nutzung und Zerstörung ... 186

Kreislauf und Entstehung der Gesteine	188
Verwitterung von Gesteinen	190
Verwitterung am Kölner Dom	192
Die Nutzung von Gesteinen	194
Methode: Wir bestimmen Gesteine	196
Formung der Landschaften durch Eis	198
Land- und Forstwirtschaft auf den Sedimenten der Eiszeit	200
Formung der Landschaft durch Flüsse	202
Beispiel Oberrhein – die Gewässer sind unter Kontrolle?	204
Formung der Landschaft durch den Wind	206
Das Beispiel der Wanderdünen auf Jütland – wenn Sand sich in Bewegung setzt	208
Methode: Präsentationen durchführen	210
Gewusst – gekonnt: Gesteine – ihre Entstehung, Nutzung und Zerstörung	212

Anhang ... 214

Ausgewählte Arbeitsmethoden – kurz und knapp	214
Geo-Lexikon	216

Zum schnellen Finden

Methoden:

Experimente zur Plattentektonik	26
Arbeit mit der erdgeschichtlichen Zeittafel	28
Klimakarten auswerten	40
Zeichnen eines Profils	46
Pro-und-Kontra-Diskussion	67
Quellentexte auswerten	103
Wirkungsgefüge – Beispiele zur Lösung der Probleme im Sahel	108
Satellitenbilder beschreiben und auswerten	112
Fragegeleitete Raumanalyse – Raumbeispiel Dubai	140
Bevölkerungsdiagramme auswerten	164
Erstellen von Bevölkerungsdiagrammen mit Microsoft Excel 2010	166
Statistiken kritisch hinterfragen	170
Wir bestimmen Gesteine	196
Präsentationen durchführen	210

Die unterschiedlichen Aufgaben in deinem Geographiebuch

Dein Geographiebuch möchte dir das Lernen im Geographieunterricht erleichtern.

Deshalb gibt es im **Seydlitz / Diercke** immer Aufgaben, die mit einem bestimmten Arbeitsauftrag eingeleitet werden. Damit du genau weißt, was du zu tun hast, werden dir die Arbeitsaufträge auf diesen Seiten nochmals „übersetzt".

Arbeitsaufträge gibt es zu vier unterschiedlichen Bereichen:
1. etwas ausführen,
2. etwas wiedergeben,
3. etwas erklären und anwenden,
4. über etwas urteilen und es bewerten.

Und jetzt viel Spaß beim Lösen der Aufgaben!

Wir führen etwas aus:

Zeichnen bedeutet, eine Skizze, eine Grafik usw. ansprechend aufzumalen.

Berechnen bedeutet, eine Gleichung möglichst begründet und richtig zu lösen.

Befragen bedeutet, dass du dir Informationen zu einem bestimmten Thema von anderen Menschen einholst.

Beobachten bedeutet, auf bestimmte Ereignisse oder Abläufe zu achten.

Messen bedeutet, sich mithilfe von Arbeitswerkzeugen (z. B. Lineal) Daten zu besorgen.

Ergänzen bedeutet, etwas (z. B. einen Lückentext) korrekt zu vervollständigen.

Erstellen bedeutet, etwas (z. B. ein Diagramm) anzufertigen.

Sich informieren, ermitteln, recherchieren und finden bedeutet, etwas Unbekanntes/Verstecktes (z. B. mit dem Internet) zu entdecken.

Wir geben etwas wieder:

Räumlich einordnen bedeutet, die Lage eines Ortes in einem Raum festzustellen.

Nennen und **benennen** bedeutet, etwas ohne Erklärung aufzuzählen. Du kannst zum Beispiel die Länder Asiens nennen.

Wiedergeben und **zusammenfassen** bedeutet, etwas in kürzerer Form zu wiederholen. Du kannst zum Beispiel die Auswirkungen und Merkmale von Naturkatastrophen auf der Erde zusammenfassen.

Darstellen und **darlegen** bedeutet, etwas genau und mit den richtigen Worten wiederzugeben.

Beschreiben bedeutet, etwas mithilfe der Materialien darzulegen. Du kannst zum Beispiel die Niederschlagsverteilung in Bombay über das Jahr beschreiben.

Gliedern bedeutet, einen Raum oder eine Thematik nach bestimmten Merkmalen aufzuteilen.

Arbeitsaufträge im Seydlitz/Diercke

etwas ausführen
- zeichnen
- berechnen
- befragen
- beobachten
- messen
- ergänzen
- erstellen
- sich informieren/ ermitteln/ recherchieren/ finden

etwas wiedergeben
- räumlich einordnen
- nennen/benennen
- wiedergeben/ zusammenfassen
- darstellen/darlegen
- bescheiben
- gliedern

etwas erklären und anwenden
- ein- und zuordnen
- vergleichen
- analysieren
- charakterisieren
- erklären
- erläutern

über etwas urteilen und es bewerten
- begründen
- beurteilen
- bewerten/ Stellung nehmen
- entwickeln
- überprüfen
- erörtern
- diskutieren/ besprechen

M1 *Die Arbeitsaufträge im Seydlitz/Diercke Thüringen 7/8*

Wir erklären etwas und wenden es auf andere Dinge an:

Ein- und Zuordnen bedeutet, die Informationen aus Materialien zu bestimmten Themen zusammenzustellen. Danach müssen sie in einen Zusammenhang gebracht werden. Am Schluss stehen sie in einer Abfolge.

Vergleichen bedeutet, verschiedene Dinge gegenüberzustellen. Du kannst Unterschiede und Gemeinsamkeiten erkennen.

Analysieren bedeutet, etwas nach bekannten Ordnungsmerkmalen zu untersuchen und aufzugliedern.

Charakterisieren bedeutet, einen Sachverhalt in seinen Eigenarten zu beschreiben und typische Merkmale zu kennzeichnen.

Erklären bedeutet, einen Sachverhalt so darzustellen, dass Bedingungen, Ursachen und Gesetzmäßigkeiten klar werden.

Erläutern bedeutet, etwas so zu beschreiben, dass die vielen Beziehungen klar werden.

Wir urteilen über etwas und äußern unsere Meinung:

Begründen bedeutet, die oft gestellte Frage „Warum ist das so?" zu beantworten.

Beurteilen bedeutet, etwas zu überprüfen, ohne seine Meinung dazu zu äußern.

Bewerten, Stellung nehmen bedeutet, etwas zu beurteilen und seine Meinung zu äußern.

Entwickeln bedeutet, Materialien miteinander zu verbinden. Danach kannst du erkennen, wie etwas zukünftig sein könnte.

Überprüfen heißt, verschiedene Ansichten zu vergleichen und deren Richtigkeit zu prüfen.

Erörtern bedeutet, etwas genau und von vielen Positionen aus zu betrachten. Das Ziel ist am Ende eine Einschätzung der Lage.

Diskutieren und besprechen bedeutet, in einer Gemeinschaft (z.B. Klasse) unterschiedliche Aussagen zusammenzutragen, diese zu überprüfen, zu bereden und zu bewerten.

Die Erde als Naturraum

Ostafrikanischer Grabenbruch (Kenia)

M1 „Blick" ins Erdinnere: Ausbruch des Vesuv (Italien)

Der Schalenbau der Erde

Beobachtungen an aktiven Vulkanen sind eine der wenigen Möglichkeiten für Geologen (= Gesteinskundler), Kenntnisse direkt über das Erdinnere zu gewinnen (M1).

Der Mittelpunkt der Erde liegt 6371 Kilometer von der Erdoberfläche entfernt. Bisher konnten Wissenschaftler mit Bohrungen aber nur bis in etwa zwölf Kilometer Tiefe vordringen (vgl. Info). Dennoch gibt es recht genaue Vorstellungen vom Aufbau der Erde. Sie wurden aus den Untersuchungen mit **Erdbebenwellen** gewonnen. Diese seismischen Wellen breiten sich vom Entstehungsort durch den Erdkörper aus. Sie können noch in weit entfernten Gebieten gemessen werden. Die Forscher entdeckten, dass die Erdbebenwellen sich in bestimmten Tiefen verlangsamten oder ihre Geschwindigkeit anstieg. Zum Teil wurden sie auch „geschluckt". Die Ursache dafür liegt in der veränderten Dichte des dort liegenden Gesteins. Manchmal ändern sich auch der **Aggregatzustand** (z. B. von fest zu flüssig) oder die stoffliche Zusammensetzung.

So entdeckten die Wissenschaftler den Schalenbau der Erde (M2): In der Mitte der Erde befindet sich der **Erdkern**. Er wird durch die Wiechert-Gutenberg-Grenze vom darüberliegenden **Erdmantel** abgegrenzt. Den größten Teil des Erdkörpers nimmt der Erdmantel ein. Sein festes Material wird langsam umgewälzt. Durch diese **Mantelkonvektion** wird Energie aus dem Inneren der Erde nach außen transportiert.

Im oberen Mantel liegt eine Zone mit verformbarem Gestein, die **Asthenosphäre**. Darüber liegt die **Lithosphäre**. Sie umfasst den obersten, festen Teil des Erdmantels und die **Erdkruste**. Erdkruste und Erdmantel werden durch die **Moho-Grenze** voneinander getrennt.

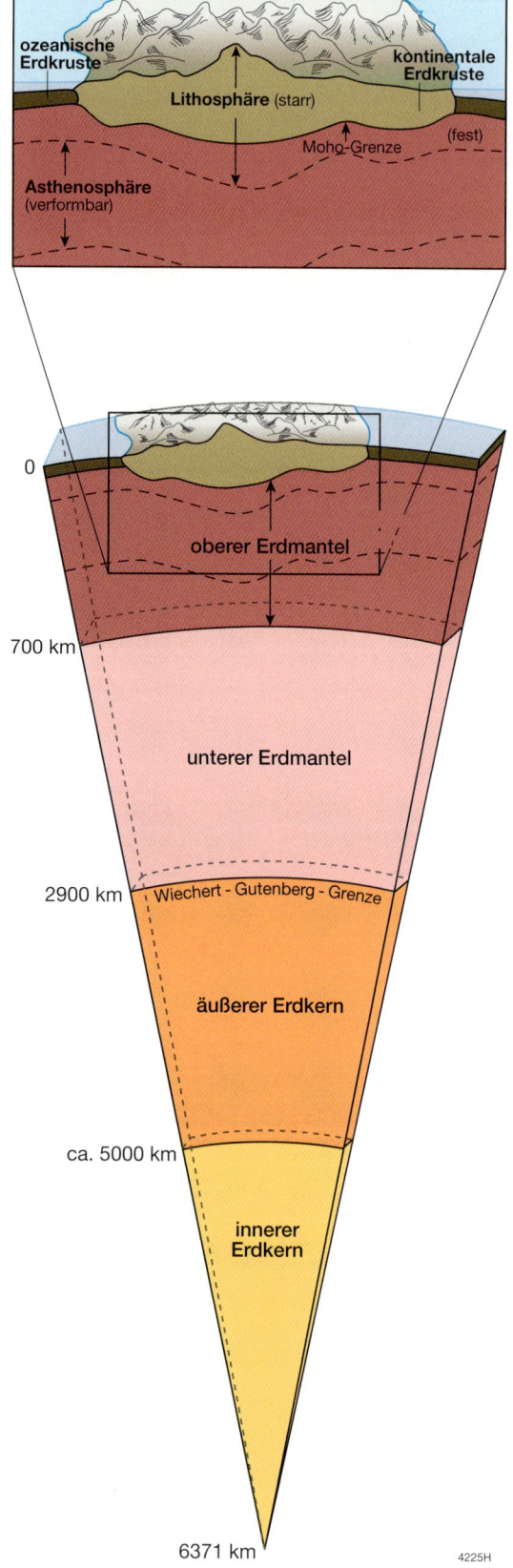

M2 Der Schalenbau der Erde

Erdkruste

- besteht aus festen Gesteinen
- Temperatur steigt bis auf 700 °C
- Erdkruste und oberster Teil des Erdmantels in Platten gegliedert (=Lithosphäreplatten)

a) ozeanische Kruste
- bildet den Untergrund der Ozeane
- ist etwa 5–10 Kilometer dick
- besteht oft aus Basalt, einem vulkanischen Gestein mit hoher Dichte

b) kontinentale Kruste
- bildet die Kontinente und den Untergrund flacher Meere an den Kontinenträndern
- ist durchschnittlich 25 Kilometer, maximal 70 Kilometer dick
- besteht aus Gesteinen geringerer Dichte, zum Beispiel Granit

oberer Erdmantel

- reicht bis in 700 Kilometer Tiefe
- Temperatur steigt auf etwa 1300 °C
- die Gesteine sind bis etwa 100 Kilometer Tiefe fest und bilden gemeinsam mit der Erdkruste die Lithosphäre – die Gesteinshülle der Erde
- unter der Lithosphäre: Asthenosphäre (gr.: asthenos = weich), Gesteine verformen sich

unterer Erdmantel

- reicht bis in etwa 2900 Kilometer Tiefe
- Temperatur steigt auf etwa 3000 °C
- Gesteine besitzen hohen Anteil von Eisen und sind fest, können verformt werden
- der untere Mantel wird vom Erdkern erwärmt, dadurch steigt heißes Material auf

äußerer Erdkern

- reicht bis in etwa 5000 Kilometer Tiefe
- Temperatur steigt auf etwa 5000 °C
- besteht aus Eisen und Schwefel
- an seiner Obergrenze verlangsamen sich die Erdbebenwellen stark; deshalb nehmen die Forscher an, dass er flüssig ist
- es finden Umwälzungsprozesse statt, die vermutlich eine Ursache des Magnetfeldes der Erde sind

innerer Erdkern

- besteht aus Nickel und Eisen
- die Temperaturen steigen auf etwa 6000 °C
- er ist fest, weil der extrem hohe Druck das Schmelzen verhindert

---

❶ Obwohl die Geologen nur einen kleinen Teil des Erdinneren direkt beobachten können, wissen sie schon viel über das Innere unseres Planeten.
a) Beschreibe die Veränderungen der Temperatur und des Drucks mit zunehmender Tiefe (M2).
b) Zeichne eine Skizze des Erdaufbaus und ergänze die Namen der Schalen des Erdkörpers und ihre Grenzen (M2).
c) Erläutere die Merkmale der Schalen (M2, Text).

❷ Erkläre die Bedeutung der Erdbebenwellen für die Erforschung des Erdinneren (Text).

❸ Die Grenzen zwischen den Schalen werden auch Diskontinuitätsflächen genannt.
Erkläre den Begriff mithilfe eines Fremdwörterbuchs oder des Internets.

INFO

Die tiefste Bohrung in die Erde

Auf der Halbinsel Kola, im Nordwesten Russlands, bohrten Wissenschaftler 1989 12,26 km in die Tiefe. Doch diese Bohrung konnte nicht die Erdkruste durchdringen.

Die Erde als Naturraum

Grundwissen/Übung

M1 *Die San-Andreas-Transformstörung (USA)*

M2 *Zaun an der San-Andreas-Transformstörung*

Platten und Plattenbewegung

Die Lithosphäre der Erde gliedert sich in viele Teilstücke – die Lithosphäreplatten. Diese Platten sind unterschiedlich groß und bewegen sich nahezu waagerecht mit einer Geschwindigkeit, die etwa der des Wachstums eines Fingernagels entspricht. Über Jahrmillionen genügte dieses Tempo aber, um die Lage der Kontinente zueinander komplett zu verändern und neue Ozeane oder hohe Gebirge entstehen zu lassen.

Auch wenn viele Platten die Namen von Kontinenten oder Ozeanen tragen, sind sie nicht mit diesen identisch. Meistens bestehen Platten sowohl aus großen Bereichen **ozeanischer** als auch **kontinentaler Erdkruste**. Ein Beispiel dafür ist die Afrikanische Platte (M4).

Die Plattengrenzen sind die aktivsten Stellen der Lithosphäre. Sie lassen sich in drei Typen einteilen (M3). Die Vorgänge im Zusammenhang mit den Bewegungen der Lithosphäreplatten nennt man **Plattentektonik**.

Welche Antriebskräfte bewegen aber die Platten? Dies ist noch nicht abschließend geklärt. Als wichtigste Ursache galt der Umwälzungsprozess im Erdmantel – die Mantelkonvektion (vgl. S. 10/11). Heute geht man davon aus, dass auch das Abtauchen erkalteter ozeanischer Erdkruste in den Erdmantel – der Plattenzug – von Bedeutung ist (M5). Zudem drückt die neu gebildete Erdkruste von den **Mittelozeanischen Rücken** – der Rückendruck. An den **Subduktionszonen** entsteht ein Rinnensog. Dadurch wird die nicht subduzierte Platte in Richtung Subduktionszone gezogen.

	Riftzone	**Subduktionszone**	**Transformstörung**
Bewegung der Platten	← → (driften auseinander)	→ ← (driften aufeinander zu)	⇆ (driften aneinander vorbei)
Entwicklung der Lithosphäre	Neubildung	Abbau	Erhaltung
Lage (vgl. S. 14–19)	Grabenbrüche, Mittelozeanische Rücken	Faltengebirge, Tiefseerinnen	Querbrüche, an Rift- / Subduktionszonen

M3 *Die Vorgänge an den Plattengrenzen*

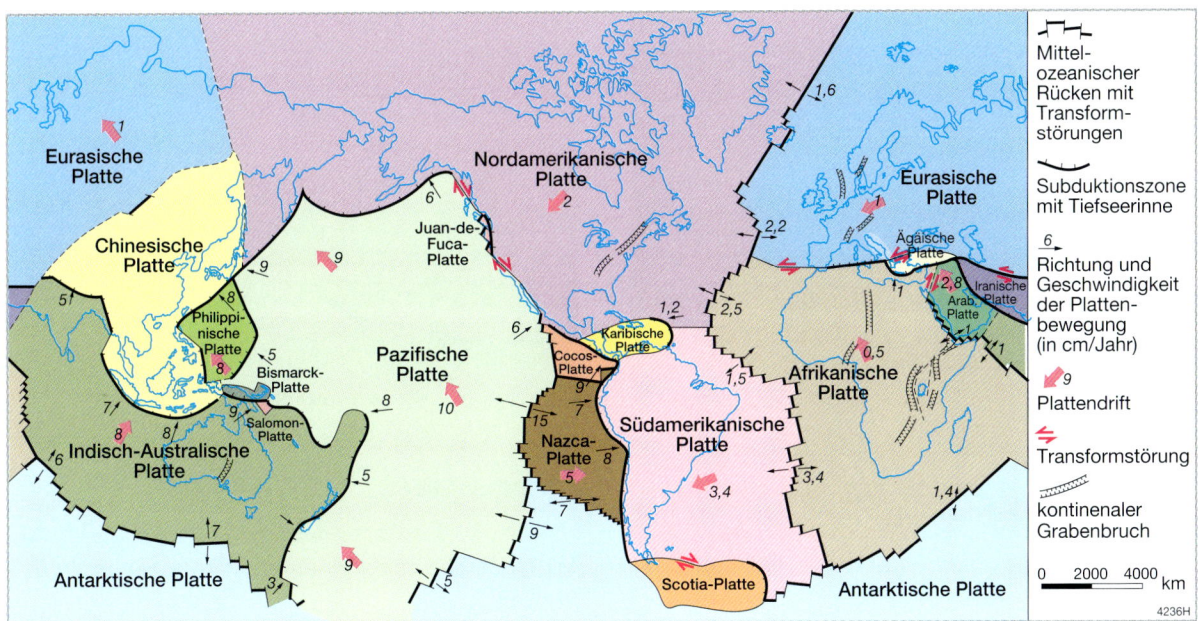

M4 „Plattenpuzzle" der Erde

1 Die Lithosphäre ist in viele Platten unterteilt.
a) Erkläre den Begriff Lithosphäreplatte.
b) Nenne Platten, die nur aus ozeanischer Erdkruste bestehen (Atlas).
c) Nenne Lithosphäreplatten, die Anteil am Atlantischen Ozean haben.

2 Plattenbewegung verändert ständig das äußere Bild der Erde.
a) Erläutere M1 und M2.
b) Erkläre die Begriffe Riftzone und Subduktionszone (M3, M5).
c) Nenne Beispiele von Riftzonen und Subduktionszonen im Pazifischen Ozean (M4, Atlas).
d) Beschreibe die Lage der Rift- und Subduktionszonen (M4).
e) Erläutere die Ursachen der Plattenbewegung (Text, M5).
f) Berechne, wie viel kürzer als heute der Weg nach Amerika war, den Kolumbus 1492 zurücklegte (M4).

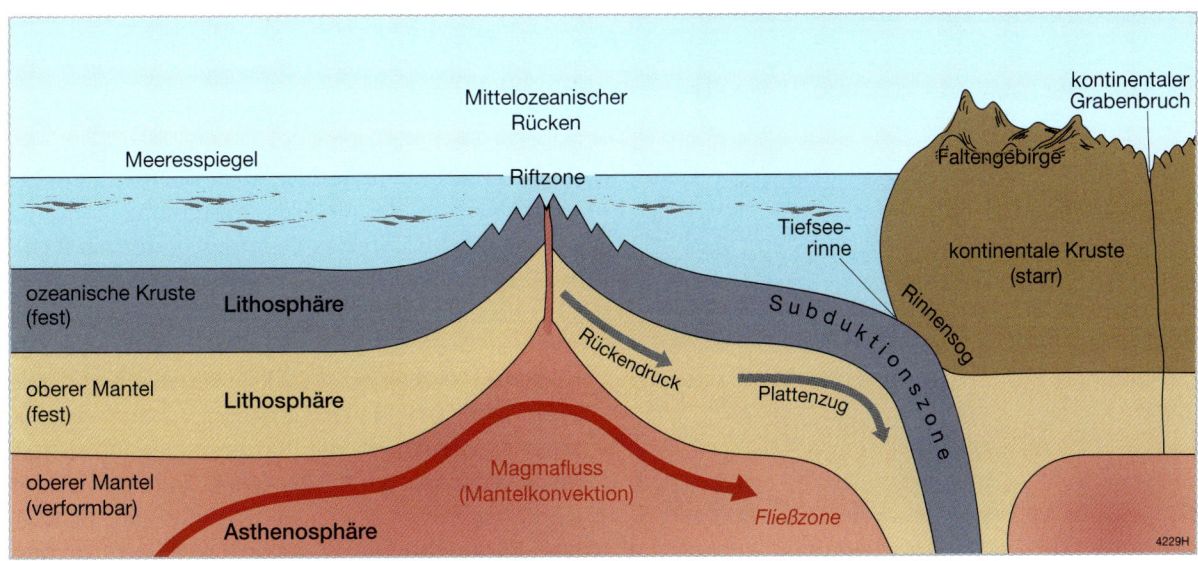

M5 Antriebskräfte der Plattenbewegung

Grundwissen / Übung

M1 *Der Mittelatlantische Rücken auf Island*

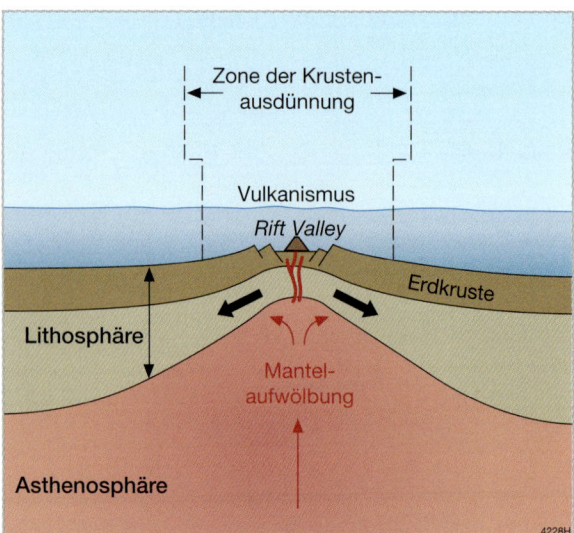

M2 *Querschnitt durch einen Mittelozeanischen Rücken*

Die Vorgänge an den Riftzonen – ein Ozean entsteht

Ein Ozean entsteht

Wenn ein Zeitreisender die Erde vor 300 Millionen Jahren aus dem Weltall sehen könnte, würde er sie nicht wiedererkennen. Kontinente und Ozeane hätten eine völlig andere Form und Lage. Das liegt darin begründet, dass durch die Plattenbewegung die Lage der Kontinente verändert wurde und neue Ozeane entstanden.

Wenn sich unter einem Kontinent ein besonders heißer Bereich des Erdmantels befindet, dehnt sich das Mantelmaterial aus und hebt die Gesteine an. Die Gesteinshülle wird gedehnt. Ein **kontinentaler Grabenbruch** und damit eine neue auseinanderdriftende Plattengrenze entsteht.

Durch diese Plattenbewegung wird der Grabenbruch immer breiter und tiefer, bis er schließlich vom Meer überflutet wird. Am Grund des Meeres wird durch Vulkanismus ständig neue ozeanische Kruste gebildet. Das Meer weitet sich zu einem Ozean aus. Der Kontinent ist zerfallen.

Die Mittelozeanischen Rücken

Meist in der Mitte der Ozeane liegen 2000 bis 3000 Meter hohe Gebirge – die Mittelozeanischen Rücken (M2). Sie bilden ein etwa 60 000 Kilometer langes System, das die Erde umspannt.

Die Scheitelregion des Gebirges bildet ein etwa 1000 Meter tiefes und 2 bis 10 Kilometer breites Tal – das Rift Valley. Hier befindet sich das Gebiet mit der größten Erdbebenhäufigkeit und der höchsten vulkanischen Aktivität der Erde. Die etwa 1200 °C heiße Lava erstarrt zu neuer ozeanischer Kruste. Durch die Plattenbewegung driftet diese langsam vom Rücken weg. Dadurch besteht der Ozeanboden aus Gesteinsstreifen, die parallel zum Rücken angeordnet sind. Deren Alter nimmt mit wachsender Entfernung vom Rücken zu.

M3 *Nördlicher Teil des Mittelatlantischen Rückens – ein Mittelozeanischer Rücken*

M4 Black Smoker (=heiße Quellen in der Tiefsee)

Ozean bzw. Teil eines Ozeans	Vorgang	Rate (cm pro Jahr)	beteiligte Platten
Atlantik (Norden)	Ozeanöffnung	2	?
Atlantik (Süden)	Ozeanöffnung	3	?
Indik	Ozeanschließung	2	?
Pazifik (Südwesten)	Ozeanschließung	8	?
Pazifik (Südosten)	Ozeanöffnung	15	?
Pazifik (Süden)	Ozeanöffnung	9	?

M5 Öffnungs- und Schließungsraten von Ozeanen bzw. Ozeanteilen

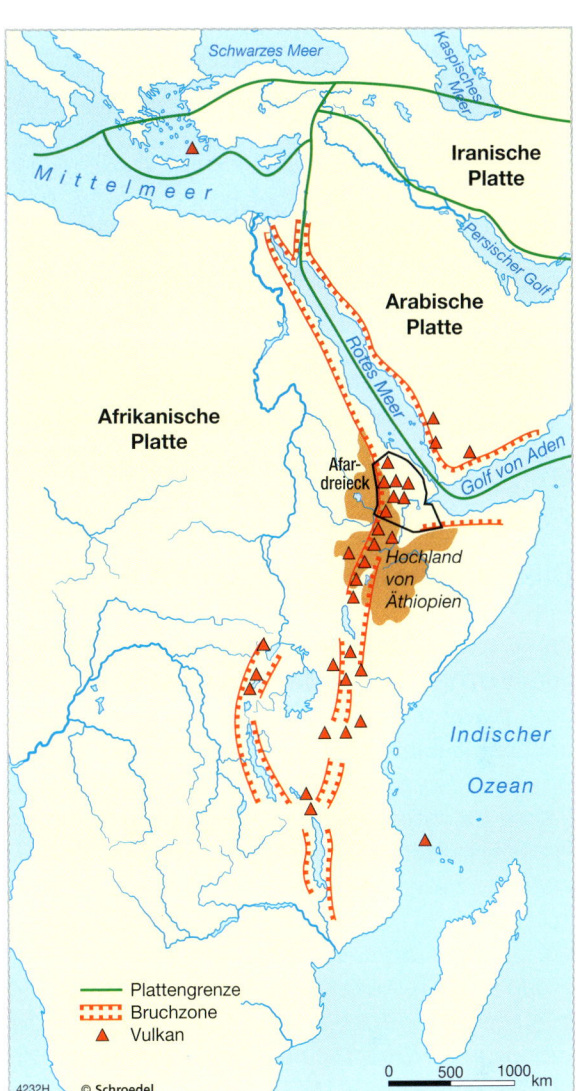

M6 Grabenbruchsystem in Afrika und Westasien

❶ In der Erdgeschichte entstanden immer wieder neue Ozeane.
a) Erkläre an der Afrikanischen Platte die ersten Etappen der Ozeanentstehung (M6, M7).
b) Nenne Beispiele für Grabenbrüche auf Kontinenten (Atlas).

❷ Mittelozeanische Rücken – Riftzonen am Meeresboden.
a) Beschreibe Merkmale der Mittelozeanischen Rücken (Text, M1–M4).
b) Nenne für jeden Ozean ein Beispiel eines Mittelozeanischen Rückens.
c) Ein Isländer behauptet: „Unser Land wird immer größer." Überprüfe die Aussage (M1–M3, S. 13 M4).

❸ Ozeane öffnen und schließen sich. Übernimm die Tabelle M5 in dein Heft und ergänze die beteiligten Lithosphäreplatten (S. 13 M4, Atlas).

Im Osten Afrikas und an der Grenze zu Asien lässt sich der beginnende Zerfall einer Lithosphäreplatte beobachten (M6). In Ostafrika sind zwei Grabenbrüche mit heftigem Vulkanismus zu erkennen – der Ostafrikanische und der Zentralafrikanische Grabenbruch. Beide Grabenbrüche gehören zum Ostafrikanischen Grabenbruchsystem. Das Hochland von Äthiopien ist die Folge des Vulkanismus. Besonders gut lässt sich der Prozess im Afardreieck (Äthiopien, Eritrea, Dschibuti) beobachten. Im Roten Meer und dem Golf von Aden ist er sogar schon vorangeschritten. Dort hat sich die Arabische von der Afrikanischen Platte getrennt. Ein neuer Ozeans entsteht.

M7 Das Ostafrikanische Grabenbruchsystem

Grundwissen/Übung

Lange Zeit wussten die Menschen sehr wenig über die Tiefsee. Der hohe Wasserdruck verhinderte direkte Beobachtungen. Mit speziellen Tiefseetauchbooten kann man aber heute selbst zu den tiefsten Stellen der Meere, in die Tiefseerinnen, vorstoßen.

Die tiefste Tiefseerinne ist im Pazifik, östlich der Philippinen, der Marianengraben. Dieser erreicht an seiner tiefsten Stelle 11 034 Meter unter dem Meeresspiegel.

1960 erforschten als erste Menschen der Schweizer Jacques Piccard und der US-Amerikaner Don Walsh diesen Teil des Meeres. Sie tauchten mit ihrem Tauchboot „Trieste" auf 10 916 Meter unter den Meeresspiegel.

M1 *Erkundung der Tiefsee*

Die Vorgänge an den Subduktionszonen – ein Ozean verschwindet

Wenn an den Mittelozeanischen Rücken ständig neue Kruste gebildet wird, müsste die Erde immer größer werden. Das ist jedoch nicht so, weil in anderen Gebieten Kruste abgebaut wird. Diesen Vorgang bezeichnet man als **Subduktion** (lat.: sub = unter, ducere = schieben). Sie findet an Plattengrenzen statt, an denen die Platten aufeinander zudriften.

Von Subduktion ist aber fast ausschließlich ozeanische Kruste betroffen. Kontinentale Kruste kann wegen ihrer geringeren Dichte nicht subduzieren. Eine der beiden Platten taucht an der Plattengrenze in den Erdmantel ab (M3). Der Bereich, in dem die eine Platte unter die andere abtaucht, wird Subduktionszone genannt. In den Ozeanen entsteht eine **Tiefseerinne**.

Die absinkende Kruste enthält Wasser. Dadurch wird die Schmelztemperatur des Gesteins gesenkt. Das in den Erdmantel tauchende Gestein schmilzt teilweise im wärmeren Erdmantel. Auf der Lithosphäreplatte darüber bilden sich Vulkane. Viele dieser Vulkane sind im **„Pazifischen Feuergürtel"** zu finden. Der Gürtel erstreckt sich rings um den Pazifischen Ozean.

Ist eine der Platten aus kontinentaler Kruste aufgebaut, wird diese gestaucht. Es entsteht ein Gebirge, wie zum Beispiel die Anden (M3). Treffen sogar zwei Kontinentmassen aufeinander, entstehen besonders mächtige Gebirge wie der Himalaya (vgl. S. 18/19).

Durch Subduktion kann mit der Zeit sogar ein ganzer Ozean „verschwinden".

M2 *Die Anden: Gebirgsbildung und Vulkanismus – sichtbare Zeichen der Subduktion*

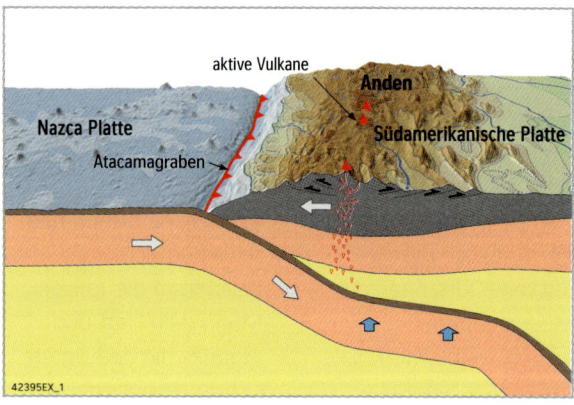

M3 *Subduktion an der Südamerikanischen Platte*

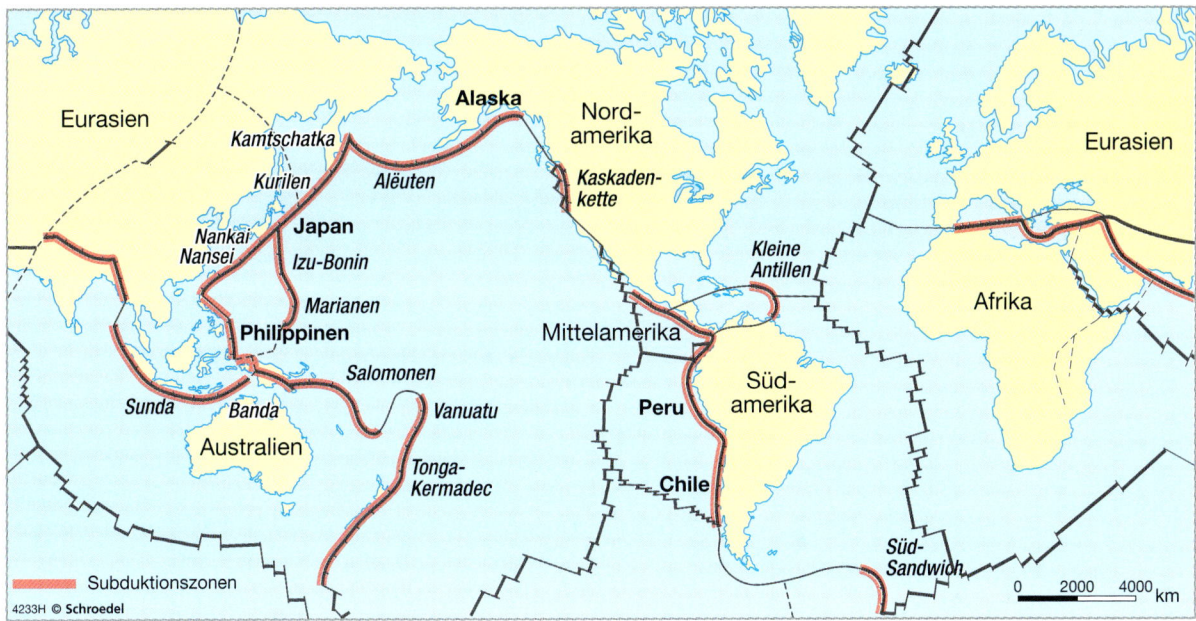

M4 *Die Lage der Subduktionszonen*

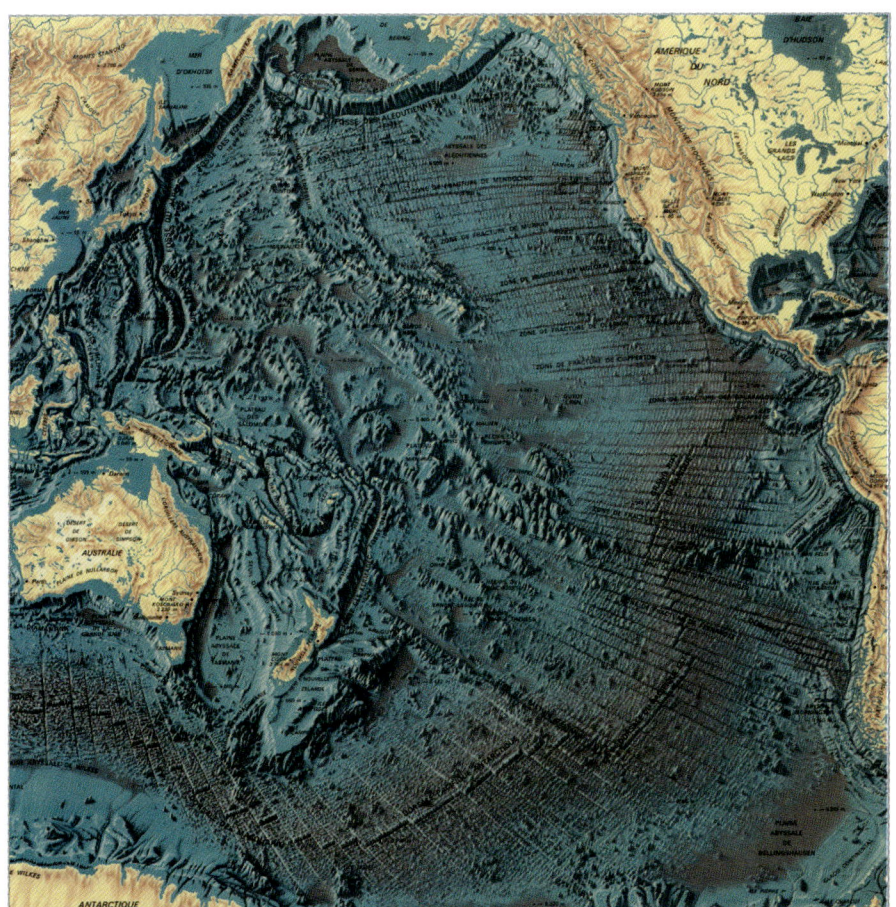

M5 *Meeresbodenrelief des Pazifischen Ozeans*

❶ „Wenn an einigen Stellen der Erde neue Erdkruste entsteht, muss diese woanders wieder abgebaut werden." Erläutere diese Aussage.

❷ Subduktion ist die Ursache einiger Erscheinungen auf der Erde.
a) Erkläre den Begriff Subduktion.
b) Erkläre, was Subduktion mit Tiefseerinnen zu tun hat.
c) Nenne Beispiele für Tiefseerinnen in verschiedenen Ozeanen.
d) Erkläre die Häufigkeit von Vulkanen um den Pazifik (Text, M4, M5).
e) Gliedere die Subduktionszonen in drei Gruppen (Text).

❸ Erkläre, warum sehr alte Gesteine nur in Kontinenten auftreten.

Grundwissen / Übung

M1 *Profil im östlichen Himalaya*

Zwei Kontinentplatten treffen aufeinander – der Himalaya entsteht

Vor etwa 250 Millionen Jahren existierte auf der Erde nur ein Kontinent – der Urkontinent **Pangäa**. Dieser zerbrach vor etwa 200 Millionen Jahren. Seitdem driftete die Indische Platte nordwärts in Richtung Eurasischer Platte. Zwischen Indien und Eurasien befand sich zunächst ein Ozean. Dieser wurde immer weiter eingeengt, da die ozeanische Erdkruste in einer Subduktionszone vor Eurasien in den Erdmantel absank.

Vor etwa 55 Millionen Jahren stießen dann die Indisch-Australische und die Eurasische Lithosphäreplatte frontal zusammen. Einige Sedimente des ehemaligen Meeres und Teile von Indien und Eurasien wurden wie ein Akkordeon zusammengeschoben, gefaltet und angehoben. Das Faltengebirge des Himalaya bildete sich heraus. Auch der Südrand der Eurasischen Platte wurde stark angehoben. Er bildet heute das Hochland von Tibet. Das Eindringen der Indischen in die Eurasische Platte dauert bis heute an.

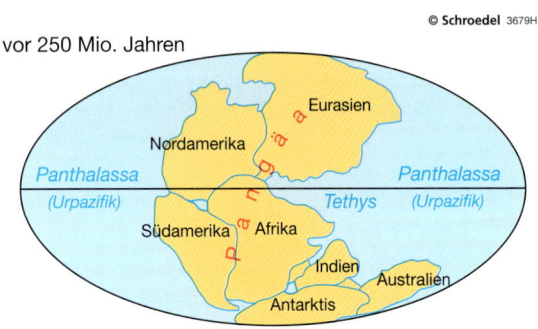
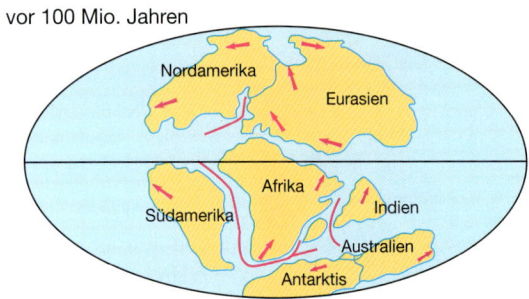

M2 *Die Verteilung der Kontinente in der Vergangenheit*

Hebung und Abtragung im Gleichgewicht

Obwohl der Himalaya jährlich um einige Zentimeter gehoben wird, bleibt die Gipfelhöhe aber annähernd gleich. Verantwortlich für die Hebung des Gesteins sind **endogene** (= erdinnere) **Vorgänge**. Dieser Hebung wirken **exogene** (= erdäußere) **Kräfte** entgegen. Die Gesteine werden an der Erdoberfläche durch die **Verwitterung** zerkleinert und anschließend vor allem durch Wasser, Eis, Wind und die Schwerkraft bewegt. Der Gesteinsschutt wird in tiefere Bereiche transportiert und dort abgelagert. Dadurch entstehen die typischen Hochgebirgsformen im Himalaya, z.B. scharfe Bergrücken (= Grate), steile Wände, Schutthalden und Täler mit einer V-Form im Querschnitt (= Kerbtäler).

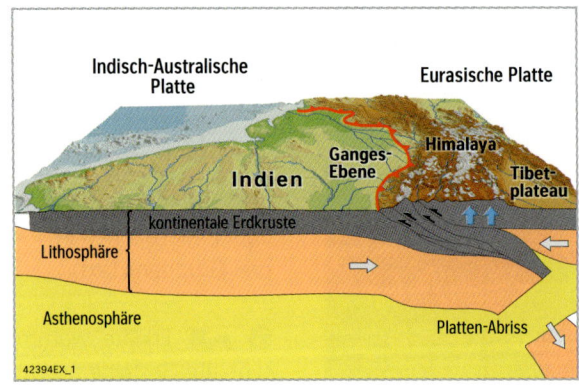

M3 *Südasien heute*

M4 *Gefaltete Gesteinsschichten im Himalaya*

Basislager auf dem Weg zum Mount Everest

❶ Der Himalaya ist ein Gebirge in Asien.
a) Beschreibe die Lage des Himalaya-Gebirges in Asien (Atlas).
b) Nenne Berggipfel des Himalaya mit mehr als 8000 Metern Höhe (Atlas). Erstelle dazu eine Tabelle
c) Nenne ein weiteres Gebirge mit Gipfeln über 8000 Metern Höhe und benenne dessen höchsten Berg (Atlas).

❷ Der Himalaya ist über viele Millionen Jahre entstanden.
a) Beschreibe die Entstehung des Himalaya (M2, M3).
b) Im Himalaya sind viele Gesteine gefaltet. Erkläre die Entstehung dieser Falten (M4).

❸ Obwohl sich das Himalaya-Gestein bis heute um mehrere Zentimeter im Jahr hebt, bleiben die Gipfelhöhen annähernd konstant. Erkläre diese Tatsache.

❹ Die Erstbesteigung des Mount Everest war eine enorme Leistung (M5).
a) Beschreibe die geographische Lage des Mount Everest im Himalaya.
b) Erstelle eine beschriftete Skizze zur Erstbesteigung des Mount Everest.
c) Beschreibe Probleme, die bei der Besteigung des Mount Everest zu überwinden waren.

Am 2. Juni 1953 meldete eine britische Tageszeitung die Sensation: Der höchste Berg der Erde ist bezwungen. Am 29. Mai 1953 um 11.30 Uhr hatten der Neuseeländer Edmund Hillary und sein Sherpa Tenzing Norgay als erste Menschen den 8846 Meter hohen Gipfel des Mount Everest betreten.
Am 28. Mai 1953 verbrachten Edmund Hillary und Tenzing Norgay im Lager 9 auf 8500 Metern die Nacht. Nach einer sturmgepeitschten, −20 °C eiskalten Nacht mit Atemnot starteten beide gegen 4 Uhr morgens ihren Aufstieg. Gegen 9 Uhr hatten sie den Südgipfel auf 8751 Metern geschafft. Noch trennten sie 100 Höhenmeter und rund 350 Meter Luftlinie vom Gipfel – in einer Höhe von über 8000 Metern ein hartes Stück Arbeit. Vor ihnen lag zudem noch eine mehrere Meter hohe, senkrechte Felsstufe im Gipfelgrat. Später würde man diese Stufe „Hillary Step" nennen.
Und dann, endlich, um 11.30 Uhr hatten es die beiden geschafft: Sie standen auf dem höchsten Punkt der Erde. Die Welt lag ihnen zu Füßen. Hillary machte ein paar Fotos, auch jenes, das weltberühmt werden sollte: Tenzing mit erhobenem Eispickel, an dem die Fahnen der UNO, Großbritanniens, Nepals und Indiens flatterten. Nach einer kurzen Rast machten sich die beiden wieder an den Abstieg.

(nach: www.planet-wissen.de)

M5 *Die Erstbesteigung des Mount Everest*

Grundwissen / Übung

M1 *Der Kyffhäuser – ein Bruchschollengebirge*

Die Entstehung der Bruchschollengebirge in Mitteleuropa

Die Gesteine der Mittelgebirge

Viele Gesteine unserer **Mittelgebirge** sind älter als die Gesteine der Alpen. Wie ist das möglich, sind doch die Alpen viel größer und höher?

Die Ursprünge unserer Mittelgebirge liegen in der Erdaltzeit, vor etwa 300 Millionen Jahren. Damals wurde ein riesiges Faltengebirge in Europa herausgehoben. In Mitteleuropa lag es vor allem im Bereich der heutigen Mittelgebirge. Im Laufe von vielen Millionen Jahren verwitterten die Gesteine des Gebirges und wurden abgetragen. Vor allem Wasser, Wind und Temperaturschwankungen bewirkten diese Zerstörung des Gesteins. So entstand vor etwa 250 Millionen Jahren eine flachwellige Landschaft. Diese Landschaft wird auch als Rumpffläche bezeichnet.
Auf dieser Fläche lagerten zum Beispiel Flüsse und Meere verschiedene Schichten von Sanden, Kiesen oder Kalken ab.

Die Mittelgebirge entstehen

In der Erdneuzeit, vor etwa 65 Millionen Jahren, wurden die Alpen herausgehoben. Dadurch wurde auch auf den nördlich davon gelegenen, flachen Raum der heutigen Mittelgebirge Druck ausgeübt. Da aber die Gesteine des alten, abgetragenen Gebirges schon einmal gefaltet wurden, waren sie sehr starr. Sie konnten sich deshalb nicht nochmals verformen und zerbrachen in viele verschieden große Schollen. Wissenschaftler sprechen auch von einem Bruchschollenmosaik.

Einige der Schollen wurden durch den Druck herausgehoben. Diese herausgehobenen Stücke werden als Horst bezeichnet. Andere Schollen senkten sich ab. In diesem Fall entstand ein **Grabenbruch**. An den Bruchlinien zwischen den Schollen drang oft Lava an die Erdoberfläche und bildete zum Beispiel Basaltsäulen.

Mit dem Beginn der Heraushebung der Schollen intensivierte sich die Verwitterung. Das verwitterte Gesteinsmaterial wurde anschließend abgetragen und abtransportiert. Auf diese Weise entstanden die abgerundeten Berge und tief eingeschnittenen Täler unserer heutigen Mittelgebirgslandschaft. Beispiele für **Bruchschollengebirge** sind der Thüringer Wald, der Kyffhäuser, der Harz oder der Schwarzwald. Ein Beispiel für einen Grabenbruch ist der Oberrheingraben.

M2 *Im Oberrheingraben – ein kontinentaler Grabenbruch*

❶ Bruchschollengebirge prägen weite Teile Deutschlands.
a) Nenne fünf Bruchschollengebirge und einen Grabenbruch Deutschlands und beschreibe ihre Lage.
b) Nenne weitere Grabenbrüche auf der Erde (z. B. Diercke Atlas: Karte Geotektonik).

❷ Die Gesteine der Alpen sind oft jünger als die Gesteine des Thüringer Waldes. Erkläre diese Tatsache.

❸ Die Entstehung von Bruchschollengebirgen und Grabenbrüchen benötigt oft lange Zeit.
a) Beschreibe die Entstehung von Bruchschollengebirgen (M3).
b) Beschreibe die Entstehung von Grabenbrüchen (M3).

❹ Viele Oberflächenformen verändern sich im Laufe der Zeit extrem. Beurteile diese Aussage am Beispiel des Raumes deutscher Bruchschollengebirge (M3).

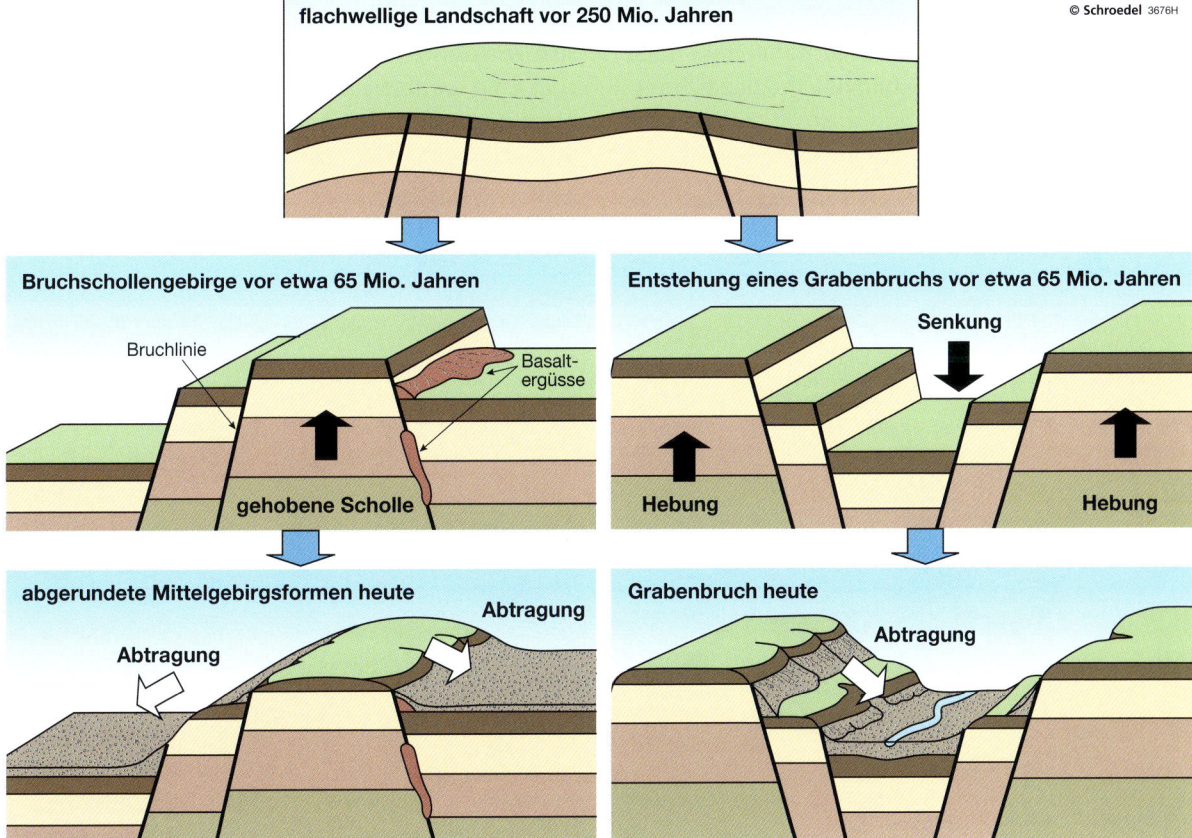

M3 *Entstehung von Bruchschollengebirgen und Grabenbrüchen*

Grundwissen / Übung

M1 *Ausbruch des Mount St. Helen (USA) 1980*

M2 *Nach dem Erdbeben in Kobe (Japan) 1995*

Vulkanismus und Erdbeben

Vulkane entstehen meist in der Nähe der Plattengrenzen. Die überwiegende Zahl ist aber für uns unsichtbar am Meeresboden aktiv.

In Südeuropa kennst du bereits einen Vulkantyp, der abwechselnd aus Lava und Asche aufgebaut ist und steile hohe Vulkankegel bildet. Solche **Schichtvulkane** mit besonders explosivem Vulkanismus sind typisch für Subduktionszonen.

In Riftzonen tritt heiße, dünnflüssige Lava aus. Die Vulkankegel auf Island sind daher nur flach geneigt. Sie werden als **Schildvulkane** bezeichnet. Seltener existieren Vulkane auch an **Transformstörungen** oder im Inneren von Platten.

Auch Erdbeben treten überwiegend an Plattengrenzen auf.

In Riftzonen entstehen Erdbeben, weil die Lithosphäre auseinandergerissen wird. Betroffen ist nur eine schmale Zone. Die Beben sind meist ungefährlich, weil die Gesteine noch jung, heiß und elastisch sind. Die Isländer müssen daher nicht erdbebensicher bauen.

In Subduktionszonen entstehen Erdbeben, weil sich Krustenteile ineinander verhaken und dann ruckartig weiterbewegen. Dies ist auch bei Transformstörungen der Fall. Deshalb können diese Erdbeben große Zerstörungen auslösen.

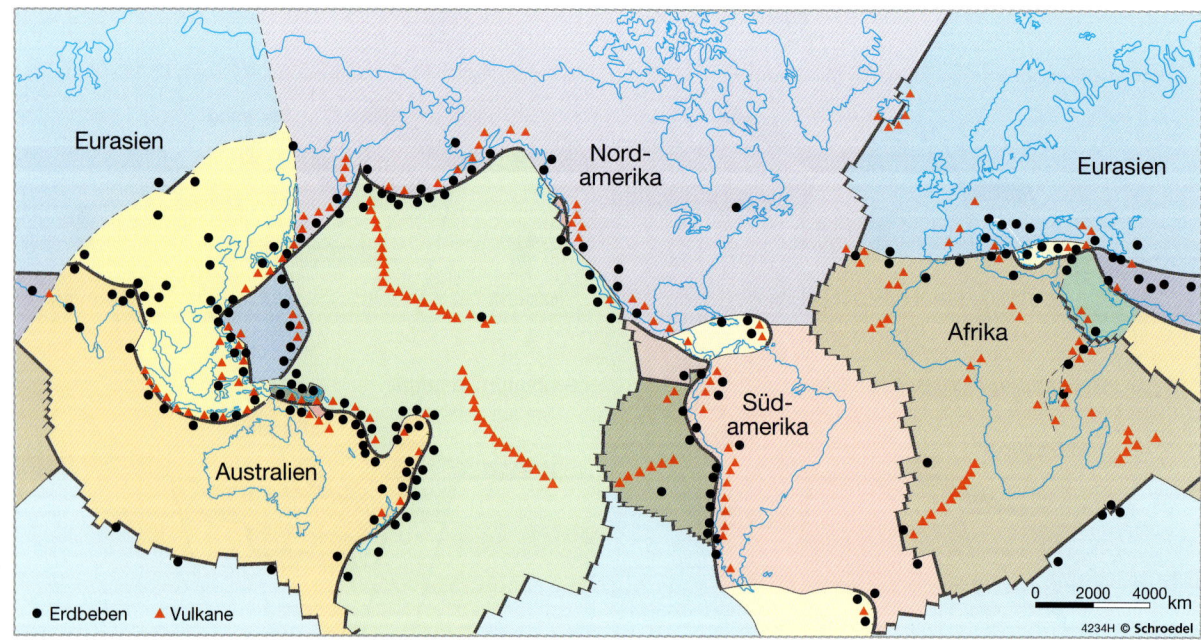

M3 *Verbreitung von Vulkanen und Erdbeben*

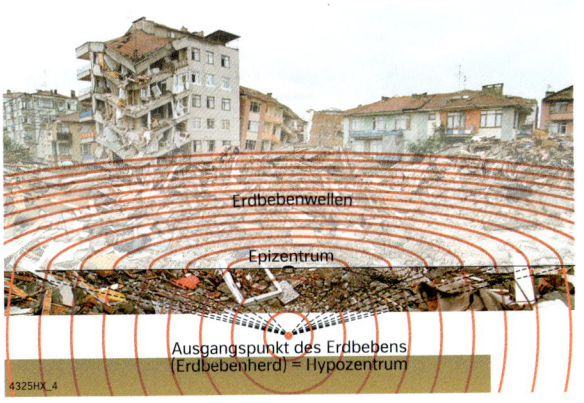

M4 *Ausbreitung von Erdbebenwellen (nicht maßstabsgetreu)*

INFO
Richterskala

Die Richterskala gibt die Stärke eines Erdbebens an. Benannt ist sie nach ihrem Erfinder Charles Francis Richter. Sie beginnt bei 0,1 (sehr schwaches Beben) und steigt dann sehr schnell an. Das heißt: Ein Beben der Stärke 7 ist zehnmal stärker als ein Beben der Stärke 6 und tausendmal stärker als ein Beben der Stärke 4. Die Skala ist nach oben hin offen. Jedoch kann aufgrund der Eigenschaften der Erdkruste nach Berechnungen kein stärkeres Beben als 9,5 auftreten.

Stärke 0,1 bis 2
Diese Beben werden nur von Seismographen (Meßgerät für Erdbebenwellen) registriert.
Beben/Jahr: über 700 000

Stärke 2 bis 3
Diese Beben werden nur von aufmerksamen Beobachtern wahrgenommen.
Beben/Jahr: über 300 000

Stärke 3 bis 4
Lampen können ins Schwingen geraten. Nur wenige Schäden.
Beben/Jahr: 50 000 – 100 000

Stärke 4 bis 5
Stark empfundenes Beben. Fensterscheiben splittern. Einige Gebäude haben Schäden.
Beben/Jahr: 6000 – 10 000

Stärke 5 bis 6
Als sehr stark empfundenes Beben. Panik kann entstehen. Mauerrisse treten auf.
Beben/Jahr: 800 – 1000

Stärke 6 bis 7
Kamine und einige nicht erdbebensichere Gebäude stürzen ein. Panik tritt oft auf.
Beben/Jahr: 100 – 200

Stärke 7 bis 8
Gebäude stürzen ein. Risse bilden sich im Boden. Allgemeine Panik.
Beben/Jahr: 10 – 20

Stärke 8 bis 9
Vollständige Zerstörung. Gebäude und Brücken stürzen ein. Schienen verformen sich. Etwa ein Beben pro Jahr.

M5 *Die Richterskala – Messskala für die Erdbebenstärke*

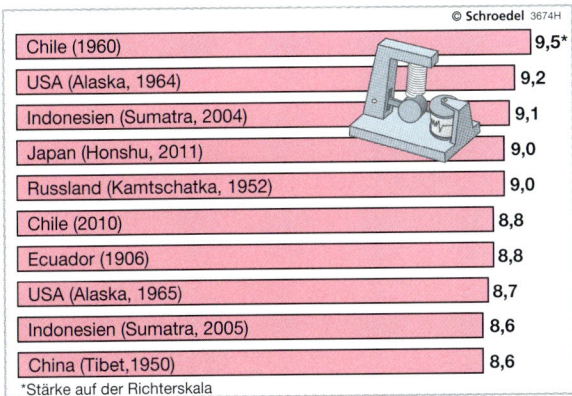

Land (Jahr)	Stärke*
Chile (1960)	9,5*
USA (Alaska, 1964)	9,2
Indonesien (Sumatra, 2004)	9,1
Japan (Honshu, 2011)	9,0
Russland (Kamtschatka, 1952)	9,0
Chile (2010)	8,8
Ecuador (1906)	8,8
USA (Alaska, 1965)	8,7
Indonesien (Sumatra, 2005)	8,6
China (Tibet, 1950)	8,6

*Stärke auf der Richterskala

M6 *Erdbebenstärke von Erdbeben zwischen den Jahren 1900 und 2012 (Auswahl)*

❶ Erdbeben und Vulkanausbrüche werden durch Plattenbewegungen verursacht.
a) Beschreibe die Verteilung von Vulkanen auf der Erde (M3).
b) Beschreibe die Ursachen, die zur Entstehung von Erdbeben führen können.
c) Begründe die räumliche Verteilung von Erdbeben (M3).

❷ 1978 ereignete sich bei Tailfingen in Baden-Württemberg ein Erdbeben der Stärke 5,7 auf der Richterskala.
a) Beschreibe mögliche Schäden (M5).
b) Recherchiere im Internet die Schäden, die damals wirklich entstanden sind (z. B. www.zak.de, www.stuttgarter-nachrichten.de).

Grundwissen/Übung

M1 *Tsunami erreicht die japanische Stadt Miyako (März 2011)*

Der Begriff **Tsunami** stammt aus dem Japanischen und bedeutet übersetzt Hafenwelle. Ein Tsunami entsteht zum Beispiel an Subduktionszonen. Dort treten gehäuft Vulkanausbrüche und Erdbeben auf, die Tsunamis auslösen können. So wird bei einem Seebeben der über dem Erdbebenherd liegende, große Wasserkörper innerhalb weniger Sekunden emporgehoben. Von diesem Wasserberg aus breiten sich annähernd kreisförmige Wellen aus. Im offenen Meer sind diese Wellen zunächst nicht als gefährlich erkennbar, da sie oft nur einen Meter hoch sind. Eine Welle kann aber bis etwa 1000 Kilometer lang sein. Erst im flachen Wasser türmen sich diese zu hohen Flutwellen auf, die an Land schwappen (M1). Das Wasser drängt dann mit einer Geschwindigkeit von etwa 30 Kilometern pro Stunde landeinwärts. Dabei werden riesige Flächen überschwemmt. Vor allem Frühwarnsysteme können aber die Auswirkungen der Katastrophe begrenzen (M2).

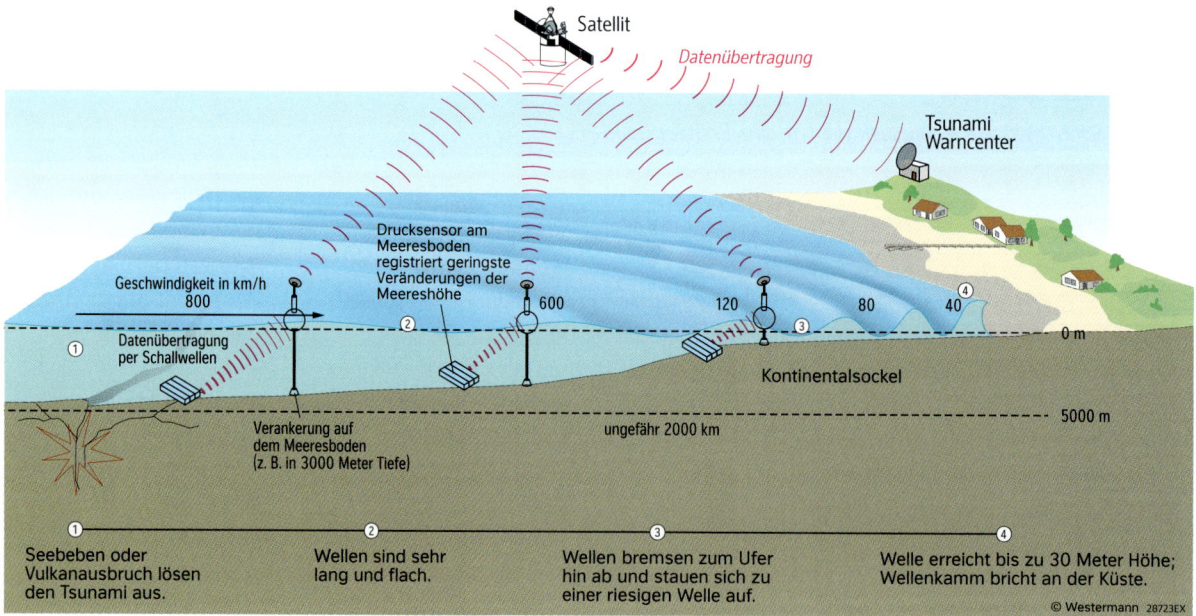

M2 *Die Entstehung eines Tsunamis*

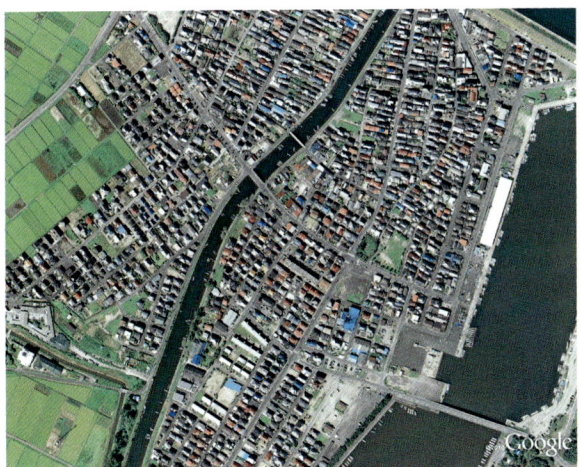

M3 *Der Ort Yuriage in der Nähe der Stadt Sendai (Japan) vor dem Tsunami 2011*

M4 *Yuriage nach dem Tsunami 2011*

❶ Tsunamis gefährden die Menschen an den Küsten.
Erkläre die Entstehung und die Ausbreitung eines Tsunamis (M2).

❷ Tsunamis treten in bestimmten Regionen der Welt gehäuft auf.
Ermittle Küstengebiete der Erde, die durch Tsunamis besonders gefährdet sind (Atlas, M5).

❸ Der Tsunami im März 2011 richtete an der japanischen Ostküste verheerende Schäden an.
Beschreibe die Veränderungen in Yuragi durch den Tsunami (M3, M4).

❹ Tsunamis erreichen hohe Geschwindigkeiten.
Errechne die durchschnittliche Geschwindigkeit des Tsunamis vom Erdbebenzentrum bis nach Kalifornien (M5).

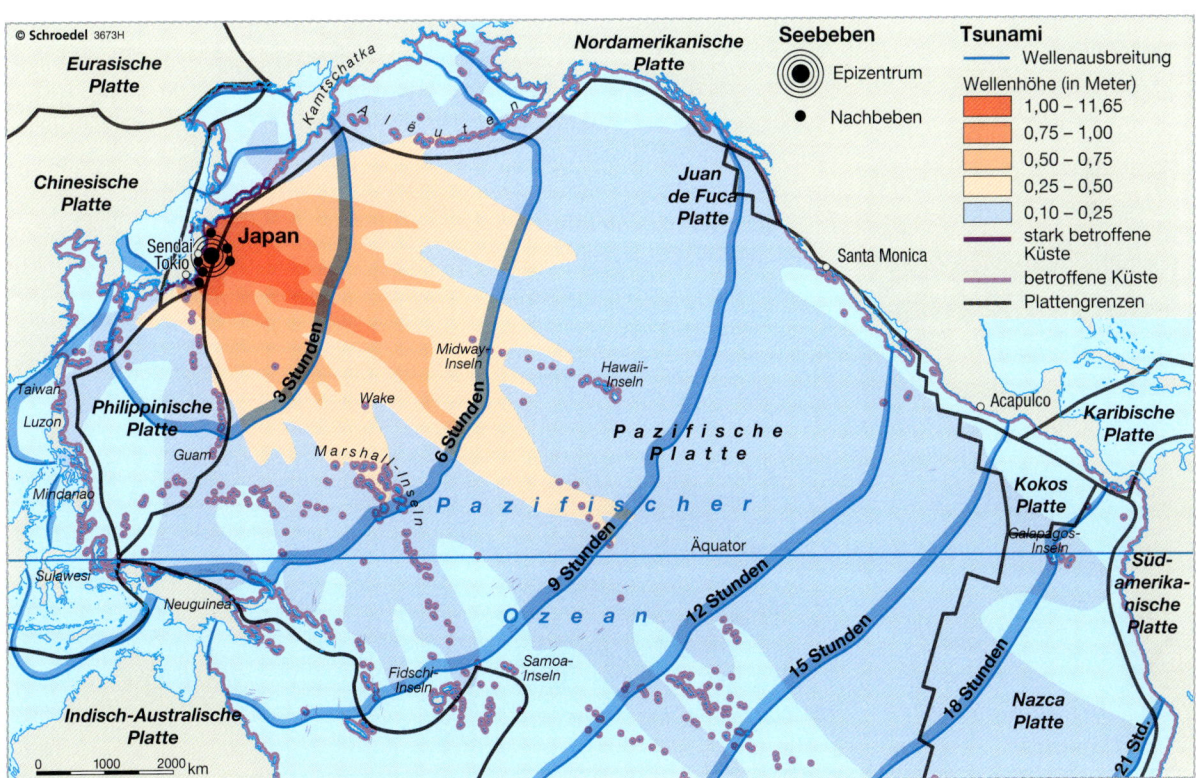

M5 *Ausbreitung des Tsunamis am 11. März 2011*

Grundwissen / Übung

Methode: Experimente zur Plattentektonik

Materialien
- Glaswanne
- Kaliumpermanganat
- Teelicht / Bunsenbrenner
- Styroporplättchen

Durchführung
1. Fülle die Glaswanne bis etwa zur Hälfte mit Wasser und stelle sie über das Teelicht.
2. Gib Kaliumpermanganat und Styroporblättchen ins Wasser.
3. Notiere deine Beobachtungen.

Auswertung
Durch die Erwärmung steigt das Wasser auf. Weil das Wasser eingefärbt ist, kannst du gut beobachten, dass größere Wassermassen aufsteigen und an den Rändern absinken. Diese Auf- und Absinkbewegungen bilden zusammen Walzen.

Übertragung in die Wirklichkeit
Die Styroporblättchen sollen die Kontinente darstellen. Diese driften unter anderem durch die Konvektionsströme im Erdmantel angetrieben auf der Asthenosphäre. Die Konvektionsströme werden durch die gefärbten auf- und absteigenden Wassermassen symbolisiert. Die in der Erde auf- und absteigenden Gesteinsmassen bilden im Erdmantel Walzen.

M1 *Experimentanordnung*

Experiment 1: *Bewegung im Wasser*

Materialien
- feuchter Sand
- Luftballon
- Pumpe mit Schlauch
- etwas Mehl

Durchführung
1. Fülle das Mehl in den Luftballon.
2. Verbinde den Schlauch der Pumpe mit dem Luftballon.
3. Pumpe den Ballon leicht auf.
4. Forme um den Ballon einen Kegel aus dem feuchten Sand.
5. Pumpe den Ballon so lange auf, bis er platzt.
6. Notiere deine Beobachtungen.

Auswertung
Nachdem der Luftballon maximal mit Luft gefüllt ist, zerplatzt er. Das Mehl wird in die Luft geschleudert. Der Sand über und um den Luftballon katapultiert durch den Druck zum Teil über den ganzen Tisch. Die Kuppe des Kegels ist zerstört und im Kegel sind viele Risse. Der Sand ist um den Kegel verteilt. Das Mehl senkt sich langsam auf den Sand, den Tisch oder wird mit der Luft weggetragen.

Übertragung in die Wirklichkeit
In einem Vulkan befindet sich in der ... das Magma. Wenn der Druck im Vulkan steigt, kommt das Magma durch den ... und den ... an die Erdoberfläche. Dort wird die ... hinausgeschleudert. Der Vulkan kann durch den hohen Druck in seinem Inneren auch Teile des Berges wegsprengen. Am Ende verteilt sich die ... über die Landschaft oder wird mit dem Wind über große Entfernungen transportiert.
<u>Lösungswörter:</u> Asche, Krater, Schlot, Lava, Magmakammer

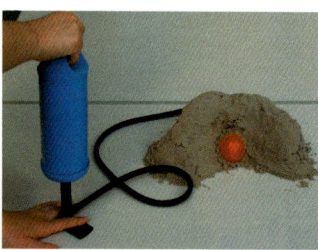

M2 *Herstellung des Modells*

M3 *Durchführung des Experiments*

M4 *Nach dem Experiment*

Experiment 2: *Ein Vulkan bricht aus*

Materialien	Durchführung	Auswertung
• Styroporblock (ca. 20 cm dick) • einige kleine Häuser • Messer	1. Halbiere den Styroporblock diagonal. 2. Stelle an der Schnittlinie einige kleine Häuser auf. 3. Schiebe die beiden Blockhälften aneinander vorbei. 4. Notiere deine Beobachtungen.	Die Blockhälften gleiten nicht immer … aneinander vorbei. Manchmal bewegen sie sich langsam, dann kommt die Bewegung ganz zum Erliegen und manchmal … In diesem Fall werden die Häuser … **Übertragung in die Wirklichkeit** …

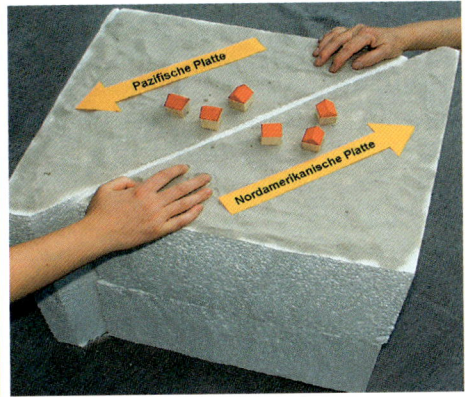

M5 *Experimentanordnung zur Plattenverschiebung*

M6 *San-Andreas-Störung in Kalifornien (USA)*

METHODE

Experiment 3: *Blöcke bewegen sich aneinander vorbei*

Materialien	Durchführung	Auswertung
• 5 verschiedenfarbige Handtücher, Schals oder Schaumstoffstücke	1. Lege die verschiedenfarbigen Handtücher so aufeinander, dass ihre Form genau übereinanderpasst. 2. Schiebe dann mit deinen Händen auf den Enden der Handtücher diese von rechts und links zusammen. 3. Notiere deine Beobachtungen.	… **Übertragung in die Wirklichkeit** …

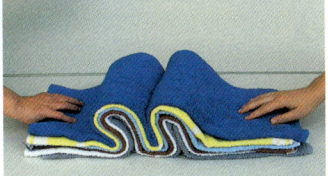

M7 *Experiment*

M8 *In den Alpen*

Experiment 4: *Falten entstehen*

❶ Führe die Experimente 1 bis 4 durch.

❷ Experiment 2 Übertrage die Ergebnisse des Experimentes in die Wirklichkeit. Ergänze dazu die Lösungsworte im Text.

❸ Experiment 3
a) Ergänze die fehlenden Satzteile im Auswertungstext.
b) Schreibe einen eigenen Text, der die Wirklichkeit darstellt.

❹ Experiment 4 Werte das Experiment in der vorgegebenen Schrittfolge aus.

Grundwissen / Übung

| Qualle | Trilobit | Skorpion | Ammonit | Amphibie (Lurch) | Urlibelle |

vor 541 Mio. Jahren   vor 400 Mio. Jahren   vor 350 Mio. Jahren

M1 *Entwicklung der Lebewesen in der Erdgeschichte (Auswahl)*

Methode: Arbeit mit der erdgeschichtlichen Zeittafel

Eine erdgeschichtliche (**geologische**) **Zeittafel** ist eine Tabelle, in der die Geschichte der Erde zeitlich gegliedert darstellt wird. Schon vor vielen Jahrhunderten erkannten Forscher, dass sich die Erde ständig verändert: Gebirge entstehen und werden abgetragen, Gesteine werden zusammengepresst, verwittern und entstehen neu. Kontinente reißen auseinander und prallen wieder zusammen und die Lebewesen entwickelten sich vom Einzeller bis zum Säugetier. Um diese vielen Veränderungen zeitlich geordnet und übersichtlich darzustellen, entwickelten Wissenschaftler die erdgeschichtliche Zeittafel.

Jüngere Gesteine befinden sich in der Natur zumeist über älteren Gesteinen. So wurde auch die Zeittafel aufgebaut. Die älteren Zeitalter befinden sich unter den jüngeren Zeitaltern. Aber auch die Zeitalter wurden nochmals unterteilt.

In den Gesteinsschichten finden sich oft versteinerte Reste von Lebewesen (**Fossilien**). Mit der Zuordnung der Fossilien zu den Gesteinsschichten konnte die erdgeschichtliche Zeittafel verfeinert werden.

Auch heute werden durch neue Erkenntnisse in der Wissenschaft die Inhalte der Zeittafel ergänzt oder auch korrigiert.

INFO

Fossilien sind Überreste bzw. Abdrücke im Gestein von Tieren und Pflanzen aus der Erdvergangenheit. Erhalten bleiben von den Tieren selbst oft nur Knochen oder Schalen (z. B. bei Muscheln).

Fossilien können meist nur dann entstehen, wenn das Lebewesen sehr schnell von Ton oder Sand bedeckt wird, da sie sonst zerstört werden.

Fossilien können helfen, das Alter eines Gesteins zu bestimmen. So leben manche der Tierarten nur kurze Zeit (wenige 100 000 Jahre), sind weit verbreitet und kommen in großer Zahl vor. Diese Arten nennt man auch Leitfossilien.

Vier Schritte zur Arbeit mit der erdgeschichtlichen Zeittafel

1. Namen für Ereignis oder Fossil finden
Benenne das Fossil oder den erdgeschichtlichen Vorgang (z. B. Entstehung der Steinkohle), den du in die Tabelle einordnen möchtest.

2. Zeitalter in der Zeittafel zuordnen
Ordne den erdgeschichtlichen Vorgang oder das Fossil in das entsprechende Zeitalter und seine Unterabschnitte ein.

3. Zeitraum ablesen
Lies den Zeitraum für das Fossil bzw. das erdgeschichtliche Ereignis ab. Die genaue Benennung eines Jahres ist meist nicht möglich, da die Lebewesen oder die Vorgänge oft mehrere Millionen Jahre umfassen.

4. Ins Verhältnis setzen
Setze das Fossil bzw. den erdgeschichtlichen Vorgang ins Verhältnis zu bekannten Vorgängen oder Lebewesen (z. B. 100 Millionen Jahre vor der Entstehung der Alpen). Damit kannst du die Zeiträume besser einschätzen.

| Hai | Dinosaurier | Quastenflosser | Krokodil | Mammut | Katze |
| vor 300 Mio. Jahren | vor 250 Mio. Jahren | | vor 200 Mio. Jahren | vor 800 000 Jahren | heute |

1. Namen für Ereignis oder Fossil finden
Die Entstehung der Steinkohle in Deutschland.

2. Zeitalter in der Zeittafel zuordnen
Die Steinkohle in Deutschland entstand im Erdaltertum, im Karbon.

3. Zeitraum ablesen
Das Karbon erstreckt sich über den Zeitraum von vor 359 Millionen Jahren bis vor 299 Millionen Jahren.

4. Ins Verhältnis setzen
Die deutsche Steinkohle entstand etwa 200 Millionen Jahre vor der deutschen Braunkohle. Oder die Steinkohle entstand etwa 150 Millionen Jahre vor dem Erdöl in der Nordsee.

M2 Beispiel: Einordnung der Entstehung der deutschen Steinkohle in die erdgeschichtliche Zeittafel

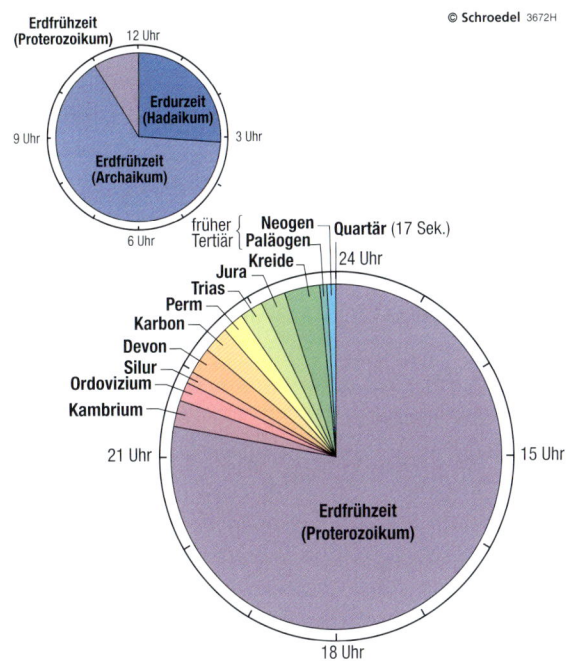

M3 Die Erdgeschichte in 24 Stunden

❶ Die erdgeschichtliche Zeittabelle teilt die Erdgeschichte in verschieden große Zeitalter auf.
a) Beschreibe den Aufbau der erdgeschichtlichen Zeittafel (hinterer Umschlag).
b) Die ältesten Abschnitte sind im unteren Teil der Zeittafel zu finden. Erkläre.

❷ Den Erdzeitaltern sind Fossilien zugeordnet. Erkläre den Begriff Fossilien.

❸ Arbeite mit der erdgeschichtlichen Zeittafel im hinteren Umschlag.
a) Ordne den folgenden Zeitaltern Fossilien zu: Silur, Devon, Trias, Kreide.
b) Ordne die Entstehung der Alpen zeitlich ein. Verwende als Vorlage die Beispiellösung M2.
c) Ordne entsprechend der Schrittfolge die Erdölentstehung in der Nordsee und die Trilobiten in die erdgeschichtliche Zeittafel ein.

❹ Die Erdgeschichte auf einem Zeitstrahl. Erstelle einen 23 cm langen Zeitstrahl der „Lebenszeit" der Erde (eine Milliarde Jahre entspricht einem Abschnitt von fünf Zentimetern). Trage darauf die Erdzeitalter in der richtigen Abfolge und im richtigen Längenverhältnis ab.

Grundwissen / Übung

M1 *Kältester bewohnter Ort der Erde: Oimjakon (-71,2 °C)*

M2 *Heißester Ort der Erde: Wüste Lut (70,7 °C)*

Was beeinflusst unser Klima?

Die Erde wird von der Sonne erwärmt. Diese hat den größten Einfluss auf das Klima. Allerdings gibt es große Klimaunterschiede auf der Erde. Es muss also Faktoren geben, die das Klima eines Gebietes zusätzlich beeinflussen.

Ein wichtiger Faktor ist die Breitenlage. Durch die Kugelgestalt der Erde gibt es in verschiedenen Regionen der Erde unterschiedliche Einstrahlungswinkel der Sonne (vgl. S.36/37). Deshalb sind die Temperaturen am Äquator höher als an den Polen. Das unterschiedliche Temperaturverhalten von Land und Wasser führt dazu, dass die Temperaturen zwischen Sommer und Winter am Meer weniger stark schwanken als im Inneren der Kontinente. Außerdem nehmen die Niederschläge mit größerer Entfernung vom Meer oft ab. Man nennt die Veränderung von Temperatur und Niederschlag mit zunehmender Entfernung vom Meer auch zunehmende **Kontinentalität**. Am Meer wird von **Maritimität** gesprochen.

Außerdem wird das Klima von Meeresströmungen beeinflusst. Der warme Golfstrom bewirkt zum Beispiel, dass die Temperaturen in Mittel- und Nordeuropa höher sind als auf vergleichbarer Breitenlage in Nordamerika.

Auch mit zunehmender Höhe verändert sich das Klima. Die Temperaturen nehmen ab, die Niederschläge zu.

Ebenso beeinflusst die Bodenbedeckung einer Fläche die Intensität der Sonneneinstrahlung. So ist es zum Beispiel mittags im Sommer im Wald kühler als auf einer vegetationslosen Sandfläche. Hänge, die auf der Nordhalbkugel nach Süden ausgerichtet (=exponiert) sind, haben höhere Durchschnittstemperaturen als zum Beispiel die nach Norden ausgerichteten Hänge. Daher baut man an diesen Hängen Wärme liebende Pflanzen, z.B. Weinreben, an.

Die Klimafaktoren wirken nicht einzeln, sondern ihre Wirkung überlagert sich.

M3 *Regenreichster Ort der Erde: Cherrapunji (26 467 mm in einem Jahr; Erfurt: 532 mm)*

M4 *Trockenster Ort der Erde: Arica (173 Monate kein Regen)*

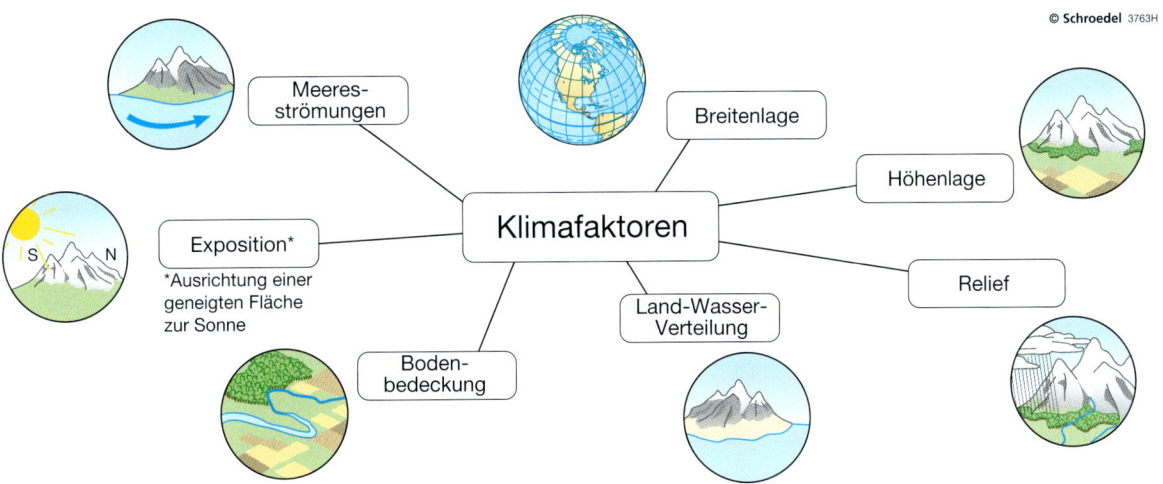

M5 *Die Klimafaktoren*

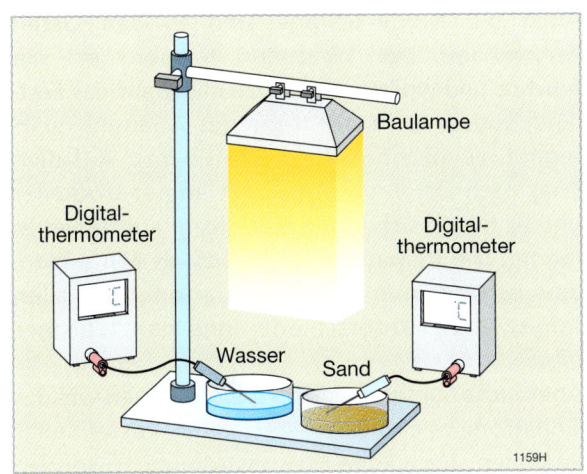

M6 *Experiment: Wirkung von Sonneneinstrahlung auf Sand und Wasser*

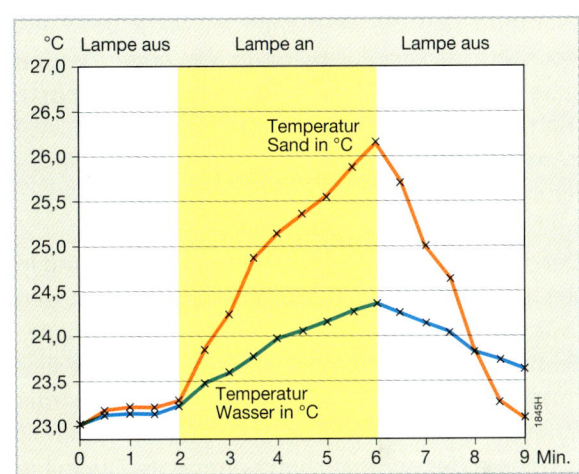

M7 *Messergebnisse des Experiments M6*

❶ a) Erkläre den Begriff Klimafaktor.
b) Nenne die Klimafaktoren und erkläre kurz ihre Wirkung. Erstelle dazu eine Tabelle.

❷ Ordne folgenden Gegebenheiten jeweils einen Klimafaktor zu.
a) In einer Stadt ist es im Sommer oft heißer als auf den sie umgebenden Feldern.
b) Auf dem Südhang ist der Schnee im Frühjahr schon weggetaut. Auf dem Nordhang fahren noch Menschen Ski.
c) Wenn ein Bergwanderer einen Gipfel besteigt, muss er warme Kleidung mitnehmen.
d) Im Süden Irlands wachsen subtropische Pflanzen. Auf gleicher Breitenlage in Kanada wächst nur Nadelwald.

❸ Wir machen ein Experiment zur Wirkung der Sonnenstrahlen (M6, M7).
a) Ordne das Experiment einem Klimafaktor zu.
b) Erkläre die Versuchsanordnung (M6).
c) Beschreibe die Temperaturentwicklung in Sand und Wasser während der Durchführung des Experiments (M7).
d) Übertrage die Ergebnisse in die Realität.

❹ Weinbauern in Nordaustralien sollten ihre Reben auf einem Nordhang pflanzen. Erkläre.

❺ Einige Orte auf der Erde haben ein extremes Klima (M1–M4).
a) Beschreibe die Lage der Orte (M1–M4) und ordne sie Staaten zu.
b) Beschreibe mögliche Probleme der Menschen mit dem extremen Klima der Räume (M1–M4).

Grundwissen/Übung

M1 *Im März in der Nähe von Galway (Irland)*

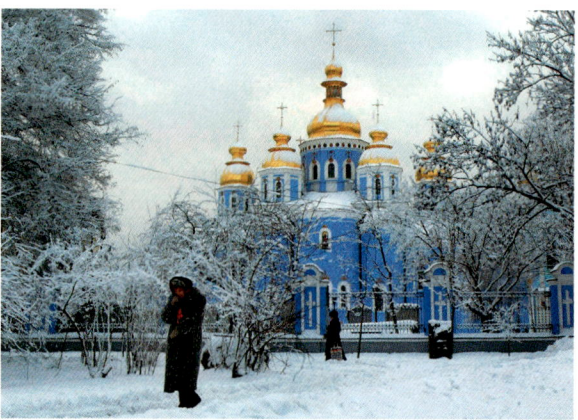
M2 *Im März in der Nähe von Kiew (Ukraine)*

Klimafaktoren: Land-Wasser-Verteilung und Meeresströmungen

Während sich die Menschen im März bei Kiew noch mit dicken Pelzmänteln vor Minusgraden schützen (M2), herrschen an der Westküste Irlands, in der Stadt Galway, milde 15 °C (M1). Wie können solche Temperaturunterschiede in Räumen auf ähnlicher Breitenlage auftreten?

Dass auf der Atlantikinsel schon Frühling ist und in der Ukraine noch Winter herrscht, liegt an den Wärmeeigenschaften des Meerwassers und des Festlandes (M3, vgl. S. 31 M6, M7) sowie am Einfluss des warmen Golfstroms (Info). Daher ist die Lufttemperatur in der Nähe des Meeres höher als im Innern des europäischen Kontinents. Die milde Luft strömt mit dem vorherrschenden Westwind nach Osten. Ihr Einfluss nimmt mit zunehmender Entfernung vom Meer aber immer weiter ab.

Auch die Niederschläge sind in den Orten verschieden. Der Westwind transportiert die feuchte und wolkenreiche Ozeanluft auf das Festland, sodass es in der Nähe des Atlantiks mehr regnet als im Inneren des Kontinents. Auf dem Weg nach Osten wird die Luft immer trockener und es bilden sich seltener Wolken, aus denen es regnet. Die Klimadiagramme M5 bis M7 zeigen, dass es nicht nur im Frühling, sondern in allen Jahreszeiten Unterschiede innerhalb Europas gibt.

Aber nicht nur warme Meeresströmungen wie der Golfstrom beeinflussen das Klima küstennaher Regionen. Auch kalte Meeresströmungen können das Klima der Regionen verändern. So regnet es meist wenig vor der Westküste Chiles, weil dort der kalte Humboldtstrom das Klima beeinflusst.

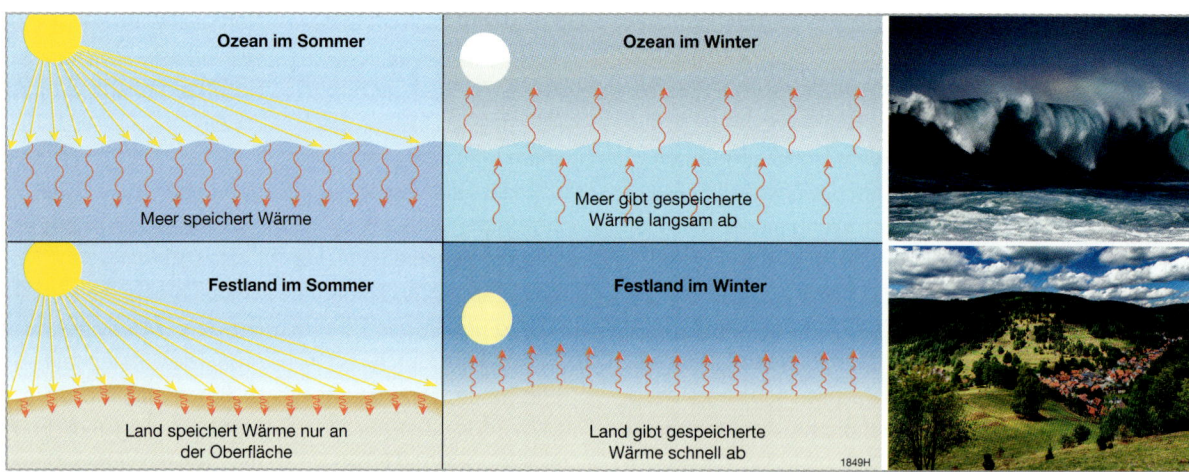

M3 *Temperaturverhalten von Wasser und Land*

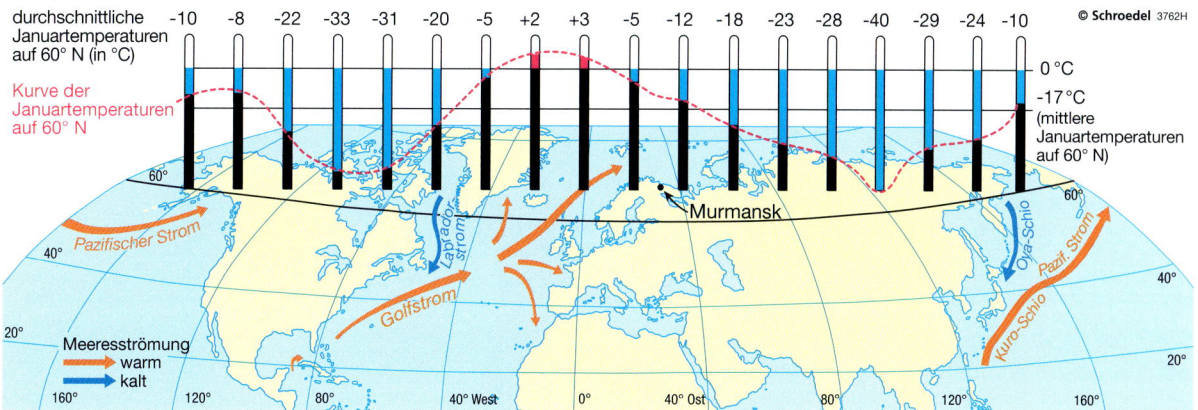

M4 *Einfluss der Meeresströmungen auf die Lufttemperatur*

❶ Meer und Land beeinflussen das Klima unterschiedlich.
a) Erläutere diese Aussage (M3).
b) Vergleiche Temperaturen und Niederschläge der Klimastationen M5 bis M7.
c) Erläutere die Unterschiede.

❷ Auch Meeresströmungen beeinflussen das Klima.
a) Nenne kalte und warme Meeresströmungen und beschreibe ihren Verlauf (M4, Atlas).
b) Beschreibe die Auswirkungen kalter und warmer Meeresströmungen.
c) Erkläre den Verlauf der Januartemperaturen bei 60° N (M4).

INFO

Der Golfstrom

Der Golfstrom ist eine warme Meeresströmung, die aus Mittelamerika kommend bis nach Nordeuropa gelangt. In Nordeuropa wird er als Nordatlantischer Strom bezeichnet. Dieser rasch fließende Strom transportiert warmes Wasser nach Europa und beeinflusst damit unser Klima in Mitteleuropa, besonders aber das in Nordeuropa erheblich. Seine Fließgeschwindigkeit beträgt 1,8 Meter pro Sekunde, das sind etwa 6,5 Kilometer pro Stunde. Der Golfstrom befördert über einhundert Mal mehr Wasser, als alle Flüsse der Welt in die Meere einleiten.

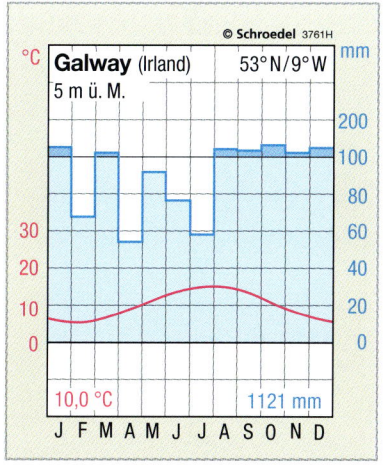

M5 *Klimadiagramm Galway*

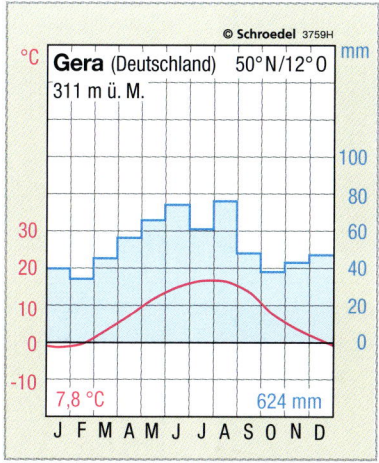

M6 *Klimadiagramm Gera*

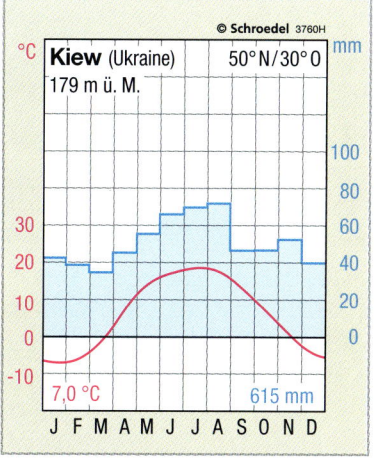

M7 *Klimadiagramm Kiew*

Grundwissen / Übung

Klimafaktor: Höhenlage – die Höhenstufen der Vegetation

Der Kilimandscharo ist mit 5895 Metern das höchste Gebirge Afrikas. Seinen höchsten Gipfel, obwohl in der Nähe des Äquators gelegen, bedeckt ein Gletscher. Wandert ein Mensch auf diesen Gipfel, so durchquert er die verschiedenen **Höhenstufen der Vegetation**. Das ähnelt einer Wanderung vom Äquator bis zum Nord- oder Südpol. Bei dieser Wanderung wird die Wirkung des Klimafaktors Höhenlage besonders deutlich.

M1 *Die Vegetation am Kilimandscharo*

„Für den rund 70 Kilometer langen Weg bis zum Gipfel des Kilimandscharo und zurück benötigt man etwa fünf Tage und überwindet dabei circa 4035 Höhenmeter. Das Gebiet des Kilimandscharo ist ein Nationalpark.

1. Der Weg beginnt am Marangu-Tor in etwa 1860 Meter Höhe. Hier stehen so hohe Laubbäume, dass ihre Spitzen nicht zu sehen sind. Es ist warm und der Gipfel ist nicht zu erkennen.

2. Bis zur Mandara-Hütte auf etwa 2680 Meter Höhe wandert man durch das faszinierende Grün des tropischen Berg- oder Nebelwaldes. Moosflechten hängen von den Zweigen herunter. Die Luft ist feucht und die Wege gleichen Schlammpfaden. Über Nacht trocknen in der Hütte die durchgeschwitzten Sachen nicht.

3. Ein kurzes Stück oberhalb der Mandara-Hütte endet der Wald. Hier gibt es hohes Gras und auch einzelne Büsche. Wir wandern über Hochmoore und an blühenden Pflanzen vorbei. Kurz vor der Horombo-Hütte reißen dann die Wolken auf und der Blick auf das Ziel, den höchsten Gipfel (Uhuru Peak), ist frei. Wir wandern danach über den Wolken.
In der Nacht ist der Himmel sternenklar und die Sterne erscheinen näher als sonst. Jemand hat am Abend den immer laufenden Wasserhahn zugedreht. Dadurch ist morgens das Wasser in der Leitung gefroren.

4. Nach Verlassen der Horombo-Hütte in circa 3720 Meter Höhe hört die Vegetation recht schnell ganz auf. Es gibt nur noch Felsen, so weit das Auge reicht. Wir laufen vorbei an einem Hinweisschild „last water point". Dann an der Kibo-Hütte in etwa 4690 Meter Höhe haben auch die Träger deutlich mit der „dünnen", sauerstoffarmen Luft zu kämpfen.

5. Der letzte Aufstieg zum Kibo ist am härtesten. Um Mitternacht geht es bei –18 °C los. Der Weg ist extrem steil und führt rund 1000 Höhenmeter über loses Geröll bis zum Kraterrand. Der fantastische Sonnenaufgang entschädigt aber für die Strapazen. Das Wasser in der Flasche taut langsam wieder auf.
Der Weg am Kraterrand entlang zum Gipfel führt vorbei an kleinen Gletschern. Endlich um 7 Uhr haben wir den Gipfel erreicht. Jetzt müssen wir nur noch zurück."

M2 *Björn berichtet vom Kilimandscharo-Aufstieg*

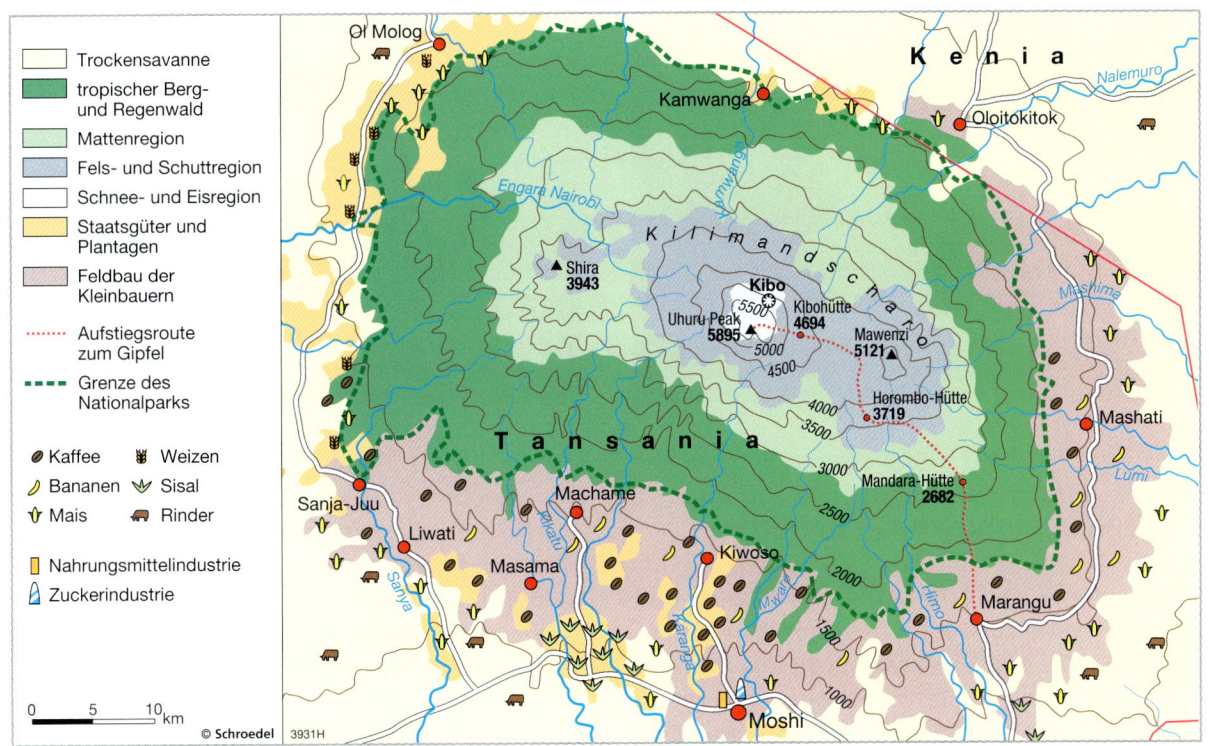

M3 *Die Höhenstufen der Vegetation und die Landnutzung am Kilimandscharo-Massiv*

❶ Bei einer Wanderung zum Gipfel des Kilimandscharo durchquert man verschiedene Vegetationszonen.
a) Ordne M1 A–D den Textabschnitten (M2) zu.
b) Ordne die Fotos den Höhenstufen in der Karte M3 zu.
c) Erstelle eine Tabelle, in die du die typischen Merkmale der einzelnen Höhenstufen der Vegetation am Kilimandscharo stichwortartig einträgst (M2, M3).
d) Vergleiche die Höhenstufen der Vegetation in den Alpen und am Kilimandscharo (M4).

❷ Beschreibe die Landnutzung am Kilimandscharo (M3).

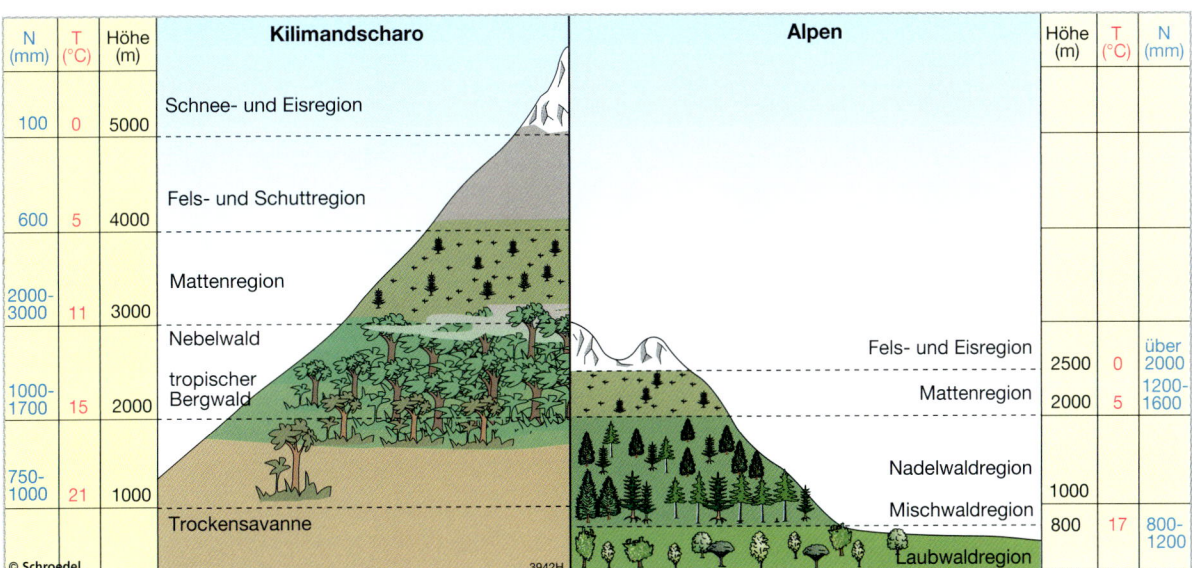

M4 *Die Höhenstufen am Kilimandscharo und an der Zugspitze in den Alpen im Vergleich*

Grundwissen/Übung

M1 *Am Äquator Ende Juni*

M2 *An der Nordsee im Dezember*

Die Beleuchtungszonen der Erde

Angenommen, die Erde wäre eine Scheibe und mit einer Seite zur Sonne gerichtet. Überall auf dieser Seite der Scheibe würde die gleiche Strahlenmenge auf die Oberfläche treffen und somit die gleiche Lufttemperatur herrschen. Dies entspricht aber nicht der Wirklichkeit.

Durch die Kugelform der Erde erhalten die Regionen der Erde unterschiedliche Mengen an Sonnenstrahlung. Dies liegt vor allem am Einfallswinkel der Sonnenstrahlen auf die Erdoberfläche. In den Tropen ist der Winkel groß und in den Polarregionen relativ klein. So entstehen **Beleuchtungszonen** mit unterschiedlich hohen Energieeinnahmen durch die Sonnenstrahlen (M3). Dadurch entwickeln sich Räume mit verschieden hohen Temperaturen.

Die Neigung der Erdachse und die Drehung der Erde um die Sonne verursachen zudem, dass im halbjährigen Wechsel die Nord- oder die Südhalbkugel der Sonne zugewandt ist. Dadurch treffen die Sonnenstrahlen am 21.6. am nördlichen **Wendekreis** und am 21.12. am südlichen Wendekreis senkrecht auf die Erdoberfläche. Die Sonne steht dann dort im **Zenit** (M4). Die polaren Zonen (M3, M4) werden dagegen bis zu einem halben Jahr ununterbrochen bestrahlt bzw. gar nicht bestrahlt. Man nennt diese Erscheinungen **Polartag** und **Polarnacht**.

In unseren Breiten entstehen durch die Neigung der Erdachse die Jahreszeiten. Wenn die Sonne am nördlichen Wendekreis im Zenit steht, dann ist auf der Nordhalbkugel Sommer und auf der Südhalbkugel Winter. Wenn sie am südlichen Wendekreis im Zenit steht, ist es umgekehrt.

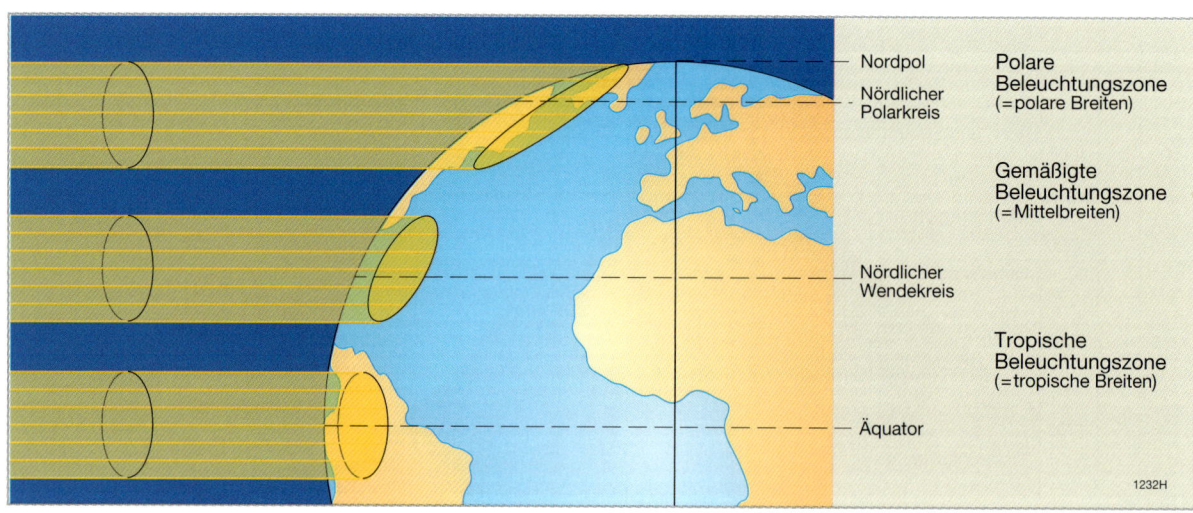

M3 *Beleuchtungszonen der Erde*

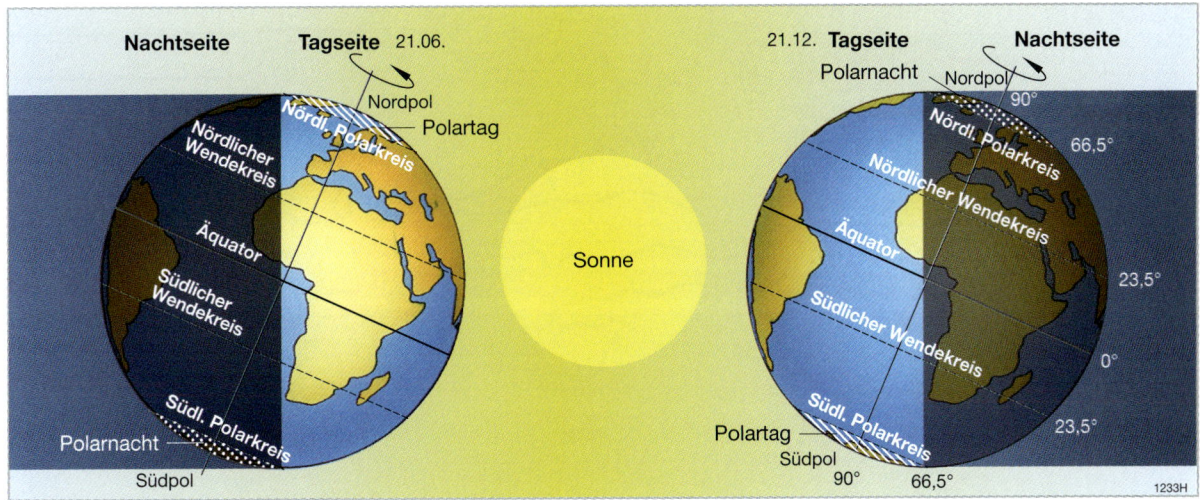

M4 *Beleuchtung der Erde am 21.6. und 21.12.*

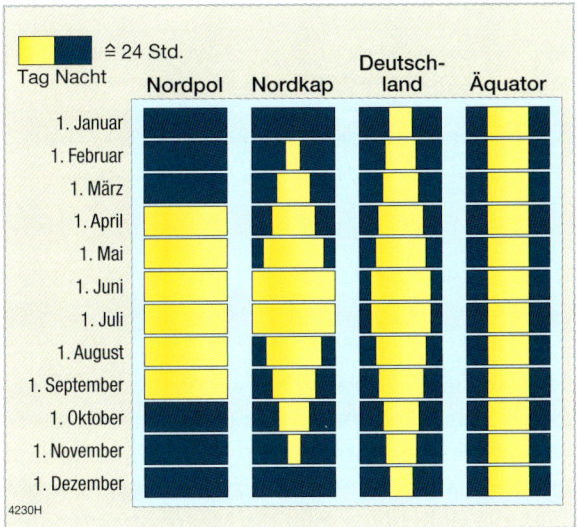

M5 *Tages- und Nachtlängen auf der Nordhalbkugel und am Äquator*

Polare Zone: Sie liegt nördlich bzw. südlich des Polarkreises und reicht bis zu den Polen. Die Sonne steht selbst im Sommer nicht hoch über dem Horizont. Deshalb wird die Erdoberfläche auch nur wenig erwärmt. Am 21. Juni geht die Sonne mindestens einmal nicht unter (Polartag) und am 21. Dezember geht sie mindestens einmal nicht auf (Polarnacht).

Gemäßigte Zone: Sie erstreckt sich zwischen den Wendekreisen und den Polarkreisen. Auffallend sind die starken Schwankungen der Mittagssonnenhöhe und der Tages- und Nachtlängen über das Jahr. Dadurch werden die charakteristischen Jahreszeiten ausgebildet.

Tropische Zone: Sie umfasst das Gebiet zwischen den Wendekreisen. Hier steht die Sonne immer hoch über dem Horizont – zweimal im Jahr sogar im Zenit. Sie geht steil auf und unter. Deshalb ist die Dämmerung kurz. Die Tage sind immer etwa gleich lang. Es gibt keine Jahreszeiten.

M6 *Merkmale der Beleuchtungszonen*

❶ Auf der Erde unterscheidet man Beleuchtungszonen.
a) Erkläre deren Entstehung (M3).
b) Vergleiche die Längen der Schatten (M1, M2). Erläutere Unterschiede.
c) Ergänze die Tabelle (rechts) zu den Beleuchtungszonen mithilfe des Wortspeichers und M3 bis M5.

Wortspeicher:
Jahreszeiten, nördliche polare Zone, am 21.12. 16,5°, tropische Zone, am 21.12. 63,5°, am 21.12. 0 Stunden, am 21.12. 16 Stunden, Polarnacht, Zenitstand der Sonne, südliche gemäßigte Zone, am 21.3. 90°, immer 12 Stunden, Polartag

Beleuchtungszone	Einfallswinkel der Sonne	Tageslänge	Ereignisse

❷ Ein Merkmal der Mittelbreiten sind die Jahreszeiten. Erkläre die Entstehung von Jahreszeiten.

Grundwissen / Übung

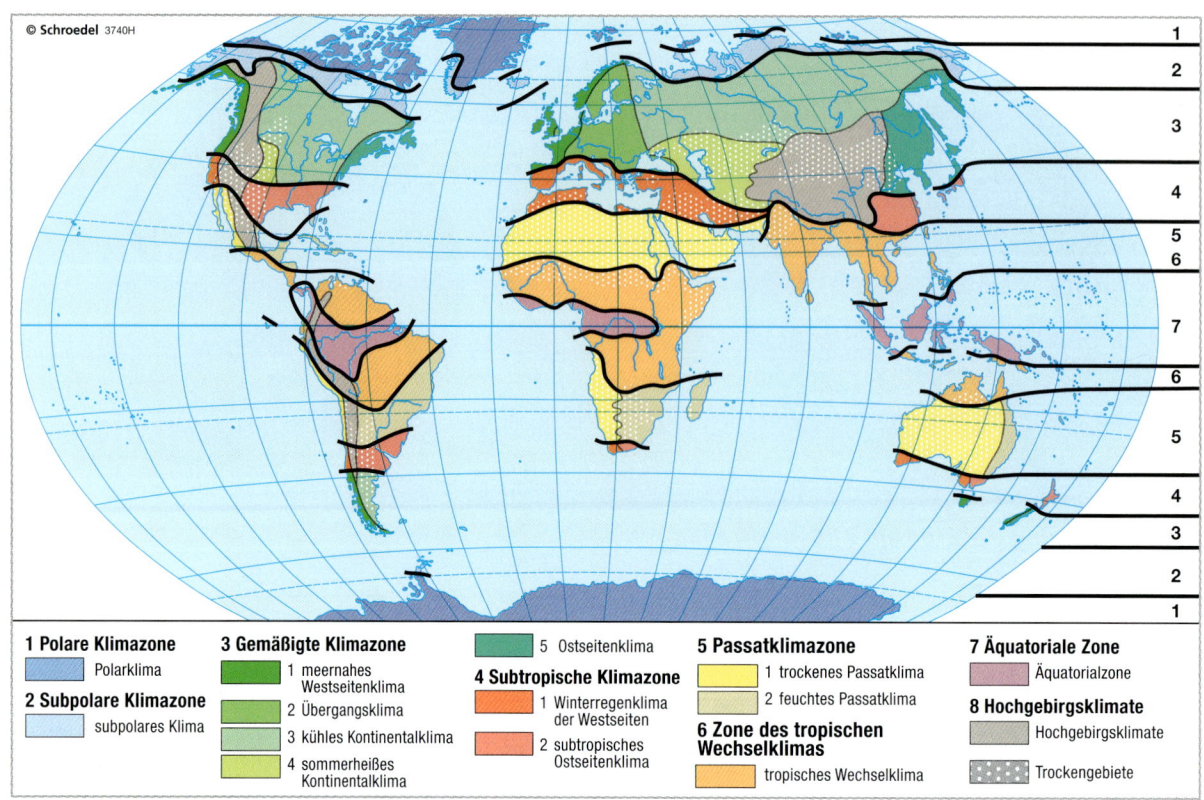

1 Polare Klimazone		**3 Gemäßigte Klimazone**		5 Ostseitenklima	**5 Passatklimazone**		**7 Äquatoriale Zone**
	Polarklima		1 meernahes Westseitenklima			1 trockenes Passatklima	Äquatorialzone
2 Subpolare Klimazone			2 Übergangsklima	**4 Subtropische Klimazone**		2 feuchtes Passatklima	**8 Hochgebirgsklimate**
	subpolares Klima		3 kühles Kontinentalklima		1 Winterregenklima der Westseiten	**6 Zone des tropischen Wechselklimas**	Hochgebirgsklimate
			4 sommerheißes Kontinentalklima		2 subtropisches Ostseitenklima	tropisches Wechselklima	Trockengebiete

M1 *Klimazonen der Erde (nach Neef)*

Klimazonen der Erde

Als **Klimazone** werden Gebiete bezeichnet, die ähnliche Klimabedingungen aufweisen. Sie besitzen ähnliche jahreszeitliche Verläufe von Sonneneinstrahlung, Tageslänge, Temperatur, Niederschlag, Bewölkung, Luftdruck und Wind.
Die wichtigste Einflussgröße auf das Klima an einem Ort der Erde ist die Sonneneinstrahlung. Sie beeinflusst auch die Temperatur. Orte der gleichen geographischen Breitenlage erhalten ähnliche Werte von Sonnenstrahlung. Die Temperatur steigt von den Polen in Richtung Äquator.

Die Klimazonen umspannen die Erde wie Klimagürtel annähernd parallel zu den Breitenkreisen. Vom Äquator ausgehend reihen sie sich in etwa spiegelbildlich aneinander. Jede Zone kommt sowohl auf der nördlichen als auch auf der südlichen Halbkugel vor. Lediglich die gemäßigte Klimazone und die subpolare Klimazone haben nur kleine Anteile an der Landfläche der Südhalbkugel, da insgesamt weniger Land auf der Südhalbkugel vorhanden ist.

Bei genauerer Betrachtung verlaufen die Klimazonen aber nicht immer parallel zu den Breitenkreisen. Ursache für den unregelmäßigen Verlauf sind Klimafaktoren wie die Land-Meer-Verteilung, die Höhenlage oder die Meeresströmungen. In der Realität sind die Grenzen der Klimazonen nicht einfach zu erkennen. Die Grenzen sind von Menschen anhand verschiedener Grenzwerte festgelegt worden. Sie unterscheiden sich zudem auf unterschiedlichen Klimakarten.

M2 *51° N / 11,5° O*

Polare und subpolare Zone
In den Zonen ist es ganzjährig kalt. Es gibt ausgeprägte Jahreszeiten mit großen Temperaturunterschieden. Polartag und Polarnacht prägen die Klimazone. Der wenige Niederschlag fällt als Schnee.

Gemäßigte Zone
In der gemäßigten Zone herrschen überwiegend gemäßigte, d. h. nicht sehr kalte oder heiße Temperaturen. Es gibt ausgeprägte Jahreszeiten. In den meisten Gebieten fallen das ganze Jahr über Niederschläge, im Winter als Schnee.

Subtropische Zone
In der subtropischen Zone herrschen überwiegend hohe bis gemäßigte Temperaturen. Es gibt Jahreszeiten mit geringen Niederschlägen und mit ausgiebigen Niederschlägen.

Passatklimazone
In der Passatklimazone herrschen ganzjährig überwiegend hohe Temperaturen. Tagsüber sind die Temperaturen meist sehr hoch, während in der Nacht Minusgrade möglich sind. Es gibt ganzjährig geringe bis keine Niederschläge.

Zone tropischen Wechselklimas
In der Zone des tropischen Wechselklimas herrschen überwiegend hohe Temperaturen. Es gibt ausgeprägte Regen- und Trockenzeiten.

Äquatoriale Zone
In der äquatorialen Zone herrschen ganzjährig hohe Temperaturen und Niederschläge. Es gibt keine Jahreszeiten. Die Temperaturen schwanken stärker an einem Tag als über das Jahr (= Tageszeitenklima).

M3 *Merkmale der Klimazonen*

❶ Die Klimazonen umspannen die Erde.
a) Erkläre den Begriff Klimazone.
b) Nenne Gründe, weshalb Klimazonen annähernd breitenkreisparallel verlaufen.
c) Erläutere an Beispielen, weshalb die Klimazonen z. T. nicht breitenkreisparallel verlaufen.

❷ Die Fotos M2, M4 und M5 wurden in verschiedenen Klimazonen aufgenommen.
a) Ordne den Fotos Klimazonen, Kontinente und Staaten zu.
b) Begründe die Zuordnung zu einer Klimazone.

❸ „Klimazonen sind menschgemacht."
Erläutere die Aussage (Atlas).

M4 *27° N/2° W*

M5 *2° S/65° W*

Grundwissen/Übung

Methode: Klimakarten auswerten

Thematische Karten geben Auskunft zu einem Thema. So können zum Beispiel Klimaelemente wie die Temperatur oder der Niederschlag eines Raumes übersichtlich dargestellt werden. Die Darstellung auf den Karten ist aber meist nicht so detailreich wie zum Beispiel in Klimatabellen einzelner Klimastationen. Dafür können aber die Themen großräumig und überschaulich dargestellt werden. Zwei der gebräuchlichsten thematischen Karten sind die Temperaturkarte und die Niederschlagskarte (M1).

INFO
humid (lat. humidus = feucht): Bei humidem Klima fällt in einem Gebiet mehr Niederschlag als verdunstet.
arid (lat. aridus = trocken): Bei aridem Klima fällt weniger Niederschlag als verdunstet.

Vier Schritte zur Auswertung einer Klimakarte

1. **Karte räumlich einordnen**
   Oft kannst du den Raum der Kartenunterschrift bzw. der -überschrift entnehmen.

2. **Karteninhalt ermitteln**
   Sieh dir zunächst die Legende an. Stelle fest, was wo und wie oft auf der Karte vorkommt.

3. **Karteninhalte beschreiben**
   Beschreibe z. B. die Lage, die Verbreitung und die Werte des Klimaelements. Dabei kannst du z. B. nach Himmelsrichtungen vorgehen.

4. **Inhalte erläutern und zusammenfassen**
   Erläutere die Karteninhalte: Ordne z. B. die Temperaturen den Klimazonen zu. Fasse danach wichtige Aussagen der Karte zusammen.

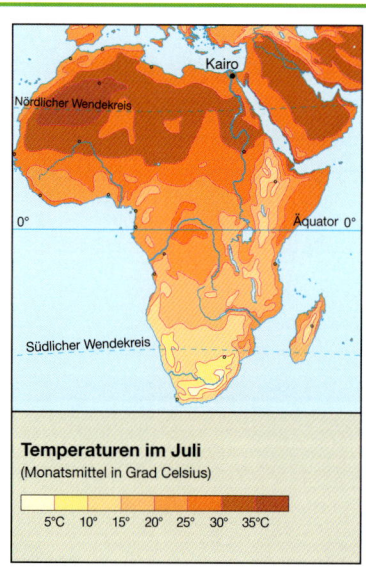
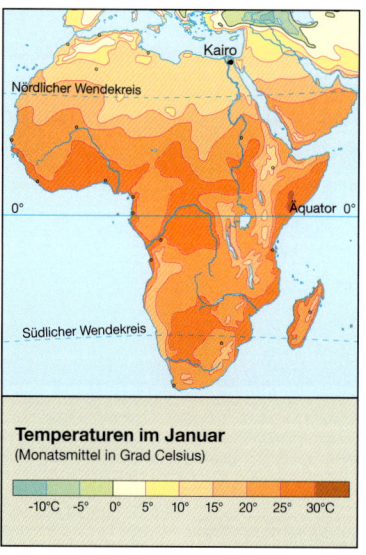
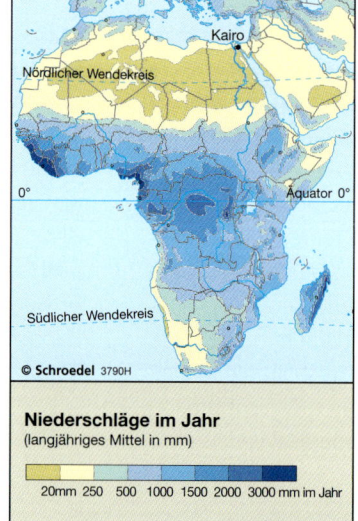

Temperaturkarten
Auf diesen Karten lassen sich die Mittelwerte der Temperaturen für bestimmte Zeiträume ablesen. Die Farben drücken diese Durchschnittswerte in Spannen von z. B. fünf Grad Celsius aus. Die Farbflächen werden von Linien gleicher Temperatur (= Isotherme) begrenzt. Der Farbsektor 25–30 °C wird z. B. von der 25 °C- und der 30 °C-Isotherme begrenzt. Alle Punkte auf einer Isotherme besitzen die gleiche Durchschnittstemperatur.

Niederschlagskarten
In derartigen Karten werden Regionen mit gleichen Niederschlagssummen zusammengefasst. Linien gleichen Niederschlags grenzen die farbig gestalteten Niederschlagsgebiete voneinander ab.

M1 *Temperatur- und Niederschlagskarten von Afrika und angrenzender Gebiete*

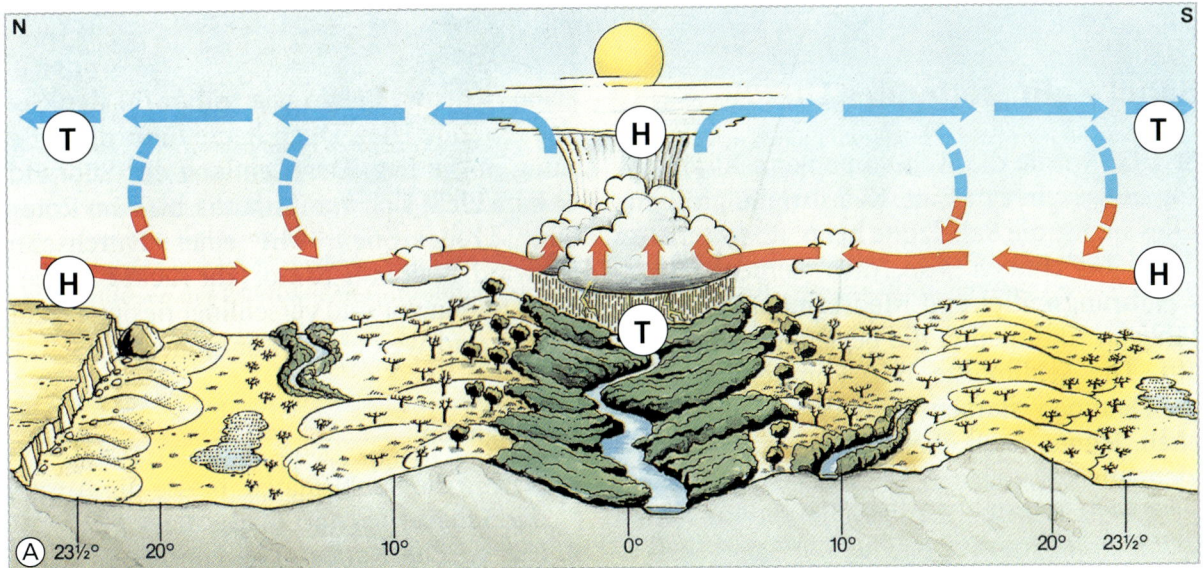
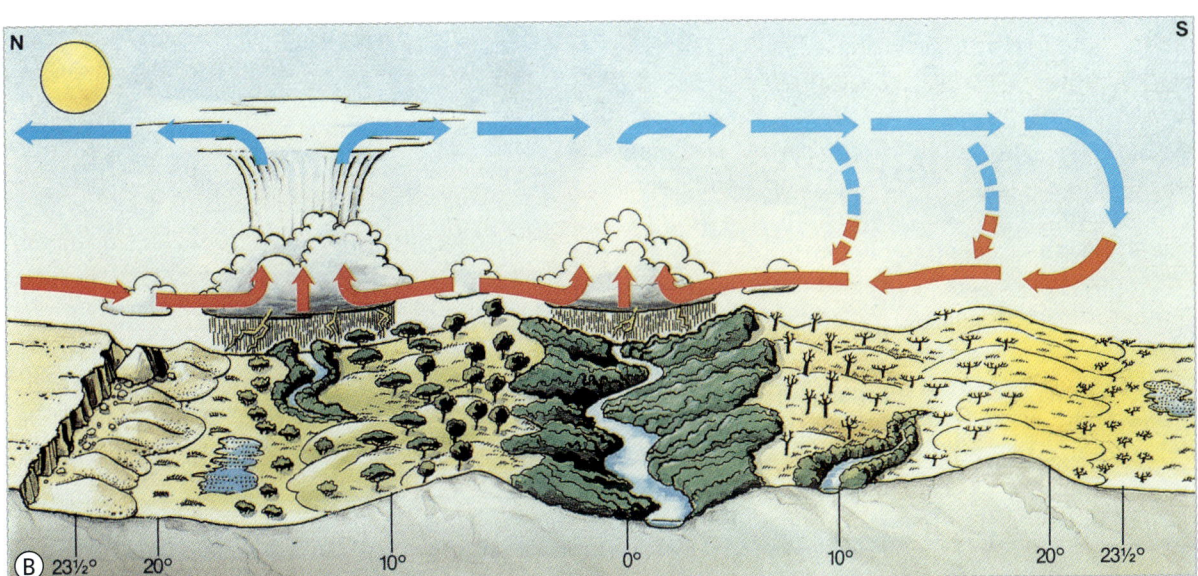

M2 *Jahreszeitliche Verlagerung des Passatkreislaufs in Afrika (A: 21. März und 23. September; B: 21. Juni)*

❶ Der Passat bestimmt das Klima in großen Teilen Afrikas.
a) Beschreibe die Wolken (M3). Wo könnten sie vorkommen?
b) Erkläre an M2 A den Passatkreislauf.
c) M2 zeigt den Passatkreislauf am 21.03., 23.09. und 21.06. Erstelle eine Skizze für den 21.12. Erkläre sie.
d) Gibt es die ITC nur in Afrika? Erläutere (Atlas).

❷ Die Niederschläge prägen die Jahreszeiten in Afrika.
a) Vergleiche die Niederschlagskarten (M1 A, B).
b) „Die Sonne lässt den Regen wandern." Erkläre die Aussage.

M3 *Tropische Gewitterwolke*

Grundwissen/Übung

M1 *Trockenzeit während des Wintermonsuns*

M2 *Regen während des Sommermonsuns*

Der tropische Monsun

Das Leben in Indien wird seit Jahrtausenden von den **Monsun**winden beeinflusst (M3). Seefahrer nutzten diese Winde schon vor Jahrhunderten für ihre Fahrten über den Indischen Ozean. Sie gaben ihnen den Namen Mausim (arab.: Jahreszeiten) wegen der jahreszeitlich wechselnden Windrichtungen.

Oft warten die Inder sehnsüchtig auf das Einsetzen des Sommermonsuns und damit den Beginn der Regenzeit. Vor allem die Bauern freuen sich über die ersten Regentropfen, da am Ende des trockenen Wintermonsuns auch die Temperaturen zunehmen. Indien bezieht 90 Prozent seiner Wasserversorgung aus den Monsunniederschlägen. Für 60 Prozent der Inder, die von der Landwirtschaft leben, ist der Verlauf der Regenzeit überlebenswichtig. Fällt Regen, haben die Bauern ein Einkommen. Bleibt er aus, drohen Dürre, Missernten und Armut.

Wintermonsun

Die Zone der größten Erwärmung (= Tiefdruckzone) liegt im Winter der Nordhalbkugel südlich des Äquators. Im Inneren Asiens ist es dagegen extrem kalt. Durch die kalte Luft am Boden entsteht ein Hochdruckgebiet (Kältehoch). Von hier fließt Festlandsluft in Richtung Äquator. Der Wintermonsun ist weitgehend niederschlagsarm und bringt kühle Luft.

Sommermonsun

Im Nordsommer wandern der Zenitstand der Sonne und damit die Zone der größten Erwärmung nach Norden. Vor allem die südasiatische Landmasse erwärmt sich aber sehr stark. Daher verlagert sich das Hitzetief besonders weit nach Norden. Südlich des Äquators liegen Hochdruckgebiete. Von diesen weht der Monsun in Richtung Hitzetief. Dabei nimmt er über dem Indischen Ozean viel Feuchtigkeit auf. An der Westseite der Westghats und am Himalaya steigt die Luft auf und es regnet dadurch sehr stark.

M3 *Die wechselnden Windsysteme über Südasien*

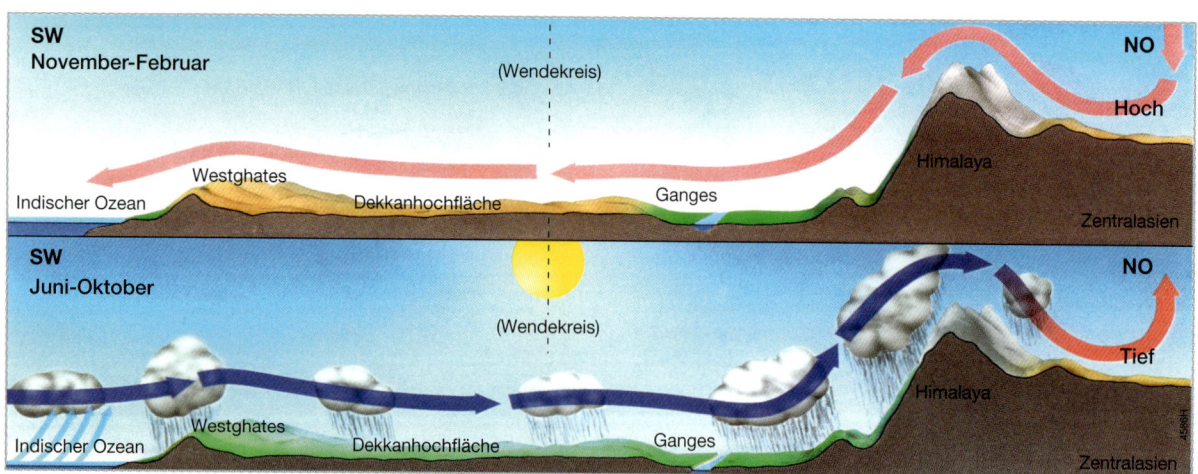

M4 *Wintermonsun und Sommermonsun über Indien*

Grundwissen

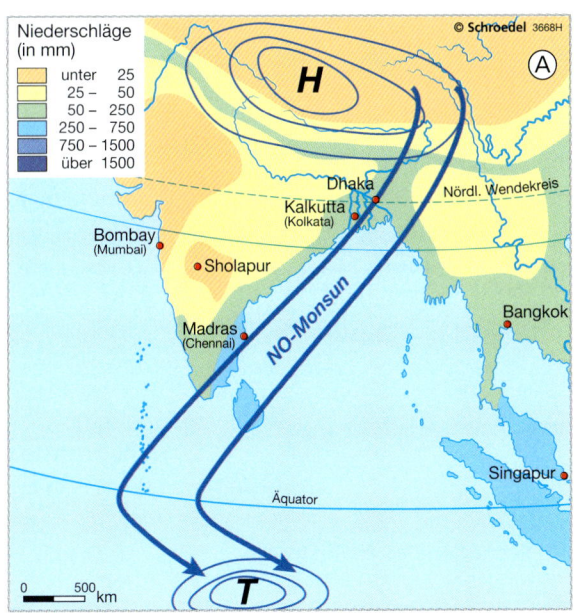 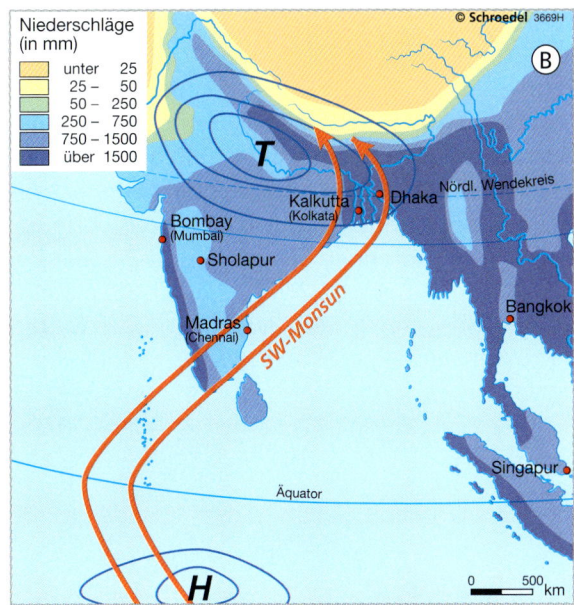

M5 *Niederschläge und Windrichtungen während des Wintermonsuns (A) und Sommermonsuns (B)*

❶ Der Monsun bestimmt das Leben in Südasien.
a) Erkläre diese Aussage. (Text, M1, M2)
b) Erkläre die Entstehung des Begriffs Monsun.

❷ Der Monsun wird von Temperatur- und Druckverhältnissen geprägt. Beschreibe die Entstehung und den Verlauf der Monsunwinde (Text, M4, M5).

❸ Sommer- und Wintermonsun sind verschieden.
a) Beschreibe die Auswirkungen des Sommer- und des Wintermonsuns.
b) Benenne die Unterschiede zwischen Sommer- und Wintermonsun. Erstelle dazu eine Tabelle (unten).

❹ Die Niederschlagsverteilung während des Sommer- und Wintermonsuns ist innerhalb Indiens unterschiedlich.
a) Beschreibe die Niederschlagsverteilung in Indien (M5).
b) Erkläre die hohen Niederschläge an den Westghats und am Himalaya im Sommer (M5).
c) Erkläre die nur geringen Niederschläge im Hochland von Dekkan im Sommer.
d) Erkläre die höheren Niederschläge im Winter in Sri Lanka.

❺ Bombay ist vom Monsun geprägt.
a) Beschreibe den Jahresgang des Niederschlags (M6).
b) Erkläre die Winter- und Sommersituation.

M6 *Klimadiagramm von Bombay (Mumbai)*

	Sommermonsun	Wintermonsun
Windrichtung		
Niederschläge		
Gebiete mit abweichenden Niederschlägen		

Grundwissen / Übung

Methode: Zeichnen eines Profils

Profile sind eine Möglichkeit, um das **Relief** einer Landschaft darzustellen. Ein Profil ist ein senkrechter Schnitt durch einen Teil der Erdoberfläche. Profile werden zum Beispiel für Sportveranstaltungen angefertigt, um beispielsweise bei Lauf- oder Radrennen Sportlern und Zuschauern die Anforderungen des Wettkampfes anschaulich zu machen. Auch bei Wandertouren helfen Profile, die Höhenunterschiede der Route einzuschätzen.

Im Geographieunterricht können mithilfe von Profilen verschiedene Oberflächenformen (z. B. Täler oder Berge), Höhenunterschiede zwischen Punkten, aber auch Lageverhältnisse von Objekten veranschaulicht werden (z. B. In welcher Höhe liegt eine bestimmte Stadt?).

M1 *Schritt 3*

M2 *Schritt 5*

M3 *Schritt 6*

Sechs Schritte zum Zeichnen eines Profils

1. Festlegen der Profilstrecke
Ermittle in der Landkarte die Endpunkte des Profils. Verbinde sie durch eine Linie – die Profilstrecke.

2. Übertragen der Profilstrecke
Falte ein kariertes DIN-A4-Blatt oder Millimeterpapier quer. Lege die Faltkante auf die Profilstrecke deiner Karte. Markiere beide Endpunkte A und B und verbinde sie. Du erhältst die Profilgrundlinie.
Gib den Längenmaßstab des Profils an. Orientiere dich dazu an der Maßstabsleiste in der Karte.

3. Höhenschnittpunkte übertragen
Markiere dir die Schnittpunkte der Höhenlinien mit der Faltkante deines Blattes und notiere dir die Höhen.

4. Höhenmaßstab übertragen
Falte das Blatt auf. Errichte über den Endpunkten zwei Senkrechten. Trage auf ihnen den Höhenmaßstab ab. Wähle dazu eine geeignete Überhöhung (Info S. 47).

5. Höhenlinie zeichnen
Markiere für jeden Schnittpunkt die genaue Höhenlage auf deinem Blatt. Verbinde die Höhenpunkte miteinander. So erhältst du die Höhenlinie.
Beachte: Für die Höhenlinie wird kein Lineal verwendet.

6. Profil beschriften
Beschrifte das Profil mithilfe der Landkarte in Druckschrift. Benenne auffällige topographische Objekte wie Gebirge, Berge, Tiefländer, Städte, Gewässer. Gib deiner Profilzeichnung eine geeignete Überschrift.
Trage die Himmelsrichtungen deines Profils ein.

INFO

Die Überhöhung von Oberflächen

Ein Profil hat 2 Maßstäbe – einen Längenmaßstab und einen Höhenmaßstab. Dabei ist der Höhenmaßstab stets größer als der Längenmaßstab.

Die Überhöhung ist demnach eine „Übertreibung" der Höhenverhältnisse zur Verdeutlichung von Höhenunterschieden. Sie errechnet sich aus dem Verhältnis von Längenmaßstab zu Höhenmaßstab. Das Ergebnis zeigt das Vielfache des Höhenmaßstabs gegenüber dem Längenmaßstab an.

Beispiel:

Längenmaßstab:
1 : 25 000 (1 cm = 250 m);

Höhenmaßstab:
1 : 10 000 (1 cm = 100 m)

Überhöhung:
25 000 / 10 000 = 2,5

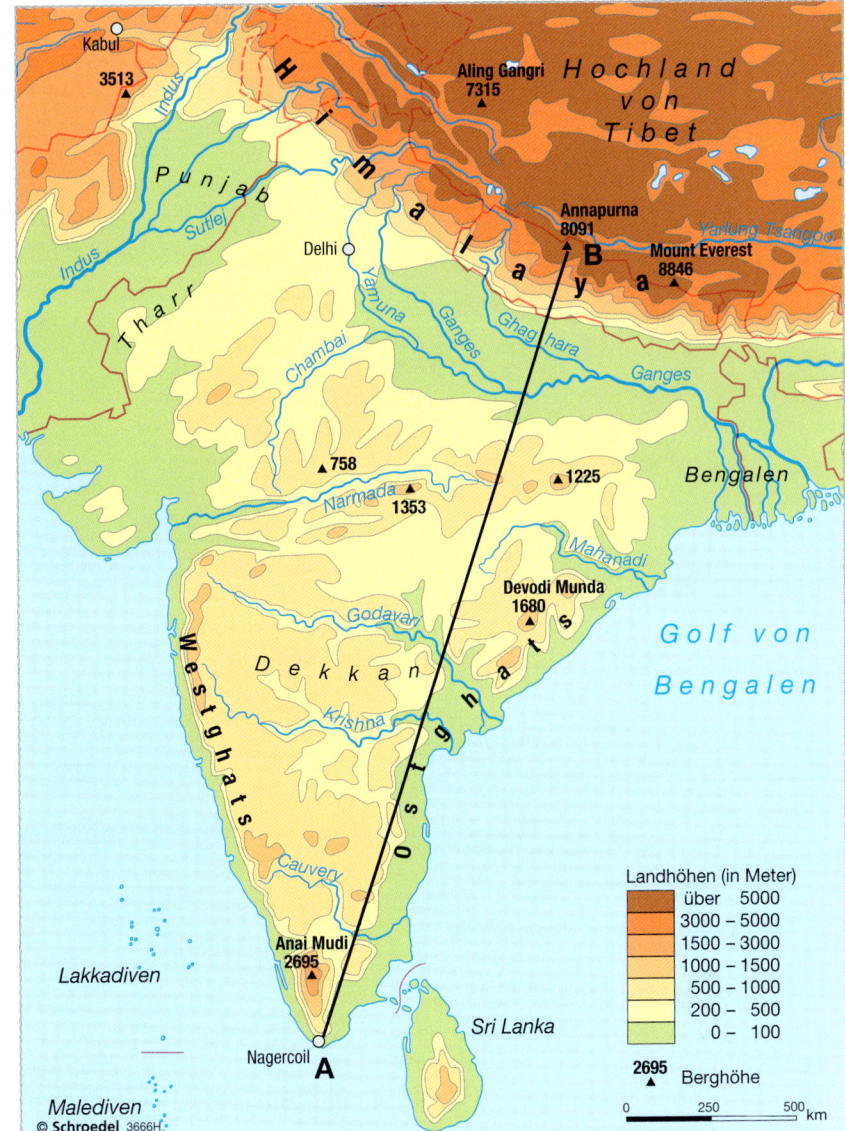

M4 *Physische Karte von Südasien*

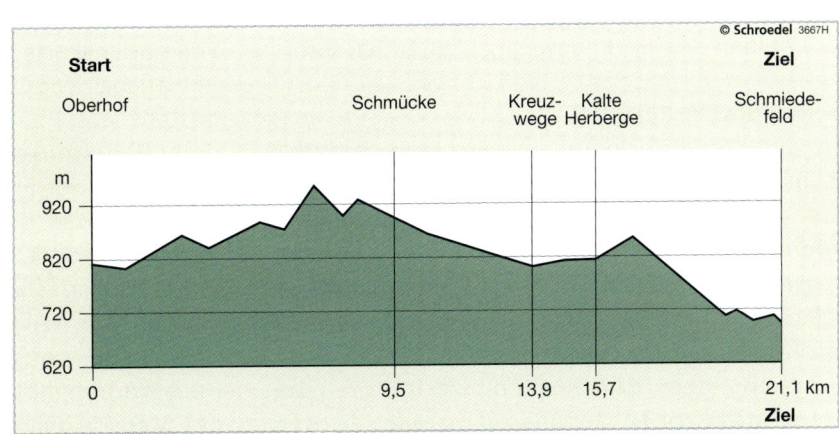

M5 *Profil der Halbmarathonstrecke des Rennsteiglaufs (Thüringen)*

❶ Profile haben viele Anwendungsgebiete. Nenne Einsatzmöglichkeiten von Profilen.

❷ Sechs Schritte führen zu einer Profilzeichnung.
a) Erstelle eine Profilzeichnung von Nagercoil (A) zum Annapurna (B) (M4).
b) Benenne wichtige Geländepunkte (Atlas).
c) Berechne den Höhenmaßstab deines Profils.
d) Zeichne ein Profil von Kabul nach Delhi (Atlas).

Grundwissen / Übung

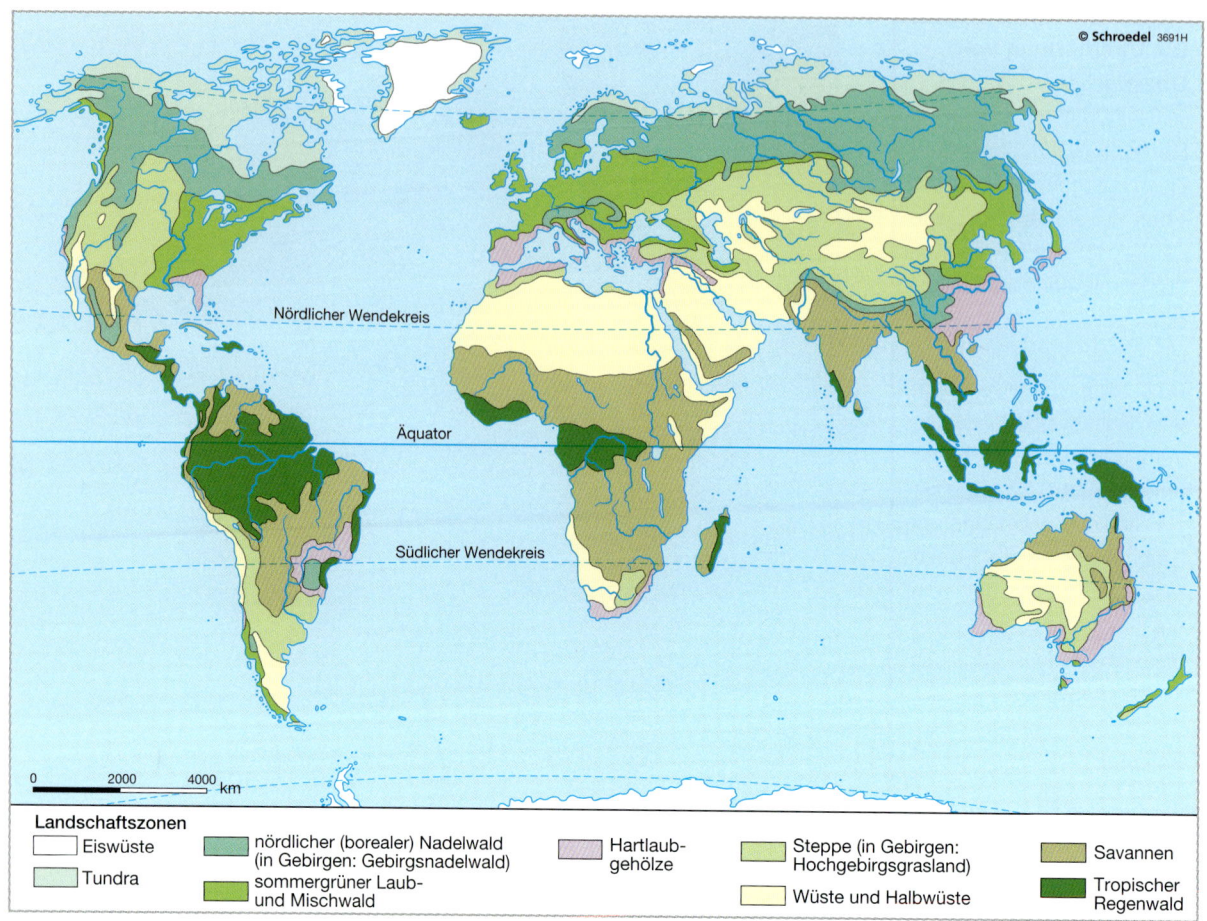

M1 *Die Vegetationszonen der Erde*

Die Vegetation der Erde

Vegetationszonen sind Räume mit einem ähnlichen Pflanzenbewuchs (z. B. Nadelwälder oder Gräser). Aber auch innerhalb der Zonen unterscheidet sich die Vegetation einzelner Teilräume. So gibt es zum Beispiel Übergangsgebiete zwischen den Zonen, in denen Merkmale aus beiden angrenzenden Zonen zu finden sind.

Klima und Vegetation

In den Vegetationszonen herrschen ähnliche Klimabedingungen. Weil Pflanzen nur in dem für sie passenden Klima wachsen, bedingt ein gleichartiges Klima auch eine ähnliche Vegetation. Deshalb sind zwischen der Lage der Klimazonen und der Lage der Vegetationszonen große Übereinstimmungen zu erkennen.
Ähnlich der Klimazonen verlaufen die Vegetationszonen annähernd parallel zu den Breitenkreisen. Abweichungen entstehen vor allem durch die Entfernung zum Meer sowie durch Wind- und Meeresströmungen. Aber auch Gebirge und Ozeane durchbrechen diese regelmäßige Struktur.

Unterschiedliche Vegetationskarten

Vegetationskarten stellen oft nur die potenzielle natürliche Vegetation dar. Diese Vegetation besteht aus Pflanzengemeinschaften, die sich unter den natürlichen Bedingungen herausbilden. Jedoch hat vor allem der Mensch in den letzten Jahrhunderten die Vegetation stark beeinflusst und verändert. Oft ist die ursprüngliche Vegetation deshalb nicht mehr vorhanden. So wurden zum Beispiel am Mittelmeer viele Bäume schon in der Antike für den Bau von Schiffen und Häusern abgeholzt. Und auch heute verändert der Mensch die Natur (z. B. durch die Landwirtschaft und den Straßenbau).

Eiswüste: Offene, steinige oder mit Eis bedeckte, fast vegetationsfreie Landschaft über Dauerfrostboden.

Tundra: Aufgrund der geringen Jahrestemperaturen und einer Vegetationszeit von maximal 30 Tagen wachsen hier nur Moose, Flechten, Zwergsträucher, Gräser und in der Baumtundra kleinere Bäume.

Nördlicher Nadelwald: Den relativ artenarmen Nadelwald gibt es nur auf der Nordhalbkugel. Neben Nadelbäumen wie Fichte, Kiefer, Lärche und Tanne wachsen dort auch wenig kälteempfindliche Laubbäume wie Pappel und Birke.

Sommergrüner Laub- und Mischwald: Diese Vegetationszone ist überwiegend auf der Nordhalbkugel zu finden. Im Sommer ist die Wachstumsphase der Bäume. Im Herbst werfen sie dann ihre Blätter ab und halten eine trockenheits- und kältebedingte Winterruhe. Typische Pflanzenvertreter sind Buche, Linde, Ahorn, Erle, Eiche, Fichte und Kiefer.

Hartlaubgehölze: Vegetationszone, in der sich die Pflanzen an die sommerliche Trockenheit und Hitze z. B. durch wachsartige Blätter angepasst haben. Typische Vertreter sind Stein- und Korkeiche, Ölbaum, Pinie und Zypresse.

Steppe: Steppen sind Graslandschaften, die sich überwiegend im trockenen zentralen Kern der Kontinente befinden. Je nach der Höhe der Niederschläge gibt es Kurz- oder Langgras-, Strauch-, Baum- und Waldsteppe.

Wüste und Halbwüste: Dies sind oft Gebiete in den Tropen und Subtropen, die durch Wassermangel und eine fehlende bis geringe Pflanzendecke gekennzeichnet sind.

Savannen: Dies sind Graslandschaften in der Zone des tropischen Wechselklimas, die je nach der Menge der Niederschläge bzw. der Anzahl der ariden Monate in Dorn-, Trocken- oder Feuchtsavanne unterteilt werden.

Tropischer Regenwald: Der Regenwald der Äquatorialzone ist durch immergrüne Wälder geprägt. Es herrschen günstige Wachstumsbedingungen, wie ganzjährig hohe Niederschläge und hohe Temperaturen. Die Wälder sind artenreich. Der tropische Regenwald kann in Stockwerke gegliedert werden. Einzelne Bäume sind über 80 m hoch.

M2 *Kurzbeschreibung der einzelnen Vegetationszonen der Erde*

M3 *In den Vegtetationszonen der Erde*

❶ Auf der Erde gibt es Vegetationszonen.
a) Erkläre den Begriff.
b) Ordne die Abbildungen M3 A–H den Zonen (M1, M2) zu.
c) Nenne Räume, in denen keine Bäume wachsen. Erläutere (S. 50/51).

❷ Die Klima- und Vegetationszonen sind ähnlich angeordnet.
a) Stelle dies an den Beispielen Europa und Afrika (M1, S. 38 M1) dar.
b) Erkläre die ähnliche Anordnung.

❸ Die Karte M1 stimmt nicht mit der Realität überein. Erläutere.

Grundwissen / Übung

Vegetationszonen der Erde

	Tundra Gräser, Krautpflanzen, Zwergsträucher	nördlicher (borealer) Nadelwald Lärchen, Fichten, Moore	sommergrüner Laub- und Mischwald	Steppe bis übermannshohes Gras	Hartlaubgehölze mediterrane Vegetation
Vegetations- zonen					
Jahreszeiten			ausgeprägte Jahreszeiten		
	über 8 Monate Winter	6 – 8 Monate Winter	milde Winter, warme Sommer	kalte Winter, heiße Sommer	deutliche Tempe- raturunterschiede zwischen Sommer und Winter
Jahresdurch- schnitts- temperatur	unter – 10 °C	– 10 °C bis 0 °C	0 °C bis 12 °C		12 °C bis 24 °C
Niederschlag	weniger als 300 mm	weniger als 600 mm	mehr als 600 mm	weniger als 600 mm	400 – 1000 mm, im Sommer trocken, im Winter Niederschlag (Winterregen)
mögliches Wachstum	weniger als 30 Tage	30 – 180 Tage	mehr als 180 Tage	weniger als 180 Tage	mehr als 150 Tage
Pflanzen- wachstum einge- schränkt durch		Kälte			
Anbau- möglich- keiten	zu kalt, Dauerfrostboden	nur vereinzelt	eine Ernte	eine Ernte, dürregefährdet	z. T. mit Bewässerung

Grundwissen / Übung

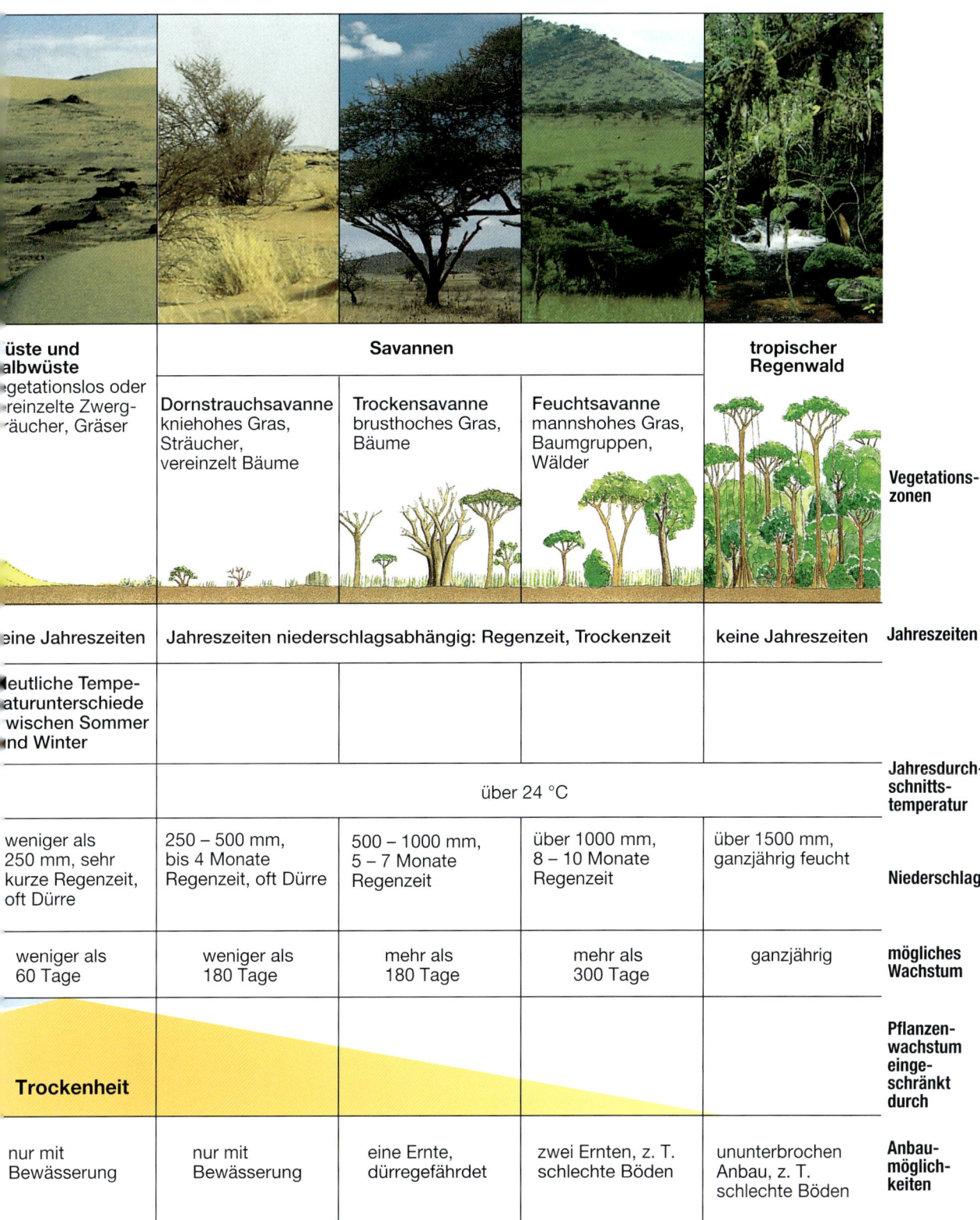

üste und albwüste	Savannen			tropischer Regenwald	
egetationslos oder reinzelte Zwergräucher, Gräser	Dornstrauchsavanne kniehohes Gras, Sträucher, vereinzelt Bäume	Trockensavanne brusthoches Gras, Bäume	Feuchtsavanne mannshohes Gras, Baumgruppen, Wälder		Vegetationszonen
eine Jahreszeiten	Jahreszeiten niederschlagsabhängig: Regenzeit, Trockenzeit			keine Jahreszeiten	Jahreszeiten
eutliche Temperaturunterschiede zwischen Sommer und Winter					
	über 24 °C				Jahresdurchschnittstemperatur
weniger als 250 mm, sehr kurze Regenzeit, oft Dürre	250 – 500 mm, bis 4 Monate Regenzeit, oft Dürre	500 – 1000 mm, 5 – 7 Monate Regenzeit	über 1000 mm, 8 – 10 Monate Regenzeit	über 1500 mm, ganzjährig feucht	Niederschlag
weniger als 60 Tage	weniger als 180 Tage	mehr als 180 Tage	mehr als 300 Tage	ganzjährig	mögliches Wachstum
Trockenheit					Pflanzenwachstum eingeschränkt durch
nur mit Bewässerung	nur mit Bewässerung	eine Ernte, dürregefährdet	zwei Ernten, z. T. schlechte Böden	ununterbrochen Anbau, z. T. schlechte Böden	Anbaumöglichkeiten

Grundwissen / Übung

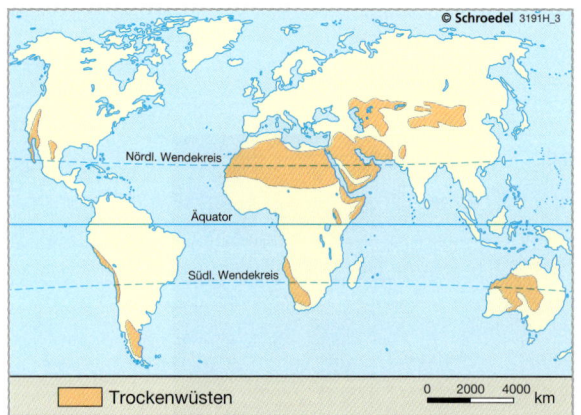

M1 *Die Hitzewüsten der Erde*

INFO 1
Temperaturverwitterung

Steine werden während des Tages erwärmt und nachts kühlen sie stark ab. Die Temperaturunterschiede sind so groß, dass der Stein im Laufe der Zeit die Spannungen nicht mehr aushält und zerspringt.

Vegetationszonen: Fallbeispiel Wüsten und Halbwüsten

Wüsten sind typische Vegetationszonen der randlichen Tropen. Die größte **Wüste** der Erde ist mit etwa acht Millionen Quadratkilometern die Sahara. Sie befindet sich in der Passatklimazone. Hier fallen wenige Niederschläge. Wüsten bilden sich bei Niederschlagsraten von weniger als 100 mm pro Jahr, Halbwüsten unter 250 mm pro Jahr. Die Wüstenräume sind geprägt durch Vegetationsarmut oder Vegetationslosigkeit. In den Halbwüsten gibt es dagegen einzelne Sträucher, aber keine geschlossene Vegetationsdecke. Der weitaus größte Anteil an Wüstenflächen wird von der **Stein- und Felswüste** (Hamada, M3) eingenommen. Diese Wüstenform bedeckt rund 70 % der Sahara. Dort finden Verwitterung und **Abtragung (Erosion)** statt. Tagsüber kann es bis zu 60 °C heiß werden. Nachts sinken die Temperaturen häufig unter den Gefrierpunkt.

Diese regelmäßigen Temperaturunterschiede führen zu Spannungen im Gestein. Dadurch werden Felsbrocken auseinandergesprengt. Die Gesteine werden so immer weiter zerkleinert. Der ständig wehende Wind und gelegentlich fließendes Wasser tragen das Gestein ab. In den **Trockentälern** (Wadis) schießt das Wasser aus dem Gebirge und transportiert die Gesteinsmassen in die Ebene. Der Wind formt mithilfe des Sandes wie ein Sandstrahlgebläse die Gesteinsblöcke. In der **Kieswüste** (Serir) ist der Schutt der Felswüste zu kleinen Steinen zerfallen. Diese Wüstenform bedeckt ca. 10 % der Sahara. Der Wind bläst den Sand aus den Geröll- und Kiesfeldern und lagert ihn in der **Sandwüste** (Erg) ab. Dort wird der Sand ständig umgelagert und zu Dünen aufgeschichtet. 20 % der Wüstenfläche in der Sahara sind Sandwüsten.

Die seltenen Regenfälle können Wüsten sogar in ein Blütenmeer verwandeln. Die Pflanzen müssen sich aber gut an die extremen Bedingungen der Wüste anpassen: Sie können z. B. ihre Lebensfunktionen vermindern und sogar Jahrzehnte ohne Regen überdauern (= Trockenstarre). Die Pflanzen passen sich zudem den wechselnden Bedingungen an, indem sie die Verdunstung durch kleine Blattoberflächen verringern. Andere wiederum speichern Wasser.

Auch die Tiere haben sich an die Wüste angepasst. Der Skorpion zum Beispiel schützt sich vor der Sonne, indem er tagsüber unter der Erde lebt und nur in der Nacht oberirdisch nach Beute sucht.

M2 *Flora (Pflanzenwelt) und Fauna (Tierwelt) in der Wüste*

M3 *Wie die unterschiedlichen Wüstenlandschaften entstehen*

① Die Wüsten sind eine der Vegetationszonen.
a) Erkläre die Begriffe Wüste und Halbwüste.
b) Erkläre den Vorgang der Temperaturverwitterung (Info1, Text).
c) Beschreibe die Wüstenarten und erläutere ihre Entstehung (M3).

② „Die Wüste lebt." Erkläre an Beispielen, wie sich Pflanzen und Tiere an die Bedingungen in der Wüste angepasst haben (M2).

③ Beurteile den Ausspruch: „Es sind mehr Menschen in der Wüste ertrunken als verdurstet" (Info 2, Text).

INFO 2
Wadi

Das Wadi ist ein Trockental in der Wüste, das nur manchmal nach Regenfällen Wasser führt, dann jedoch in großen Mengen. Weil das Wasser schnell und plötzlich kommt, ist der Aufenthalt in einem Wadi unter Umständen lebensgefährlich.

Wadis sind durch die Erosion fließenden Wassers entstanden. Das abwärtsströmende Wasser trug Boden und Gestein ab. Zumeist wurden die Täler schon vor vielen Tausend Jahren geformt, als zum Beispiel die Sahara noch keine Wüste war.

Wadi im Norden Afrikas

Grundwissen / Übung

M1 *Die „großen Fünf" (Elefant, Nashorn, Büffel, Löwe und Leopard) leben in Savannen*

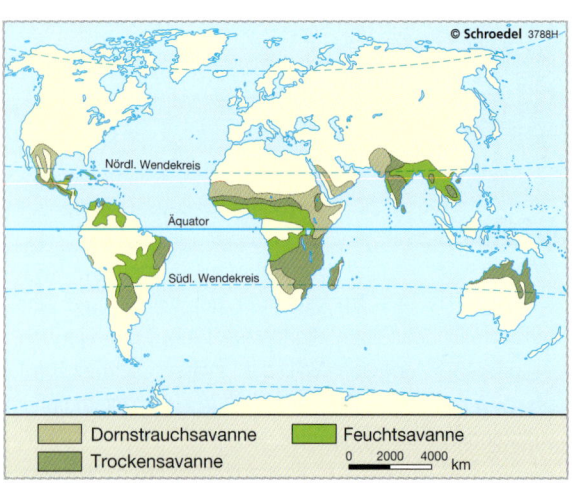

M2 *Savannen der Erde*

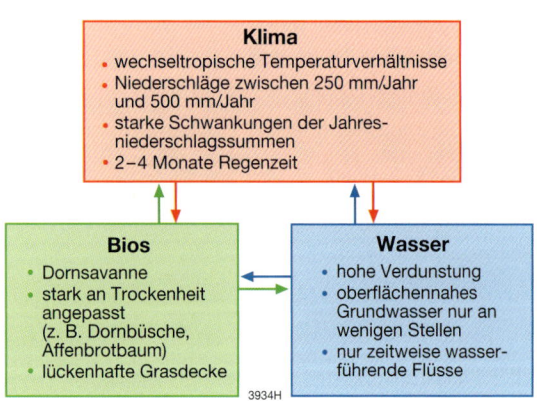

M3 *Schemaskizze Dornsavanne*

Vegetationszonen: Fallbeispiel Savannen

Savannen sind offene Graslandschaften in den wechselfeuchten Tropen. In den Savannen gibt es aber auch einzelne Bäume, Baumgruppen oder Wälder. Die Zusammensetzung der Vegetation ist hauptsächlich von der Menge und der Verteilung der Niederschläge über das Jahr abhängig.

Die Regenzeit setzt in den wechselfeuchten Tropen plötzlich ein (M4). Dann gibt es täglich intensive Niederschläge. Die Vegetation stellt sich darauf innerhalb weniger Stunden ein. Sie treibt neues Grün aus und einige Pflanzen beginnen zu blühen. In der Regenzeit füllen sich auch Flüsse und Seen, die sonst ausgetrocknet sind. Sie werden als periodische Flüsse oder Seen bezeichnet. Problematisch für die Vegetation ist, wenn die Regenzeit kürzer als normal ist oder sogar ganz ausbleibt.

Es gibt drei verschiedene Savannenarten: die Dorn-, die Trocken- und die Feuchtsavanne (M4). Sie unterscheiden sich insbesondere durch die Länge der Trockenzeit und die Niederschlagsmengen. Die Pflanzen haben sich an diese klimatischen Bedingungen angepasst. Sie speichern Wasser und schützen sich vor Verdunstung.

Auch viele Tierherden wandern den Regenfällen und somit der Nahrung hinterher (M1).

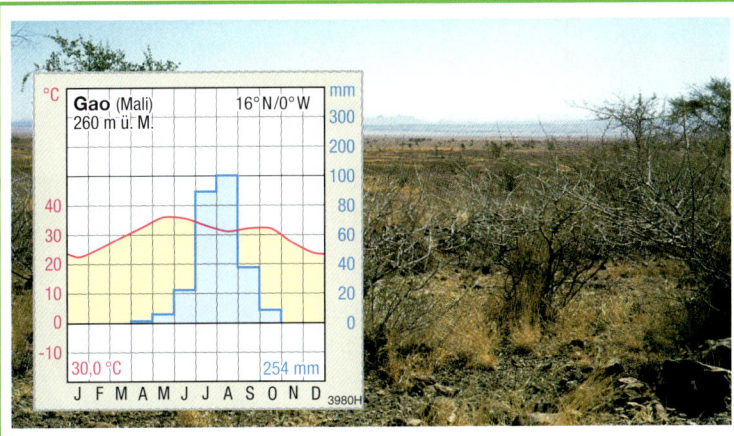

Dornsavanne
- 2–4 Monate Regenzeit;
- unter 500 mm Niederschlag/Jahr;
- kniehohes, zum Teil lichtes Gras, einzelne Laub abwerfende Bäume (z. B. Akazien) und an Trockenheit angepasste Dornsträucher;
- Böden verkrustet, lockerer Oberboden stark erosionsgefährdet

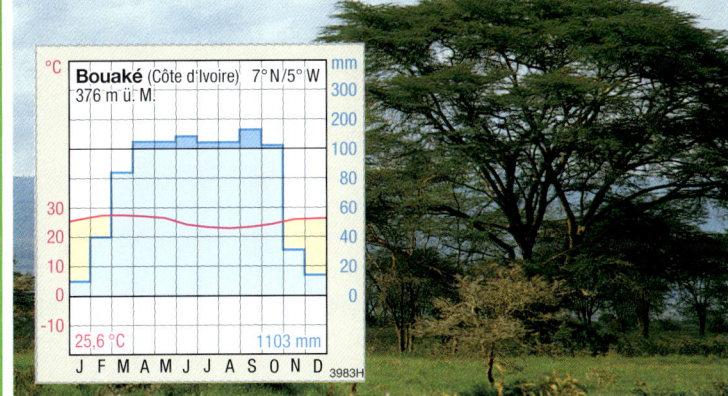

Trockensavanne
- 5–7 Monate Regenzeit;
- 500–1000 mm Niederschlag/Jahr
- hohes Gras und zahlreiche, in der Trockenzeit Laub abwerfende Bäume und Sträucher (z. B. Schirmakazie, Affenbrotbaum)
- Böden nährstoffreich und zum Ackerbau geeignet

Feuchtsavanne
- 8–10 Monate Regenzeit
- über 1000 mm Niederschlag/Jahr;
- bis zu sechs Meter hohes Gras, entlang der Flüsse Galeriewälder, Bäume überwiegend immergrün;
- Böden nährstoffarm und unfruchtbar

M4 *Die Savannen Afrikas*

❶ Die Savannen sind Vegetationszonen im tropischen Wechselklima.
a) Teilt euch in Gruppen auf: Jede Gruppe beschreibt die Lage, das Klima, die Vegetation und den Boden einer Savannenart genauer (M2, M4, Text).
b) Stellt eure Ergebnisse in einem Kurzvortrag der Klasse vor.
c) Vergleiche in einer Tabelle die drei Savannenarten nach Klima, Vegetation und Boden.

❷ Die Savannen sind klimatisch geprägt.
a) Erkläre die Abfolge der Savannenarten von Nord nach Süd (M2).
b) Erläutere M3.
c) Erstelle wie in M3 eine Schemaskizze zur Feuchtsavanne.

❸ a) Informiere dich im Internet zu einer Tierart in der Savanne (z. B. www.afrika-junior.de, www.wwf.de).
b) Halte einen Kurzvortrag über ein Tier deiner Wahl.

Grundwissen/Übung

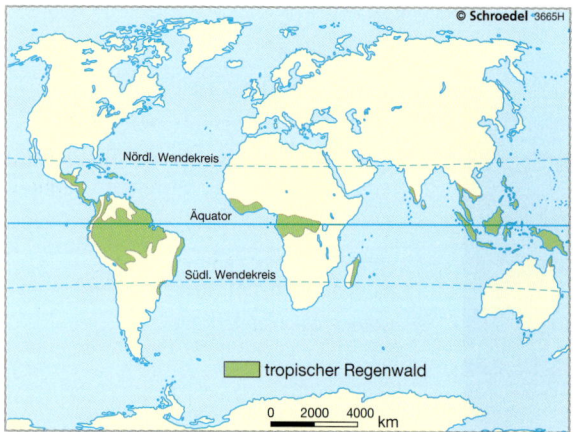

M1 *Verbreitung des tropischen Regenwaldes*

INFO

Nährstoffkreislauf im tropischen Regenwald

Durch die warmen und feuchten Klimabedingungen ist der **Boden** in der äquatorialen Klimazone zwar tiefgründig verwittert, enthält aber kaum Nährstoffe. Die **Humus**schicht ist nur wenige Zentimeter dick: Die Blätter am Boden werden schnell zersetzt und die Nährstoffe von den Pflanzen aufgenommen. Es besteht ein kurzgeschlossener Nährstoffkreislauf. Weil sich keine großen Nährstoffvorräte bilden können, eignet sich der Boden schlecht zum Ackerbau.

Vegetationszonen: Fallbeispiel tropischer Regenwald

Der **tropische Regenwald** wächst rund um den Äquator unter immerfeuchten, tropischen Klimabedingungen.

Das **Tageszeitenklima** im Regenwald ist durch hohe Temperaturen, hohe Luftfeuchtigkeit und hohe Niederschlagswerte gekennzeichnet. Diese Eigenschaften bedingen den Artenreichtum.

Die Pflanzen leben in verschiedenen Stockwerken (M3). Zwei Drittel aller Pflanzen- und Tierarten des tropischen Regenwaldes sind in 30 bis 40 Meter Höhe anzutreffen. In den Astgabeln leben Aufsitzerpflanzen (= Epiphyten). Zu ihnen gehören die Orchideen (M5). Dadurch erhalten sie genügend Licht. Dagegen sind auf dem Erdboden die Lebensbedingungen schwierig. Nur ein bis zwei Prozent des Lichtes gelangen hierher. Typisch für den tropischen Regenwald sind die nebeneinander vorkommenden Entwicklungsstadien an Bäumen. So können Blattwachstum, Blattfall, Blüte und Frucht zeitgleich beobachtet werden. Aufgrund der fehlenden Jahreszeiten bilden die Bäume aber keine Jahresringe.

Die Bäume besitzen zudem **Brettwurzeln** (M2). Diese unterstützen die Standfestigkeit der oft flachwurzelnden Bäume.

M2 *Baum mit Brettwurzeln*

M3 *Stockwerkbau im tropischen Regenwald und dessen Auswirkungen*

❶ Der tropische Regenwald ist eine Vegetationszone. Erläutere die Verbreitung des tropischen Regenwaldes (M1).

❷ Der tropische Regenwald hat typische Merkmale.
a) Beschreibe den Stockwerkbau des tropischen Regenwaldes und dessen Auswirkungen (M3).
b) „Der Boden des tropischen Regenwaldes ist nur wenig fruchtbar." Erkläre die Ursachen (Info, Text).
c) Vergleiche die zwei Holzarten in M4. Begründe ihr unterschiedliches Aussehen.
d) Finde den nicht in diese Reihe passenden Begriff: Liane, Mahagoni, Teak, Tropenholz.

❸ Der tropische Regenwald unterscheidet sich von unseren Wäldern.
a) Vergleiche den tropischen Regenwald mit einem Wald in Deutschland (M6, Internet: www.young-panda.de, www.oroverde.de, www.wwf.de).
b) Wiederhole dein Wissen zum Klima des tropischen Regenwaldes. Beschreibe dazu den Temperatur- und Niederschlagsverlauf an einem Tag (Atlas).

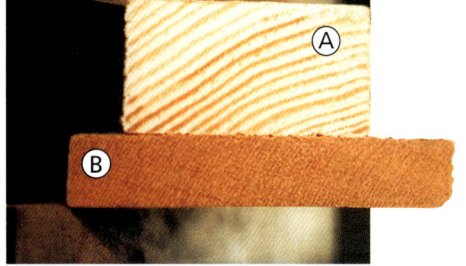

M4 *Holz der Tropen (B) und unserer Breiten (A)*

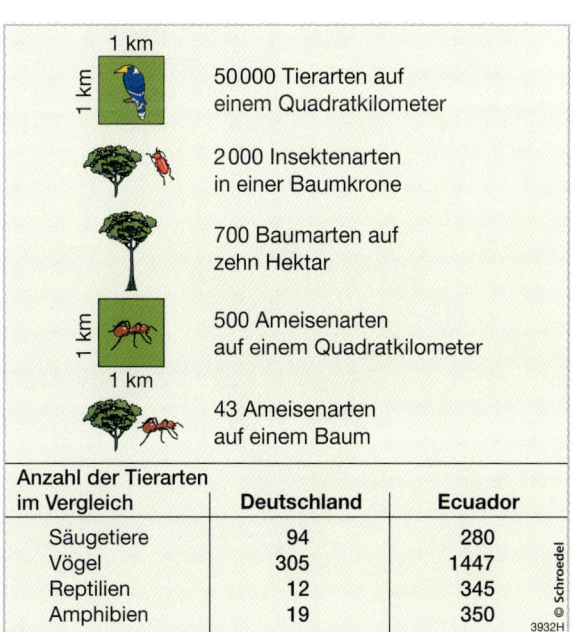

M5 *Orchidee*

M6 *Artenvielfalt im tropischen Regenwald*

Grundwissen / Übung

Gewusst – gekonnt: Die Erde als Naturraum

1. Plattentektonik
Erläutere die Vorgänge, die in den beiden Abbildungen dargestellt sind.

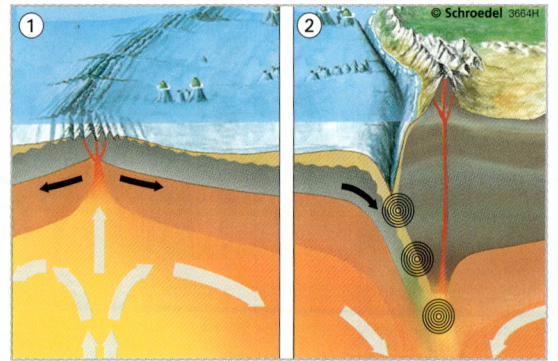

2. Erdbeben in Kalifonien
Du lebst in San Francisco. Schreibe einem Freund/einer Freundin in Deutschland einen Brief, in dem du erklärst, warum Kalifornien so stark erdbebengefährdet ist.

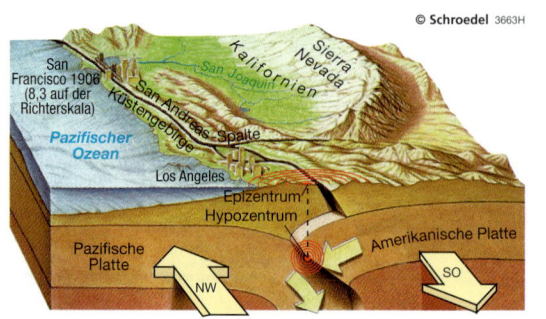

3. Der Schalenbau der Erde
a) Benenne die Schalen der Erde (1–8).
b) Erkläre die Zusammenhänge zwischen Erdkruste, Erdmantel und Lithosphäre.

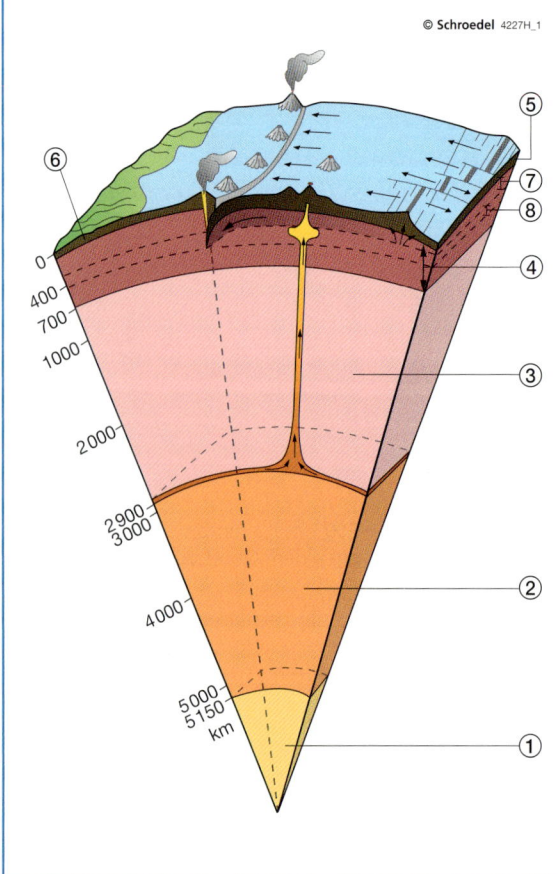

4. Fachbegriffe des Kapitels:

Asthenosphäre	Maritimität
Beleuchtungszone	Mittelozeanischer Rücken
Bruchschollengebirge	Monsun
Erdkruste	Passat
Erdmantel	Plattentektonik
Erdkern	Richterskala
Exposition	Rift
Faltengebirge	Schalenbau
Gebirgsbildung	Stockwerkbau
Höhenstufen der Vegetation	Subduktion
Innertropische Konvergenzzone (ITC)	Subtropischer Hochdruckgürtel
Klimafaktor	Tropen
Klimazone	Tsunami
Kontinentalität	Vegetationszone
Lithosphäre	Wendekreis
	Zenit

5. Schweres Erdbeben vor Japan
Ein schweres Erdbeben der Stärke 6,5 hat gestern den Norden Japans erschüttert. Die Behörden gaben für einige Regionen eine Flutwellenwarnung aus. Die Anwohner wurden aufgefordert, sich von der Küste fernzuhalten. Das Zentrum des Bebens lag vor der Küste Honshus in etwa 26 Kilometer Tiefe.

a) Erkläre die häufigen Erdbeben vor Japans Küste (Atlas).
b) Beschreibe, welche Gefahren diese Erdbeben für die japanische Bevölkerung erzeugen.

6. Die Passatzirkulation am 21. März bzw. am 23. September

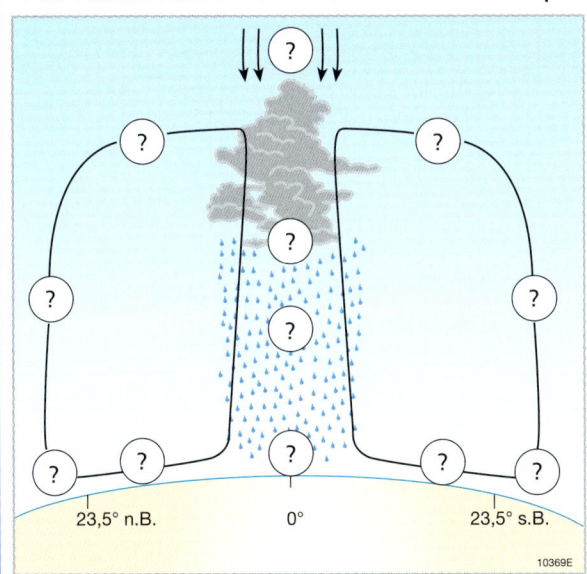

Zeichne das nebenstehende Schema in dein Geographieheft. Ergänze dort Pfeilspitzen, die die Luftmassenbewegungen angeben, und trage die Nummern der nachfolgenden Begriffe in die richtigen Kreise ein.

Hinweis: Es können zwei Begriffe in einen Kreis gehören bzw. derselbe Begriff in zwei unterschiedliche Kreise.

① absinkende Luft
② äquatoriale Tiefdruckrinne
③ aufsteigende Luft
④ in der Höhe abfließende Luft
⑤ innertropische Konvergenzzone (ITC)
⑥ Kondensation, Niederschläge
⑦ Nordostpassat
⑧ Subtropenhoch
⑨ Südostpassat
⑩ Zenitstand der Sonne

7. Die Vegetationszonen

a) Ordne die Klimadiagramme (I–IV) den Klimazonen zu (S. 38/39).
b) Ordne die Vegetationsabbildungen (A–D) den Klimadiagrammen (I–IV) zu.

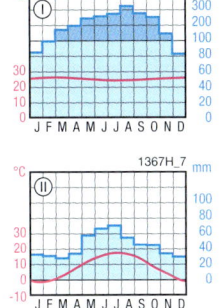
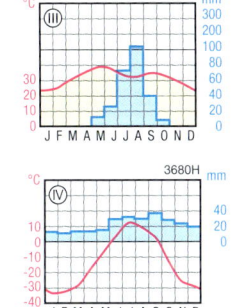
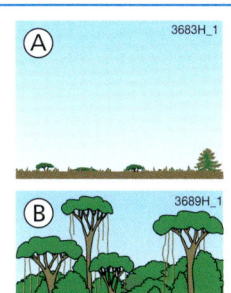

8. Worträtsel

Finde sieben versteckte Worte zu den Vegetationszonen und deren Merkmalen im Buchstabensalat (waagerecht, senkrecht).

	A	B	C	D	E	F	G	H	I	J	K	L	M	N	O	P	Q	R	S	T	U	V
1	T	U	N	D	R	A	K	K	I	T	R	O	C	K	E	N	Z	E	I	T	S	I
2	V	S	Ö	U	J	R	E	G	E	N	Z	E	I	T	Y	K	Ö	J	S	D	A	Ö
3	X	T	B	V	D	D	E	K	C	L	N	L	Ä	Ö	P	Ä	K	G	G	X	V	P
4	P	E	Y	M	W	H	H	V	D	Q	U	K	A	N	L	L	U	W	W	P	A	D
5	T	P	Y	J	A	H	R	E	S	Z	E	I	T	E	N	T	U	I	B	T	N	U
6	Q	P	X	S	S	Q	M	P	K	C	J	Ö	C	N	N	E	R	G	R	K	N	W
7	T	E	G	Ä	X	S	N	F	A	Q	A	V	I	B	H	D	D	M	F	B	E	T

Übung

Tourismus und Freizeit

Tauchkurs im Urlaub

Das Modell der Wirtschaftssektoren

Was ist Wirtschaft?
Viele Zeitschriften schreiben Schlagzeilen wie: „Die deutsche Wirtschaft kommt in Schwung". Was verbirgt sich aber hinter dem Begriff Wirtschaft? Als **Wirtschaft** werden alle Tätigkeiten des Menschen zur Herstellung, Beschaffung und Verwendung von Produkten sowie **Dienstleistungen** zusammengefasst.

Drei Wirtschaftssektoren
Die Wirtschaft wird in **Wirtschaftssektoren** oder sogenannte Wirtschaftsbereiche unterteilt (M1).
1. Primärer Sektor
Dieser Sektor umfasst die Teile der Wirtschaft, die mit der Produktion von Nahrungsmitteln und der Gewinnung von Rohstoffen zu tun haben: Land- und Forstwirtschaft, Fischerei und Bergbau.
2. Sekundärer Sektor
In diesem Sektor werden Rohstoffe mit Maschinen zu gebrauchsfertigen Gütern verarbeitet. Beispiele sind das verarbeitende Handwerk (z. B. Bäckereien), die Bau- und Energiewirtschaft.
3. Tertiärer Sektor
Er wird auch Dienstleistungssektor genannt. Zu ihm zählen: Gaststätten, Handel, Banken, Hotels, Krankenhäuser, Verwaltung und Verkehr.

Wandel in den Wirtschaftsbereichen
Vor 100 Jahren arbeiteten in Deutschland die meisten Beschäftigten in der Landwirtschaft. Heute dagegen sind die meisten Menschen im Dienstleistungssektor tätig. Bis zur **Industriellen Revolution** im 19. Jahrhundert waren die Industrieländer Agrargesellschaften: Ein Großteil der Bevölkerung arbeitete in der Landwirtschaft. Erst mit der Erfindung der Dampfmaschine von James Watt in England war es möglich, dass Maschinen viele Arbeiten übernahmen. Mit der Einführung der Fließbandarbeit hielt dann die industrielle Massenfertigung Einzug.

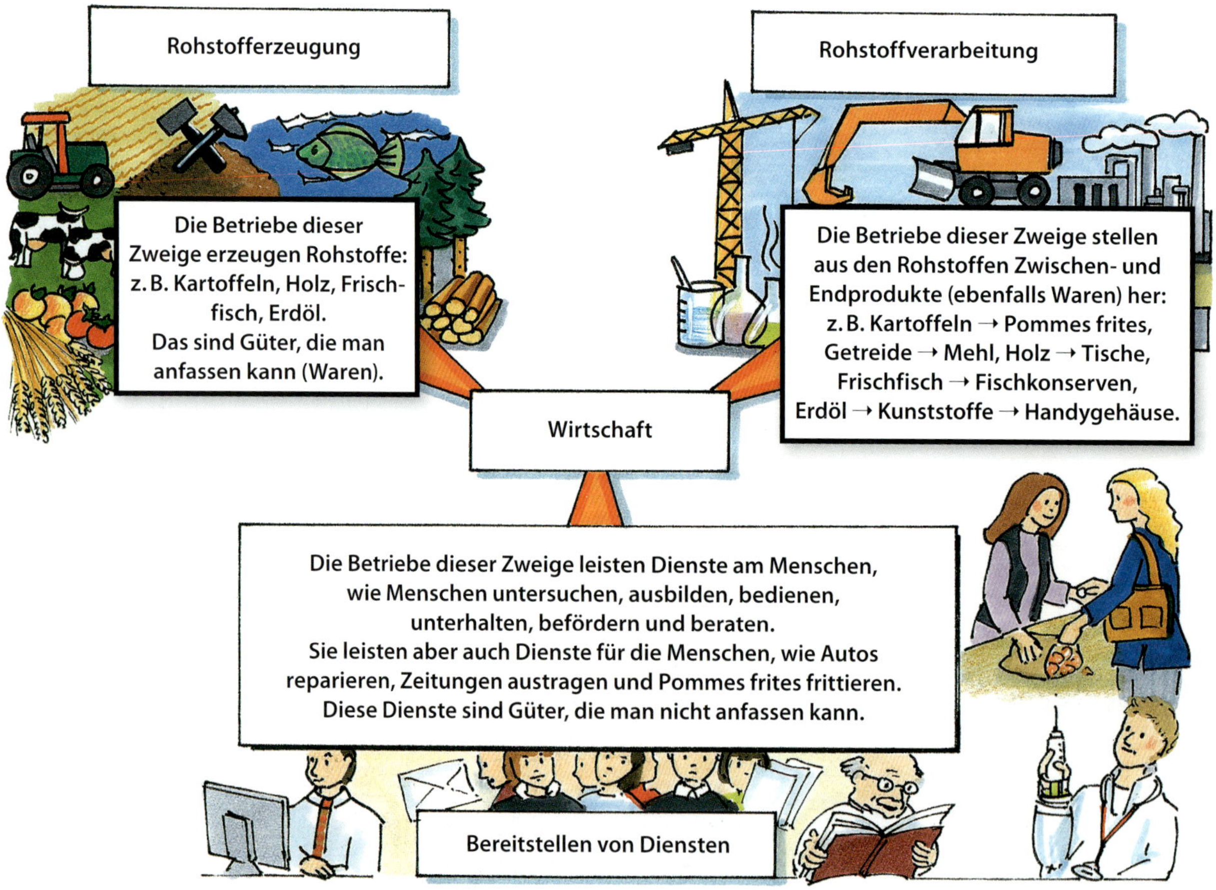

M1 *Wirtschaftsbereiche und zugehörige Güter*

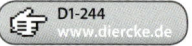

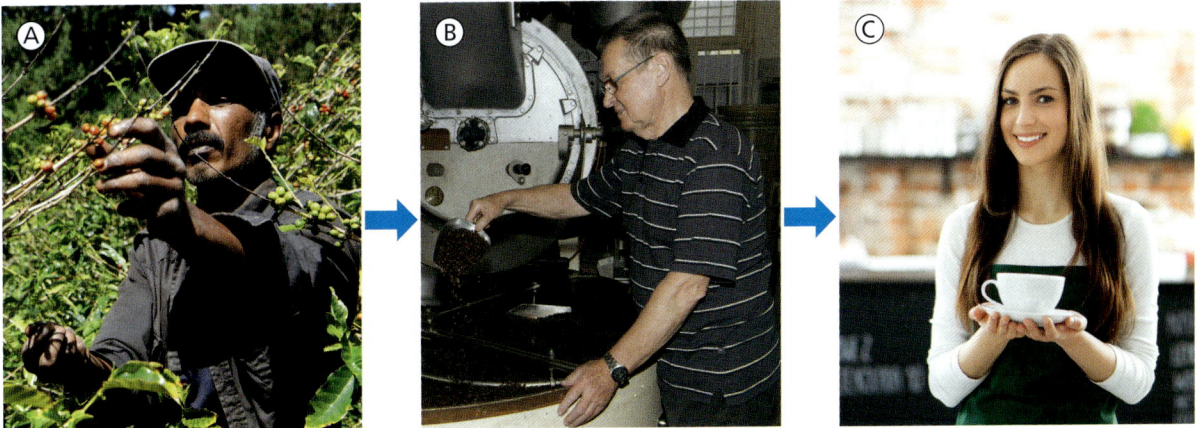

M2 *Verschiedene Wirtschaftssektoren – das Beispiel Kaffee*

Land	1. Sektor	2. Sektor	3. Sektor
Deutschland	0,8 %	28,1 %	71,1 %
Spanien	3,3 %	24,2 %	72,6 %
Polen	3,5 %	34,2 %	62,3 %
USA	1,2 %	19,1 %	79,7 %
Guatemala	38,0 %	14,0 %	48,0 %
China	10,1 %	45,3 %	44,3 %

M3 *Die Verteilung von Beschäftigten auf die Wirtschaftssektoren im Jahr 2012*

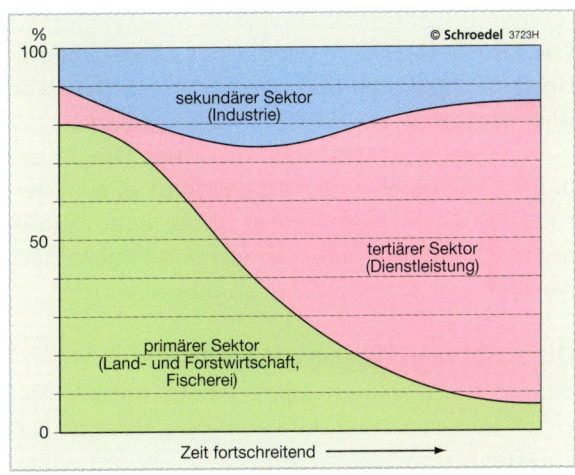

M5 *Entwicklung der Beschäftigten in den drei Wirtschaftssektoren (Modell)*

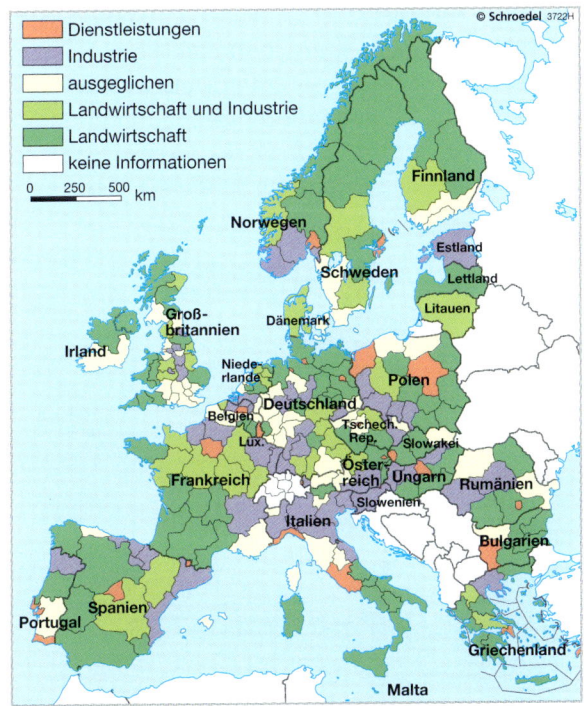

M4 *Erwerbstätige in den Wirtschaftssektoren der Regionen Europas*

❶ Die Wirtschaft beeinflusst viele Bereiche unseres Lebens.
a) Erkläre den Begriff Wirtschaft.
b) Ordne die Bilder in M2 den jeweiligen Wirtschaftssektoren zu. Begründe deine Entscheidung.
c) Arbeite mit M1 und ordne die folgenden Berufe den drei Wirtschaftssektoren zu: Polizei, Arzt, Landwirt, Kraftfahrzeugmechaniker, Lokführer, Bergmann, Künstler.

❷ Die Wirtschaft verändert sich ständig.
a) Erläutere die Entwicklungen der Wirtschaftssektoren im Modell M5.
b) Nenne Probleme, die diese Entwicklung auslösen könnte (M5).
c) Zeichne für zwei Länder in M3 ein Diagramm und vergleiche beide Länder.

❸ Wähle drei Länder in M4 und vergleiche diese untereinander (Atlas).

Tourismus und Freizeit

Grundwissen/Übung

M1 *Wir fahren in den Urlaub*

M2 *Ein Traum unter Palmen*

Wohin geht die Reise?

Das Jahr 2012 endete wieder mit einem Rekord: Über 407 Millionen Mal übernachteten deutsche und ausländische Gäste in Deutschland. Das waren vier Prozent mehr als 2011. Die Reiseangebote sind sehr vielfältig: So gibt es zum Beispiel Wander-, Rad- und Städteurlaube, einen entspannenden Wellnessurlaub und Pilgerreisen. Auch Kreuzfahrten werden angeboten.

Die schönsten Wochen des Jahres

Tourist ist, wer „auf Tour" ist. Er unternimmt einen Ausflug oder fährt in den Urlaub. Der Tourismus – oder Fremdenverkehr – ist mit einem Ortswechsel verbunden. Zu ihm werden alle Dinge gezählt, die mit dem Aufenthalt von Menschen an einem anderen Ort als ihrem Wohnsitz zusammenhängen – auch An- und Abreise.

Aber nicht alle Reisen werden dem Tourismus zugeordnet. So zählen natürlich Ein- oder Auswanderer sowie Flüchtlinge nicht zu den Touristen, obwohl auch sie unterwegs sind. Geschäftsreisende oder Pendler zur Arbeit sind dagegen für die UNWTO (Welttourismusorganisation) Touristen (M4).

Es gibt unterschiedliche Reisearten wie den **Pauschal-** oder den **Individualtourismus** (M5, Info).

Kurze Geschichte des Tourismus

Der Tourismus hat sich in den letzten Jahrzehnten zu einem der wichtigsten **Wirtschaftszweige** weltweit entwickelt. Man schätzt, dass jeder neunte Beschäftigte im Tourismusbereich arbeitet. Doch noch vor 200 Jahren war das Reisen viel beschwerlicher, teurer und risikoreicher. Bildungsreisen und Kuren leisteten sich nur wenige, meist wohlhabende Menschen, die mit Pferdekutschen verreisten. Erst mit der Eisenbahn und dem Dampfschiff konnte im 19. Jahrhundert der heutige Tourismus nach und nach entstehen. Nun konnten sich mehr Menschen eine Reise leisten. Der Massentourismus setzte in Deutschland aber erst in den 1950er-Jahren ein. Zunehmender Wohlstand und kürzere Arbeitszeiten ermöglichten den Urlaub für sehr viele Menschen.

M3 *Abflugtafel am Frankfurter Flughafen*

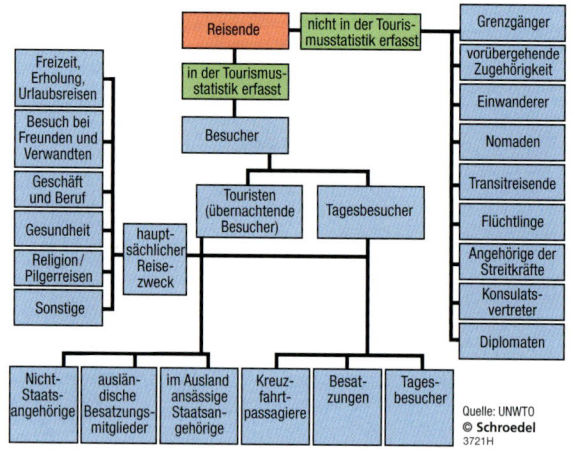

M4 *Tourismusdefinition der Welttourismusorganisation (UNWTO)*

	Tourismusart Warum wird verreist?		**Tourismusform** Wie wird verreist?
Inhalt	Geschäfts-, Besuchs-, Bildungs- und Urlaubsreise, Bade- und Sporturlaub, Wellnessreise	Dauer	Ausflug, Wochenendausflug, Langzeitreise
Ziel	Fernreise oder Naherholung, Ausland, Inland, Kultur	Transportmittel	Bahn, Bus, Flugzeug, Schiff, Fahrrad, Auto, zu Fuß
Motiv	Erholung, Entdeckung, Erlebnis, Bildung, Ruhe	Organisation	Pauschal- oder Individualreise

M5 *Tourismusarten und Tourismusformen*

INFO

Pauschaltourismus: Von Veranstaltern angebotene komplette Reiseangebote mit Hotel, Tagesprogramm und Ausflügen zu einem festen Preis (Pauschalpreis).

Individualtourismus: Organisation der Reise ohne Reisebüro – „auf eigene Faust". Hier können persönliche Interessen besser berücksichtigt werden.

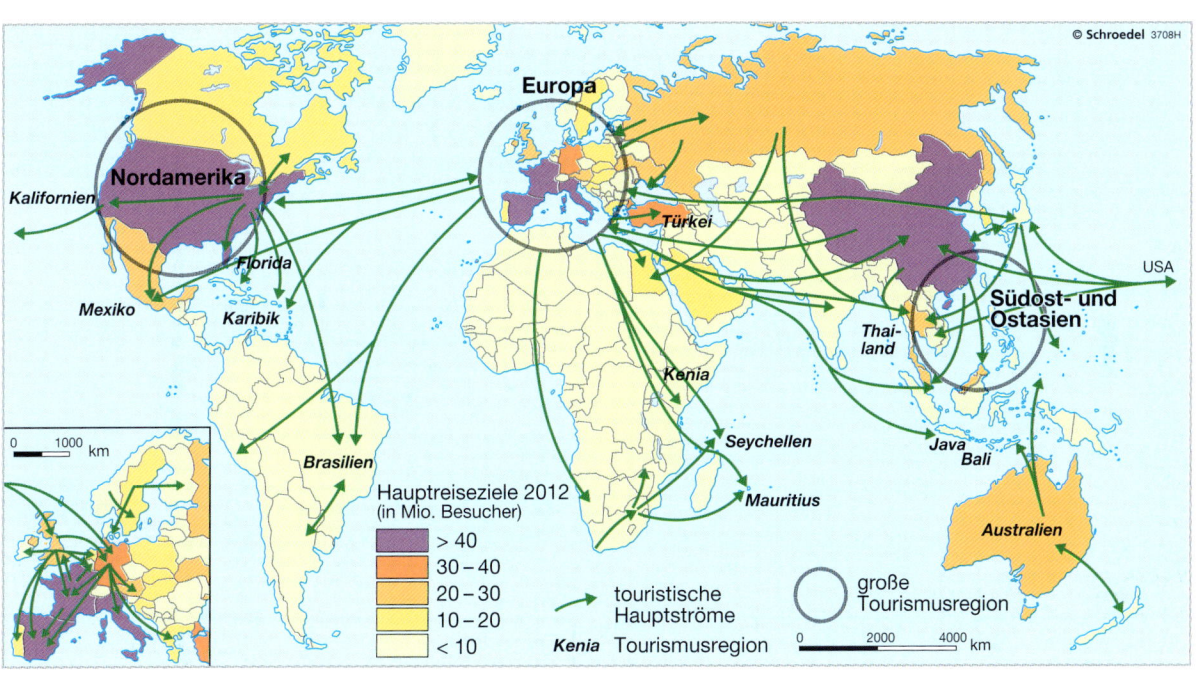

M6 *Reiseströme des internationalen Tourismus*

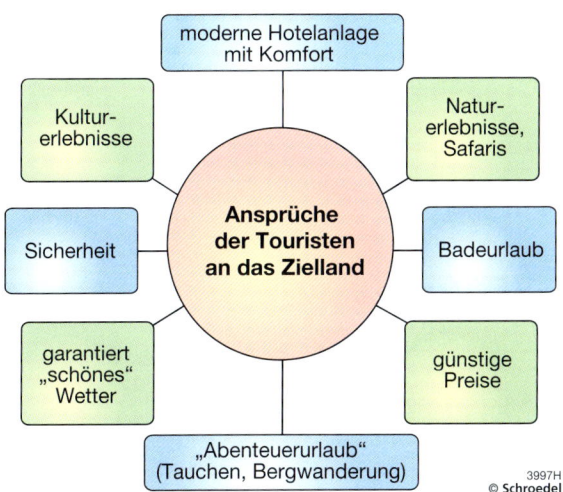

M7 *„Tourismuserwartungen" an das Zielland*

❶ Die Deutschen gelten als „Reiseweltmeister".
a) Erkläre den Begriff Tourismus (M4).
b) Nenne Beispiele für Pauschal- und Individualtourismus (Info).

❷ Der Tourismus ist ein wichtiger Wirtschaftszweig.
a) Nenne Hauptreiseströme und -ziele (M6).
b) 〰 Arbeite mit M5 und dem Atlas. Plane im Reisebüro „Hin und weg" mit einem unentschlossenen Kunden dessen Urlaub.

❸ Der Tourismus ist eine Herausforderung für Einheimische und Touristen.
a) Erläutere die Karikatur (M1) und bewerte ihre Aussage.
b) 〰 Verändere die Abbildung M7 so, dass in der Mitte „Erwartungen des Ziellandes an die Touristen" steht.

Grundwissen/Übung

M1 *Tourismus im Pazifik: die Osterinsel*

Das Konzept des nachhaltigen Tourismus: Beispiel Osterinsel

Der Schriftsteller H. M. Enzensberger erkannte schon 1979: „Der Tourist zerstört das, was er sucht, indem er es findet." Wie verändert sich ein Urlaubsland, in das immer mehr Touristen reisen und in dem immer mehr Übernachtungsmöglichkeiten gebaut werden? Mit diesen Überlegungen beschäftigt sich das Konzept der **Nachhaltigkeit**.

Das Konzept des nachhaltigen Tourismus

Um den Tourismus nachhaltig zu gestalten, gibt es viele Konzepte. Die Grundidee ist, unterwegs zu sein, ohne der Umwelt zu schaden. Eine nachhaltige Tourismusentwicklung stellt die Bedürfnisse der Touristen und der Gastregion zufrieden und wahrt gleichzeitig die Zukunftschancen des Raumes. Es gibt drei Bereiche der Nachhaltigkeit im Tourismus:
- *Ökologie (Umwelt):* Das natürliche und kulturelle Erbe soll geschützt und entwickelt werden.
- *Soziales (Gesellschaft):* Die Lebensqualität der einheimischen Bevölkerung soll verbessert werden.
- *Ökonomie (Wirtschaft):* Die Wirtschaft der Tourismusregion soll gestärkt werden.

INFO

Nachhaltige Entwicklung

Nachhaltige Entwicklung ist nach Definition der ehemaligen norwegischen Ministerpräsidentin, Gro Harlem Brundtland, „eine Entwicklung, die die Bedürfnisse der Gegenwart befriedigt, ohne zu riskieren, dass zukünftige Generationen ihre eigenen Bedürfnisse nicht befriedigen können".

Mithilfe eines Nachhaltigkeitsdreiecks kann die Nachhaltigkeit des Tourismus bewertet werden. Auf jeder der drei Achsen wird eine Dimension der Nachhaltigkeit abgebildet. Hierbei entsprechen die äußeren Dreiecksspitzen dem Maximum.
Das nachfolgende Beispiel weist einen nicht **nachhaltigen Tourismus** aus, da z.B. der Bereich des Sozialen benachteiligt ist. Hier profitiert die heimische Bevölkerung nur wenig vom Tourismus.

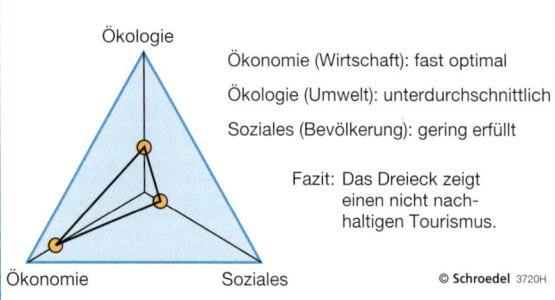

M2 *Das Nachhaltigkeitsdreieck*

Eine neue Methode der Darstellung nachhaltigen bzw. nicht nachhaltigen Tourismus ist der Reisestern. Für eine 21-tägige Flugreise nach Neuseeland mit Wandern und Mountainbiking wurde der nachfolgende Reisestern erstellt. Vor Ort wurde mit dem Auto eine Strecke von 2500 Kilometern zurückgelegt und in Hotels übernachtet.

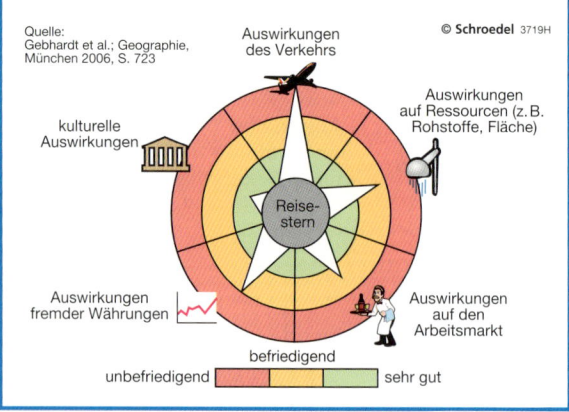

M3 *Der Reisestern*

Die kleine Insel im Pazifik, vor der Westküste Chiles, ist etwa so groß wie die Ostseeinsel Fehmarn. Sie hat viele Namen: Die Spanier nennen sie Isla de Pascua und die Ureinwohner Rapa Nui (polynesisch: großer Flecken). Bei uns ist die Insel als Osterinsel bekannt.

Dieser Landfleck zieht viele Touristen wegen der einzigartigen Kultur an. Bekannt sind z. B. die bis zu 21 Meter hohen Standbilder von Stammeshäuptlingen (Moai, M1). Über 600 solcher steinernen Figuren gibt es auf der Insel, die seit 1995 zum **UNESCO-Welterbe** gehört.
Für die über 5000 Inselbewohner ist der Tourismus auch eine wichtige Einnahmequelle. Da die Insel fast 4000 Kilometer vom Festland entfernt liegt, können Touristen nur mit dem Flugzeug oder dem Schiff anreisen. Dennoch soll der Tourismus Nachhaltigkeitskriterien erfüllen. Das 2008 erbaute Nobelresort auf der Insel wirft jedoch Fragen auf.

M4 *Die Osterinsel im Pazifischen Ozean*

Jahr	ankommende Touristen
1972	4000
1982	2000
1992	5500
2002	17 000
2007	52 000
2012	>70 000

M5 *Touristenankünfte auf der Osterinsel*

In fünf Schritten zur Pro-und-Kontra-Diskussion

1. Regeln und Diskussionsablauf festlegen
Diskussionsregeln: ausreden lassen, zuhören, fair und sachlich diskutieren, andere Meinungen annehmen
2. Pro- und Kontra-Argumente finden
Sucht Diskussionsargumente, die für (pro) oder gegen (kontra) das Thema sprechen.
3. Diskussionsleiter (Moderator) bestimmen
Der Moderator hat die Aufgabe, durch das Streitgespräch zu führen. Er achtet auf die Regeleinhaltung.
4. Diskussion führen
Vertretet eure Argumente sachlich und bildet euch abschließend eine Meinung.
5. Diskussion zusammenfassen
Fasst eure Diskussionsergebnisse gemeinsam zusammen und besprecht Diskussionsfehler und gelungene Dinge.

- Rainer (Tourist): „Ich bin für zwei Tage auf der Insel und mache eine deutschsprachige Besichtigungstour mit. Es ist wunderschön hier."
- Alejandro (Nationalparkmitarbeiter): „Natürlich freue ich mich über das große Interesse an den Steinskulpturen. Die Touristenzahl sollte aber nicht weiter wachsen …"
- Carmen (Reisebüromitarbeiterin): „Das Angebot unserer Insel ist vielfältig. Man kann wandern, tauchen oder surfen. Selbst mit dem Rad oder auf Pferden lässt sich die Insel erkunden. Der Öko-Tourismus soll wachsen."
- Maria (Umweltschützerin): „Der Lärm der Flugzeuge und Schiffe stört. Nicht zu vergessen der hohe Treibstoffverbrauch."
- Juan (Hoteldirektor): „Natürlich wünsche ich mir einen nachhaltigen Tourismus. Ich wohne und arbeite ja auf der Insel. Aber mein Hotel muss auch ausgelastet sein."

M6 *Meinungen zum Tourismus auf der Osterinsel*

❶ Nachhaltigkeit geht uns alle an.
a) Erkläre den Begriff Nachhaltigkeit.
b) Erkläre an Beispielen die Bereiche des nachhaltigen Tourismus.

❷ Nachhaltigkeit kann dargestellt werden.
a) Erläutere den Reisestern (M3).
b) Bewerte die Nachhaltigkeit des Neuseelandurlaubes.

c) Erstelle mit den Materialien (M4, M5) für die Osterinsel ein Nachhaltigkeitsdreieck (M2). Stelle es anschließend deiner Klasse vor.

❸ Führt zum Thema „Stoppt den Tourismus auf der Osterinsel" eine Pro- und-Kontra-Diskussion (Schrittfolge, M6).

Grundwissen / Übung

M1 *Reisen früher und heute*

Reisen früher und heute – die Entwicklung des Verkehrs

Immer weiter, immer schneller
König Friedrich Wilhelm III. von Preußen sagte am 29. Oktober 1838 zur Eröffnung der ersten preußischen Eisenbahnlinie zwischen Berlin und Potsdam: „Alles soll Karriere gehen, die Ruhe und Gemütlichkeit leiden darunter. Kann mir keine große Seligkeit davon versprechen, ein paar Stunden früher von Berlin in Potsdam zu sein. Zeit wird's lehren."

Die Entwicklung des Reisens in Europa
Zu Beginn des 19. Jahrhunderts lebten die Menschen vergleichsweise ortsgebunden und nur wenige konnten sich eine Reise mit der Postkutsche leisten. Die Grenzen der Geschwindigkeit setzte die Natur: Pferde waren nach einer gewissen Zeit erschöpft oder Segelschiffe mussten bei Windflaute stehen bleiben.

Erst mit dem Ausbau des Eisenbahnnetzes in Deutschland konnten weite Entfernungen schnell und von vielen Menschen überwunden werden. Das deutsche Eisenbahnnetz wuchs so von 2200 Kilometern im Jahr 1845 auf 65 000 Kilometer im Jahr 1917.
Eine weitere Revolution stellte die Erfindung des Autos dar. Die Menschen konnten sich nun unabhängig und schnell im Raum bewegen. Die massenhafte Verbreitung des Autos seit 1950 sowie der Ausbau des Straßennetzes veränderten erneut die Einstellung der Menschen gegenüber Entfernungen und Zeit.
Flugzeuge konnten die Geschwindigkeit und die Reichweite nochmals steigern.

Der Verkehr heute
Aktuell wird die Nachhaltigkeit auch im Verkehr immer wichtiger. Deshalb suchen Wissenschaft und Politik nach Möglichkeiten, die Umwelt – vor allem das Klima – zu schonen. Eine **nachhaltige Verkehrsentwicklung** soll umweltschonende Verkehrskonzepte finden. Ein Beispiel dafür ist das sogenannte Carsharing, bei dem sich Menschen ein Auto teilen. Sie können ein Auto auch für kurze Zeit anmieten. Kosten für den Kauf des Autos und Reparaturen müssen sie nicht tragen.

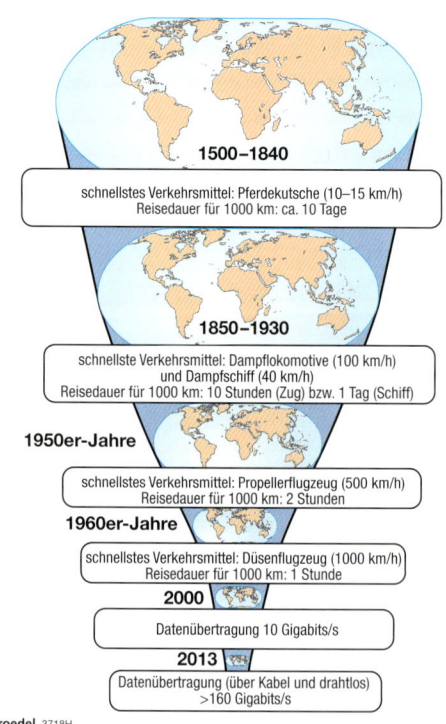

M2 *Entfernungen werden immer kleiner*

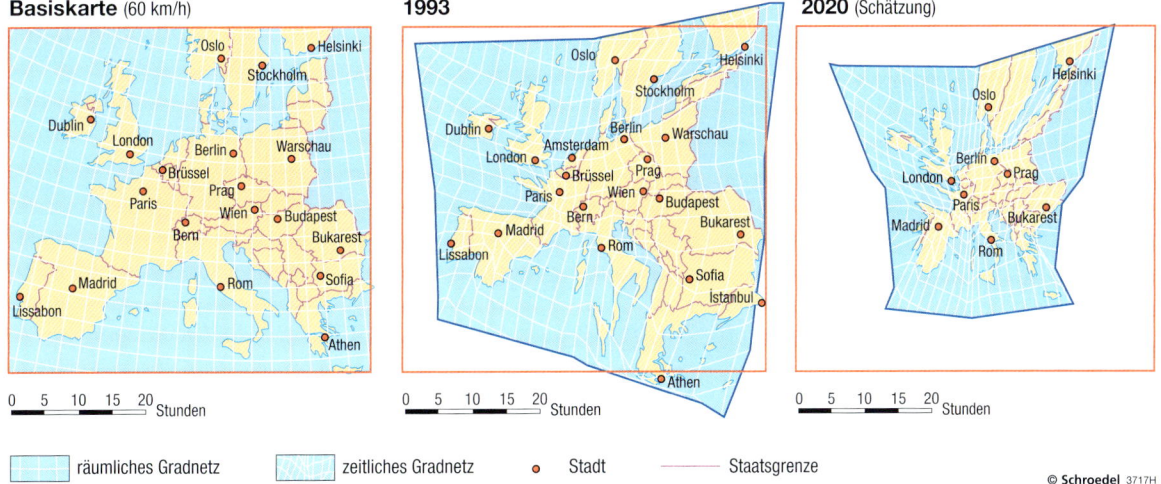

M3 *Die Veränderung der Distanzen durch die Entwicklung der Eisenbahn*

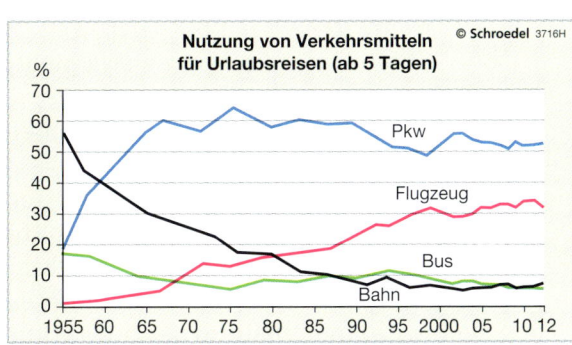

M4 *Die Reiseverkehrsmittel im Laufe der Zeit*

① Reisen hat sich über die Jahrhunderte verändert.
a) Beschreibe den Wandel der Reiseverkehrsmittel (M4).
b) Erläutere die Veränderungen beim Reisen (M2, M3).

② Die Entwicklung des Verkehrs wirkt sich auf viele Bereiche aus.
a) Nenne Flughäfen Europas (M5, Atlas).
b) Erläutere M5 in Bezug auf die Auswirkungen des Reisens.

c) Lege dir eine Tabelle an, in der du positive und negative Auswirkungen des Verkehrs auflistest.
d) 🠒 Beurteile die Wirkung des Projekts atmosfair (M6).
e) 🠒 Der Verkehr hält Deutschland am Leben.
Bewerte diese Aussage.

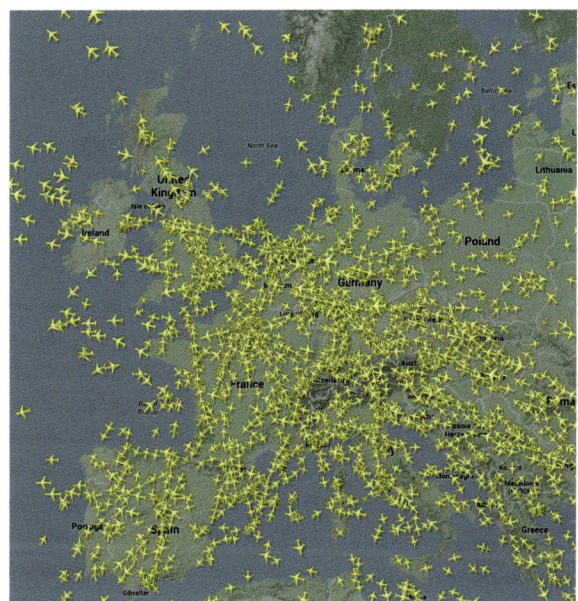

M5 *Der Flugverkehr über Europa an einem Sonnabend um 17 Uhr (www.flightradar24.com)*

Beim Reisen erzeugen wir viel Kohlenstoffdioxid (CO_2). Dieses Gas trägt u. a. zur weltweiten Erwärmung bei. Über die Gesellschaft „atmosfair" können klimaschützende Projekte unterstützt werden. Der Name setzt sich aus den Worten Atmosphäre (Lufthülle) und fair (engl.: gerecht) zusammen. Auf www.atmosfair.de kann man berechnen, wie viel CO_2 auf einem Flug produziert wird und was es kostet, diese Menge Klimagase einzusparen.

M6 *Atmosfair – die Lösung der Klimaerwärmung?*

Grundwissen / Übung

M1 *Unterschiedliche Reiseziele: Italien für Bundesbürger (A), der Ostseestrand für DDR-Bürger (B)*

Deutschland macht Urlaub

Insgesamt zwölf Tage Urlaub standen am Anfang der 1950er-Jahre jedem Beschäftigten der Bundesrepublik Deutschland zur Verfügung. Viele verbrachten damals ihren Urlaub in Deutschland oder Österreich. Erst mit dem Aufschwung der Wirtschaft und der Massenmotorisierung durch das Auto konnten sich große Teile der Bevölkerung einen Urlaub leisten. Beliebtestes Reiseziel war Italien (M1 A). Mitte der 1950er-Jahre besuchten fast fünf Millionen Deutsche das Land. Beliebt war vor allem das Camping. Auch die **Infrastruktur** wurde dem veränderten Reiseverhalten angepasst (z. B. Bau der Brenner-Autobahn zwischen Österreich und Italien ab 1959). Die Deutschen lernten in Italien neben der Natur und den Menschen auch Gerichte wie Pizza kennen.

Später nahmen die Pauschalreisen zu. Das Ziel in den 1960er-Jahren war vor allem Mallorca. Spanien und Griechenland waren dann in den 1970er-Jahren die Wunschziele der Deutschen. Erst in den 1980er-Jahren lagen die Reiseziele vermehrt außerhalb Europas (z. B. Türkei, Thailand).

Anders war der Urlaub in der ehemaligen **Deutschen Demokratischen Republik** (DDR), ein eigener Staat zwischen 1949 und 1990 im Osten Deutschlands. Dort konnten die Menschen nicht frei reisen. Außer dem begrenzten Reiseverkehr in vor allem osteuropäische Länder verbrachten viele Ostdeutsche ihren Urlaub in der DDR (M1 B). Für die Vermittlung von Urlaubsreisen war der Staat verantwortlich. Dies änderte sich erst mit der Wiedervereinigung Deutschlands 1990.

Zeiträume	typische Ziele						
	Zone 1		Zone 2			Zone 3	
	europäische Mittelmeerländer (Italien, Griechenland)	Ägypten, Westasien, Nordafrika	USA	Südasien, Südostasien, Ostafrika, südliches Afrika	Karibik, Lateinamerika	Ostasien, Ozeanien, Australien	Antarktis
bis ca. 1850	grün						
1851 bis 1914	orange	grün	grün				
1920 bis 1939	gelb	orange	orange	grün			
1950 bis 1960	blau	gelb	gelb	orange	orange	grün	
1961 bis 1990	lila	lila	lila	gelb	gelb	gelb	
seit 1991	lila	lila	lila	lila	lila	blau	gelb

Zonen nach Erreichbarkeit heute:
Zone 1   < 5   Flugstunden = Nahstreckenbereich
Zone 2   5–12   Flugstunden = Mittelstreckenbereich
Zone 3   > 12   Flugstunden = Fernstreckenbereich

Intensität touristischer Erschließung
- einzelne Touristen mit hohen Einkommen
- wachsende Zahl von Touristen mit hohen Einkommen
- wachsender, z.T. organisierter Reiseverkehr der Touristen mit hohen und mittleren Einkommen
- punktuell beginnender Massentourismus mittlerer Einkommensschichten
- Massentourismus durch Touristen mit mittleren und unteren Einkommen

Quelle: Gebhardt et al.: Geographie. München 2006, S. 719

M2 *Wandel der Reiseziele seit 1850 für Bundesbürger*

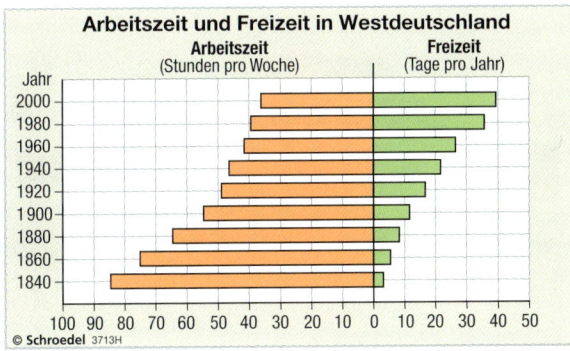

M3 *Statistisches zum Urlaub in Westdeutschland*

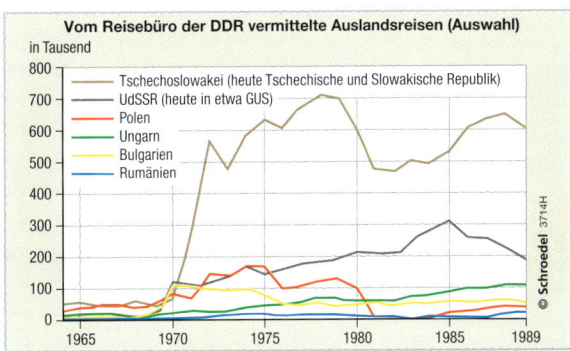

M4 *Statistisches zum Urlaub in Ostdeutschland*

„Auch wenn es zu Hause am schönsten ist: Die Deutschen bleiben 2011 Reiseweltmeister. Über 60 Milliarden Euro gaben sie laut einer Studie für Reisen ins Ausland und damit weltweit wieder am meisten für Auslandsreisen aus. Das sind drei Prozent mehr als 2010, und auch im Jahr 2012 wird eine weitere Steigerung um zwei Prozent erwartet. Doch der Thron wackelt – die Chinesen sind ihnen dicht auf den Fersen."

(Der Stern, 18. Januar 2012, dpa)

M5 *Text 1*

Es waren die Nachkriegsjahre, in denen die zögernde Erholung von den Schrecken und der Not des Zweiten Weltkriegs begonnen hatte. Das Geld war wieder wertvoll und es wurde daher nur sparsam ausgegeben. Zwar besaßen wir bereits ein Auto und nutzten die raren 14 Urlaubstage – später 3 Wochen –, die damals höchstmöglich zugestanden wurden, für Fahrten in den sonnigen Süden. Luxus war für das Gros der Normalbürger selbstverständlich noch ein Fremdwort. Es genügten Sonne und Meer für erholsame Ferien und unnötiger Komfort galt fast als ein Hindernis beim Naturgenuss.

(nach: www.margarete-kalbe.de, Stand: 08/2013)

M6 *Text 2*

„Es ist verwunderlich, wie sich die DDR-Leute mit einem unterhalten, wie offen sie dabei sind. Wird man als Westbürger erkannt, sprechen einen die Leute an, sind sie genauso an Informationen von uns interessiert wie wir an Informationen von ihnen. Die Kontaktfreudigkeit der Leute bereitete immer wieder Freude." – Carsten, 16 Jahre

(Praxis Geographie, 12/1987, S. 21, P. Schmidt-Walther)

M7 *Text 3*

Die Reisewut des Nachbarn Müller scheint Herrn Meier dazu zu zwingen, immer entferntere weiße Flecken auf der Weltkarte der Touristik auszuwählen. Wen wundert es da, wenn uns in wenigen Jahren als letzter Schrei Ferien am Nord- und Südpol angepriesen werden.

(Die Zeit, Urlaubsbilanz 1958, 20.03.1959, gekürzt)

M8 *Text 4*

❶ Der Tourismus hat sich in Deutschland in kurzer Zeit explosiv entwickelt.
a) Beschreibe die Entwicklung des Tourismus in Deutschland (M2).
b) Vergleiche den Tourismus in der Bundesrepublik Deutschland und der DDR.
c) Arbeite mit den Statistiken (M3, M4) und beschreibe den Wandel im Reiseverhalten der Deutschen.

❷ Menschen aus Deutschland berichten.
a) Fasse die Inhalte der Reiseberichte (M5–M8) kurz zusammen.
b) Gib den Texten eine passende Überschrift.
c) Befrage deine Eltern und Großeltern nach ihren Erinnerungen an einen Urlaub vor dem Jahr 1990. Schreibe darüber einen kurzen Bericht.

Grundwissen / Übung

M1 *Cluburlaub mit Animation in Tunesien*

Essen und Trinken
- *all-inclusive:* nicht alkoholische und alkoholische Getränke, Snacks und Sandwiches, Mitternachtssnacks, Kuchen und Gebäck, Tee und Kaffee, Bier, Hauswein
- *Mahlzeiten:* Frühstück, Kaffee und Kuchen, Mittag und Abend: Vorspeisen, Salat, Hauptspeisen, Show Cooking, Nachspeisen, Themenabend täglich
- *4 Restaurants (von der Karte):* mediterranes Restaurant, italienisches Restaurant, türkisches Restaurant, asiatisches Restaurant

Sport & Fitness
- Sport- und Fitnessanimation (sechs Mal pro Woche, mehrsprachig)

Unterhaltung
- Animation (ganztägig, sechs Mal pro Woche, mehrsprachig)
- Shows (mindestens vier Mal pro Woche)
- Live-Musik (mindestens drei Mal pro Woche)
- Mottopartys (mindestens zwei Mal pro Woche)

M2 *Hotelbeschreibung eines 4-Sterne-Hotels im Süden der Türkei*

Der Pauschaltourismus – alles in einem Angebot?

Am 5. Juli 1841 fuhren der englische Geistliche Thomas Cook und weitere 570 Personen mit der Eisenbahn von der mittelenglischen Stadt Leicester in das elf Meilen entfernte Loughborough. Dort nahm die Gruppe an einer Kundgebung teil, wurde verpflegt und fuhr am Abend wieder zurück nach Leicester. Thomas Cook handelte mit der Bahngesellschaft einen großen Preisrabatt aus, weil er mit vielen Personen verreiste. Außerdem war die Verpflegung im Preis inbegriffen. Noch heute sind dies zwei wesentliche Merkmale einer **Pauschalreise**. In den nächsten Jahren organisierte Thomas Cook weitere solcher Reisen. Daraus entwickelte sich bis heute die „Thomas Cook Group", ein riesiger Tourismuskonzern mit Hauptsitz in London.

Die Merkmale des Pauschaltourismus

Im Jahr 2012 waren 40 Prozent der deutschen Urlaubsreisen Pauschalreisen. Diese Reisen wurden durch Reiseveranstalter organisiert. Der Reiseveranstalter stellt „Reisepakete" zusammen. Es verreisen größere Reisegruppen zusammen. Merkmale einer Pauschalreise sind:
- der Pauschalpreis: Gesamtpreis für den Flug, die Unterkunft und die Verpflegung;
- vorgefertigtes Programm: Ausflüge, Unterhaltungsprogramm im Hotel durch **Animation**;
- Dienstleistungen wie Beratung im Reisebüro und vor Ort, Flug, Transport zum Hotel;
- Versicherungs- und Garantieleistung: Der Reiseveranstalter haftet für Mängel.

Neue Entwicklungen im Pauschaltourismus

Pauschalangebote sind nicht nur ein wirtschaftliches Erfolgsmodell. Neuerdings achten die Reiseveranstalter auch auf ein nachhaltiges Angebot. Viele Hotels wechseln zum Beispiel die Handtücher der Gäste nicht mehr täglich und sparen dadurch Wasser, Strom und Waschmittel. Auch der Energieverbrauch (z. B. durch Klimaanlagen) soll gesenkt werden. In einigen Ländern gibt es deshalb sogenannte **Ökolabel**. Das sind Auszeichnungen, die ein umweltbewusstes Bewirtschaften garantieren. Auch werden immer mehr regionale Unternehmen und Produkte zum Bau der Hotels und bei der Verpflegung der Gäste eingesetzt. Die Bevölkerung der Urlaubsgebiete kann sich zum Teil sogar in die Planung der Hotels einmischen.

Patrick (28 Jahre): Wir hatten einen tollen Urlaub an der türkischen Riviera. Das Hotel war sehr schön, mit freundlichem Personal. Auch schmeckte uns das Essen sehr und besonders gut hat uns das tolle Unterhaltungsteam gefallen. Die Hotelanlage ist übrigens sehr sauber und übersichtlich. Die Liegen am Strand und am Pool waren ausreichend vorhanden. Wir empfehlen das Hotel weiter.

Sonja (38 Jahre): Ich hatte einen wunderbaren Bade-Familienurlaub in diesem Hotel. Bei meinem ersten Besuch in der Türkei war ich sehr überrascht von der schönen Urlaubsumgebung und dem freundlichen Hotelpersonal. Im Hotel fühlten sich meine Familie und ich sehr wohl. Das lag vor allem an den vielen sportlichen Möglichkeiten. Unsere Kinder wollten gar nicht mehr aus dem Minizoo mit den vielen Hasen, Katzen und kleinen Hunden herauskommen.

M3 *Meinungen von Urlaubern zum Hotelurlaub in der Türkei (M2)*

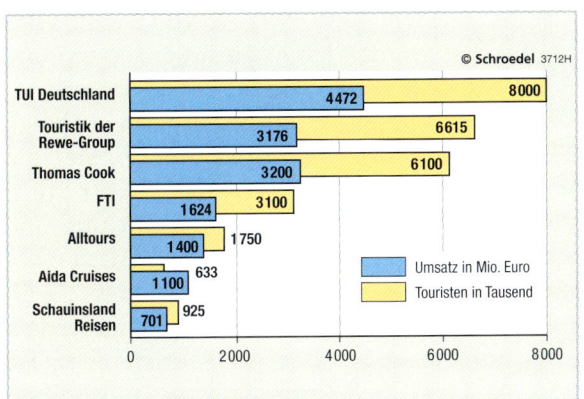

M4 *Größte deutsche Reiseveranstalter (2012)*

„Doch bislang war nachhaltiger Tourismus in Tunesien nicht wirklich Thema. Vielmehr schuf man touristische Sonderzonen abseits der Städte. Ältere Anlagen wurden einfach aufgegeben, gammeln vor sich hin. Tourismus als Landschaftsfresser. Denn der Tourismus in Tunesien ist ein riesiges, vom Staat gestütztes Grundstücksgeschäft, wobei die einzelnen Anlagen häufig im Besitz der Geldanleger sind und von Hotelbetreibern bewirtschaftet werden. Bleiben dann die Gäste aus, weil die notwendigen Reparatur- oder Modernisierungsarbeiten als zu teuer angesehen werden, wird die Anlage dem Verfall preisgegeben, weil lohnendere Projekte locken."
(nach: Die Tageszeitung, 15.12.2012, B. Seel)

M6 *Tourismus in Tunesien*

„**Warum haben Sie dieses Buch geschrieben?**
Am meisten nervt mich, dass die Reiseveranstalter den Urlaubern mit vielen pauschalen Angeboten eine Mogelpackung verkaufen. All-inclusive bedeutet eben gerade nicht alles inklusive, also rundum sorglos, sondern in erster Linie Massenabfertigung, geschmackloses Essen und schlechten Service. Ich treffe immer wieder auf Touristen, denen man mangelhafte Informationen gegeben hat und die durch Bilder in Reisekatalogen getäuscht wurden.

Man bekommt bei der Lektüre das Gefühl, besser gar nicht all-inclusive zu buchen ...
Das All-inclusive-Modell ist völlig überflüssig – außer in Reiseländern wie der Dominikanischen Republik oder Ägypten, in denen es kaum Alternativen gibt. In allen anderen Ländern habe ich als Urlauber die Möglichkeit, entweder individuell zu reisen oder pauschal mit **Halb-** bzw. **Vollpension** zu buchen. All-inclusive schadet dem Reiseland, da die großen Ferienanlagen in vielfältiger Weise die Infrastruktur vor Ort schwächen beziehungsweise gar nicht erst entstehen lassen. […]

Aber nicht jeder Reisende möchte es nur bequem haben im Urlaub, oder?
Der deutsche Urlauber ist leider nicht so selbstbewusst! Das Internet liefert so viele profunde Informationen zu Reiseländern, Unterkünften und Ausflügen vor Ort, dass man den Urlaub wunderbar selbst buchen könnte."
(nach: Hamburger Abendblatt, 30.03.2013, V. Altrock)

M5 *Interview mit dem Reisejournalisten Mikka Bender zu seinem Buch über Pauschalreisen*

❶ Viele Urlauber buchen Pauschalreisen.
a) Nenne Merkmale des Pauschaltourismus.
b) Schreibe einen Reisebericht über einen Pauschalurlaub in der Türkei (M1 – M5).
c) Vergleiche mit dem Bericht M6.

❷ Es gibt auch nachhaltige Pauschalangebote.
a) Erläutere, welche Bereiche in einem Pauschalurlaub nachhaltig gestaltet werden können (S. 66 M2).
b) „Oft führt ein Pauschalurlaub nur zu einem Pauschalurteil." Erkläre das Zitat und nenne Gründe, die für einen Pauschalurlaub sprechen.

Tourismus und Freizeit

M1 *Eilat*

M2 *Im Roten Meer vor Sharm el Sheikh*

Tourismus am Roten Meer – die Beispiele Eilat und Sharm el Sheikh

Menschen, die nicht lange fliegen und trotzdem eine andere Kultur kennenlernen möchten, reisen zum Beispiel nach Israel oder Ägypten. Die Städte Eilat (Israel) oder Sharm el Sheikh (Ägypten) sind durch ihre Meereslage beliebte Urlaubsregionen. Außerdem verbindet beide Städte eine ähnliche Geschichte und Kultur.

Bedeutung des Tourismus

Israel und Ägypten bestehen zu großen Teilen aus Wüste. Sie besitzen nur wenige Rohstoffe. Deshalb ist hier der Tourismus ein besonders wichtiger Wirtschaftszweig. Jährlich kommen viele Millionen Menschen in diese Länder und geben viel Geld aus.

Grundsätzlich muss man in beiden Ländern zwei Arten von Touristen unterscheiden: Zum einen gibt es die **Kulturtouristen**, die überwiegend die Sehenswürdigkeiten wie die Pyramiden in Ägypten und die religiösen Stätten des Christentums, Judentums und Islams in Israel besuchen. Zum anderen sind die Badetouristen von Bedeutung, die an den Stränden des Roten Meeres oder des Mittelmeeres Urlaub machen. Wer nicht nach Korallen und anderen Meerestieren schnorcheln will, unternimmt eine Fahrt mit dem Glasbodenboot. Diese Boote haben einen durchsichtigen Boden, durch den die Unterwasserwelt beobachtet werden kann. Auch bei Seglern und Besitzern von Yachten sind die Länder beliebt.

Die Urlaubsparadiese Eilat oder Sharm el Sheikh bieten aber noch mehr Attraktionen. Sie sind moderne Erholungsorte mit Luxushotels, eleganten Restaurants, Bars, Nachtclubs und vielen Einkaufsmöglichkeiten. Auch die internationalen Flughäfen sind nicht weit entfernt. Im israelischen Eilat lockt außerdem eine Eishalle mit Eisbar die Touristen an. Sie können dort in Winterkleidung ein kühles Getränk genießen.

Veränderungen durch den Tourismus

In Eilat und Sharm el Sheikh herrschen günstige klimatische Verhältnisse für den Badetourismus (M4, M5). Über viele Jahre hinweg entwickelten sich auf dieser Grundlage aus den ehemals kleinen Fischerdörfern große Touristenzentren. Für die Touristen wurden Hotels und andere Einrichtungen gebaut. Besonders wichtig war der Ausbau des Flughafens von Sharm el Sheikh: Er wurde mit einem neuen Terminal auf acht Millionen Fluggäste im Jahr erweitert. Der Flughafen in Eilat liegt dagegen inmitten der Stadt. Durch den Tourismus kommen auch immer mehr Einwanderer aus anderen Regionen in die boomenden Badeorte, um Arbeit zu finden.

M3 *Tourismusziele am Roten Meer*

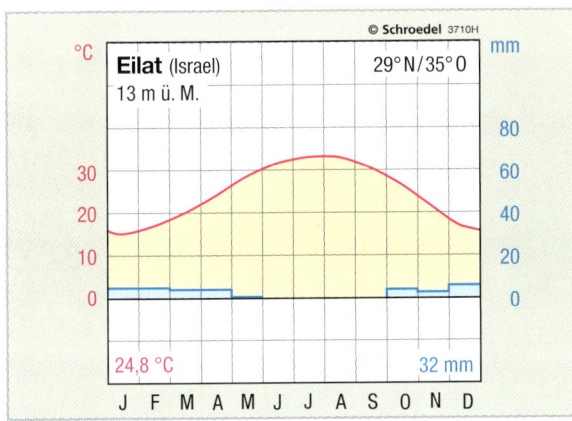

M4 *Klimadiagramm Eilat (Israel)*

Monat	Jan	Feb	Mar	Apr	Mai	Jun
N [mm]	1	0	1	0	1	0
T (Luft) [°C]	22	24	27	30	34	37
T (Wasser) [°C]	21	20	20	21	22	23

Monat	Jul	Aug	Sep	Okt	Nov	Dez	Jahr
N [mm]	0	0	0	1	3	1	**8**
T (Luft) [°C]	38	38	36	32	28	24	**31**
T (Wasser) [°C]	25	26	25	24	23	22	**23**

M5 *Klimatabelle für Sharm el Sheikh (Ägypten)*

Auf dem gesamten Sinai ist die Sicherheitslage weiterhin angespannt. Das Risiko von Entführungen ist hoch. Auch westliche Staatsangehörige in den touristischen Ballungsräumen Ägyptens können davon betroffen sein. Es ereigneten sich wiederholt Entführungen von Touristen durch Beduinenstämme. Von Reisen auf den Sinai – mit Ausnahme der Touristenorte im Küstenstreifen zwischen Sharm El Sheikh und Nuweiba – wird daher derzeit abgeraten. Auch nächtliche Transfers zwischen dem Flughafen Sharm El Sheikh und den Orten im Küstenstreifen bis Nuweiba sollten vermieden werden.

M6 *Reise- und Sicherheitshinweise des Auswärtigen Amtes für Ägypten*

Der 35-jährige Ibrahim stammt aus einer Stadt im Nildelta. Als er 19 war, kam er in den damals kleinen Touristenort auf der Halbinsel Sinai. Anfangs verkaufte er T-Shirts auf dem Basar. Nebenbei arbeitete er in einem Restaurant als Tellerwäscher mit einem Monatseinkommen von etwa 30 Euro. Schnell stieg er zum zweiten Küchenchef auf. Ab da verdiente er 210 Euro monatlich. Ibrahim konnte sparen und sich einen gebrauchten Jeep kaufen. Mit 30 Jahren gründete er eine Safari-Agentur. Er verdient damit gut. Zurzeit machen ihm die wenigen Touristen Sorgen. In Ägypten protestieren die Menschen und es kommt zu blutigen Auseinandersetzungen.

M7 *Ibrahims Aufstieg im ägyptischen Tourismus*

Jahr	Ägypten (gesamt)	Sharm el Sheikh
2002	839 992	103 409
2003	790 430	99 871
2004	1 112 111	142 354
2005	1 108 147	131 355
2006	1 077 542	121 865
2007	1 261 728	148 372
2012	1 160 000	139 734

M8 *Flugreisende von Deutschland nach Ägypten*

INFO

Namensherkunft „Rotes Meer"
Eine Volksgruppe im heutigen Iran ordnete den Himmelsrichtungen Farben zu. Das Rote Meer befand sich südlich des Volksstammes und wurde seitdem durch die Farbe Rot gekennzeichnet. In alten Seekarten war das Rote Meer auch rot eingefärbt.

❶ Tourismus ist für die Städte am Roten Meer eine wichtige Einnahmequelle.
a) Beschreibe die Lage der Städte Eilat und Sharm el Sheikh (M3).
b) Begründe, wann die beste Reisezeit nach Eilat und Sharm el Sheikh ist (M4, M5).
c) Erläutere die Bedeutung des Tourismus am Roten Meer für Israel und Ägypten (M6–M8).

❷ Der Tourismus kann positiv oder negativ wirken.
a) Bewerte die Veränderungen, die der Tourismus aus Sicht der Touristen und der Einheimischen mit sich gebracht hat.
b) Überprüfe mithilfe des Nachhaltigkeitsdreiecks oder des Reisesterns (S. 66 M2, M3), welche Bereiche in einem Urlaub am Roten Meer nachhaltig gestaltet werden können und welche nicht.

M1 *Irgendwo in Asien*

Frank und Franka studierten Geographie an der Universität Jena und wollten nach dem Studium ihren gemeinsamen Traum verwirklichen. Dieser bestand aus vier Worten: radeln, frei, unabhängig, lange. Nach einigem Überlegen stand auch das Ziel fest: Asien sollte es sein, weil man die Länder gut mit dem Rad über den Landweg erreichen kann.

Start in Jena am Fahrradladen

Im Iran, 6000 Kilometer von zu Hause

M2 *Mit dem Fahrrad durch Europa und Asien*

Mit Rad und Rucksack durch die Welt

Der **Rucksacktourismus** (engl.: Backpacking) ist eine Form des Individualtourismus. In den 1960er-Jahren wurde diese neue Art des Reisens bekannt. Viele junge Menschen reisten von Europa nach Asien und der Rucksack war oft das einzige Gepäckstück auf dieser Reise. Ihre Reiseziele lagen oft in fernen Regionen, jenseits der großen Tourismusorte.

Merkmale des Backpacking

Die Reisenden, auch Backpacker genannt, unterscheiden sich von anderen Touristen durch:

1. die bevorzugte Nutzung preiswerter Unterkünfte (= Hostels);
2. den häufigen Wunsch, andere Backpacker zu treffen, um Erfahrungen auszutauschen;
3. den Wunsch, sich mit der einheimischen Bevölkerung auszutauschen;
4. ihre flexible und individuell organisierte Reiseplanung;
5. überdurchschnittlich lange Aufenthalte;
6. das relativ wenige Geld, das sie während ihres Urlaubs verbrauchen.

Das Backpacking bevorzugen überwiegend junge Erwachsene. Das Gefühl der Unabhängigkeit spielt eine große Rolle.

Der Rucksacktourismus war zu Beginn die Alternative zum Massentourismus. Aktuell entwickelt sich das Backpacking zu einer Massenbewegung mit bislang unbekannten Folgen (M6).

gefahrene Kilometer:	13 100 km
Zeit im Sattel:	871 Stunden 41 Minuten
durchschnittlich gefahrene Kilometer:	65,2 km pro Tag
durchschnittlich gefahrene Geschwindigkeit:	15 km pro Stunde
Dauer der Reise:	343 Tage 201 Tage gefahren (64 %) 142 Ruhetage (36 %)
bereiste Länder:	19
Übernachtungen:	343 137 -mal Zelt (40 %) 46 -mal Privatunterkunft z. B. Couchsurfing, Warmshower (13 %) 99 -mal Hotel, Pension (29 %) 42 -mal Einladung (12 %) 6 -mal unter freiem Himmel (2 %) 13 -mal Sonstiges (4 %)
Lebenshaltungskosten:	2150,- Euro pro Person 6,27 Euro pro Tag
Materialverschleiß:	13 platte Reifen (Frank) 12 platte Reifen (Franka) 3 Schläuche 1 Mantel
Gesundheit und Krankheit:	2 -mal erkältet 3 -mal Magen-Darm-Probleme (Frank) 3 -mal Magen-Darm-Probleme (Franka)
Temperatur:	-12 °C Minimum +45 °C Maximum

© Schroedel 3709H

M3 *Franks und Frankas kleine Reisestatistik*

Während unserer ersten zehn Tage mit dem Rad in Thailand, haben wir viele neue Erkenntnisse gewonnen:
1. Wenn man beim Erklimmen der gefühlt senkrechten Straßen Thailands bei 34 Grad im Schatten langsam gegrillt wird, dann stellt man frühmorgens am Folgetag mit Erstaunen fest, dass 20 Grad verdammt kalt sein können.
2. Es gibt drei Dinge, die uns wichtig sind: Schatten, gute Straßen, machbare Steigungen. Leider fehlt hier immer eins von ihnen.
3. Vergesst das mit den 2,5 Litern, die man täglich trinken sollte. Hier sind es über 5 Liter. Daran müssen wir uns erst gewöhnen.

M4 *Aus dem Reisetagebuch Frankas in Thailand*

Der nächste Tourenabschnitt sollte einer der schönsten unserer bisherigen Reise werden: über die Kardamom-Berge bis ans Meer. Dieser Gebirgszug ist sehr ursprünglich. Große Teile des dichten, immergrünen Regenwaldes sind als Nationalpark ausgewiesen, in denen sogar noch Elefanten, Tiger, Leoparden, Krokodile und viele Tiere mehr zu finden sind.
Nur eine winzige, staubige, stellenweise grauenvolle Sandpiste ermöglicht die Durchquerung und so treffen wir auch nur auf wenig Verkehr, müssen an einigen Stellen sogar durch den Sand schieben. Dafür sind der Ausblick und die Geräuschkulisse aus dem Regenwald atemberaubend und die Mühe allemal wert. Zum Glück sind wir nicht in der Regenzeit hier unterwegs ...

M5 *Aus dem Reisetagebuch Frankas in Kambodscha*

Inzwischen hat sich der Rucksacktourismus zu einer eigenen Reisebewegung entwickelt, die von der Tourismusbranche kräftig umworben wird. Einige Kritiker sehen das Backpacking bereits jetzt schon als Teil des Massentourismus: „Der Abenteurer mit seinem Reiseführer im Rucksack verliert sich heute in Strömen sogenannter Backpacker. Alle nehmen denselben Touristenbus. Am Ziel angekommen, steigen alle im selben Hostel ab." Und der Backpacker entwickelt sich gerade zum sogenannten „Flashpacker": Er ist mit einem Hightech-Reisegepäck unterwegs und hat im Ausland auch den Laptop dabei, um Online-Buchungen vorzunehmen oder sich mit den Freunden in der Heimat auszutauschen.

M6 *Kritische Stimmen zum Backpacking*

❶ Rucksacktourismus ist eine besondere Form des Tourismus.
a) Erkläre den Begriff Rucksacktourismus.
b) Nenne Merkmale des Rucksacktourismus.

❷ Zum Rucksacktourismus werden auch Fahrradreisen gerechnet.
a) Erläutere mithilfe von M1–M5 Chancen und Grenzen einer Radtour.
b) Auf www.mit-dem-rad.de berichten Frank und Franka von ihren aktuellen Touren. Berichte in einem Kurzreferat und verfolge die Touren im Atlas.

❸ „Der Rucksacktourismus ist eine nachhaltige Form des Pauschaltourismus." Nimm Stellung zu dieser Aussage (M6).

Grundwissen / Übung

Der Event-Tourismus

Immer mehr Städte erweitern ihr touristisches Angebot um Events. Ein **Event** (engl.: Ereignis) ist eine außergewöhnliche Veranstaltung oder ein anderes besonderes Ereignis. Zu den Events gehören Konzerte, Ausstellungen und Sportereignisse. Sie werden oft in Szene gesetzt (z. B. durch Lichtspiele). Events haben eine begrenzte Dauer und viele Touristen reisen dafür weit an. Die Ereignisse werden meist stark beworben. So können Events viele Touristen anziehen und auch die Bekanntheit der Orte steigern.

Die Touristen planen sogar ihre Reiseziele nach solchen Ereignissen. Viele Orte haben diese Chancen des Event-Tourismus erkannt. Sie hoffen auf hohe Besucherzahlen und zahlreiche Übernachtungen.

M1 *Konzerthalle in 500 Metern Tiefe: Erlebnisbergwerk in Merkers bei Bad Salzungen*

Wie unterscheidet sich ein Event von einer Veranstaltung?

Ist nun das Klavierkonzert im Rathaus schon ein Event oder „nur" eine Veranstaltung?
Der Begriff Event ist durch einige weitere Merkmale gekennzeichnet. Ein Event:
- findet höchstens einmal im Jahr statt;
- kann aus unterschiedlichen Veranstaltungen bestehen;
- soll zum Feiern anregen oder ein bestimmtes Thema darstellen;
- wird in den Medien (z. B. Zeitungen, Fernsehen) angekündigt;
- hat eine große Anziehungskraft auf viele Menschen.

M2 *Jährliches, seit 1972 stattfindendes Event: der Rennsteiglauf*

Für Events können auch die neuen Medien eine große Rolle spielen. So werden zum Beispiel über das Internet sogenannte Flashmobs organisiert. Flashmobs sind kurzfristig organisierte Menschenaufläufe in der Stadt zu einem bestimmten Thema.

Die Entwicklung, immer größere Events anzubieten, nennen Kritiker auch **Eventisierung**. Sie kritisieren zum Beispiel, dass die Kosten für die Städte immer größer werden, und sehen auch negative Folgen für die Umwelt (z. B. stärkerer Autoverkehr).

M3 *Karikatur: Gibt es einen Unterschied?*

Musik-Events: einmalig stattfindende Konzerte, Musikfestivals, Sonderveranstaltungen (z. B. „Domstufenfestspiele" in Erfurt)
politische Events und Demonstrationen: z. B. Christopher-Street-Day (Gedenktag gegen die Ausgrenzung von u. a. Lesben und Schwulen)
religiöse Events: Ansprachen und Segnungen des Papstes, Prozessionen (religiöser Umzug z. B. zur Osterwoche) oder katholische Weltjugendtage
Kultur- und Kunst-Events: Ausstellungen, Messen (z. B. „Documenta" in Kassel)
wissenschaftliche Events: Kongresse, Tagungen, spezielle Vorträge (z. B. Nobelpreis-Verleihung)
Traditions-Events: Jahrestage, Jubiläen, Stadtfeste (z. B. „Luthers Hochzeit" in Lutherstadt Wittenberg)
technische Kunst: Lasershows, Videokunst (z. B. „Jena leuchtet!")
Sport-Events: Bundesliga, Olympische Spiele, Unternehmensläufe
Medien-Events: Übertragungen von Preisverleihungen („Bambi", „Oscar"), Auftritte von Künstlern

M4 *Formen des Event-Tourismus*

M5 *Beispiele für Event-Tourismus*

Nur noch Events?
Was früher einfach nur Veranstaltung genannt wurde, wird heute zum Event verklärt und zielgerichtet vermarktet. Derzeit ist schon jede Musicalveranstaltung, die täglich aufgeführt wird, bereits ein Event. Viele Veranstaltungen werden so beworben, dass sie sich für den Besucher als Event, als etwas Besonderes darstellen. Oft ist das Event mit vielen Problemen verbunden: Bei Open-Air-Veranstaltungen ist der Müll problematisch. Auch leidet der Boden und die Vegetation bei zu vielen Besuchern. Zudem können sich durch sehr hohe Kartenpreise nicht alle Interessenten eine Eintrittskarte leisten.

M6 *Kritische Sicht auf Events*

162. Erfurter Weihnachtsmarkt erwartet bis zu 2 Millionen Gäste 2012
[...] Gewappnet sein will die Stadt auch in verkehrstechnischer Hinsicht auf den Ansturm. Sie erwartet, dass in der Adventzeit 1500 Reisebusse den Erfurter Weihnachtsmarkt ansteuern. Am Domplatz können die Touristen ein- und aussteigen, parken müssen die Busse am Rand der Stadt. 120 Busse können zeitgleich verkraftet werden [...]. Den Erfurtern wird geraten, mit Bus und Straßenbahn zu kommen.
(Thüringer Allgemeine, 21.11.2012, A. Reiser-Fischer)

M7 *Begleiterscheinungen eines Events*

❶ Tourismus und Erlebnis gehören zusammen.
a) Erkläre den Begriff Event-Tourismus.
b) Ordne den Abbildungen M1, M2 und M5 (A–F) die jeweilige Eventform (M4) zu.
c) Nenne Events in deiner Heimatregion.

❷ Events werden kritisch diskutiert.
a) Erläutere die Karikatur M3.
b) Bewerte die kritische Sicht auf den Event-Tourismus (M6, M7).

c) Wie auch der Pauschaltourismus hat der Event-Tourismus negative Seiten. Führt in der Klasse eine Pro-und-Kontra-Diskussion (vgl. S. 67).

Grundwissen / Übung

Musical – ein Beispiel für Event-Tourismus?

Musicals sind in der Mitte des 20. Jahrhunderts am New Yorker Broadway entstanden. Sie feiern aber seit den 1980er-Jahren auch in Deutschland große Erfolge. 1986 hatte das Musical „Cats" in Hamburg als erstes Musical in einem eigenen Operettenhaus Premiere. Weitere erfolgreiche Produktionen spielen unter anderem in Berlin, Stuttgart, Köln oder Bochum.

Der Musicaltourismus bringt der Hansestadt Hamburg zum Beispiel über 750 000 zusätzliche Übernachtungen pro Jahr. Und jeden Tag fahren etwa 20 Reisebusse das „Starlight Express Theater" in Bochum an. Dort wird seit 1988 das gleichnamige Musical im eigens gebauten Theater aufgeführt wird. Die Städte profitieren von dieser Art des Event-Tourismus z. B. durch höhere Steuereinnahmen. Aber auch die Reisebüros und Busunternehmen, Hotels und Restaurants können mit den Musicals Geld verdienen. Die Musicalveranstalter vermarkten das Event zumeist als Pauschalangebot.

Wo entstehen Musicaltheater?

Musicaltheater entstehen in Gebieten mit hoher Bevölkerungsdichte. Im Umkreis von etwa 200 Kilometern wohnen oft zwischen 20 und 25 Millionen Menschen. Auch muss die Verkehrsanbindung durch Flughafen, Autobahnen und Zugverbindungen gesichert sein. In einem Musicaltheater finden an sieben Tagen in der Woche bis zu 1800 Gäste Platz. Musicals sind eine Bereicherung für die Städte: Allein in Hamburg geben die Besucher eines Musicals jährlich etwa 500 Millionen Euro aus. Darin sind die Ticketpreise noch nicht berücksichtigt.

M1 *Stage Theater im Hamburger Hafen*

Ticketpreise für das Musical „Starlight Express" in Bochum an einem Samstag im April 2013
Preiskategorie 1: 111,10 Euro (ermäßigt*: 56,60 Euro)
Preiskategorie 2: 99,60 Euro (ermäßigt*: 50,90 Euro)
Preiskategorie 3: 88,10 Euro (ermäßigt*: 45,10 Euro)
Preiskategorie 4: 76,60 Euro (ermäßigt*: 39,40 Euro)
Preiskategorie 5: 59,40 Euro (ermäßigt*: 30,80 Euro)

Ticketpreise für das Musical „Rocky" in Hamburg an einem Samstag im März 2013
Preiskategorie 1: 146,49 Euro (ermäßigt*: 117,99 Euro)
Preiskategorie 2: 121,19 Euro (ermäßigt*: 97,75 Euro)
Preiskategorie 3: 110,84 Euro (ermäßigt*: 89,47 Euro)
Preiskategorie 4: 86,69 Euro (keine Ermäßigung)

* für Kinder bis 14 Jahre

M2 *Ticketpreise für zwei Musicals*

Normalpreis für Erwachsene (ab 15 Jahren*)
- für eine Bahnfahrt von Erfurt nach Hamburg:
  87 – 112 Euro
- von Erfurt nach Bochum:
  86 – 124 Euro

  * Kinder unter 15 Jahren reisen kostenlos

- Kosten für ein Doppelzimmer im 2- bis 5-Sterne-Hotel in Hamburg pro Person: 24 – 145 Euro
- Kosten für ein Doppelzimmer im 2- bis 4-Sterne-Hotel in Bochum pro Person: 62 – 125 Euro

M3 *Reise- und Übernachtungskosten*

---

❶ Der Musical-Tourismus hat an Bedeutung gewonnen.
a) Nenne Regionen, in denen Musicals aufgeführt werden (Text, Atlas: Karte Bevölkerungsdichte).
b) Stelle Vor- und Nachteile des Musical-Tourismus in einer Tabelle gegenüber.
c) Berechne die Kosten eines Musicalbesuchs in Hamburg oder Bochum für eine Familie aus Erfurt mit zwei Kindern an einem Wochenende (M2, M3). Beachte auch die zusätzlichen Kosten für z. B. einen Restaurantbesuch oder den Besuch weiterer Sehenswürdigkeiten.

Übung: Beispiel Musical

Freizeitpark – eine andere Art der Freizeitgestaltung

Freizeitparks bieten der ganzen Familie etwas zur Unterhaltung oder Entspannung. Einzelbesucher findet man hier kaum. Kinder machen dagegen ein Drittel der Besucher aus. Die durchschnittliche Verweildauer in einem Park beträgt zwischen fünf und sechs Stunden. Viele Freizeitparks enthalten Park- oder Grünanlagen, die oft künstlich angelegt wurden.

Auch befinden sich viele Freizeitparks oft verkehrsgünstig am Rand von großen **Ballungsgebieten.** Sie stehen häufig auf Flächen, für die keine andere wirtschaftliche Nutzung gefunden wurde, wie z.B. ehemalige **Tagebaugebiete**, alte Militäranlagen oder aufgegebene **Industriebrachen**.

Besuch in Belantis

Im Süden von Leipzig ist in ehemaligen Tagebaugebieten das „Leipziger Neuseenland" mit zahlreichen neuen Gewässern entstanden. Der Freizeitwert der Region wurde durch den 2003 eröffneten Freizeitpark „Belantis" weiter erhöht. Auf einer Fläche von fast 300 000 Quadratmetern laden über 60 Attraktionen in acht Themenwelten den Besucher zu Vergnügungen ein. Der Park ist als ein Ausschnitt aus der Weltkarte gestaltet: Von Europa geht es über Afrika bis nach Amerika. In den ersten zehn Jahren seit der Eröffnung des Freizeitparks besuchten ihn fast sechs Millionen Menschen.

M1 *Im Freizeitpark Belantis*

INFO

Ein **Freizeit- oder Erlebnispark** ist eine Anlage, in der man sich nach Zahlung eines einmaligen Eintrittsgeldes entspannen und vergnügen kann. Das Angebot an Attraktionen in einem solchen Park ist vielfältig: Es gibt Fahrgeschäfte wie Achterbahnen, Wasserrutschen, 3D-Kinos, Gastronomie, Spielgeräte und Souvenirgeschäfte.

❶ Freizeitparks sind eine Möglichkeit, seine Freizeit zu gestalten.
a) Erstelle eine Mindmap mit positiven und negativen Aspekten eines Freizeitparks (Text, M2).
b) „Nicht jeder möchte einen Freizeitpark besuchen. Viele Menschen haben eine andere Vorstellung von Freizeitgestaltung."
Nimm Stellung zu dieser Aussage.

❷ Wir planen einen Ausflug in einen Freizeitpark.
a) Plane mithilfe des Atlas und des Internets eine Fahrt nach Belantis und berichte deinen Mitschülern davon.
b) Erstelle eine Skizze zu den Attraktionen des Freizeitparks.

Wasser	Die Wasserwerke Leipzig erzeugen auf nachhaltige Weise Brauchwasser, das aus dem Fluss Weiße Elster entnommen und gefiltert wird. Die Wasserwelten in Belantis werden mit solchem Wasser betrieben.
Verkehr	Auf dem Parkplatz gibt es seit Kurzem eine E-Tanksäule, damit auch Autos mit Elektromobilität den Park ansteuern können. Dieses Angebot wird um 700 Fahrradstellplätze ergänzt. Ein Radweg führt von der Innenstadt direkt zum Freizeitpark. Eine Buslinie verkehrt im Stundentakt. Direkt an der Autobahn 38 gelegen, ist der Park auch mit dem Auto gut zu erreichen.
Energie	Seit 2011 erhält der Freizeitpark seinen Strom aus 100 Prozent erneuerbaren Energiequellen.
Soziales	Der Freizeitpark übernimmt die Patenschaft für einen Kindergarten und unterstützt am Universitätsklinikum Leipzig die Klinik für Kinder und Jugendliche.
Fläche	Belantis ist auf dem Gebiet einer Bergbaufolgelandschaft entstanden. Früher wurde hier Braunkohle abgebaut.

M2 *Daten und Fakten zum Freizeitpark Belantis*

M1 *Das Tropical Islands im Bundesland Brandenburg (Innenansicht)*

Alles inszeniert – na und?

Lust auf einen Spaziergang am Strand der Südsee oder eine Expedition durch den tropischen Regenwald? Dann nichts wie auf in den Spreewald im Bundesland Brandenburg. Jedes Jahr besuchen viele Touristen den Freizeitpark „Tropical Islands". Er bietet eine tropische Urlaubswelt in einer ehemaligen Konstruktionshalle für Luftschiffe. Die Halle befindet sich 60 Kilometer südlich von Berlin.

Die Tropen nachgestaltet

Da wir nicht in den Tropen wohnen, muss die Lebenswelt der Tropen im Tropical Islands nachgestaltet worden sein. Man nennt dies auch **Inszenierung**. Eine Inszenierung ist eine effektvolle, medienwirksame und spannende Darstellung. Wird etwas inszeniert (in Szene gesetzt), dann ist das zumeist eine künstlerische und künstliche Darstellung eines Raumes oder eines Ereignisses. Die Besucher sollen vom Freizeiterlebnis begeistert werden. Durch diese **Faszination** wird der Besucher verleitet, viel Geld auszugeben. So gibt es Fachleute, die zum Beispiel die Besucher durch die geschickt geplante Platzierung von Geschäften oder Restaurants zum Kauf vieler Produkte verführen. Die Musik und die Beleuchtung unterstützen die angenehme Atmosphäre.

Dies wird aber von vielen Menschen kritisiert. Sie wollen sich ohne versteckte Beeinflussung zum Kauf entschließen. Weiterhin kritisieren sie auch den Bau der künstlichen, unnatürlichen Orte. Diese Anlagen verschlingen zudem oft noch viel Wasser, Energie und andere Ressourcen. Nach Geschäftsschluss und an den Sonntagen sind diese künstlich angelegten Orte meist verlassen und verödet.

Urban Entertainment Center

Aber es gibt noch Steigerungen des Einkaufserlebnisses. Während der „Thüringen Park Erfurt" oder die „Neue Mitte Jena" noch kleine Einkaufszentren sind, ist das „Nova Eventis" in Leipzig schon ein Einkaufs- und Erlebniszentrum. Diese Einkaufs- und Erlebnistempel werden auch als **Urban Entertainment Center** (M2) bezeichnet. Sie liegen oft außerhalb der Innenstädte, weil dort die notwendigen großen Flächen günstiger sind. Die Center bieten einen vielfältigen Mix aus Geschäften sowie Freizeit-, Kultur- und Sporteinrichtungen (z. B. Kino, Fitness). Das Ziel ist, die Besucher zu einem längeren Aufenthalt zu ermuntern. Dadurch können sie mehr Geld ausgeben. Dies ist wichtig, weil die Anfahrt oft lange dauert. Die Käufer kommen deshalb nicht täglich.

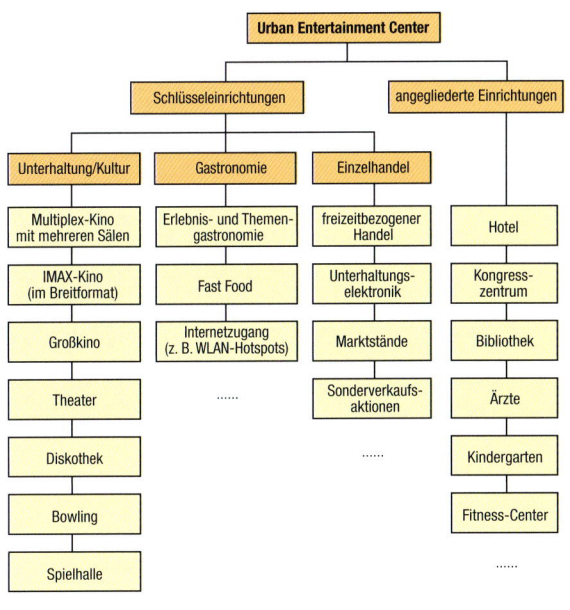

M2 *Bestandteile eines Urban Entertainment Centers*

M3 *Das CentrO in Oberhausen: ein Musterbeispiel eines Urban Entertainment Centers?*

Viele Kunden gehen nicht mehr in das Stadtzentrum einkaufen. Die Urban Entertainment Center haben die Versorgungswege und das Freizeitverhalten der Bevölkerung stark verändert. Gleichzeitig sind solche Einkaufszentren eine nachgestaltete, idealtypische Innenstadt: Auf kleinstem Raum werden verschiedene Daseinsgrundfunktionen (Versorgung, Erholung, Kommunikation und Arbeit) vereint. Dennoch stellen sie einen künstlichen Ort dar, der städtisches (urbanes) Leben inszeniert. Außerdem handelt es sich bei den Urban Entertainment Centern um ein privates Gelände, zu dem Obdachlose und Bettler keinen Zutritt haben. Die Innenstadt mit ihren Geschäften ist dagegen Teil des öffentlichen Raumes.

M4 *Folgen der Urban Entertainment Center*

❶ Urban Entertainment Center sind moderne Einkaufswelten.
a) Erkläre die Begriffe Inszenierung, Faszination und Urban Entertainment Center.
b) Beschreibe den Aufbau und die Funktion eines Urban Entertainment Centers (M2, M3).
c) Nenne Beispiele für künstliche Einkaufswelten in deiner Nähe.

❷ Verfasse einen erfundenen Brief an die Leitung des CentrO, in dem du positive und negative Einkaufserlebnisse beschreibst (M3–M5).

Das CentrO ist das ungeliebte Vorzeigeprojekt Oberhausens

Gut 15 Jahre nach Eröffnung ist das CentrO längst viel mehr als ein Einkaufszentrum. Es ist Kern dessen, was Fachleute ein Urban Entertainment Center nennen und Kritiker eine seelenlose Konsumlandschaft. Ein Ballungsraum von Geschäften, Gastronomie, Unterhaltung. Die Liste der Attraktionen im Umfeld wird länger und länger: Zu Kino und Konzertarena haben sich im Laufe der Zeit Spaßbad, Musicaltheater und Spionage-Museum gesellt. Jüngst kündigte die britische Merlin-Gruppe an, 15 Millionen Euro in einen neuen maritimen Freizeitpark sowie in die Verlagerung ihres Duisburger Legoland Discovery Centers zu investieren. Auch das Einkaufszentrum selbst wächst: Im Herbst soll der Anbau fertig sein, weitere 17 000 m² Verkaufsfläche entstehen, rund 100 000 werden es dann sein.
Bei der Stadt Oberhausen betrachtet man das CentrO als ein Vorzeigeprojekt des Strukturwandels. Es steht auf dem früheren Gelände der Gutehoffnungshütte, einst ein mächtiges Unternehmen der Montanindustrie, das Zigtausenden Arbeit gab. Heute ist aus Oberhausen, der „Wiege der Ruhrindustrie", die Industrie weitgehend verschwunden. Für das CentrO als Job- und Tourismusmotor ist man da dankbar, trotz Wermutstropfen.

(Neue Ruhr Zeitung, 5/2012, H. Sibum)

M5 *Zeitungsartikel zum CentrO in Oberhausen*

M1 *Skaten? Hier im Erfurter Hirschgarten nicht erwünscht.*

M2 *Um den Stausee Hohenfelden wandern? Durch einen Zaun und verpachtete Seegrundstücke nicht mehr möglich.*

Wie frei ist meine Freizeit?

Nach der Schule noch schnell in die Stadt, ein Eis essen, einkaufen gehen oder gemeinsam mit Freunden ins Kino. Jede dieser Freizeitbeschäftigungen kostet Geld. Die Freizeitgestaltung ist zu einem wichtigen Wirtschaftszweig geworden. Zu diesem Wirtschaftszweig gehören:
- Freizeitdienstleistungen wie Kino oder Schwimmbad sowie
- Freizeitwaren wie Fahrrad und Spielkonsole.

Der Freizeitbereich wird immer kommerzieller. Der Begriff der **Kommerzialisierung** meint dabei ein wirtschaftliches Interesse, das auf Gewinn ausgelegt ist. Bei der Freizeit geht es immer mehr um die Frage, wie mit ihr Geld verdient werden kann. 13- bis 17-Jährige verfügen heute über ein monatliches Taschengeld zwischen 30 und 70 Euro.

Freizeitgestaltung heute

Viele der Freizeitangebote stehen unter einem ständigen Neuerungsdruck. So verändern sich technische Geräte wie Smartphones rasant. Es entstehen neue Sportarten und bislang unbekannte Trends bestimmen den Alltag. Gleichzeitig werden kostenlose Freizeitangebote in Vereinen oder kirchlichen Einrichtungen weniger. Infolge muss z. B. für Sport im Fitnessstudio bezahlt werden.

In den Innenstädten wird der **öffentliche Raum**, der von allen genutzt werden darf, immer kleiner. Er wird verkauft oder bestimmte Nutzungen sind verboten. Um die restlichen Flächen streiten sich verschiedene Nutzungen (= **Nutzungskonflikt**). Auch für Jugendliche sind dadurch immer mehr Bereiche der Stadt versperrt (M1, M2).

M3 *Skaten in Gera? Ausdrücklich erwünscht!*

Unweit des Geraer Stadtzentrums am Hofwiesenpark entstand für Jugendliche eine besondere Freizeiteinrichtung: der Skatepark Gera. Von April bis Oktober können bei gutem Wetter Boardfahrer dort ihrem Hobby nachgehen und die verschiedenen Rampen nutzen. Im Winter werden mehrere Hallen angemietet. Um den Park nutzen zu können, gibt es zwei Möglichkeiten: Ein einmaliger Besuch kostete 2013 1,50 Euro pro Tag. Wer dauerhaft fahren will, kann nach Zahlung der Monatsgebühr (7 Euro) auch Vereinsmitglied werden. Damit ist man gleichzeitig auch unfallversichert. Die Gebühr für Kinder und Jugendliche aus bedürftigen Familien kann erstattet werden.

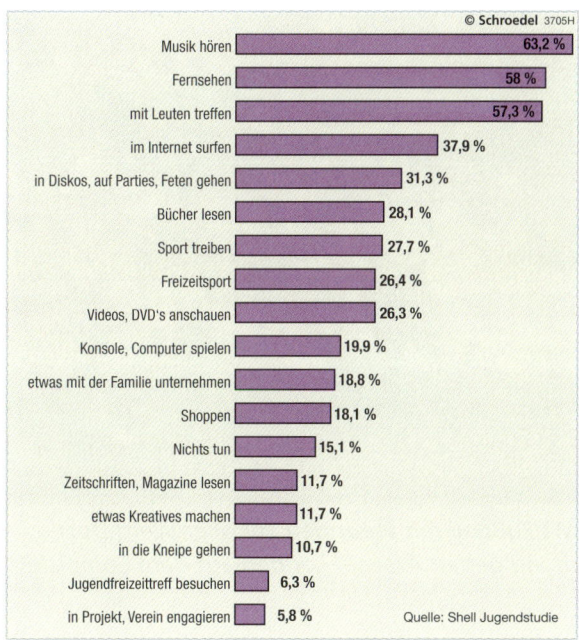

M4 *Was machen 12- bis 25-Jährige in der Freizeit?*

Sehr geehrte Besucher,
damit Sie sich bei uns wohlfühlen, ist es erforderlich, dass einige Dinge geregelt sind.

2. Betteln und Hausieren sowie unnötiger Aufenthalt ist nicht gestattet.
3. Feilbieten von Waren, Musizieren, Auftritte sowie Veranstaltungen sind ohne schriftliche Genehmigung der Unternehmensleitung nicht erlaubt.
4. Für das Verteilen von Werbematerial, das Anbringen von Plakaten, Kundenbefragungen usw. benötigen Sie eine schriftliche Genehmigung der Unternehmensleitung.
8. Das Sitzen ist nur auf den dafür bereitgestellten Bänken, jedoch nicht in den Blumenanlagen erlaubt.
9. Das weitere Verweilen nach der Aufforderung zum Verlassen des Gebäudes durch die Unternehmensleitung oder seine Beauftragten kann als Hausfriedensbruch strafrechtlich verfolgt werden.

M5 *Hausordnung einer Einkaufskette (Auszug)*

	Mobilität (Auto, Bahn, usw.)	Telefon, Handy, Internet	Essen und Trinken	Musik, Filme	Kleidung	Kino, Disco	Kosmetik	Hobby, (Lesen, Sport etc.)
Anteil von Jugendlichen ohne Ausgaben								
13 bis 14-Jährige	39 %	39 %	19 %	28 %	31 %	30 %	35 %	29 %
16 bis 17-Jährige	29 %	10 %	5 %	30 %	11 %	6 %	16 %	20 %
Durchschnittliche Ausgaben in Euro								
13 bis 14-Jährige	7	6	6	6	13	7	4	9
16 bis 17-Jährige	12	20	15	7	36	41	14	13

Quelle: Bink-Erhebung 2011

M6 *Kosten für die Freizeitgestaltung*

❶ **Die Freizeit im Ausverkauf?**
a) Nenne fünf Freizeitaktivitäten.
b) Unterscheide bei den Freizeitaktivitäten zwischen kommerziellen und kostenfreien Angeboten.
c) Berichte von deinen Freizeitbeschäftigungen (M4, M5).
d) Berechne die Kosten, die bei deinen Freizeitaktivitäten in einer Woche entstehen (M6).

❷ „Der Stadtpark ist für alle da!?" Spielt in einem Rollenspiel (vgl. Seite 214/215) einen Nutzungskonflikt nach (M1–M3).
Die zentralen Fragen sollten sein:
1. Was sollte in einem Park erlaubt sein?
2. Sollte es private Bereiche geben?
3. Welche Regeln sollte es geben?

Da immer mehr Jugendliche Sport nicht mehr im Verein betreiben, sondern sich lieber draußen auf der Straße treffen, versuchen die großen Sportartikelhersteller, die Menschen auch außerhalb der Vereine und der großen Sportarenen z. B. als offizielle Ausstatter der Fußballnationalmannschaft oder von bekannten Tennisspielern anzusprechen. Immer schneller und immer häufiger „erfinden" Firmen wie Adidas Trend- und Funsportarten sowie große Turniere wie die Adidas-Streetball-Challenge. Obwohl diese Events gut ankommen und viele Besucher und Teilnehmer haben, richten die Firmen diese Turniere nicht aus, weil sie ganz uneigennützig Jugendlichen Spaß bereiten möchten. Vielmehr hoffen die Unternehmen, auf diese Weise ihre Produkte an noch mehr Jugendliche verkaufen zu können.

(nach: Praxis Geographie, Heft 10/2002, B. S. Neuer)

M7 *Die Straße als Sportarena*

Grundwissen/Übung

M1 *Virtuelle Welten – so einfach zu trennen?*

M2 *Fußball mit Freunden aus aller Welt: Dortmund gegen Arsenal London auf dem Computer*

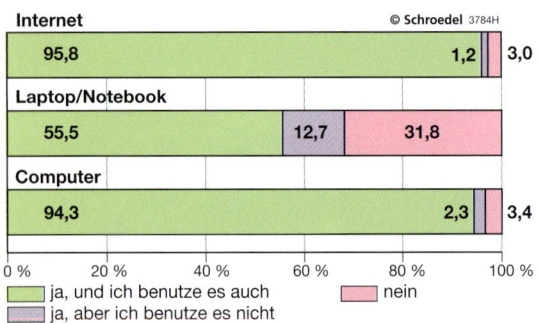

M3 *Jugendliche auf die Frage: Sind Computer und Internet vorhanden und werden genutzt?*

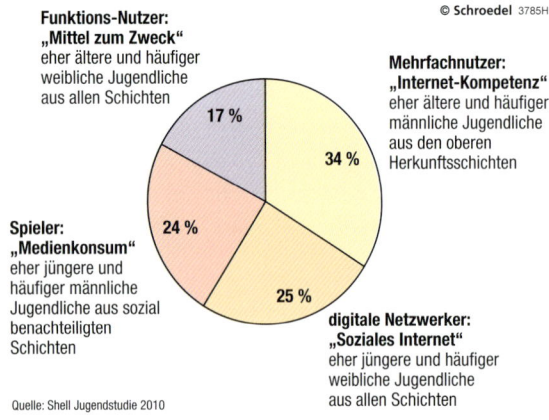

M4 *Die Typen jugendlicher Internetnutzer*

Free Time 2.0 – Leben im virtuellen Raum

Kontakte zu Freunden, Bekannten und der Familie sind für jeden Menschen wichtig. Mit dem Internet ist es noch leichter, in Kontakt zu bleiben. **Online-Dienste** wie Whats-App oder **soziale Netzwerke** wie Facebook erleichtern den Austausch von Informationen untereinander. Aber auch der Kontakt zu Urlaubsfreunden aus den Vereinigten Staaten Amerikas oder aus Australien lässt sich über diese Dienste erhalten. Mit der Software Skype ist es zum Beispiel möglich, kostenfrei über das Internet zu telefonieren und sich zeitgleich über die Webcam zu sehen.

Immerhin 20 Prozent der Jugendlichen verbringen ihre Freizeit in einer **virtuellen,** im Internet vorhandenen Spielewelt. Sie treffen dort auf Spieler, die ganz in ihrer Nähe wohnen oder aber in einem anderen Bundesland bzw. in einem anderen Staat leben. Das gemeinsame Fußballspiel zum Beispiel findet so nicht mehr im öffentlichen Raum, sondern virtuell statt (M2). Der reale Raum spielt für diese Freizeitbeschäftigungen kaum noch eine Rolle. Es ist nicht mehr notwendig, sich im gleichen realen Raum aufzuhalten. Nur der gemeinsame virtuelle Raum ist wichtig. Diese Raumlosigkeit (= Enträumlichung) bietet eine große Unabhängigkeit, jedoch auch Gefahren.

M5 *Navigationsgeräte, eine unverzichtbare virtuelle Hilfe zur Orientierung im Raum*

M6 *Karikatur: Neues aus der Schule*

M7 *Google erfasst vor Ort die Daten, die wir vom heimischen PC aus nutzen können.*

Smartphones können das Leben entscheidend vereinfachen: Jeder kann mit ihnen im Internet surfen, Nachrichten an Freunde schreiben, Musik abspielen und sich wecken lassen.
Eine Woche auf das Smartphone verzichten?
Für viele eine schlimme Vorstellung. Eine 10. Klasse wagte das Experiment und gab für eine Woche ihre Geräte ab. Das Ergebnis war verblüffend: Viele Schüler fanden die Zeit sehr entspannt, weil man nicht ständig erreichbar war und auch nicht ständig neue Nachrichten von Freunden bekam. Einige berichteten, dass sie deswegen auch viel mehr Zeit für sich selbst hatten.

M8 *Eine handyfreie Woche – unmöglich?*

Deutschlands größter Schuhschrank entsteht in Erfurt

Das neue Logistikzentrum des Schuh- und Modeversandhauses Zalando entsteht im Erfurter Güterverkehrszentrum. Im Gewerbegebiet vor den Toren der Landeshauptstadt investiert das Unternehmen rund 100 Millionen Euro und errichtet dort das größte seiner drei Lager in Deutschland. […] Von Erfurt aus sollen Kunden in Deutschland sowie in Italien, Frankreich, Großbritannien, Österreich, den Niederlanden und der Schweiz beliefert werden. Entscheidend war eine schnelle Lieferungszeit.

(nach: Thüringer Allgemeine, 07.10.11, B. Jentsch)

M9 *Schuhbestellung übers Internet*

❶ Die virtuelle Welt wird in unserem Leben immer wichtiger.
a) Nenne Beispiele, wie du die virtuelle Welt nutzt (M2, M5–M9).
b) Diskutiert in der Klasse, wie die Freizeit im Jahr 2050 aussehen könnte.
c) Diskutiert in der Klasse über Gefahren und Chancen der virtuellen Welt.

❷ Du bist Tourist in einer europäischen Stadt.
Unternimm einen virtuellen Stadtrundgang und berichte über interessante Sehenswürdigkeiten. Nutze dafür unter http://maps.google.de die Streetview-Funktion.

Gewusst – gekonnt: Tourismus und Freizeit

1. Arten des Tourismus
Das Schema zeigt verschiedene Tourismusarten. Ordne die Beispiele den Tourismusarten in der Abbildung zu (Atlas).

Beispiele:
- Wandern auf dem Rennsteig,
- Skikurs in den Alpen,
- Wagner-Festspiele in Bayreuth,
- Radtour durch Frankreich,
- Gruppenreise zum Thema „Israel neu entdecken",
- Pauschalreise nach Mallorca,
- Kuraufenthalt in Karlsbad,
- Familienausflug an die Ostsee,
- Besuch des Heilbades in Bad Kösen,
- Besuch bei Freunden,
- auf Goethes Spuren durch Italien

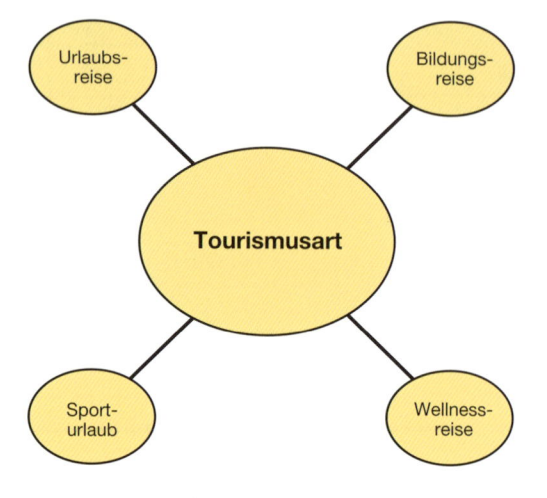

2. Tourismus in Wort und Bild
Der Tourismus wird von Menschen unterschiedlich betrachtet.
1. Beschreibe die Karikatur und erkläre die Sicht des Karikaturisten auf das Verhalten von deutschen Touristen im Ausland.

2. Suche dir eines der folgenden Zitate aus und erkläre die Aussage:
    1. „Der durchschnittliche Tourist möchte dorthin fahren, wo es keine Touristen gibt."
    2. „Der Tourismus lebt vom unstillbaren Drang des Menschen, für teures Geld im Ausland immer wieder bestätigt zu bekommen, dass es nirgends so schön ist wie zu Hause."
    3. „Was die Leute wollen, ist Abenteuerurlaub mit Schlangen ohne Gift."
    4. „Nur wenige sind sich bewusst, dass sie nicht nur reisen, um fremde Länder kennenzulernen, sondern auch, um fremden Ländern die Kenntnis des eigenen zu vermitteln."

	hartes Reisen	sanftes Reisen
Wie lange dauert die Reise?	?	?
Welche Verkehrsmittel werden genutzt?	?	?
Ist das Besichtigungsprogramm fest geplant?	?	?
Wie wird der Urlaub vorbereitet?	?	?
Wie aktiv ist das Reisen selbst?	?	?
Wie und was wird eingekauft?	?	?
Welche Erinnerungen bleiben?	?	?
Wie wird die Natur genutzt?	?	?

3. Unterschiedlich Reisen
Die Gegenüberstellung zeigt Merkmale des Verreisens. Ergänze die fehlenden Begriffe in deinem Heft.

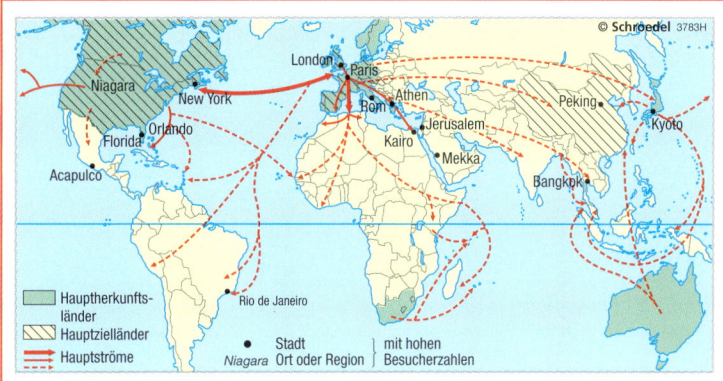

M1 *Karte aus einem spanischen Schulbuch: Tourismusregionen der Welt*

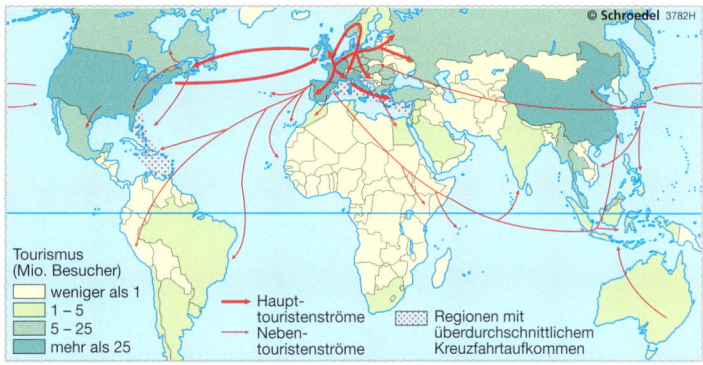

M2 *Karte aus einem französischen Schulbuch: Internationale Touristenströme*

4. Die Touristenströme aus der Perspektive Spaniens und Frankreichs
In verschiedenen Ländern sind unterschiedliche Informationen in Schulbuchkarten enthalten. Führt eine Kartendiskussion und beantwortet dabei die folgenden Fragen:
- Welche Absicht verfolgen die Darstellungen?
- Was wird hervorgehoben?
- Was wird verschwiegen?
- Woher könnten die Autoren der Karten ihre Daten bekommen haben?
- Welche Probleme könnten sich bei der Umsetzung der Daten in Karten ergeben haben?

5. Fachbegriffe des Kapitels

Backpacking	Individualtourismus	Ökolabel	Wirtschaft
Badetouristen	Inszenierung	Pauschaltourismus	Wirtschaftssektoren
Enträumlichung	Kommerzialisierung	primärer Sektor	Wirtschaftszweig
Event	Kulturtourist	Reiseverkehrsmittel	
Eventisierung	Musicaltourismus	sekundärer Sektor	
Faszination	nachhaltiger Tourismus	tertiärer Sektor	
Freizeitpark	Nachhaltigkeit	Urban Entertainment Center	
Fremdenverkehr	Nutzungskonflikte	virtuelle Welt	

Übung

Landwirtschaft und Ernährungssicherung

Landwirtschaft in Deutschland

M1 *Getreideernte in Deutschland*

M2 *Maisbauer in Mali (Afrika)*

Die Landwirtschaft sichert unsere Ernährung

Landwirtschaft heute und gestern

Die Landwirtschaft sichert die Ernährung der Menschen in Deutschland. Noch vor einem Jahrhundert kamen unsere Nahrungsmittel vorwiegend aus Deutschland. Der primäre Wirtschaftsbereich (vgl. S. 62) trug einen großen Teil zur Wirtschaftsleistung unseres Landes bei. Ein Landwirt erzeugte vor etwa 100 Jahren die Nahrungsmittel für vier Menschen. Ein Großteil der Menschen arbeitete in der Landwirtschaft.

Heute hat sich die Landwirtschaft verändert. Unsere Nahrungsmittel kommen aus der ganzen Welt. Zudem ist die Landwirtschaft in Deutschland insgesamt leistungsfähiger geworden. Sie stellt Lebensmittel in größerer Menge und besserer Qualität her als noch vor 100 Jahren. Trotzdem arbeiten heute viel weniger Menschen in der Landwirtschaft. Ein Landwirt ernährt derzeit 131 Menschen. Der Wirtschaftszweig trägt nur noch einen sehr kleinen Teil zur Wirtschaftsleistung Deutschlands bei.

Aber der heutige Landwirt hat nicht nur die Aufgabe der Erzeugung von Nahrungsmitteln. Er ist auch ein Landschaftspfleger, der unsere **Kulturlandschaft** erhält. Und er entwickelt sich auch immer mehr zum Naturschützer.

Deutsche Nahrungsmittel aus der Welt

Ergänzt wird die heimische Nahrungsmittelproduktion durch Erzeugnisse aus anderen Ländern. Tropische Früchte sind das bekannteste Beispiel dafür (M4). Aber auch andere Nahrungsmittel stammen aus fremden Ländern. So kommen z. B. Reis, Fleisch oder Pflanzenöl aus der ganzen Welt auf unseren Tisch. Dies ist vor allem möglich, weil ihr Transport nach Deutschland so günstig ist.

Jedoch hat dies auch negative Einflüsse auf die Produktionsländer. So bauten, z. B. als die Nachfrage nach „Südfrüchten" in Europa anstieg, immer mehr Länder der tropischen und subtropischen Bereiche diese Früchte in Masse an. Der Anbau von **Grundnahrungsmitteln** für die Bevölkerung des eigenen Landes wurde dadurch eingeschränkt, da die Anbauflächen fehlten. Infolgedessen gab es Probleme mit der Nahrungsmittelversorgung der Menschen in diesen Ländern. Zudem wird oft nicht auf die Umwelt geachtet, was zu weiteren Problemen führt.

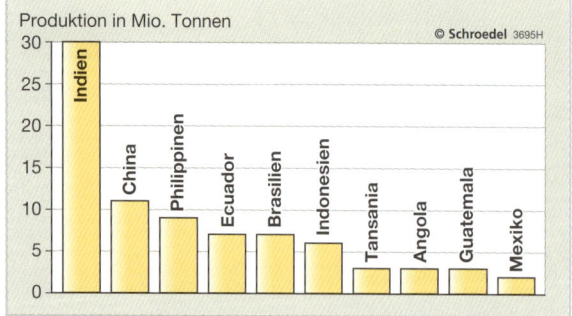

M3 *Hauptanbauländer für Bananen (2011)*

A Diese Frucht galt bei den Indianern Süd- und Zentralamerikas als beliebtes Tauschobjekt. Dort aßen die Menschen sie roh, gekocht oder brannten daraus Alkohol. Die süßsaure Frucht besteht aus einem Fruchtverband, der aus einem sternförmig angeordneten Blattbüschel austreibt.

B Diese Frucht ist je nach Sorte so groß wie eine Birne oder eine Grapefruit. Ihre Farbe kann grasgrün bis gelborange und leuchtend rot sein. Das Fruchtfleisch ist gelb und saftig. Die Schale wird nicht mitgegessen. Im Inneren der Frucht befindet sich ein harter Kern, der herausgelöst werden muss.

C In China wird die Frucht aus Südostasien sehr verehrt. Sie gilt dort als Liebesfrucht. Die Farbe variiert von Rot bis Pink. Das Fruchtfleisch ist milchig weiß und fest. Es schmeckt süßlich und sehr saftig. Der Kern ist nicht genießbar.

D Der Ursprung dieser Frucht ist unbekannt, da die Pflanze sich oft durch ihre schwimmfähigen Früchte verbreitete. Heute ist die Art an den Küsten der gesamten Tropen anzutreffen. Die Früchte sind pflanzenkundlich (=botanisch) gesehen keine Nüsse, sondern Steinfrüchte wie die Pflaume.

E Je nach Geschmacksvorliebe ist diese Frucht in fast allen Reifezuständen essbar – von grüngelb mit säuerlicher Note bis hin zu dunkelgelb mit braunen Punkten und sehr süßem Fleisch. Man isst sie roh, gebraten, geschmort, gebacken und eingekocht. In Bezug auf den Im- und Exportwert ist sie die wichtigste Frucht weltweit.

F Die „chinesische Stachelbeere" kann 8 cm und größer werden. Ihre Schale ist grün- bis rostbraun und haarig. Das Fruchtfleisch ist grün bzw. gelb und saftig. Je nach Reifegrad schmeckt es säuerlich bis süß und enthält sehr viel Vitamin C.

G Die Früchte werden geerntet, bevor sie zu reif werden. Den Übergang erkennt man am Farbumschlag von grün auf gelb bis tiefgelb. Die Früchte lassen sich noch bis zu fünf Wochen bei ca. 10 °C lagern, wobei sie noch langsam weiterreifen. Beim Schneiden in Scheiben senkrecht zur Längsachse entstehen die dekorativen fünfzackigen Sterne.

H Diese Frucht sieht fast wie eine Birne mit dunkelgrüner Schale aus. Am besten schneidet man sie längs auf, trennt sie in zwei Hälften und löst den Kern heraus. Das Fruchtfleisch enthält viel Fett und schmeckt im reifen Zustand cremig und nussig. Es eignet sich sehr gut für Brotaufstriche.

I Die „Baummelone" stammt ursprünglich aus dem tropischen Amerika. Je nach Sorte ist sie unterschiedlich geformt und mit einer dünnen, ledrigen, gelbgrünlichen bis goldgelben Schale versehen. Das tiefgelbe, orange oder lachsrote Fruchtfleisch ist melonenartig süß und sehr saftig. Die Kerne im Inneren der Frucht werden nicht mitgegessen.

M4 *Tropische Früchte*

Landwirtschaft und Ernährungssicherung

---

❶ Die Produktion der Nahrungsmittel hat sich in den letzten 100 Jahren stark verändert.
a) Beschreibe die Nahrungsmittelproduktion früher und heute.
b) „Die Aufgaben der Landwirte haben sich verändert." Erkläre diese Aussage.
c) Vergleiche an M1 und M2 die Nahrungsmittelproduktion in Deutschland und den Tropen.

❷ Bananen müssen importiert werden.
a) Schreibe die Hauptanbauländer auf (M3).
b) Ordne die Länder den Kontinenten zu. Nenne die Atlasseite, auf der du sie gefunden hast.

❸ In M4 sind neun exotische Früchte abgebildet.
a) Benenne diese.
b) Ordne die Texte A bis I den abgebildeten Früchten zu.

Grundwissen / Übung

Landwirtschaftszonen der Erde

Die Landwirtschaft auf der Erde ist vielfältig und hängt von vielen Faktoren, wie z. B. Klima, Boden und Technik, ab.

In der Karte M1 werden fünf Landwirtschaftszonen ausgewiesen. Diese zeigen ein stark vereinfachtes Nutzungsbild der Erde: Es werden flächenhaft verbreitete Nutzungsformen dargestellt. Regionale Abweichungen (wie z. B. die Oasenwirtschaft in Nordafrika) sind nicht abgebildet.

Trotzdem gibt es einige Regelmäßigkeiten:
1. Die Landwirtschaftszonen sind meist parallel zu den Breitenkreisen angeordnet. Ihre Lage ähnelt der Anordnung der Klima- und Vegetationszonen (vgl. S. 38/39 und 48/49).
2. Nicht möglich ist der Anbau von Nutzpflanzen unter ungünstigen Anbaubedingungen, zum Beispiel infolge dauerhafter Kälte.
3. In Hochgebirgen weichen die Höhen der **Kälte-** und **Trockengrenze** zum Teil stark voneinander ab. Dies bedingt die geographische Lage. In M1 ist dies aus Maßstabsgründen nicht dargestellt.
4. Trockengrenzen des Anbaus liegen oft im Inneren der Kontinente, an Küsten oder an den Wendekreisen. Hier wird die Landnutzung durch Niederschläge unter 200 mm pro Jahr beeinflusst.
5. Auch technische und gesellschaftliche Errungenschaften beeinflussen die Landnutzung. So kann sich zum Beispiel Saudi-Arabien eine Bewässerung der Landwirtschaftsflächen durch **Meerwasserentsalzungsanlagen** leisten.

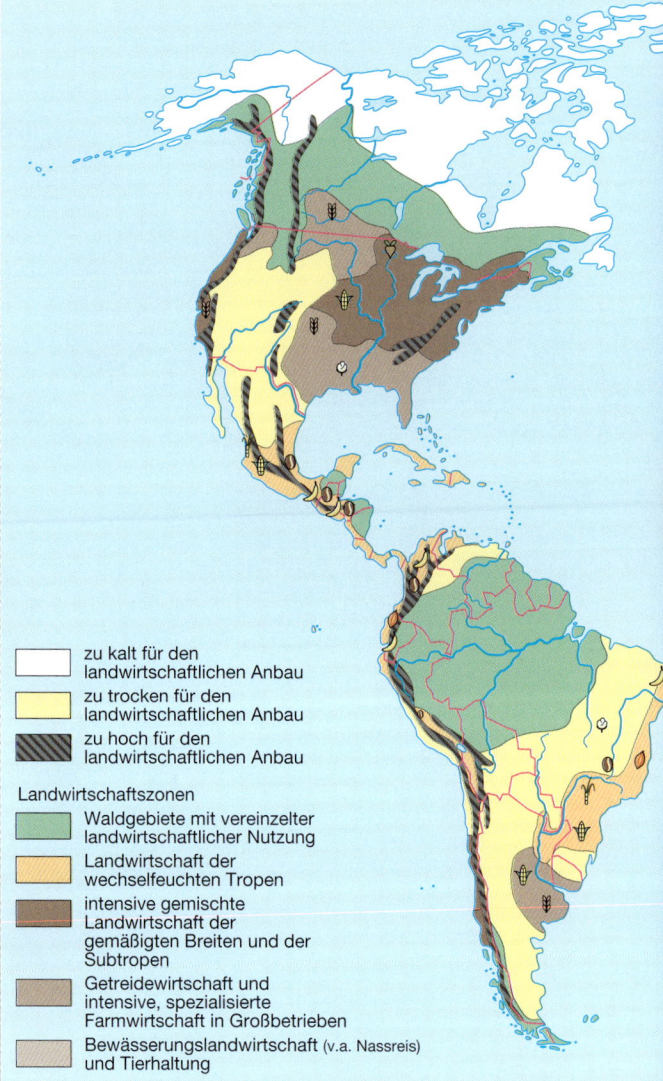

M1 *Landwirtschaftszonen der Erde*

M2 *Beispiele landwirtschaftlicher Nutzung*

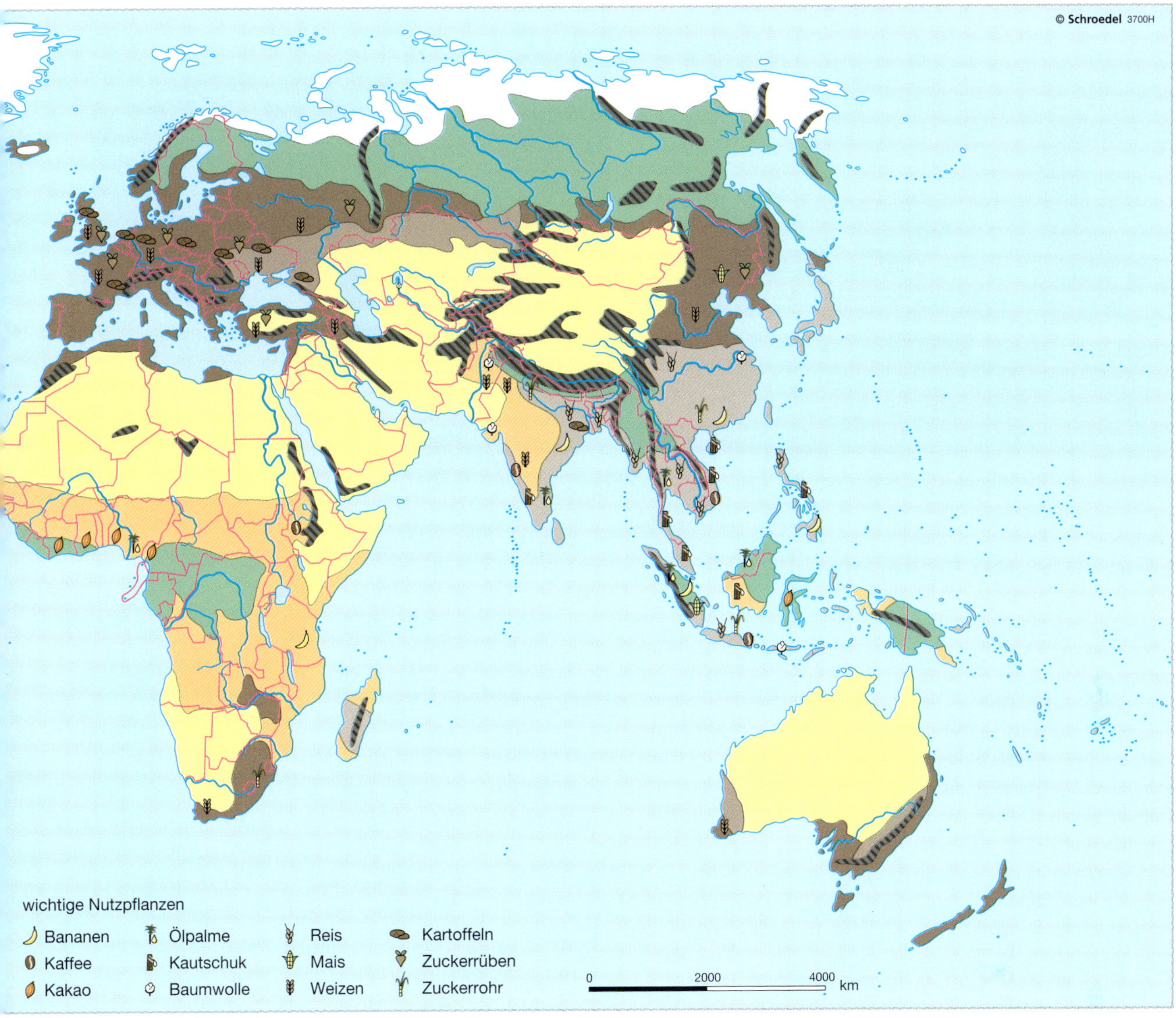

wichtige Nutzpflanzen

- 🍌 Bananen
- ☕ Kaffee
- 🍫 Kakao
- 🌴 Ölpalme
- 🌿 Kautschuk
- 🌱 Baumwolle
- 🌾 Reis
- 🌽 Mais
- 🌾 Weizen
- 🥔 Kartoffeln
- 🌱 Zuckerrüben
- 🎋 Zuckerrohr

---

❶ Auf der Karte M1 ist eine Auswahl von fünf Landwirtschaftszonen dargestellt.

a) Nenne Landwirtschaftszonen in der Abbildung M1.

b) Ordne die nachfolgende Beispielräume den Landwirtschaftszonen in Abbildung M1 und den Fotos (M2) zu (Atlas):

- Wanderweidewirtschaft in Mali;
- Wanderfeldbau im Amazonasbecken;
- Anbau von Kakao auf Plantagen in Ghana;
- Reisanbau zur Eigenversorgung in Thailand;
- Anbau von Weizen im Thüringer Becken;
- Bewässerungslandwirtschaft in Südspanien;
- Viehzucht in Kansas (USA);
- Inuitjäger auf Grönland.

❷ Die Temperatur stellt eine wichtige Voraussetzung für die Landwirtschaft dar.

a) Beschreibe die Lage der Kältegrenze (M1).

b) Die Kältegrenze des Anbaus gibt es nicht nur auf der Nordhalbkugel. Erläutere.

c) Nenne Beispiele, wie Landwirte kalte, hohe oder trockene Räume trotzdem nutzen (Atlas).

d) Wiederhole die Höhenstufen der Vegetation (vgl. S. 34) und erläutere anschließend die landwirtschaftliche Nutzung in den einzelnen Stufen.

Grundwissen / Übung

95

M1 *Brandrodung*

M2 *Hackbau (Bananen und Chili)*

Landwirtschaft im Regenwald

Wanderfeldbau

Die traditionelle Form der Landwirtschaft im tropischen Regenwald ist der **Hackbau**. Er wird zur Selbstversorgung der Menschen des Raumes betrieben (= **Subsistenzwirtschaft**). Die Büsche und das Unterholz werden mit einer Machete – das ist ein langes Messer – abgeschlagen. Größere Bäume bleiben stehen oder werden geringelt. Beim Ringeln wird die Rinde des Baumes entfernt. Das führt zur Unterbrechung der Nährstoffversorgung des Baumes, wodurch er stirbt.
Wenn das Holz dann trocken ist, wird es angezündet und die Fläche brandgerodet. Die Asche bleibt als Dünger auf den Feldern. Anschließend bearbeiten die Menschen den Boden mit der Hacke. Sie bauen zum Beispiel Mais, Kochbananen, Knollenfrüchte (Maniok, Yams), Erdnüsse und Tomaten an. Aber schon nach wenigen Ernten ist der Boden nicht mehr fruchtbar genug. Die Menschen müssen weiterwandern und der Vorgang beginnt wieder von vorne. Diese Art der Landwirtschaft wird **Shifting Cultivation** (engl.: Wanderfeldbau) genannt (M3). In der Zeit der **Brache** kann sich der Boden erholen und wieder Nährstoffe speichern. Es entsteht ein sogenannter **Sekundärwald**.

Die Landwechselwirtschaft

Durch das starke Bevölkerungswachstum leben immer mehr Menschen auf einer Fläche. Aus diesem Grund entstand die **Landwechselwirtschaft**. Eine Familie bleibt in ihrer Behausung und wechselt nur die Anbauflächen um diese herum. Die Anbauzeit pro Fläche verlängert sich dadurch. Auch die Brachezeit kann nicht mehr eingehalten werden. Die Zeit reicht deshalb oft für das Nachwachsen des Sekundärwaldes nicht mehr aus. Weniger fruchtbare Grasländer entstehen. Die Böden sind stärker von **Bodenerosion** betroffen. Viele Familien bauen ihre Produkte – z.B. Kaffee Kakao und Früchte – für den Verkauf auf dem Markt an. Werden die Produkte für den Weltmarkt angebaut, werden sie **Cash Crops** genannt.

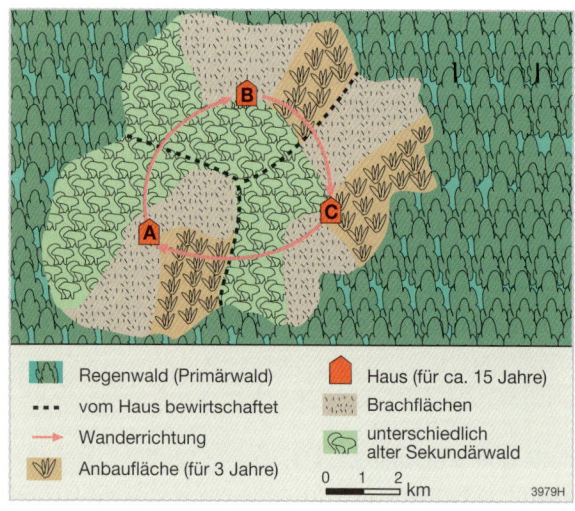
M3 *Funktionsweise des Wanderfeldbaus*

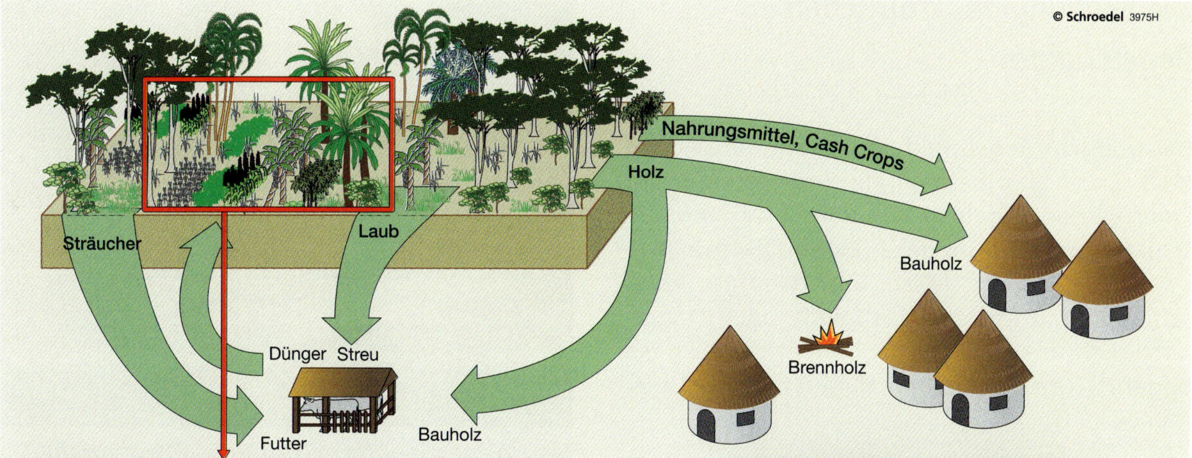

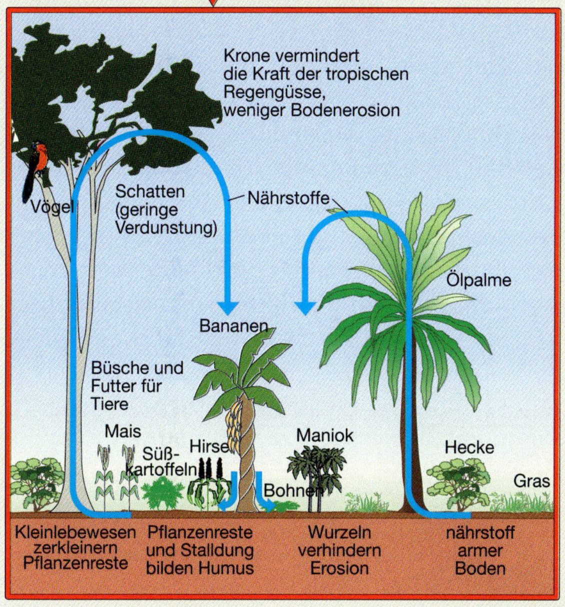

M4 *Agroforstwirtschaft – eine nachhaltige Nutzung des tropischen Regenwaldes*

Eine nachhaltige Form der Landwirtschaft in den Tropen ist die **Agroforstwirtschaft**. Dabei werden die Bedingungen des tropischen Regenwaldes nachgeahmt. Einzelne Urwaldriesen bleiben stehen. In ihrem Schatten werden Fruchtbäume angepflanzt. Dazwischen wachsen Feldfrüchte wie Süßkartoffeln. Die Nährstoffversorgung sichern Pflanzenreste und der Dung von Tieren.

❶ Der Landbau im Regenwald ist an die Bedingungen angepasst.
a) Erläutere die natürlichen Schwierigkeiten des Landbaus im tropischen Regenwald.
b) Beschreibe die Brandrodung (M1, Text).
c) Vergleiche Wanderfeldbau und Landwechselwirtschaft (M3, Text).
d) Erkläre die Begriffe Subsistenzwirtschaft und Cash Crop.

❷ Die Bevölkerungszahl in Afrika wächst.
a) Beschreibe die Folgen für die traditionelle Landwirtschaft.
b) Die Agroforstwirtschaft ist eine nachhaltige Nutzungsform im tropischen Regenwald (M4). Erläutere.

❸ Finde den unpassenden Begriff. Begründe. *Brandrodung, Abholzung, Wanderfeldbau, tropischer Regenwald*

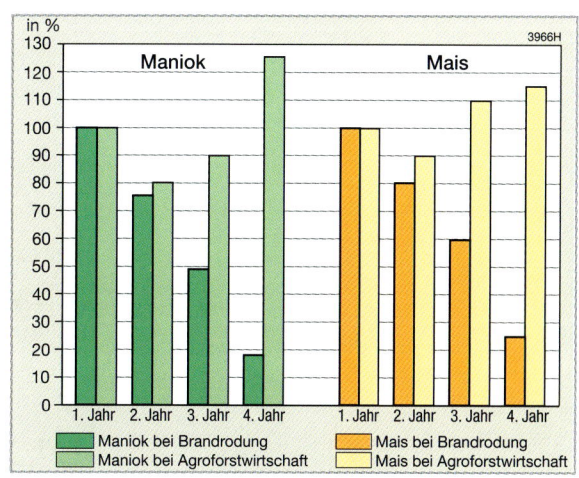

M5 *Erträge auf den Böden des tropischen Regenwaldes: Beispiele Maniok und Mais*

Grundwissen/Übung

Die Nutzung des tropischen Regenwaldes

Der tropische Regenwald erfüllt viele Funktionen (M2). Er ist zum Beispiel ein Rohstofflieferant. Einer seiner begehrtesten Rohstoffe sind die **Tropenhölzer**. Besondere Eigenschaften wie intensive Farben, Maserung, wenige Äste, fehlende Jahresringe, Festigkeit oder Dauerhaftigkeit machen sie in vielen Ländern so begehrt. Dort entstehen daraus zum Beispiel Möbel.

Die Holzgewinnung und deren Folgen

Die Holzgewinnung im tropischen Regenwald ist aufwendiger als in unseren Wäldern. Die Haupteinschlagsgebiete liegen wegen des leichteren Transports zunächst an Flüssen. Doch schon bald müssen die Holzfäller weiter in den Urwald vordringen. Dazu werden mit schweren Maschinen breite Schneisen für Erschließung und Abtransport angelegt. Von den vielen Hundert Baumarten sind nur wenige Bäume als **Edelhölzer** nutzbar (z. B. Mahagoni). Pro Hektar werden deshalb oft nur ein bis drei Bäume gefällt.

Dieser **selektive Holzeinschlag** wird gern als umweltfreundliche Nutzung bezeichnet. Doch

M1 *Holzgewinnung im tropischen Regenwald*

der Fall eines einzigen Baumriesen löst eine Kettenreaktion aus: Rund 40 Prozent der Nachbarbäume werden beschädigt oder mitgerissen. Weitere Baumbestände werden zerstört, wenn riesige Bulldozer die einzelnen Stämme aus den Wäldern holen. So können bis zu 75 Prozent des umgebenden Waldes geschädigt werden.

Auch das schützende Blätterdach ist aufgerissen und die Bäume wachsen nur langsam wieder nach. Der neue Wald ist artenärmer, der Lebensraum zahlreicher Pflanzen und Tiere ist zerstört. Wenn zu viele Bäume gefällt werden, sprechen Umweltschützer vom **Raubbau** an der Natur.

M2 *Schatztruhe der Natur – tropischer Regenwald*

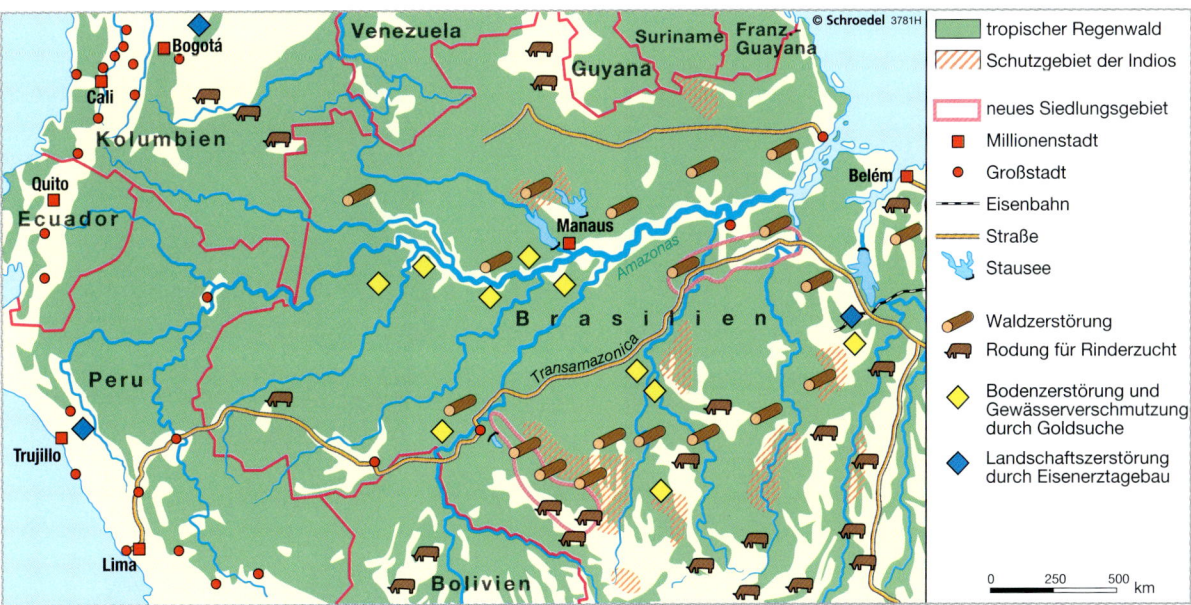

M3 *Nutzung und Gefährdung des tropischen Regenwaldes in Amazonien*

Yanomami auf der Jagd

Die Yanomami leben als Jäger und Sammler im Regenwald Amazoniens sowie im Bergland Nordbrasiliens und Südvenezuelas. Ihr Territorium umfasst circa 18 Millionen Hektar. Das entspricht etwa der zehnfachen Größe des Bundeslandes Thüringen.

Die Yanomami gelten als eines der wenigen Völker der Erde, deren steinzeitliche Lebensweise sich seit den letzten 3000 Jahren kaum verändert hat. Schätzungen sprechen heute von etwa 32 000 Menschen, die dieser Volksgruppe angehören.

Aber die Yanomami müssen um ihr Überleben kämpfen. Die ihnen durch Gesetze zugewiesenen Schutzgebiete (**Reservate**) werden nicht von allen beachtet. So veränderten der Bau von Straßen und die damit verbundenen Rodungen sowie zahlreiche Goldfunde das Leben der Yanomami (M3). Die Goldgräber nutzen zum Beispiel illegal das Land der Indianer. Sie schleppen Krankheiten ein und verschmutzen die Natur. Sie verwenden zum Beispiel Quecksilber, um das Gold zu binden. Das Quecksilber gefährdet aber die Goldgräber und auch die Yanomami, wenn der Giftstoff in die Umwelt gelangt.

Zudem verkleinern Rodungen für neue Weideflächen den Lebensraum der Yanomami. Und die brasilianische Regierung treibt die Erschließung Amazoniens u. a. für den Tourismus noch voran.

M5 *Yanomami – die Ureinwohner Amazoniens*

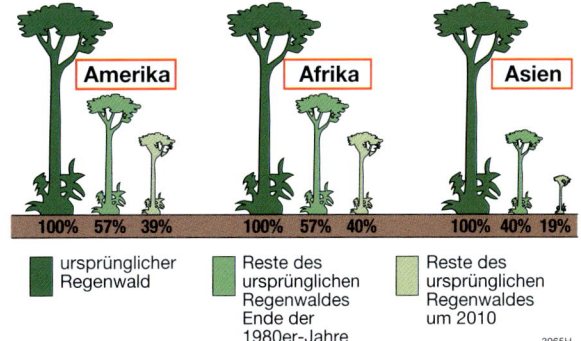

M4 *Die Entwicklung der Fläche des Regenwaldes*

❶ Die Nutzung des tropischen Regenwaldes hat sich verändert. Vergleiche die Nutzung durch die Yanomami mit der Nutzung außerhalb der Schutzgebiete (M1, M3, M5).

❷ Die intensive Nutzung des Regenwaldes hat Folgen.
a) Erläutere, wie sich die Flächenentwicklung (M4) auf die Menschen auswirkt.
b) Erstelle ein Schema zur Tropenholzgewinnung.

❸ Im tropischen Regenwald sind auch Bodenschätze zu finden.
a) Nenne die Bodenschätze des Raumes und beschreibe die Lage der Abbaugebiete (Atlas).
b) Informiere dich über die Auswirkungen des Abbaus (Internet) und berichte darüber in einem Kurzvortrag.

Landwirtschaft und Ernährungssicherung

Grundwissen / Übung

M1 *Kakaofrüchte in einer Kakaopflanzung*

M2 *Der Kakao beim Verbraucher*

INFO 1

Kakao

Die bis zu 15 m hohen Kakaobäume gedeihen nur im feuchtheißen Regenwaldklima. Für ihr Wachstum benötigt die Pflanze Temperaturen zwischen 24 und 29 °C. Die Temperatur darf nicht unter 20 °C fallen. Zudem benötigt Kakao 1500 bis 2000 mm Niederschlag im Jahr. Er wächst nur im Schatten größerer Bäume.
Jede Kakaofrucht ist etwa ein halbes Kilogramm schwer und enthält 30 bis 50 Kakaobohnen. Die reifen Früchte werden zerbrochen, die Bohnen aus dem Fruchtfleisch gelöst und dann abgedeckt zum Gären gebracht. Nach einer Woche färben sich die Bohnen außen braun und schmecken schokoladig. Ein Kakaobaum trägt etwa 20 Jahre Kakaofrüchte. Dann müssen neue Bäume gepflanzt werden.

Plantagenwirtschaft in den Tropen

Viele unserer Produkte, zum Beispiel der Kakao für die Schokolade oder das Öl der Ölpalmfrucht in der Margarine, werden in Afrika auf **Plantagen** angebaut. Eine Plantage ist ein landwirtschaftlicher Großbetrieb (oft mehrere Tausend Hektar groß), der sich auf die Erzeugung eines einzigen Produktes für den **Weltmarkt** spezialisiert hat (**Monokultur**).
Die Plantagen produzieren ausschließlich Cash Crops für den Verkauf auf dem Weltmarkt. Während aber zum Beispiel Bananen und Ananas nach der Ernte sofort verkauft werden können, müssen Kakao und Ölpalmfrüchte auf den Plantagen vor dem Verkauf verarbeitet werden.

Die harte Arbeit auf den Plantagen mussten früher Sklaven erledigen. Heute werden viele Arbeiten von Tagelöhnern mithilfe von Maschinen ausgeführt. Die Kosten für diese Maschinen sowie für den teuren Dünger und die Pflanzenschutzmittel (= **Pestizide**) sind für Kleinbauern viel zu hoch. Daher werden große Plantagen zumeist von einzelnen reichen Familien im Inland oder von finanzstarken, zum Teil ausländischen Unternehmen betrieben.

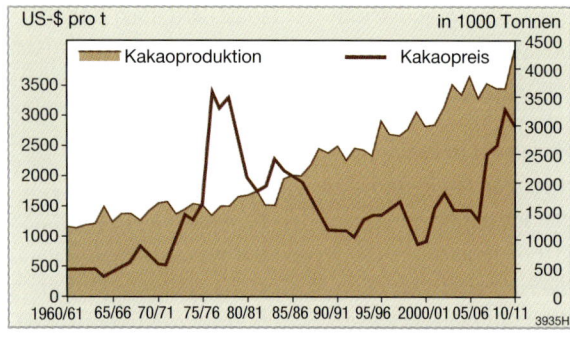

M3 *Entwicklung von Kakaoproduktion und -preis*

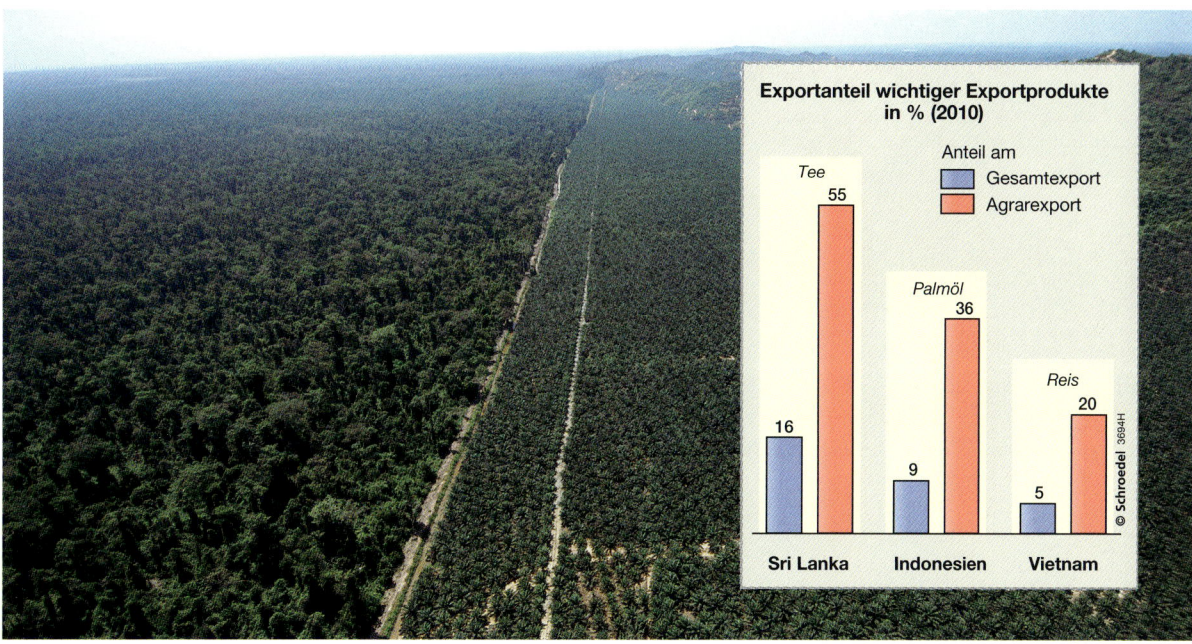

M4 *Palmölplantage auf dem Gebiet des tropischen Regenwaldes in Malaysia*

❶ Die Plantagenwirtschaft ist eine wichtige landwirtschaftliche Anbauform.
a) Beschreibe die Vor- und Nachteile der Plantagenwirtschaft bzw. des Anbaus von Monokulturen.
b) Vergleiche den Plantagenanbau und die Agroforstwirtschaft (Text, Seite 97 M4).

❷ Cash Crops sind eine wichtige Einnahmequelle vieler Staaten in den Tropen.
a) Beschreibe die Produktions- und Preisentwicklung von Kakao (M3).
b) Erläutere die Folgen der Preisentwicklung für Afrika (M3, M4).

c) Ein Land des Kakaoanbaus ist Indonesien. Erkläre, warum der Kakaoanbau in Indonesien vom Klima her günstig ist (Info 1, Atlas).

❸ Am Gewinn einer Tafel Schokolade sind die Teilnehmer der Herstellungskette unterschiedlich stark beteiligt.
a) Erläutere die Abbildung M5.
b) Diskutiert in der Klasse, wie sich die Anteile am Gewinn in M5 verschieben, wenn es sich um Fairtrade-Schokolade handelt (Info 2).

❹ Finde den nicht in die Reihe passenden Begriff: *Plantage, Subsistenzwirtschaft, Monokultur, Banane.*

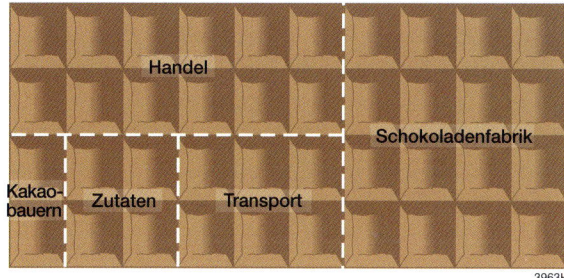

M5 *Wer verdient an einer Tafel Schokolade?*

INFO 2

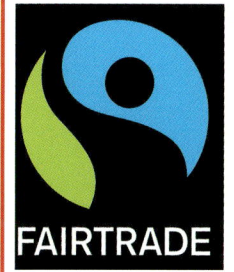

Der Verein „Transfair" wurde 1992 gegründet. Er vergibt in Deutschland das Fairtradesiegel. Mit diesem Siegel werden Produkte aus fairem Handel gekennzeichnet. Die Kleinbauern können ihre Produkte garantiert zu fairen Preisen absetzen. Gleichzeitig werden ihre Lebens- und Arbeitsbedingungen verbessert. Das Siegel wird an Importeure, Verarbeitungsbetriebe und Händler vergeben, die die Fairtrade-Standards erfüllen.

Grundwissen / Übung

M1 *Protest gegen Land Grabbing in Kenia*

Land Grabbing – geraubtes Land?

Land Grabbing (engl.: Landnahme) bezeichnet den Kauf oder die Pacht von Landflächen durch ausländische Regierungen und Unternehmen zur landwirtschaftlichen Nutzung. Land Grabbing wird zum Beispiel von Staaten wie China durchgeführt. Diese Länder besitzen eine wachsende Bevölkerung, die mit Nahrungsmitteln versorgt werden muss. Aber auch die Öl fördernden Länder der Golfregion kaufen und pachten Land. Die Europäische Union (EU) benötigt große Landflächen für den Palmölanbau und die Biodieselproduktion z. B. aus Raps. Das aufgekaufte und verpachtete Land wiederum liegt vor allem in den armen Ländern der Erde.

Folgen des Land Grabbing

Land Grabbing wird für viele Staaten und Unternehmen immer wichtiger: Weltweit steigen die Nachfrage und die Preise für Lebensmittel. Dies liegt insbesondere an der wachsenden Weltbevölkerung und dem sich z. B. durch Umweltzerstörung verringernden fruchtbaren Ackerland. Deshalb findet zunehmend ein Wettstreit um landwirtschaftlich nutzbare Flächen statt.

Land Grabbing kann aber auch Vorteile mit sich bringen, wie z. B. neue Arbeitsplätze oder die Einführung neuer Techniken. Oft überwiegen jedoch die ungünstigen Begleiterscheinungen (M3). Eine der schwerwiegendsten Folgen ist aber, dass viele arme Länder infolge der übermäßigen Landnahme durch reichere Länder und große Unternehmen ihre Bevölkerung nicht mehr ausreichend mit Nahrung versorgen können.

M2 *Land Grabbing (* nur Käufe, keine Pacht)*

Methode: Quellentexte auswerten

Folgen des Land Grabbing

Regierungsvertreter aus Mosambik, Äthiopien, Sudan und Kambodscha sind derzeit sehr beschäftigt. Milliardenschwere Gäste geben sich bei ihnen die Klinke in die Hand: chinesische Wirtschaftsvertreter, Agrarexperten aus Kuwait, schwedische Konzernmanager und englische Investmentbanker. Die Besucher kommen aus den unterschiedlichsten Regionen der Welt, aber sie wollen alle das Gleiche: Ackerland.

Es geht darum, Kauf- oder Pachtverträge über mehrere Tausend Hektar Land auszuhandeln. Auf dem Land sollen Nahrungsmittel und Energiepflanzen für den Export angebaut werden. Der Umfang der Landkäufe ist gigantisch. Verhandlungen über 10 bis 30 Prozent des weltweit verfügbaren Ackerlandes sollen derzeit laufen.

Während die Käufer und Pächter mit den Landgeschäften hohe Gewinne erzielen, ist die lokale Bevölkerung der Verlierer. Die in Entwicklungsländern verbreitete Selbstversorgung beruht nicht auf offiziell bescheinigtem Eigentum, sondern auf mündlich ausgehandelten Rechten. Daher ist die Bevölkerung schutzlos dem Entzug ihres Landes ausgeliefert. Manchmal bereichern sich Regierungsmitglieder in Entwicklungsländern auch persönlich an der Kauf- oder Pachtsumme. Die industrielle Landwirtschaft hat zudem Folgen für die Umwelt, etwa einen erhöhten Verbrauch an Wasser und mehr Einsatz von Dünge- und Schädlingsbekämpfungsmitteln.

(nach: www.inkota.de, Stand 07/2013)

M3 *Artikel aus dem Internet*

Fünf Schritte zum Auswerten eines Quellentextes

1. Text lesen und verstehen
Lies den Text aufmerksam durch und schlage dir unbekannte Worte nach.

2. Textinhalt in Zwischenüberschriften und Stichworte übertragen
Gliedere den Text in Sinnabschnitte und formuliere zu jedem eine Zwischenüberschrift. Schreibe dann aus jedem Abschnitt die Begriffe heraus, die jeweils den Inhalt ausdrücken (Schlüsselworte).

3. Inhalt des Textes zusammenfassen
Fasse nun mithilfe der Schlüsselwörter und Zwischenüberschriften den Text Abschnitt für Abschnitt in vollständigen Sätzen zusammen.

4. Autor und dessen Anliegen herausarbeiten
Nenne den Verfasser (Autor) des Textes und überlege, welche Absichten er mit dem Text verfolgt.

5. Text beurteilen
Beurteile, ob der Text zur umfassenden Bearbeitung des Themas oder um deine Fragen zu beantworten, geeignet ist. Bleiben Fragen offen?

1. Schritt: Investmentbanker: Vertreter von Banken, die Geld für Unternehmungen bereitstellen

2. Schritt:
Zwischenüberschrift: Akteure des Land Grabbing
Schlüsselworte: Regierungsvertreter, Wirtschaftsvertreter, aus den unterschiedlichsten Regionen der Welt, Ackerland

3. Schritt: Wirtschaftsvertreter aus vielen Regionen der Welt kaufen in ärmeren Ländern Ackerland.

4. Schritt: Inkota Netzwerk e.V. ist eine Entwicklungshilfeorganisation. Sie möchte auf die Folgen des Land Grabbing für die lokale Bevölkerung aufmerksam machen.

M4 *Textbeispielauswertung von M3, 1. Abschnitt*

❶ Land Grabbing wird weltweit wichtiger.
a) Erkläre den Vorgang des Land Grabbing.
b) Nenne die Beteiligten am Land Grabbing.
c) Beschreibe die räumliche Verteilung und den Flächenumfang von Land Grabbing (M2).

❷ Werte den Quellentext M3 aus. Beachte die Schrittfolge und M4.

❸ a) Erstelle eine Mindmap zu Vor- und Nachteilen des Land Grabbing.
b) „Eine gerechte Form des Land Grabbing ist möglich." Diskutiere.

Landwirtschaft und Ernährungssicherung

Grundwissen/Übung

Amadaou

Der 12-jährige Amadaou schaut immer wieder zum wolkenlosen Himmel: „Bald muss doch die Regenzeit beginnen." Amadaou gehört zum Stamm der Dogon. Die Dogon leben in Mali und haben bis heute ihre traditionellen, an die extremen Klimabedingungen angepassten Lebensweisen erhalten. Seit Jahrhunderten bauen sie auf den kargen Böden Hirse, Sorghumhirse und Zwiebeln an. Die Niederschlagsmengen von 400 Millimetern pro Jahr reichen gerade noch aus, dass die Dogon **Regenfeldbau** betreiben können. In Jahren mit ausreichenden Niederschlägen erzielen sie sogar zwei oder drei sehr gute Ernten. Dann geben alle Dorfbewohner einen Teil der Hirse ab, den sie in den typischen runden Vorratshäusern einlagern.

In trockenen Jahren wird die Hirse an die Dorfbewohner verteilt. „Gut, dass in den Speichern noch Hirse liegt", denkt Amadaou. Der Regen lässt immer noch auf sich warten. Schon im letzten Jahr war es sehr trocken. Da entdeckt Amadaou am Horizont die Ausläufer eines Sandsturms. Er weiß, das ist ein Zeichen für baldigen Regen. Es wird in diesem Jahr keine Dürre geben.

Amadaous Dorf

M1 *Der Sohn eines Hackbauern berichtet*

M2 *Nomadenwirtschaft*

Die Sahelzone – Landwirtschaft in den wechselfeuchten Tropen

Die **Sahelzone** ist ein Landschaftsstreifen, der südlich der Sahara von West nach Ost verläuft (M4). Die von Jahr zu Jahr stark schwankenden Niederschlagsmengen und die Gefahr von Dürrezeiten sind typisch für den nördlichsten Bereich der Savannenzone Afrikas. Der Begriff Sahel kommt aus dem Arabischen und bedeutet „Ufer". Für die **Karawanen** aus dem Norden Afrikas war die Dornsavanne nach der Durchquerung der Sahara ein „lebensrettendes Ufer".

Neben den Hackbauern (M1) leben im Sahel auch viele Menschen, die Vieh halten. Sie betreiben **Nomadenwirtschaft**. Die Familien ziehen mit ihren Viehherden viele Monate durch das Land. So bekommen die Rinder, Ziegen und Schafe ausreichend zu fressen und die Pflanzen können nachwachsen. Erst nach der Regenzeit kehren die Nomaden wieder in ihre Heimatdörfer zurück.

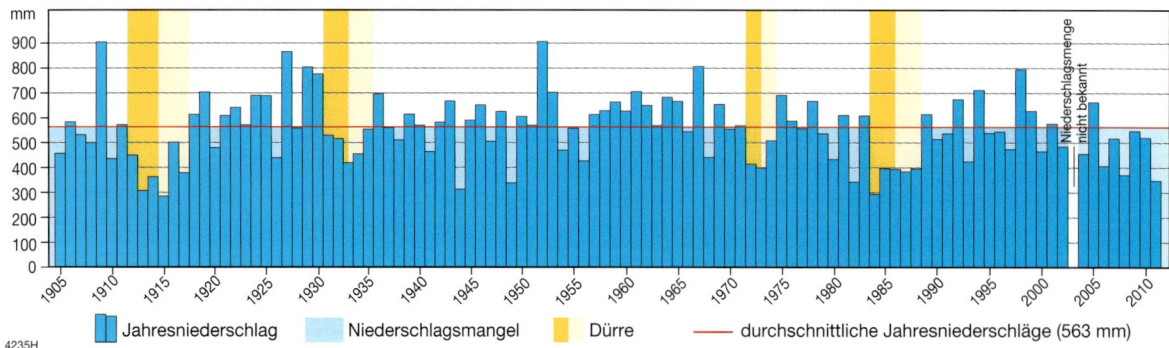

M3 *Jahresniederschläge im 20. und 21. Jahrhundert in Niamey (Niger)*

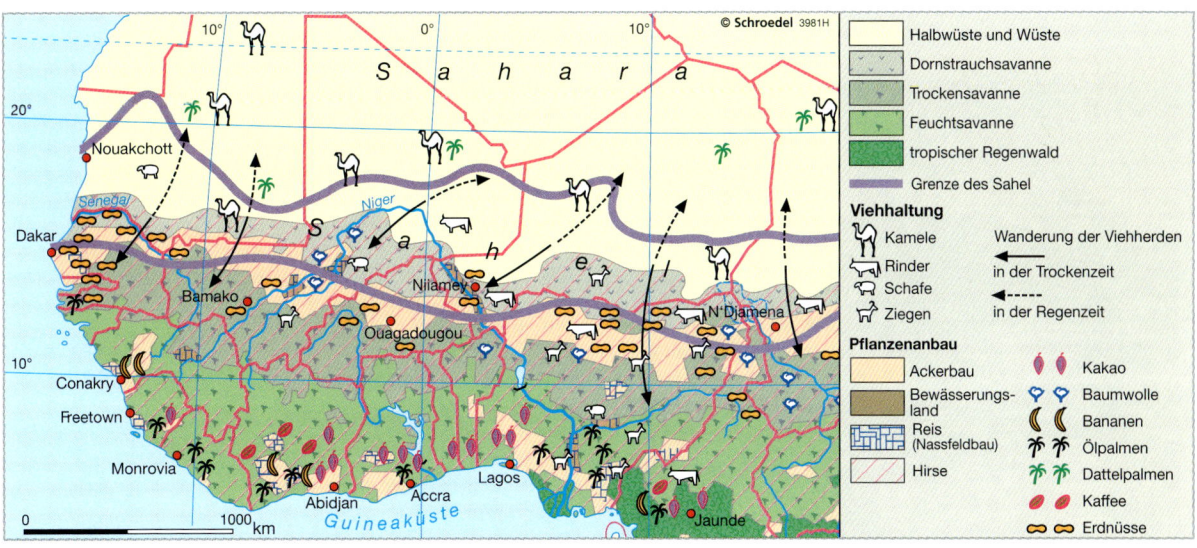

M4 *Landwirtschaftliche Nutzung in der westlichen Sahelzone*

❶ Die Sahelzone ist für die Menschen ein risikoreicher Naturraum.
a) Beschreibe die Lage der Sahelzone in Afrika (Atlas, M4).
b) Benenne die Länder mit Anteil am Sahel.
c) Nenne die Klima- und Vegetationszonen, die der Sahel umfasst.
d) Beschreibe die Entwicklung der Jahresniederschläge (M3).
e) Begründe mithilfe des Passatwindsystems (vgl. S. 42/43) und der Lage der Sahelzone, warum der Sahel immer wieder von Dürreperioden betroffen ist.

❷ Die Menschen haben sich an die extremen Lebensbedingungen im Sahel angepasst.
a) Nenne stichwortartig Maßnahmen, wie sich Amadaous Dorf an die Bedingungen des Sahel angepasst hat (M1).
b) Die Vorratshäuser werden besonders geschützt. Erkläre ihre Bedeutung für die Menschen.
c) Erkläre den Begriff Nomadismus.
d) M5 zeigt eine Nomadenwanderroute. Ermittle, wie viele Kilometer die Nomaden im Jahr mit ihren Viehherden wandern.
e) Erläutere den Verlauf der Wanderroute der Nomaden (M5).

Landwirtschaft und Ernährungssicherung

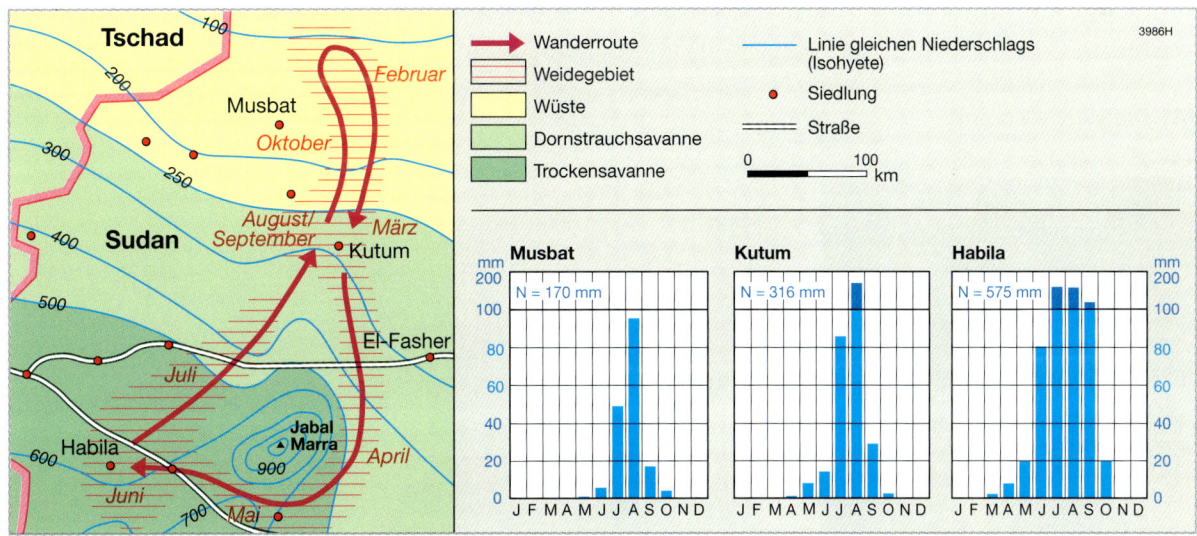

M5 *Wanderroute einer Nomadenfamilie im westlichen Sudan*

Grundwissen / Übung

Schutzwald gegen den Sand der Wüste

Kiri Mayere ist das Oberhaupt einer 25-köpfigen Großfamilie. Er lebt im Norden Nigerias. Dan Bassa heißt der kleine Ort, der aus ein paar Lehmhütten und Kornspeichern besteht. Bäume bilden einen Schutzwall gegen den ständigen Passatwind um die Gebäude, die Hirsefelder und Gemüsebeete.

Immer wieder kommen Leute auf der Suche nach Brennholz oder Baumaterial vorbei. „Wir haben die Bäume selber gepflanzt. Es sind Doka, gutes hartes Holz", erklärt Kiri Mayere. „Ich würde bis zum Tod für sie kämpfen."

Ohne den kleinen Wald würde auch dieses Dorf wohl bald vom Sand der Wüste überweht werden. Das ist schon vielen Siedlungen im nördlichen Sahel passiert. Die Wüste dringt seit Jahrzehnten immer weiter nach Süden vor. (nach: Die Zeit, B. Grill, 11/2011)

M1 *Die Wüste kommt*

Staat	Bevölkerung in Millionen					
	1970	1980	1990	2000	2010	2012
Burkina Faso	5,38	6,96	8,99	11,95	16,50	17,50
Mali	5,48	6,86	9,21	10,69	15,40	16,00
Niger	4,17	5,59	7,73	10,08	15,50	16,30
Mauretanien	1,13	1,52	2,00	2,64	3,46	3,60

M2 *Entwicklung der Bevölkerungszahlen im Sahel*

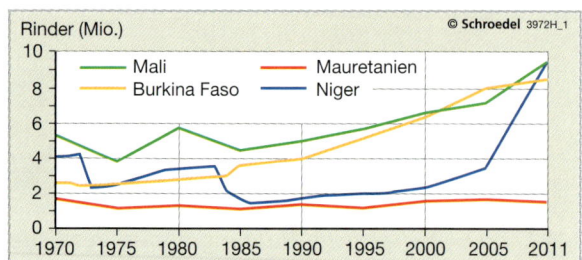

M3 *Entwicklung der Rinderbestände im Sahel*

Der Mensch verändert die Sahelzone

In den letzten Jahrzehnten ist die Bevölkerung im Sahel rasant angestiegen (M2). Immer mehr Hirse musste angebaut werden. Die dafür notwendigen Felder wurden im Norden angelegt, denn im Süden wird das Ackerland oft für den Anbau von Exportprodukten wie Erdnüssen verwendet.

Im Norden aber ist das Risiko ausbleibenden Niederschlags hoch. In Dürrejahren trocknet alles aus und die Felder liegen schutzlos in der trockenen Hitze. Ohne den Schatten des Grases trocknet aber der Boden aus. Und ohne die bremsende Wirkung von Pflanzen weht der Wind den dünnen, fruchtbaren, oberen Boden aus. Zurück bleibt Wüste. Dieser Prozess wird als **Desertifikation** bezeichnet.

M4 *Traditioneller Hackbau*

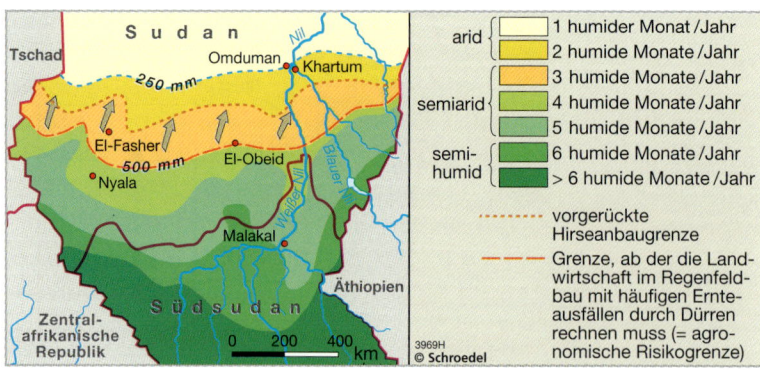

M5 *Ausweitung des Regenfeldbaus im Sudan*

Landwirtschaft und Ernährungssicherung

Grundwissen

„Die Nomaden sind schlimmer als Heuschrecken. Wo sie vorbeiziehen, wächst kein Gras mehr. Unsere Brunnen haben nicht genug Wasser, damit es auch für ihre riesigen Herden reichen könnte. Und wie oft habe ich erlebt, dass sie ihre Kühe absichtlich in unsere fast reifen Hirsefelder treiben, weil sie dort Nahrhafteres zu fressen finden als auf den Weiden.

Das ruiniert uns, denn die Böden sind nicht mehr so fruchtbar wie früher. Wir brauchen die Flächen, um unsere Familien zu ernähren. Um unsere Kosten zu decken, müssen wir Erdnüsse und Baumwolle anbauen, die wir verkaufen können. Deshalb ist es umso wichtiger, dass die wenigen Flächen, die uns für den Hirseanbau bleiben, nicht noch verwüstet werden."

M6 *Ein Hackbauer aus der Sahelzone berichtet*

M7 *Überweidung durch Ziegen*

Holz ist der wichtigste Brennstoff in den Ländern der Sahelzone. Da Kohle, Erdgas und Erdöl meist zu teuer oder nicht verfügbar sind, muss das Essen auf Holzfeuern gekocht werden. Auch als Baumaterial wird Holz verwendet. Die Frauen und Kinder einer Familie sind ständig auf der Suche nach dem Rohstoff. Die Umgebung der Dörfer ist aber häufig bereits abgeholzt. So müssen sie weit laufen, um Bäume mit trockenen Ästen zu finden. Immer öfter werden aber auch grüne Äste oder junge Bäume abgeschlagen.

Jährlicher Holzverbrauch einer Hackbauernfamilie im Sahel

M8 *Mangelware Holz*

M9 *Holztransport im Sahel*

❶ Der Sahel ist von der Desertifikation bedroht.
a) Erkläre den Begriff Desertifikation.
b) Erkläre, wie sich die Familie von Kiri Mayere vor der Desertifikation schützt (M1).

❷ Die Desertifikation ist zu großen Teilen vom Menschen verursacht.
a) Beschreibe die Entwicklung der Bevölkerungszahlen in den Sahelländern (M2).
b) Erläutere die Veränderungen des traditionellen Ackerbaus und des Nomadismus, die sich aus dem Bevölkerungswachstum ergeben (Text, M3, M5, M6).
c) Eine Familie im Sahel benötigt pro Jahr etwa 195 Bäume und Sträucher. Erkläre (M8).
d) Stelle die Ursachen der Desertifikation in einer Übersicht zusammen. Präsentiere das Ergebnis deiner Klasse.

❸ „Die Erdnüsse auf unserer Party tragen dazu bei, dass im Sahel das Risiko von Hungerkatastrophen steigt." Beurteile (M6).

Grundwissen / Übung

Methode: Wirkungsgefüge – Beispiele zur Lösung der Probleme im Sahel

M1 *Tiefbrunnen im Sahel*

Die stark wachsende Bevölkerung in der Sahelzone benötigt dringend mehr Trinkwasser. Auch für die Versorgung der wachsenden Viehherden und die Bewässerung der Felder muss mehr Wasser bereitgestellt werden.

Mussten die Menschen früher per Hand Wasser aus den Brunnen schöpfen, kommen heute zumeist mechanische Pumpen und Motorpumpen zum Einsatz. Zahlreiche neue Brunnen wurden in den letzten Jahrzehnten gegraben. Mit der modernen Technik kann heute mehr Wasser, auch aus größeren Tiefen als früher, an die Erdoberfläche befördert werden.

Auf den ersten Blick scheint dadurch das Problem der Wasserknappheit gelöst zu sein. Aber der massenhafte Bau von **Tiefbrunnen** verstärkt die Desertifikation und damit die Probleme der Sahelbewohner weiter (M2).

- Grundwasserspiegel sinkt
- Wasser fehlt
- Hungersnot
- Büsche, Gräser vertrocknen
- Boden ist schutzlos dem Wind ausgeliefert
- Boden wird abgetragen
- Wüste dehnt sich aus
- Bau von Tiefbrunnen
- Motorpumpen fördern viel Wasser

Wenn der Grundwasserspiegel sinkt

Mit Sorge blicken die Dorfältesten einer kleinen Siedlung in Samba, einer Provinz Burkina Fasos, in den einzigen Brunnen, der sie und ihre Nachbarn in einem Umkreis von zehn Kilometern mit Wasser versorgt. Seit Jahren sinkt der Wasserspiegel beständig.

„In meiner Jugend förderten wir Wasser aus 20 Metern Tiefe. Heute müssen die Brunnen mindestens 60 Meter tief gegraben werden", sagt einer der Ältesten. „Wann wird unser Brunnen versiegen? Fehlt das Brunnenwasser, dann können wir unsere Gärten nicht bewässern, und ohne Gärten droht eine Hungersnot. Die Mango- und Papayabäume, die wir vor 20 Jahren pflanzten, beginnen bereits an Wassermangel zu leiden und tragen kaum noch Früchte. Wenn der Grundwasserspiegel weiter sinkt und die Büsche und Gräser vertrocknen, dann ist der Boden schutzlos und dem heißen Wüstenwind ausgeliefert. Der Boden wird abgetragen. Die Wüste dehnt sich aus.

Viele glauben, dass der Bau von Tiefbrunnen in benachbarten Dörfern und Kleinstädten für die Absenkung des Grundwasserspiegels verantwortlich ist. Die starken Motorpumpen fördern nämlich viel Wasser, mehr, als durch die Regenfälle nachfließen kann."

M2 *Wir erstellen ein Wirkungsgefüge (= Kausalkette)*

Fünf Schritte zur Erstellung eines Wirkungsgefüges

Mit einem Wirkungsgefüge können komplizierte Zusammenhänge übersichtlich verdeutlicht werden. Ursachen und Wirkungen werden dabei über Begriffe und Pfeile dargestellt.

1. Text erfassen
Lies den Text aufmerksam. Unterstreiche wichtige Begriffe und Aussagen.

2. Stichpunkte festlegen
Notiere die Aussagen in Kurzform auf kleine Zettel.

3. Ursachen und Wirkungen ordnen
Ordne die Zettel so an, dass eine logische Abfolge zu sehen ist – Ursache und Wirkung folgen aufeinander. Überlege, ob mehrere Ursachen für eine Wirkung verantwortlich sind.

4. Notieren des Wirkungsgefüges
Schreibe die Stichwörter auf und verbinde die Aussagen mit Pfeilen. Ein Pfeil bedeutet: „hat zur Folge" oder „bewirkt". Mit unterschiedlicher Dicke der Pfeile kann die Wichtigkeit der Aussagen unterschieden werden.

5. Präsentieren
Stelle deiner Klasse dein Wirkungsgefüge vor.

Bau eines nubischen Daches

Die aus Naturmaterialien bestehenden Dächer der Häuser in vielen Sahelsiedlungen müssen nach einigen Jahren repariert werden. Die herkömmlichen Baumethoden benötigen dafür große Mengen Buschholz. Mittlerweile gibt es jedoch diese Art von Holz immer weniger, sodass heute viele Häuser mit Blechdächern gedeckt werden. Der Einsatz dieses neuen Baumaterials verhindert die weitere Abholzung und verringert so den Holzbedarf im Sahel.

Die Blechdächer aber haben sich als Lösung auch nicht bewährt. Die meist verarmten Familien auf dem Lande sind gezwungen, dafür Baumaterial zu kaufen. Dabei verschulden sie sich, denn das zumeist importierte Blech und die Holzbalken sind teuer. Zusätzlich isolieren die Blechdächer viel schlechter und verstärken so die Hitze in den Häusern. Auch trommelt während der Regenzeit der Regen mit voller Kraft auf das Blechdach. Das verursacht Lärmbelästigungen. Zudem wurde das Aussehen der traditionellen Dörfer verändert.

Das französische Projekt „Lehmdächer im Sahel" verfolgt unter anderem in Burkina Faso einen neuen Weg. Es unterstützt den Bau von Häusern nach der alten Technik des „Nubischen Gewölbes". Diese Dächer können ohne Holzbalken aus Lehm errichtet werden. Lehm isoliert gegen Hitze, Kälte und Lärm. Er ist gesünder und langlebiger als das rostanfällige Blech. Der Rohstoff ist zudem meist vor Ort zu finden und kostet daher nichts. Örtliche Kleinunternehmen, die auch den Bau der Häuser ausführen, liefern den Lehm zu den Häusern. Das stärkt die heimische Wirtschaft.

M3 *Neue Dächer für die Häuser*

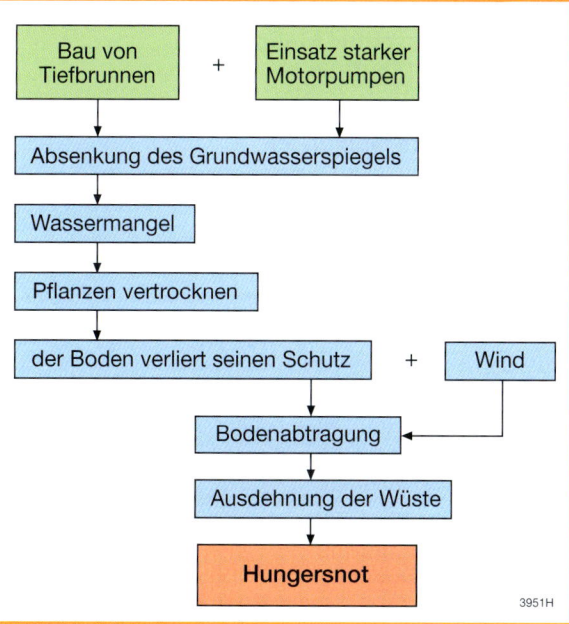

❶ Tiefbrunnen – eine Lösung gegen den Wassermangel im Sahel? Beurteile die Aussage (M2).

❷ Nubische Dächer – eine Lösung gegen die fortschreitende Vegetationsvernichtung im Sahel? Erstelle ein Wirkungsgefüge.

Um das Brennholz für die Zubereitung einer warmen Mahlzeit zu besorgen, müssen die Frauen und Kinder im Sahel immer weitere Wege zurücklegen. Holz gibt es zwar auch auf dem Markt zu kaufen, aber die Menge, die für eine Mahlzeit notwendig ist, kostet umgerechnet bis zu 5 Euro. Das ist viel mehr, als die eigentlichen Nahrungsmittel selbst kosten.

Solarkocher sind da eine günstige Alternative. Die Kocher arbeiten nur mit der Energie, die die reichlich vorhandene Sonne liefert. In 20 Minuten lassen sich fünf Liter Wasser zum Kochen bringen oder Mahlzeiten für 20 Personen zubereiten.

Ganz billig ist so ein Kocher allerdings nicht. Bis zu 300 Euro kostet er in der Herstellung. Organisationen und Vereine in reichen Ländern sammeln Spendengelder oder organisieren Aktionen, sodass davon Solarkocher gekauft werden können. Diese werden aber nicht verschenkt, sondern an Unternehmen vor Ort geliefert. Sie verkaufen diese auf Raten, die geringer sind als der Holzpreis, weiter. Diese Unternehmen sind auch für den Zusammenbau der Kocher, die Wartung und Reparatur verantwortlich. So entstehen neue Arbeitsplätze.

M1 *Solarkocher – Kochen mithilfe der Sonne*

M2 *Nahrungsmittel-Hilfslieferung im Sahel*

Lösungen für die Probleme des Sahel?

Das über Jahrhunderte funktionierende Gleichgewicht zwischen Natur und Menschen in der Sahelzone wurde in den letzten Jahrzehnten gestört. Die Auswirkungen für die dort lebenden Menschen sind oft katastrophal. Bleibt zum Beispiel der Niederschlag länger aus, kommt es in vielen Sahelländern zu Hungersnöten. In diesen Fällen ist schnelle Hilfe erforderlich (M2).

So wichtig und notwendig diese Unterstützung auch ist, eine langfristige und wirkungsvolle Lösung der Probleme ist aber dadurch noch nicht erreicht. Das gilt insbesondere für die Ausbreitung der Wüste.

Ziel von vielen staatlichen und privaten Aktionen ist es, nachhaltige Ergebnisse zu erzielen. Nachhaltig sind dabei Maßnahmen,
- die dauerhaft wirken,
- der natürlichen Umwelt nicht schaden,
- wirtschaftlich erfolgreich sind und
- die Situation der Menschen verbessern.

Neben den langen Trockenzeiten ist für die Ackerbauern auch der Beginn der Regenzeit eine kritische Zeit. Wenn die ersten, starken Regenschauer auf die völlig ausgetrockneten Felder prasseln, kann der Boden das Wasser nicht so schnell aufsaugen. Das Regenwasser fließt deshalb oberflächlich ab. Es spült dabei nicht nur den fruchtbaren Oberboden ab, sondern hinterlässt oft auch tiefe Rinnen. Dieser Prozess wird Bodenerosion genannt. Mit kleinen Steinwällen um die Felder kann aber die Bodenzerstörung verhindert und zusätzlich die Neubildung von **Grundwasser** gefördert werden.

M3 *Geringer Aufwand, große Wirkung: Steinwälle*

Noch sind sie klein und zart, die knapp drei Millionen Setzlinge, die auf Plantagen im Norden Senegals heranwachsen. Sie müssen mehrmals täglich bewässert werden, weil die Bäumchen sonst den Hitzetod sterben würden. Doch bald soll das Grün kräftige Wurzeln schlagen und zu einem 15 Kilometer breiten Waldstreifen aus Akazien, Tamarinden- und Purgiernussbäumen heranwachsen – ein üppiger Forst am Rand der Sahelzone. […]

Mit Präsident Abdoulaye Wade an der Spitze hat sich der Senegal zum Vorreiter der „Green Wall Initiative" erklärt. In spätestens 30 Jahren, so die Vision, soll ein insgesamt 7000 Kilometer langer Schutzwall aus Bäumen elf afrikanische Staaten durchqueren, vom Senegal im Westen bis nach Dschibuti im Osten. Der Waldgürtel soll die Verwüstung des Bodens aufhalten, Millionen von Menschen Nahrung und Feuerholz bieten und eine Vielfalt von Pflanzen und Tieren beherbergen. […]

Doch Wissenschaftler und Entwicklungshelfer kritisieren das Projekt. Weniger als ein Viertel der Setzlinge überlebt die erste Trockenperiode im Sahel. Der Wald mitten in der Wüste ist auch nicht preisgünstig: Allein während der ersten zehnjährigen Phase würden dort 630 Millionen US-Dollar versickern. […]

Afrikanische und internationale Wüstenexperten und Hilfsorganisationen setzen auf kleine, regionale Maßnahmen, die von der lokalen Bevölkerung mitentwickelt werden. Mal ist es ein Wall aus Steinen, um eine Sanddüne vom Dorf fernzuhalten. Mal werden auf abschüssigem Gelände halbkreisförmige Gräben ausgehoben,

Die „grüne Mauer"

damit das Wasser nicht abfließt. Und es ist weitaus wirkungsvoller, die vorhandene Vegetation zu kultivieren.

Im Niger werden Bauern bereits seit 20 Jahren darin unterstützt, alte Baumstümpfe und halb totes Strauchwerk auf ihren Feldern so aufzupäppeln, dass neue Triebe sprießen. Inzwischen sind auf diese Weise fünf Millionen Hektar Land urbar gemacht worden. Außerdem stieg die Baum- und Strauchbedeckung um das 20-Fache. Das Grundwasser, ehemals in 18 Metern Tiefe verborgen, liegt nun nur noch drei Meter unter der Erde.

Die entscheidende Frage ist nicht, ob irgendeine zentrale Institution Milliarden von US-Dollar auftreibt, um den afrikanischen Kontinent mit Bäumen vollzupflanzen. Entscheidend ist, den Familien vor Ort einen Anreiz zu geben, die Bäume vor ihrer Tür zu bewässern und zu pflegen. […] (nach: Der Stern, 05/2009, H. Bömelburg)

M4 *Die „grüne Mauer"*

❶ Entwicklung im Sahel muss nachhaltig sein.
a) Erkläre, was unter nachhaltiger Entwicklung zu verstehen ist.
b) Entscheide, ob es sich bei den folgenden Vorschlägen um nachhaltige Entwicklungen handelt oder nicht. Begründe deine Entscheidung.
• Felder mit Steinwällen (M3)
• Überschüssiges Getreide, was in Europa lagert, wird an die Sahelländer verschenkt.
• Ausbilder geben Kurse für Bauern im Sahel zur besseren Nutzung des Bodens.
• Ertragreichere und mit weniger Wasser auskommende Hirsesorten werden gezüchtet.

❷ Projekt: Solarkocher für den Sahel (M1)
a) Mithilfe von Lupen oder Hohlspiegeln kann die Energie der Sonne genutzt werden. Erkläre.
b) Nenne Vor- und Nachteile des Einsatzes von Solarkochern in der Sahelzone.
c) Zu einem wirklich durchschlagenden Erfolg sind die Solarkocher in der Sahelzone nicht geworden. Begründe.

❸ Das Projekt „Grüne Mauer" (M4)
a) Erstelle ein Wirkungsgefüge zum Projekt.
b) „Das Projekt ist nicht nachhaltig." Bewerte diese Aussage.

❹ Ihr habt auf den vorangegangenen Seiten einige Zusammenhänge zu Problemen in der Sahelzone kennengelernt.
Erarbeitet in Kleingruppen nachhaltige Lösungsansätze für folgende Probleme:
• Versorgung mit sauberem Trinkwasser,
• dem Raum angepasste Viehwirtschaft,
• Ackerbau mit hohen Erträgen.

Landwirtschaft und Ernährungssicherung

Vier Schritte zur Auswertung eines Satellitenbildes

1. Vorbereitung der Auswertung
- Trage Informationen über den Raumflugkörper, Aufnahmegeräte, Zeitpunkt der Aufnahme zusammen.
- Ordne mithilfe des Atlas das Satellitenbild in ein größeres Gebiet ein.
- Norde das Satellitenbild ein und bestimme die anderen Himmelsrichtungen.

2. Bestimmung der Bildmerkmale, z. B.:
- Beschreibe die Form von Flächen mit gleicher Farbe, z. B. blaue unregelmäßige Flächen.
- Beschreibe linienförmige Elemente, z. B. Flüsse.
- Finde mögliche andere Muster, z. B. gewellte Flächen.
- Wenn vorhanden, ist die Legende ein wichtiges Hilfsmittel. Nutze diese.

3. Weitere Bildmerkmale finden
- Mithilfe des Atlas oder anderer Nachschlagewerke kannst du weitere Merkmale im Satellitenbild schlussfolgern, z. B. die Oberguineaschwelle.
- Beschreibe Zusammenhänge zwischen den einzelnen Merkmalen.

4. Darstellung der Auswertung
- Mithilfe des Satellitenbildes kannst du eine eigene Kartenskizze mit Legende anfertigen.

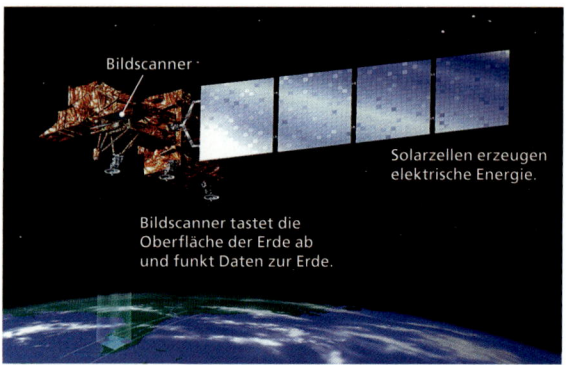

M1 *Der LANDSAT-Satellit*

Methode: Satellitenbilder beschreiben und auswerten

Der Blick von oben auf die Erde fasziniert die Menschen schon seit Jahrhunderten. Die ersten Luftbilder fotografierte man um 1860 von einem Ballon aus. Heute liefern uns Satelliten sogar Bilder aus dem Weltraum. Das sind meist keine Fotografien, wie wir sie kennen, sondern Scanneraufnahmen (M1). Die Auswertung von Weltraumbildern ist nicht ganz so einfach. Oft sind auf den Bildern andere Farben zu sehen, als auf einem „normalen" Foto. Mithilfe der Legende (M5) kannst du z. B. die wichtigsten Elemente der Bilder des Tschadsees (M2, M3) bestimmen. Wie du bei der Auswertung eines **Satellitenbildes** vorgehen musst, erfährst du aus dem Methodenkasten.

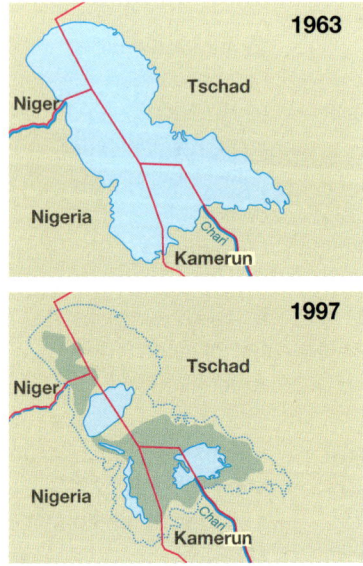
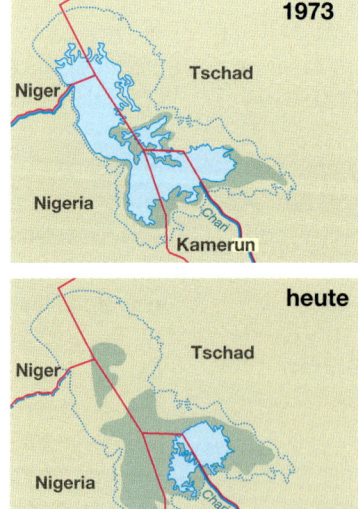
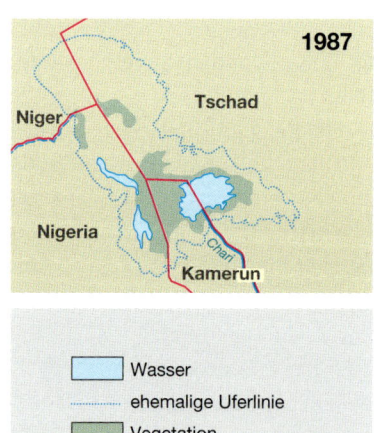
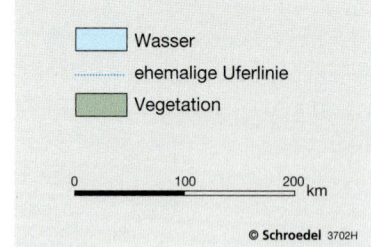

M2 *Der Tschadsee verändert sich*

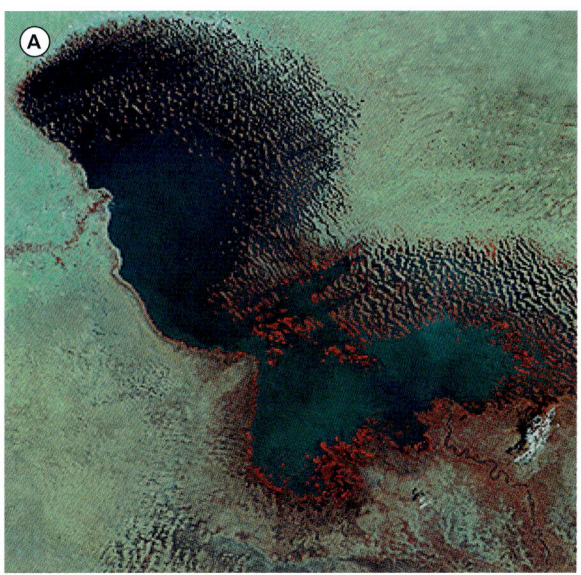 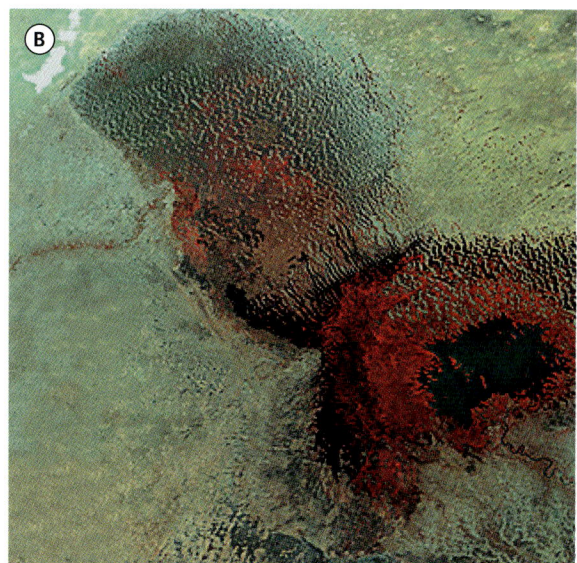

M3 *Der Tschadsee 1973 (A) und 1987 (B)*

Der abflusslose Tschadsee ist mit einer Wassertiefe von fünf bis acht Metern sehr flach. Geringe Änderungen im Wasserstand haben daher große Auswirkungen auf die Flächenausdehnung des Sees. Anhand von Fossilienfunden wurde bewiesen, dass er in den letzten 1000 Jahren bereits mehrfach ausgetrocknet ist.

Obwohl der Tschadsee mit 1,5 Millionen Quadratkilometern ein sehr großes Einzugsgebiet hat, erhält er 90 Prozent seines Wassers aus dem Fluss Chari. Dessen Zuflussmenge halbierte sich aber zwischen 1960 und heute. Zudem blieben die Niederschläge über längere Zeit aus. Vor allem nahm aber seit 1983 der Wasserverbrauch insbesondere zur Bewässerung der Felder aus dem See und dem Chari stark zu. Diese Ursachen beeinflussten direkt den Wasserstand des Sees und somit das Leben der Dorfbewohner am Tschadsee, die vom Fischfang, von Viehzucht und dem Anbau von Reis, Mais, Zuckerrohr oder Hirse leben.

Zudem arbeiten die Anrainerstaaten Tschad, Kamerun, Niger und Nigeria zum Schutz des Tschadsees nicht verlässlich zusammen. So missachteten sie die getroffenen Vereinbarungen, z. B. die Bewässerungsregeln für Baumwollplantagen und Weiden sowie die Quoten für den Fischfang. Deshalb ist zu befürchten, dass der Tschadsee auch in Zukunft immer kleiner wird. Schon bald könnte der See sogar ganz verschwunden sein. Für die Menschen am See wäre dies eine Katastrophe.

M4 *Informationen zum Tschadsee*

Aufnahmedatum:	30.7.1973 und 30.7.1987
Satellit:	Landsat
Höhe:	735 km
dunkelblaue Flächen:	tiefere Seebereiche
hellblaue Flächen:	flache Seebereiche
rote Flächen:	oberflächlich feuchte Bereiche
blau, braun, grün, beige gewellte Flächen:	trockene Seefläche mit Salzablagerungen
beige, grünlich, graue Flächen:	Wüste und Gebirge
dunkle Linien:	Fluss
rote Linien:	zeitweise durchflossenes Flussbett (feuchte Oberfläche)

M5 *Legende zu den Satellitenbildern M3 A und B*

❶ Der Tschadsee ist in Gefahr.
a) Werte die Satellitenbilder M3 A und B mithilfe der Schrittfolge zur Auswertung eines Satellitenbildes und der Legende M5 aus.
b) Vergleiche die Entwicklung des Tschadsees in den Satellitenbildern M3 A und B.
c) Ermittle mithilfe des Internets (https://maps.google.de) die aktuelle Größe des Tschadsees. Vergleiche sie mit M3.

❷ Informiere dich über die Bemühungen zur Rettung des Tschadsees (z. B. http://lakechad.iwlearn.org) und bewerte sie.

Landwirtschaft und Ernährungssicherung

M1 *In einer Oase*

M2 *Stockwerkbau einer Oase*

Oasen in der Wüste – Landwirtschaft in den trockenen Tropen

Seit zwei Wochen ist die Karawane schon unterwegs durch die Wüste Sahara. Da taucht in der endlosen Weite aus Sand und Steinen eine grüne Insel auf. Die Oase ist erreicht. Endlich können die Wasser- und Nahrungsvorräte aufgefüllt und Handel betrieben werden.

In der Wüste gibt es einige Stellen, an denen ausreichend Wasser zur Verfügung steht. Schon seit vielen Jahrtausenden konnten sich deshalb dort Menschen mitten in der lebensfeindlichen Wüstenumgebung ansiedeln. Mithilfe eines angepassten Bewässerungssystems betreiben die Bewohner Ackerbau. Deshalb werden die Oasen von kleinen Kanälen durchzogen. Durch das Öffnen und Schließen von Schiebern wird das kostbare Wasser nach einem streng festgelegten Plan durch die Felder geleitet. Zusätzlich bilden die hohen Dattelpalmen ein Dach (M5). Ihre Blätter schützen vor der intensiven Sonneneinstrahlung und somit vor noch extremerer Verdunstung. Im Schatten der Palmen wachsen Früchte wie Bananen oder Äpfel. Weiterhin bauen die Oasenbauern auch Getreide und Gemüse an. Durch die Bewässerung der Pflanzen kann über das Jahr hinweg mehrere Male geerntet werden.

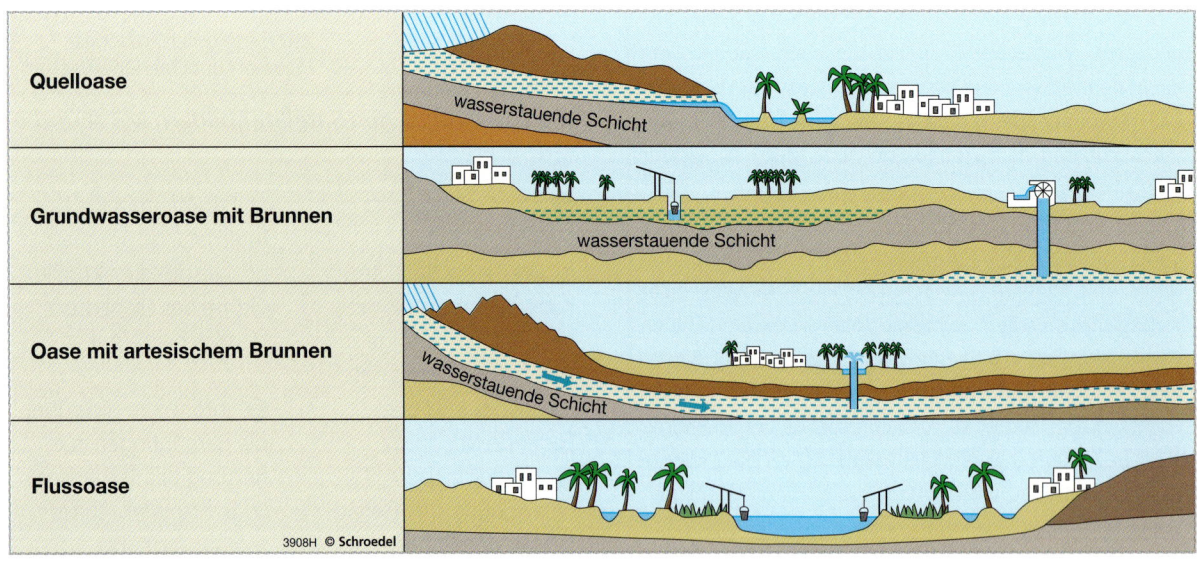

M3 *Oasentypen*

Sandra und Maike haben in die Schlauchmitte ein Loch gestochen und mit einem Zahnstocher verschlossen. Sie gießen Wasser in den Trichter, bis der Schlauch gefüllt ist. Dann wird der Zahnstocher herausgezogen ...

M4 *Experiment: artesische Brunnenoase*

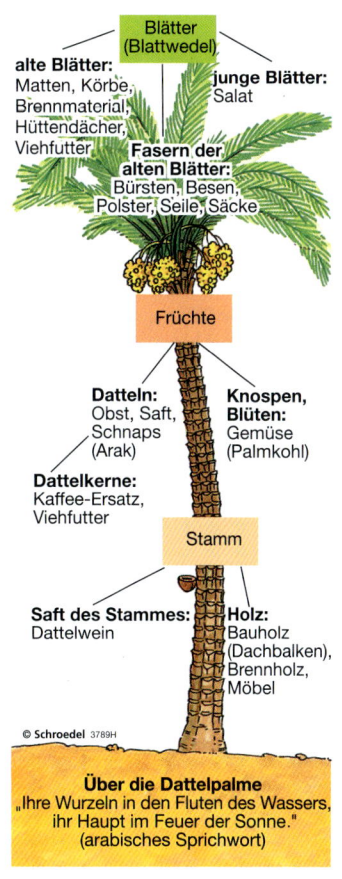

M5 *Nutzung der Dattelpalme*

❶ Oasen sind die grünen Inseln in der lebensfeindlichen Wüste.
a) Beschreibe das Foto der Oase M1.
b) Begründe, weshalb die Wohnhäuser einer Oasenstadt fast immer am Rand der Oase gebaut werden.
c) Beschreibe die vier Oasentypen (M3).
d) Erkläre, wie das Wasser in die Wüste und zu den Menschen gelangt (M3).
e) Erläutere das Experiment zum artesischen Brunnen (M4). Erkläre vor allem die notwendigen Voraussetzungen für diesen Oasentyp.

❷ Traditionell leben die Menschen in den Oasen vor allem von der Landwirtschaft.
a) Die Dattelpalmen sind wichtig für die Oasen. Erläutere (M5).
b) Die bewässerten Flächen in den Oasen werden durch den Stockwerkanbau optimal genutzt. Erkläre (M1, M2).

❸ In der Sahara und auf der arabischen Halbinsel gibt es große Oasen.
a) Nenne einige Oasen und beschreibe ihre Lage (Atlas).
b) Bewerte das Projekt der Kufraoasen (M6).

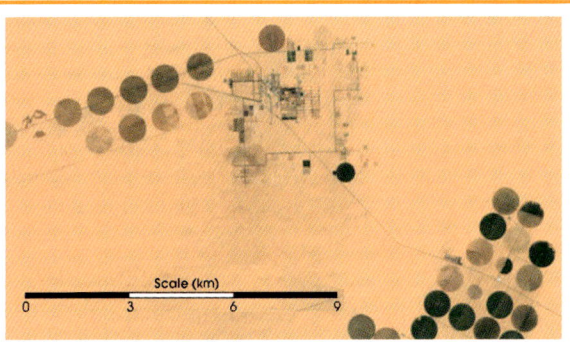

M6 *Kreise in der Wüste*

Wurde früher das Wasser mit der Hand aus den Brunnen geschöpft, haben heute längst Motorpumpen die Arbeit übernommen. Auf dem Satellitenbild sind neben den Oasenflecken der Kufraoasen in Libyen grüne Kreise zu erkennen. Mit riesigen Pumpen wird aus großen Tiefen sehr altes Grundwasser gefördert und danach von sich drehenden Sprühanlagen verteilt. Der Radius eines Anbaukreises beträgt über einen Kilometer. Solche Großprojekte gibt es auch in anderen Saharaländern und auf der arabischen Halbinsel.

Grundwissen / Übung

M1 *Jaffa-Orangen aus Tel Aviv (Israel)*

M2 *Orangenanbau bei Tel Aviv-Jaffa*

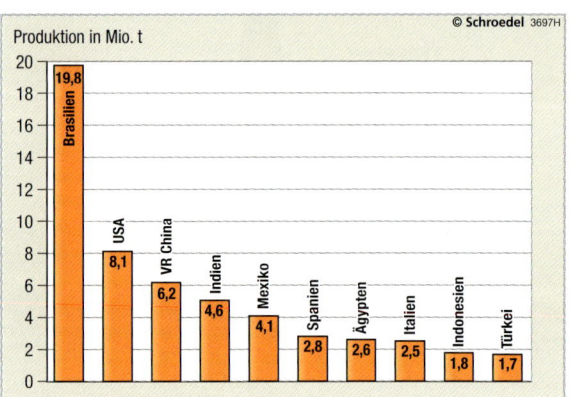

M3 *Wichtige Orangenanbauländer (2011)*

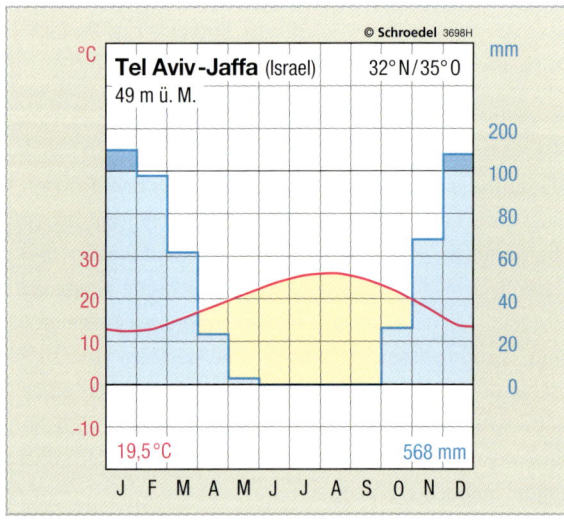

M4 *Klimadiagramm Subtropen*

Landwirtschaft in den Subtropen

Auch in den Subtropen musste sich die Landwirtschaft an das Klima anpassen. Die Subtropen befinden sich auf der Nordhalbkugel nördlich der Tropen. Sie stellen einen Übergangsbereich zur gemäßigten Zone (vgl. S. 38/39) dar. Besonders der subtropische Mittelmeerraum ist uns gut als Reiseziel bekannt. Im Sommer gibt es in diesem Raum nur wenige Niederschläge (M2). Die Landwirte haben sich daran angepasst: Sie säen zum Beispiel ihr Getreide bereits im Oktober und November aus. Die Pflanzen können so die Niederschläge im Winter nutzen. Sie wachsen bis zum Beginn der sommerlichen Trockenheit heran und können dann geerntet werden. Diese Anbauform wird **Trocken-** beziehungsweise **Regenfeldbau** genannt.

Die wohl bekanntesten Früchte der Mittelmeerländer sind aber die Zitrusfrüchte wie Apfelsinen, Mandarinen, Zitronen und Pampelmusen. Sie benötigen zum Reifen neben der sommerlichen Wärme viel Wasser für ihr Wachstum. Daher müssen die Pflanzen im Mittelmeerraum bewässert werden. Diese Form der Landwirtschaft nennt man **Bewässerungsfeldbau**. Wenn falsch bewässert wird, besteht jedoch die Gefahr der Versalzung des Bodens (M5). Dadurch verliert der Boden an Fruchtbarkeit.

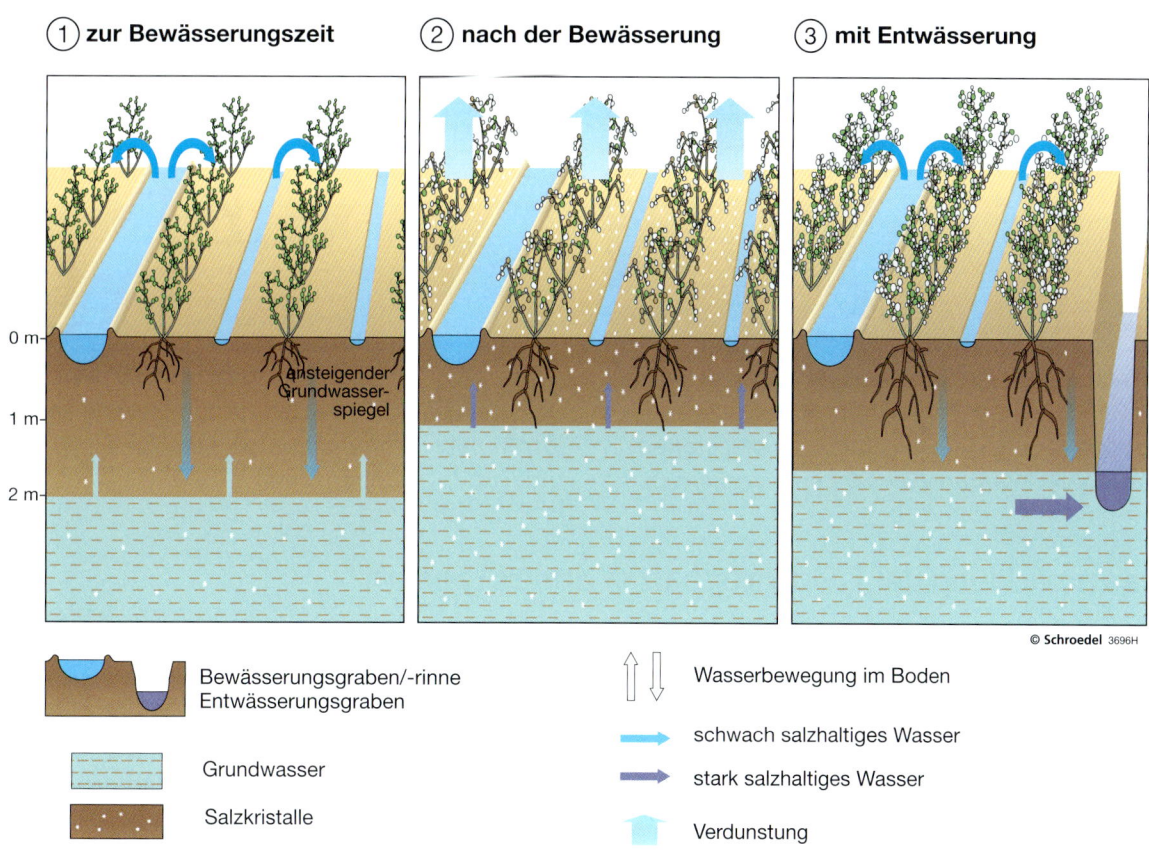

M5 *Zusammenhänge zwischen Bewässerung, Bodenversalzung und Entwässerung in den Subtropen*

❶ Das Klima im Mittelmeer weist bestimmte Merkmale auf.
a) Ordne die Klimastation Tel Aviv räumlich ein und nenne die Höhe über dem Meer (Atlas).
b) Beschreibe die Merkmale des subtropischen Klimas an der Klimastation Tel Aviv (M4).

❷ Bewässerung kann auch schädigen.
a) Erläutere das Experiment M6.
b) 〰 „In Israel muss nicht nur bewässert, sondern auch entwässert werden." Erkläre (M5).

c) Erkläre die Unterschiede zwischen Regen- und Bewässerungsfeldbau.

❸ Der Orangenanbau ist ein wichtiger Wirtschaftszweig für Israel.
a) In Israel werden im Jahr etwa 100 000 Tonnen Orangen geerntet. Vergleiche diesen Wert mit den Erträgen der Hauptanbauländer (M3).
b) 〰 Setze die Daten aus M3 in ein Streifendiagramm um.

Wasser löst Salze im Boden. Sandra und Maike streuen zwei Esslöffel Salz in eine Schale und bedecken diese mit einer fünf Zentimeter dicken Erdschicht. Sie wässern den Boden ordentlich und stellen die Schale auf den Heizkörper. Sie beobachten, was in den nächsten drei Tagen passiert.

M6 *Experiment Versalzung*

Grundwissen / Übung

M1 *Würde die Landwirtschaft in den Entwicklungsländern nach unseren Maßstäben modernisiert, wären viele Menschen arbeitslos*

M2 *Der Anschluss der ländlichen Gebiete an das Stromnetz ist eine Voraussetzung für ein menschenwürdiges Leben*

Die Entwicklung der Landwirtschaft in armen Ländern

Viele arme Länder sind **Agrarländer**. Die meisten Menschen sind dort in der Landwirtschaft beschäftigt. Auch im Export überwiegen landwirtschaftliche Produkte. Zudem wohnen in den armen Ländern immer noch sehr viele Menschen auf dem Land. Da liegt es nahe, die Landwirtschaft und die ländlichen Gebiete zu unterstützen.

Der Mangel an Kapital ist eine der wichtigsten Ursachen, die die Entwicklung in den ländlichen Gebieten verhindert. Und wer in Armut lebt, dem leiht auch niemand Geld.

Kleinstkredite für die Ärmsten der Armen

M3 *Muhammad Yunnus*

1983 gründete der aus Bangladesch stammende Wirtschaftswissenschaftler Professor Muhammad Yunnus (M3) die Grameen-Bank, die „Bank auf dem Land". Sie verleiht auch an arme Menschen Geld. Dabei geht es um kleine Summen von einem bis 50 Euro. Jeder, der Geld ausleiht, wird Miteigentümer der (Genossenschafts)Bank und fühlt sich dadurch zur Rückzahlung verpflichtet. Die Kunden sind fast ausschließlich Frauen. Sie verwenden die Kredite zum Beispiel, um einen Handel mit landwirtschaftlichen Produkten zu beginnen (M5). Das kommt auch ihren Kindern zugute. Frauen, die über ein eigenes Einkommen verfügen, versorgen ihre Kinder besser und schicken sie zur Schule anstatt zur Arbeit. So werden durch diese Art der **Frauenförderung** viele Probleme der Entwicklungsländer verbessert.

Kleinprojekte – den Menschen angepasst

Die Entwicklungsprojekte auf dem Land sind heute meist Kleinprojekte, die sich nur auf einige Dörfer oder eine überschaubare Region beziehen: der Bau eines kleinen Stauteichs mit angeschlossenen Bewässerungskanälen, die Beratung der Bäuerinnen und Bauern beim Kauf des Saatguts und beim Bewirtschaften der Felder, der Anschluss von Dörfern an das Stromnetz oder die Versorgung mit sauberem Wasser (M2, M4).

Durch all diese Maßnahmen sollen die Lebensbedingungen auf dem Land verbessert werden.

- Aufklärung über die Gefahren der Abholzung, Einweisung in (Holz-)Energie sparendes Kochen
- Wiederaufforstungs- und Erosionsschutzmaßnahmen
- Anlage von Wasserrückhaltebecken
- Alphabetisierung von Frauen und Mädchen
- Aufklärung über Verhütungsmöglichkeiten und Hygiene
- Verbesserung der Verkehrswege, um einfacher und schneller zum Markt zu gelangen
- Bau neuer Brunnen und Bewässerungsanlagen
- Ausbildung von Handwerkern

M4 *Entwicklungsprojekte auf dem Land in Indien*

Belly Begum hatte keinen Sari zum Wechseln, keine Seife. Nachts schliefen sie, ihr kranker Mann und die drei kleinen Kinder in einer winzigen Hütte. Sie aß nicht zu Mittag, und das Kilo Reis, das sie als Magd verdiente, teilte sie mit der Familie. Nach langem Zögern ließ sie sich das Grameen-Bank-Prinzip erklären: Jedes Mitglied muss seinen Namen schreiben, etwas lesen und ein wenig rechnen können. Jeweils fünf Mitglieder schließen sich zusammen und bürgen gegenseitig für ihre Kredite. Die Frauen versprechen auch, ihre Familien klein zu halten, auf ihre Gesundheit zu achten, Gemüse anzubauen, die Umwelt und ihre Kinder sauber zu halten, Wasser vor dem Trinken abzukochen. Sie verlangen oder zahlen keine Mitgift bei der Heirat ihrer Söhne oder Töchter.

Belly kaufte sich für ihren ersten Kredit ein Kalb und Reisähren. Die Reisähren drosch, kochte und enthülste sie und verkaufte sie auf dem Markt. Plötzlich verdiente sie Geld. Innerhalb eines Jahres konnte sie ihren Kredit tilgen.
Ein zweiter Kredit floss zum Teil in den Reishandel, den Rest investierte sie in Vieh, Land und ihre Unterkunft. Heute besitzt sie 0,2 Hektar Ackerland, zwei Lehmhäuser, eine Kuh, Hühner, Obstbäume, einen Brunnen, eine Latrine und Kleidung. Sie ist eine respektierte Frau. (nach: Das Parlament, 11/1996)

Belly in ihrem neuen Sari

M5 *Überwindung der Armut in Indien mithilfe eines Kleinkredits der Grameen-Bank*

❶ In der Landwirtschaft arbeiteten im Jahr 2011 in Indien 51 % und in Deutschland 2 % der Erwerbstätigen.
a) Stelle die Zahlen in einem Diagramm dar.
b) Beurteile, wie sich die Landwirtschaft in Indien entwickeln könnte, wenn sie wie in Deutschland betrieben würde (M1, Text).

❷ Viele Wissenschaftler halten die Entwicklung des ländlichen Raumes in armen Ländern für äußerst wichtig.
a) Beschreibe das Prinzip der Grameen-Bank (M5, Text).
b) Erstelle ein Wirkungsgefüge für Entwicklungsländer zu den Folgen von:

1. Kleinkrediten an Frauen auf dem Land,
2. Alphabetisierung aller Mädchen,
3. Wiederaufforstung (vgl. S. 110/111).
c) Erläutere, welche Maßnahmen zur ländlichen Entwicklung du für sinnvoll hältst (M4).

So funktioniert die Bank:

- Kreditvergabe an Arme. Teilhaber der Rural Women´s Bank im indischen Bundesstaat Tamil Nadu sind keine einzelnen Frauen, sondern rund 12 000 kleine Gemeinschaften (Kooperativen).
- Jede Gruppe besitzt ihr eigenes Konto und entscheidet gemeinsam, wofür das Geld ausgegeben und wie es zurückgezahlt wird.
- Die Mitglieder der Gruppen bürgen gegenseitig.
- Erst wenn das geliehene Geld zurückgezahlt worden ist, wird ein neuer Kredit vergeben.
- Die Gruppen der Kreditnehmerinnen müssen erklären, wofür sie das Geld nutzen.
- Unterstützt wird nur der Kauf nachhaltig wirkender Güter (keine Luxusartikel wie Fernseher).
- Teilhaberschaft beinhaltet eine Lebensversicherung.

M6 *Die Rural Women's Bank in Indien*

M7 *Versammlung in der Women's Bank*

Grundwissen/Übung

Mehr Nahrungsmittel durch das Entwicklungsprogamm „Grüne Revolution"

„Der Hunger ist besiegt! Sensation im IRRI!"
So lauteten die Schlagzeilen in den 1960er-Jahren, als am International Rice Research Institute die Neuzüchtung einer Reissorte gelungen war, mit der man die Reisproduktion erheblich steigern konnte. Das IRRI ist ein unabhängiges Forschungsinstitut mit dem Hauptsitz bei Manila (Philippinen). Sein Ziel ist, die Situation der Reisbauern zu verbessern. Mit der neuen Züchtung, dem sogenannten **Hochleistungssaatgut** (Hybridsaatgut), konnte man die Ernten mehr als verdoppeln. Dies war der Beginn der **Grünen Revolution** (M3). Die Regierungen der asiatischen Reisanbauländer verringerten die finanziellen Anreize zur Erschließung neuen Ackerlandes. Dagegen stärkten sie mit zahlreichen Maßnahmen den Intensivanbau auf den vorhandenen Feldern. So boten sie den Reisbauern günstige Kredite für den Kauf von Saatgut, Dünger und Bewässerungspumpen.

Weltweit gibt es Forschungsinstitute, die sich jeweils auf die Weiterentwicklung eines bestimmten Nahrungsmittels konzentrieren. So existiert neben dem IRRI zum Beispiel das Internationale Kartoffel-Forschungsinstitut in Lima (Peru) und das WorldFish Center in Malaysia. Früher ging es hier vor allem um die Züchtung besonders ertragreicher Sorten. Inzwischen nimmt in den Forschungen aber auch die **Gentechnik** einen wichtigen Platz ein, so beim „Goldenen Reis" (Info).

M1 *Damit Höchsterträge erzielt werden, muss jede einzelne Reispflanze genau im Abstand von 15 cm zur nächsten Pflanze gesetzt werden.*

INFO

Goldener Reis

Der gelbe „Goldene Reis" enthält zwei Gene der Osterglocke, die dafür sorgen, dass der Reis Betakarotin produziert und damit die Vitamin-A-Produktion anregt. An Vitamin-A-Mangel sterben jährlich bis zu zwei Millionen Kinder.

Gentechnisch könnten in den Reis auch Gene (= Erbinformationen) implantiert werden, die dafür sorgen, dass er für Insekten giftig wird oder dass er aus Luftstickstoff seinen eigenen Dünger produziert.

Doch viele Forscher warnen: „Der Genuss von gentechnisch veränderten Nahrungsmitteln sei noch nicht genug erforscht. Sie könnten gesundheitsschädlich sein."

M2 *Möglichkeiten zur Steigerung der Nahrungsmittelproduktion*

Seit den 1960er-Jahren steigen die Reiserträge deutlich. In Südostasien erhöhte sich der Reisertrag durchschnittlich von etwa zwei Tonnen je Hektar (1960) auf derzeit 3,6 Tonnen je Hektar. Die Maßnahmen, die diese Steigerung ermöglichten, werden unter dem Begriff der Grünen Revolution zusammengefasst:
- Einsatz von Dünger und Pflanzenschutzmitteln;
- Einrichtungen von landwirtschaftlichen Beratungsdiensten für die Reisbauern;
- Bau bzw. Ausbau moderner Bewässerungsanlagen;
- Züchtung ertragreicher Reissorten mit kürzeren Wachstumszeiten;
- gentechnisch veränderte Reissorten, die gegen Schädlinge und Krankheiten widerstandsfähiger sind;
- gentechnisch veränderte Reissorten, die deutlich mehr Eisen und Vitamine enthalten, um die Nahrungsmittelversorgung vor allem für Kinder zu verbessern.

M3 *Die Grüne Revolution …*

Som Phang ist wie schon sein Vater und Großvater Reisbauer in Kambodscha. Auch in seinem Dorf ist die Grüne Revolution angekommen.
„Ja, das Leben hat sich seit meiner Kindheit verändert. Mein Vater würde staunen, wie deutlich die Erträge seitdem gestiegen sind. Aber mehr Einkommen haben wir dadurch leider nicht. Die Kosten für Dünger und Pflanzenschutzmittel steigen von Jahr zu Jahr. Ohne Kunstdünger aber nutzen mir die neuen Reissorten nichts, denn sie erzielen dann nicht die geplanten Erträge. Überhaupt ist das Saatgut sehr teuer. Wir sind gezwungen, es von den Großhändlern zu kaufen.
Bis vor einigen Jahren erzielten wir durch die Fischzucht in den Reisfeldern einen Zusatzverdienst. Aber das Wasser ist durch den Dünger nicht mehr dafür geeignet. Sorgen machen wir uns auch um unsere Trinkwasserversorgung. Im Nachbardorf mussten die Brunnen vertieft werden. Die Wasserpumpen für die Felder hatten den Grundwasserspiegel abgesenkt."

M4 *… und deren Folgen für die Reisbauern*

❶ Der Reis ist das wichtigste Nahrungsmittel Asiens.
a) Nenne asiatische Länder mit Reisanbau (Atlas).
b) Erstelle einen Lexikoneintrag zum Reis: Verwendung, Herkunft, Anbaumethoden (M1, Info, Internet).

❷ Die Grüne Revolution hat ihren Ursprung in Südostasien.
a) Erkläre, was sich hinter dem Begriff „Grüne Revolution" verbirgt (M3).
b) Erkläre das Schema in Abbildung M2.
c) Ermittle in M5 die Länder mit den jeweils höchsten bzw. niedrigsten Werten.
d) Erläutere die Tabelle M5.

❸ Die Grüne Revolution wird unterschiedlich bewertet.
a) Nenne Probleme von Bauer Som Phang (M4).
b) Diskutiert die Folgen der Grünen Revolution in der Klasse.
c) Die Züchtungen mit Verfahren der Gentechnik bezeichnet man auch als „Zweite Grüne Revolution". Begründe.

Land	Anbaufläche (in Mio. ha)		Erzeugung (in Mio. t)		Hektar-Ertrag (in t)		Einwohnerzahl (in Mio.)	
	1960	2011	1960	2011	1960	2011	1960	2011
VR China	27,0	30,1	56,2	202,7	2,1	6,7	671	1 389
Indien	34,7	44,1	53,4	155,7	1,5	3,5	452	1 260
Indonesien	6,9	13,2	12,0	65,7	1,7	5,0	97	241
Japan	3,3	1,6	16,1	8,4	4,9	5,3	94	128
Südkorea	1,1	0,9	4,6	6,3	4,2	7,4	25	49
Malaysia	0,5	0,7	1,0	2,7	2,0	3,9	8	29
Nepal	1,0	1,5	2,1	4,5	2,1	3,0	10	31
Pakistan	1,2	2,6	1,6	6,2	1,3	2,4	49	181
Philippinen	3,2	4,5	3,9	16,7	1,2	3,7	27	96
Thailand	6,1	11,6	10,1	34,6	1,7	3,0	27	70
Vietnam	4,7	7,7	9,0	42,3	1,9	5,5	34	89

M5 *Reisanbau und Einwohnerzahlen in Süd-, Südost- und Ostasien*

INTERNET
International Rice Research Institute:
www.irri.org

Grundwissen/Übung

M1 *So viel essen die Einwohner Thüringens durchschnittlich an einem Tag*

Nahrungsmittel – ein wertvolles Gut

In Deutschland werden jeden Tag über 80 Millionen Menschen mit Nahrungsmitteln versorgt. Wie, wie viel und was wir essen trägt wesentlich zu unserer Lebensqualität bei. Mit der Speiseauswahl beeinflussen wir aber nicht nur, wie gesund oder teuer wir uns ernähren, sondern auch in welcher Menge etwas hergestellt oder importiert (= eingeführt) wird.

Unsere Nahrungsmittel stammen aus Pflanzen oder Tieren. Erzeugnisse wie Getreide, Gemüse und Kartoffeln liefert der Ackerbau. Die Viehzucht produziert zum Beispiel Milch, Eier und Fleisch. Wurst, Käse oder Marmelade werden oft in modernen Verarbeitungswerken hergestellt.

Heimische Nahrungsmittel

Mit dem Logo „Geprüfte Qualität aus Thüringen" (M1) werden Erzeugnisse gekennzeichnet, die aus unserer Heimat stammen. Auch die hohe Qualität der Nahrungsmittel soll dadurch unterstrichen werden. Die Produkte aus dem Bundesland Thüringen sind in ganz Deutschland und zum Teil sogar weltweit bekannt. Besonders beliebt sind bei vielen Menschen die Thüringer Rostbratwurst und die Thüringer Klöße.

Aber auch in anderen Regionen Deutschlands werden Nahrungsmittel produziert. Das Havelland liefert uns zum Beispiel Äpfel, aus der Leipziger Tieflandsbucht stammen Zuckerrüben und aus der Magdeburger Börde unter anderem Kartoffeln und Getreide.

Hähnchen- und Schweinefleisch kommen dagegen oft aus landwirtschaftlichen Betrieben in Niedersachsen. Die Milch stammt zu großen Anteilen aus dem Allgäu.

Deutsche Nahrungsmittel für die Welt

Ein Teil der bei uns erzeugten oder veredelten Nahrungsmittel wird exportiert (= ausgeführt). Wir liefern zum Beispiel Hopfen nach China oder Südafrika und Konserven in arabische Länder.

INFO

Selbstversorgung

In vielen Ländern können nicht alle Nahrungsmittel, die verbraucht werden, auch erzeugt werden. Das kann am Klima, am Boden, am Relief oder den wenigen verfügbaren Flächen liegen (zum Beispiel in kleinen Ländern mit vielen Einwohnern). Von Selbstversorgung sprechen Wissenschaftler, wenn die benötigte Menge zum Beispiel eines Nahrungsmittels im Inland kleiner bzw. gleich der im Land erzeugten Menge des Produktes ist.

Von je 100 benötigten Kilogramm werden in Deutschland ... kg erzeugt	
Kartoffeln	104 kg
Gemüse	39 kg
Obst	22 kg
Zucker	136 kg
Schweinefleisch	110 kg
Geflügel	101 kg
Rind- und Kalbfleisch	118 kg
Eier	58 kg

(Quelle: www.agrilexikon.de, 2013)

M3 *Höhe der Selbstversorgung im Jahr 2010 in Deutschland*

M2 *Gesundes Pausenbrötchen*

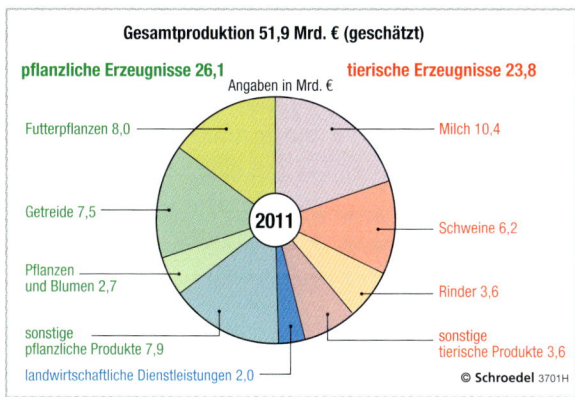

M4 *Was die deutsche Landwirtschaft herstellt*

Tageszeit	Speisen	Herkunft (Land/Ort)	Ackerbau oder Viehzucht
Frühstück			
Pause			
Mittagessen			
Nachmittags			
Abendbrot			

M5 *Muster, Speiseplan für Montag, den ...*

❶ Viele unserer Nahrungsmittel werden in Deutschland erzeugt.
a) Schreibe die im Text genannten Herkunftsgebiete von Nahrungsmitteln in Deutschland heraus.
b) Beschreibe die geographische Lage der Herkunftsgebiete in Deutschland mithilfe des Atlas.
c) Nenne je Herkunftsgebiet zwei Städte des Raumes.
d) Erläutere das Diagramm M4.

❷ Unsere Nahrungsmittel sind entweder pflanzlichen oder tierischen Ursprungs. Erstelle eine Tabelle, in der du die Erzeugnisse aus M1 diesen beiden Möglichkeiten zuordnest.

❸ Ein gesundes Pausenbrötchen zeigt Abbildung M2. Nenne Produktgruppen aus M1, denen die einzelnen Teile des Brötchens (M2) zugeordnet werden können.

❹ Infomiere dich unter www.bratwurstmuseum.de über die Thüringer Bratwurst. Erstelle anschließend einen Kurzvortrag.

Landwirtschaft und Ernährungssicherung

Grundwissen / Übung   **123**

Weltweite Ernährungstrends – Fallbeispiel McDonald's

Zunächst ein Treffen mit Freunden bei Starbucks, dann ein Paar neue Turnschuhe von Nike kaufen, mit dem Skateboard fahren und anschließend bei McDonald's essen. Obwohl Tausende von Kilometern zwischen Daniel aus Erfurt und Nkosi aus Johannesburg liegen, unterscheidet sich ihre Freizeitgestaltung nur wenig.

Häufig bestimmen US-amerikanische Trends, wie zum Beispiel in der Musik, in der Mode, in Kinofilmen oder auch beim Essen die Lebensgewohnheiten der Menschen in großen Teilen der Welt. Diese Trends werden oft durch internationale Konzerne, wie z.B McDonald's, über die ganze Welt verbreitet. So zog die **Fast-Food**-Kultur in den Alltag vieler Menschen ein. Fakt ist, dass im Zuge der weltweiten Ausbreitung das Unternehmen heute über 34 000 Filialen in

M1 *Ein typisches McDonald's-Menü*

119 Ländern betreibt. Täglich besuchen 69 Millionen Menschen die Restaurantkette. Fast zwei Millionen Menschen sorgen für den standardisierten Betrieb der vielen Filialen. McDonald's exportiert so die US-amerikanischen Vorstellungen eines Fast-Food-Restaurants hinsichtlich Warenangebot und Service in die ganze Welt. In diesem Zusammenhang wird häufig auch von der „**McDonaldisierung**" gesprochen.

Lange Zeit wurde das Unternehmen vor allem dafür kritisiert, dass es regionale Produkte vom Markt verdrängte. Im Rahmen des neuen Unternehmensprogramms „Unternehmensverantwortung" (engl.: Corporate Responsibility) versucht McDonald's, dieses Image zu verbessern (M3). Vor allem aber das Ziel einer ausgewogenen Ernährung wird im Zusammenhang mit Unternehmen wie McDonald's von Wissenschaftlern umstritten diskutiert.

- **Big Mac:**
  Gewicht: 211 g
  Brennwert: 2062 kJ (495 kcal)
- **Pommes frites (groß):**
  Gewicht: 152 g
  Brennwert 2003 kJ (470 kcal)
- **Coca-Cola (groß):**
  Gewicht: 500 g/ml
  Brennwert: 879 kJ (210 kcal)
- **Ketchup:**
  Gewicht: 20 g
  Brennwert: 105 kJ (25 kcal)

Summe für das Menü: 1200 kcal = über die Hälfte des Tagesbedarfs eines Erwachsenen (etwa 2000 kcal)

M2 *Was steckt drin in einem Standardmenü?*

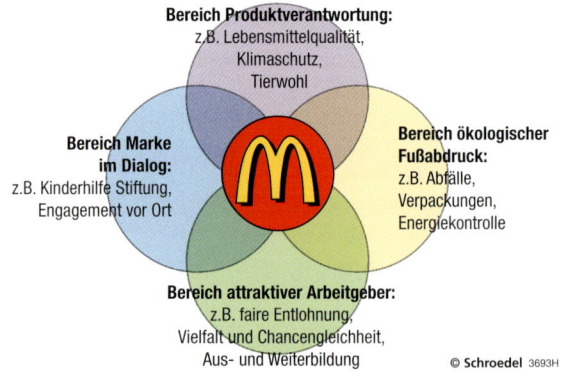

M3 *Das Programm „Corporate Responsibility"*

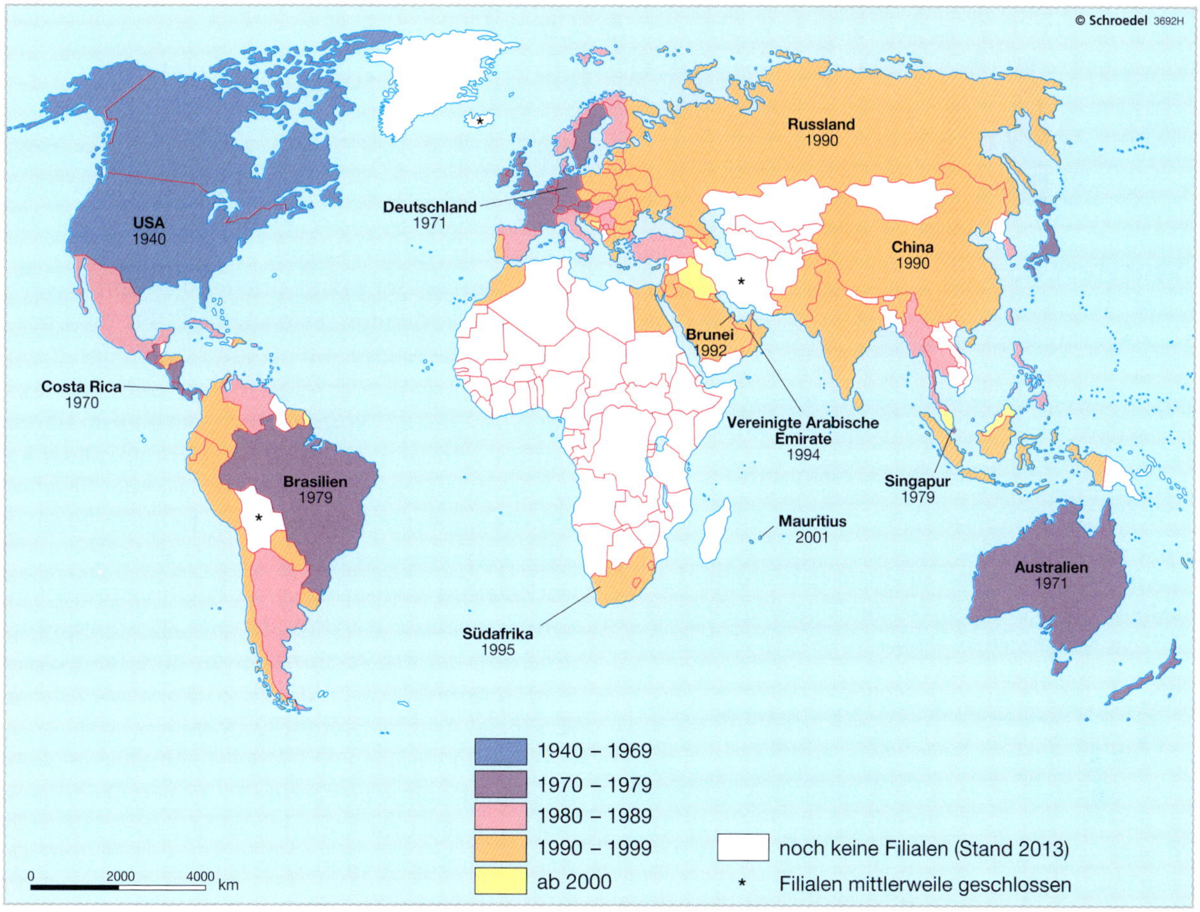

M4 McDonald's-Filialen weltweit und Eröffnungsjahr der ersten Filiale im Land

McDonald´s Deutschland hatte im Jahr 2011 so viel Umsatz wie noch nie. Gegenüber dem Vorjahr sind die Verkaufserlöse um 5,9 Prozent auf 3,2 Milliarden Euro angestiegen. Insgesamt hatte das Unternehmen mehr als eine Milliarde Gäste. Damit sind mehr als 2,7 Millionen Gäste pro Tag in eine der 1415 Filialen gekommen. Das sind 2,7 Prozent mehr als im Vorjahr. Zurückzuführen ist dies zum Teil auf die Vielzahl von Sonderaktionen. McDonald´s Deutschland beschäftigte 2011 etwa 64 000 Menschen. Das Unternehmen ist der größte Arbeitgeber im Gastronomiegewerbe.

M5 McDonald´s in Deutschland

M6 Typische McDonald's-Filiale in Deutschland

❶ McDonald's ist ein bedeutendes Unternehmen. Beschreibe die Entwicklung des Unternehmens anhand der Karte M4, M5 und dem Text.

❷ Die Lebensmittel entsprechen strengen Standards, sind aber bei vielen Menschen umstritten.
a) Erläutere diese Aussage (M2, M5, M6, Text).
b) Stelle für einige Produkte mithilfe von www.mcdonalds.de eine Nährwertetabelle zusammen (Brennwert, Kohlenhydrate, Fett, Ballaststoffe).
c) Vergleiche diese mit dem Tagesbedarf (M2).
d) Diskutiert die Ergebnisse in der Klasse.

❸ a) Beschreibe das Programm M3.
b) Berichte über Ergebnisse in Deutschland (Internet).

Grundwissen/Übung

1899-1902　1900-1916　1915　1957　1961　1991　1993　2007

Wusstest du schon, dass …

… J. S. Pemberton der Erfinder der Coca-Cola ist? Er war Apotheker. Seine Medizin sollte bei Müdigkeit, Kopfschmerzen und Stimmungsschwankungen helfen.

… die Coca-Cola-Company 1892 gegründet wurde?

… Coca-Cola seinerzeit zu einem Teil des täglichen Lebens der Menschen werden sollte? Jeder sollte sich das Getränk leisten können.

… es Coca-Cola in etwa 200 Ländern auf der Erde zu kaufen gibt? Sie schmeckt überall gleich.

… der Siegeszug der braunen Limo in der Glasflasche Anfang des 20. Jahrhunderts in den USA begann? Sie wurde mit Kronkorken angeboten.

… in den 1920er-Jahren der weltweite Export begann? Coca-Cola wurde zum Symbol des American Way of Life.

… Coca-Cola in Deutschland ab 1929 in der Essener „Vertriebsgesellschaft für Naturgetränke" abgefüllt wurde?

… der Erfolg von Anfang an von der Werbung abhängig war? Für Coca-Cola-Werbung werden heute jährlich über vier Milliarden Euro ausgegeben.

… Coca-Cola als erstes Unternehmen Automatenkühlschränke einsetzte?

… das Unternehmen das wichtigste, weltweit tätige Unternehmen der Getränkeindustrie ist? 2011: 9 Mrd. Euro Gewinn

… es in Thüringen von 1945 bis 1989 keine Coca-Cola gab?

M1 *Interessantes zur Coca-Cola*

Coca-Cola – ein Getränk erobert die Welt

Nicht einmal John S. Pemberton konnte 1886 ahnen, dass der Sirup, den er aus Wein, Blättern der Kokapflanze und Kolanüssen braute, ein Welterfolg werden würde.

Die Rechte an der Marke und dem Rezept erwarb 1888 Asa G. Candler. Er gründete 1892 die Coca-Cola-Company und entwickelte die Grundideen des Unternehmenserfolgs: Jeder sollte sich das Getränk leisten können, es sollte überall zu kaufen sein und es sollte überall den gleichen unverwechselbaren Geschmack haben. In den USA begann der Siegeszug der braunen Brause, als die Marke gesetzlich geschützt wurde.

Im Zweiten Weltkrieg wurden mit staatlicher Unterstützung in Übersee 64 Abfüllanlagen errichtet, um die Versorgung der amerikanischen Soldaten mit Coca-Cola, das als Rückgrat für die Moral der Truppe galt, sicherzustellen.

In den USA trank nicht nur die städtische Bevölkerung Coca-Cola, auch auf dem Land kamen immer mehr Frauen und Kinder „auf den Geschmack". Vor allem Tankstellen waren beim Verkauf von großer Bedeutung.

Mit Ausnahme von Nordkorea sowie Kuba wird Coca-Cola heute weltweit verkauft. Das Unternehmen ist ein **Global Player** (M4).

Bis heute hält sich der Mythos des Geheimrezepts, das nur wenigen Menschen bekannt ist und in einem speziell gesicherten Tresor aufbewahrt wird. Das Geheimnis ist aber weitgehend gelüftet und kann im Internet nachgelesen werden:

Die wichtigsten Geschmacksträger waren und sind echte Vanille, Orangen-, Zitronen- und Zimtöl. Der saure Geschmack kommt von der Phosphorsäure, von der Sacharose stammt die Süße. In einer Halbliterflasche stecken etwa 18 Stück Würfelzucker. Auch heute noch befinden sich Extrakte aus Kokablättern in der Limonade, allerdings so behandelt, dass ihre süchtig machende Wirkung verhindert wird.

M2 *Das Geheimrezept*

M3 *Coca-Cola – ein Global Player*

❶ Coca-Cola wird als Global Player bezeichnet.
a) Lege anhand von M4 dar, was der Begriff „Global Player" bedeutet.

b) Erkläre, was M3 A – C über Coca-Cola aussagen.

c) Nenne weitere Global Player in der Nahrungsmittelbranche (z. B. Zeitung, Internet, Lehrbuch).

❷ Beschreibe Gemeinsamkeiten und Unterschiede der beiden Unternehmen Coca-Cola und McDonald's (vgl. S. 124/125).

Landwirtschaft und Ernährungssicherung

Global Player Coca-Cola

großer Einfluss auf die Länder (z.B. Politik)

**-Company (Firmenhauptsitz: Atlanta (USA))**

vertriebene Markenprodukte
– Coca-Cola (div. Sorten)
– Fanta (div. Sorten)
– Sprite
– Mezzo Mix
– Lift
– Bonaqua (div. Sorten)
– Apollinaris
– Powerade (div. Sorten)
– Minute Maid
– Kinley
– NESTEA
– Römer Quelle
– The Spirit of Georgia

Tochterfirmen in etwa 200 Ländern
z.B. in Deutschland
die Coca-Cola GmbH/Berlin
(gestaltet das Marketing)

die Coca-Cola Erfrischungsgetränke AG (hat das Recht Coca-Cola herzustellen und zu vertreiben)

der Coca-Cola Verkauf (Betreuung der Großkunden wie z.B. McDonald's)

Partnerschaften
– Nestlé (CH)
– Danone (I)
– McDonald's (USA)
– Pizza-Hut (USA)
– Sportverbände wie IOC, FIFA

M4 *Global Player Coca-Cola*

Gewusst – gekonnt: Landwirtschaft und Ernährungssicherung

1. Landwirtschafts- und Ernährungsrätsel
a) Übertrage das Rätselschema auf ein kariertes Blatt Papier und löse anschließend das Rätsel.
b) Erkläre den Lösungsbegriff in den grauen Kästen.

1. Vegetationsform in der Nähe des Äquators
2. süßes, schwarzes Markengetränk (* ohne Bindestrich)
3. traditionelles Volk im Amazonasbecken
4. „sterbender" See in Afrika
5. schmackhafte Frucht der Subtropen
6. das Vordringen der Wüste in der Sahelzone
7. eine Form nachhaltiger Nutzung des tropischen Regenwaldes
8. Nebeneffekt bei falscher Bewässerung in den Subtropen
9. Benennung des Raumes südlich der Sahara
10. Name einer Schnellrestaurantkette (* ohne Auslassungszeichen)
11. sättigende Frucht, die in Plantagenwirtschaft angebaut wird
12. Bezeichnung für umherziehende Viehhirten
13. nicht nachhaltige Nutzung

2. Fachbegriffe des Kapitels

landwirtschaftliche Trockengrenze
landwirtschaftliche Kältegrenze
Brandrodung
Cash Crop
Desertifikation
Fair Trade
Gentechnik
Grüne Revolution
Nomadenwirtschaft
Plantagenwirtschaft
Raubbau
Sahelzone
Subsistenzwirtschaft
Überweidung
Versalzung
Entwicklungszusammenarbeit
Wanderfeldbau (Shifting Cultivation)

3. Global Player
Ergänze den Lückentext mit: *verschiedenen, kleineren, riesige, weltweit, kein, einem, Entwicklung, Fastfood*.
Ein Global Player ist ___(1)___ Fußballstar. Unter dem Begriff werden ___(2)___ Firmen zusammengefasst, die nicht nur in ___(3)___ Land, sondern ___(4)___ vertreten sind. Diese Unternehmen nehmen durch ihre Bedeutung für einen Staat auch Einfluss auf dessen ___(5)___ (z. B. in der Politik). Global Player entstanden durch Übernahmen und Zusammenschlüsse von ___(6)___ Unternehmen weltweit. Die Firmen in den ___(7)___ Ländern nennt man Tochterfirmen. Ein bekannter Global Player ist die ___(8)___-Kette McDonald´s.

4. In den Tropen Afrikas

Kunstdünger-/Maschineneinsatz   Nomaden   Monokultur

Wüstenausbreitung   Sekundärwald   exportorientiert

vergrößerte Viehherden   Anbauflächenvergrößerung   Sahelzone

Plantagenwirtschaft   Wanderfeldbau   Dürre

Überweidung   Bodenerosion   Hackbauern   Tiefbrunnen

a) Ordne die Schlagwörter den einzelnen Fotos (A–D) zu.
b) Ergänze zu jedem Foto zwei weitere Begriffe.
c) Erkläre zusammenfassend die Landnutzung in der Sahelzone. Nutze die Fotos und Schlagwörter. Beziehe dich auf:
- die traditionellen Bewirtschaftungsformen,
- den Wandel in der Landnutzung,
- die Ursachen und Folgen dieses Wandels.

Übung

Landwirtschaft und Ernährungssicherung

Energetische Ressourcen

Offshore-Windpark in der Nordsee

Die Energieressourcen im Überblick

Kohle, Erdöl und Erdgas sind derzeit die wichtigsten **Energieträger**. Diesen Stand behalten sie wohl auch in den nächsten Jahren bei. Trotz ihrer Nachteile werden sie vor allem in aufstrebenden Ländern, wie z. B. China, bevorzugt. Diese Länder verfügen häufig über eigene Lagerstätten. Andere Länder, wie z. B. die arabischen Länder, profitieren schon seit Jahrzehnten von großen Erdöl- und Erdgasvorkommen.
In den meisten hoch entwickelten Staaten und aufstrebenden Ländern steigt der Energieverbrauch ständig an. Vor allem hier wird deshalb auf den Ausbau **erneuerbarer Energien** und auf Energieeinsparungen gesetzt.

INFO

Erneuerbare Energien entstehen aus Energiequellen, die sich ständig erneuern. Diese Energien sind nach menschlichem Maßstab unerschöpflich, wie z. B. Solarenergie, Windkraft und Wasserkraft. Energien, die aus nachwachsenden Rohstoffen, wie Holz, Raps oder Palmöl, gewonnen werden, zählen ebenfalls zu dieser Gruppe.

Nicht erneuerbare Energien dagegen „verbrauchen" sich bei der Nutzung. Sie sind nur begrenzt verfügbar und setzen während ihrer Nutzung meist umweltbelastende Nebenprodukte wie Kohlenstoffdioxid frei. Beispiele sind Kohle, Erdöl, Erdgas und Kernenergie.

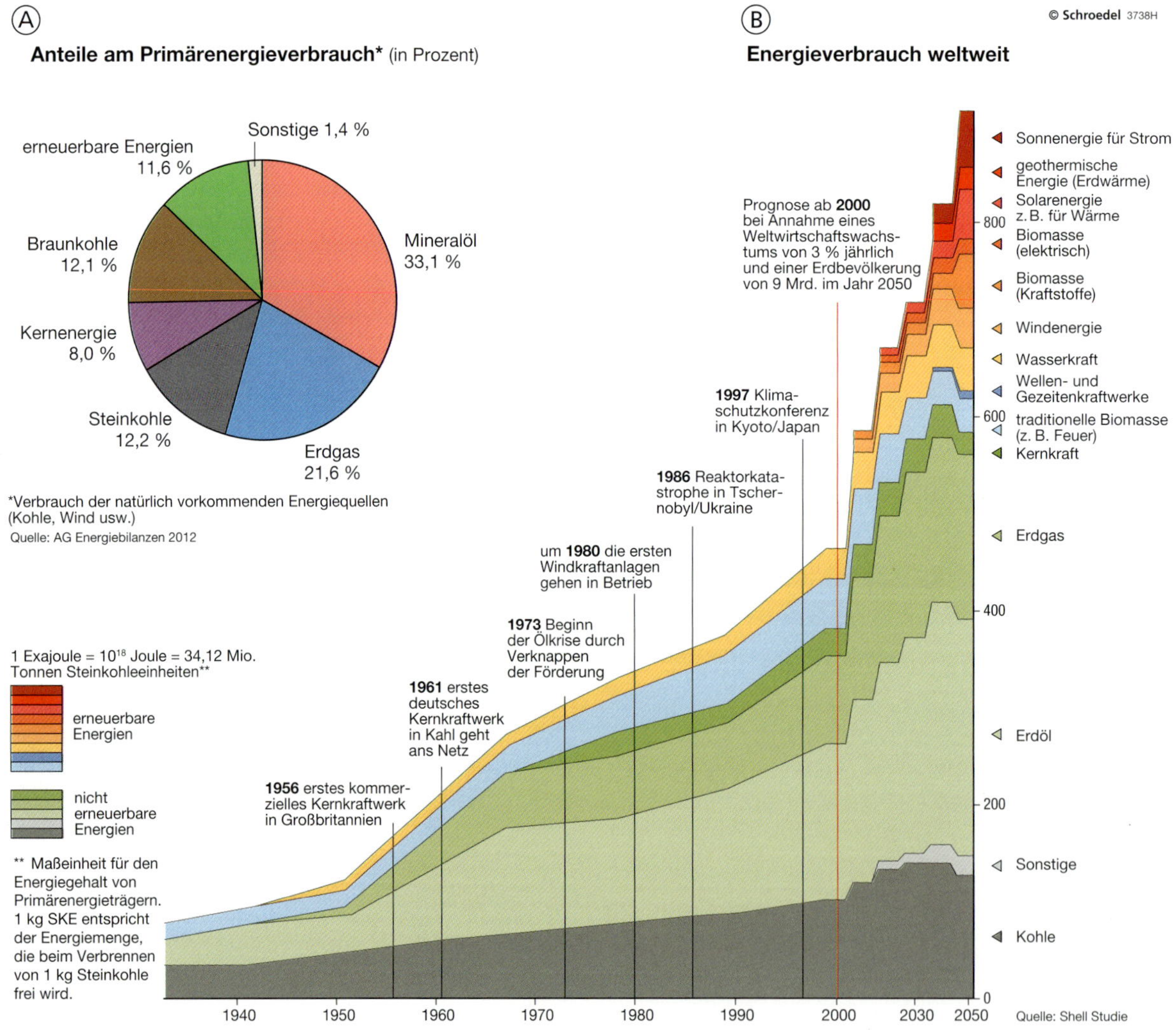

© Schroedel 3738H
A
Anteile am Primärenergieverbrauch* (in Prozent)
Sonstige 1,4 %
erneuerbare Energien 11,6 %
Mineralöl 33,1 %
Braunkohle 12,1 %
Kernenergie 8,0 %
Steinkohle 12,2 %
Erdgas 21,6 %
*Verbrauch der natürlich vorkommenden Energiequellen (Kohle, Wind usw.)
Quelle: AG Energiebilanzen 2012
B
Energieverbrauch weltweit
Prognose ab 2000 bei Annahme eines Weltwirtschaftswachstums von 3 % jährlich und einer Erdbevölkerung von 9 Mrd. im Jahr 2050
1997 Klimaschutzkonferenz in Kyoto/Japan
1986 Reaktorkatastrophe in Tschernobyl/Ukraine
um 1980 die ersten Windkraftanlagen gehen in Betrieb
1973 Beginn der Ölkrise durch Verknappen der Förderung
1961 erstes deutsches Kernkraftwerk in Kahl geht ans Netz
1956 erstes kommerzielles Kernkraftwerk in Großbritannien
1 Exajoule = 10^18 Joule = 34,12 Mio. Tonnen Steinkohleeinheiten**
erneuerbare Energien
nicht erneuerbare Energien
** Maßeinheit für den Energiegehalt von Primärenergieträgern. 1 kg SKE entspricht der Energiemenge, die beim Verbrennen von 1 kg Steinkohle frei wird.
Sonnenenergie für Strom
geothermische Energie (Erdwärme)
Solarenergie z. B. für Wärme
Biomasse (elektrisch)
Biomasse (Kraftstoffe)
Windenergie
Wasserkraft
Wellen- und Gezeitenkraftwerke
traditionelle Biomasse (z. B. Feuer)
Kernkraft
Erdgas
Erdöl
Sonstige
Kohle
800
600
400
200
0
1940
1950
1960
1970
1980
1990
2000
2030
2050
Quelle: Shell Studie

M1 *Anteile am Energieverbrauch in Deutschland (A) und weltweit (B)*

D1-242
www.diercke.de

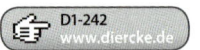

Interviewer: Herr Müller, gilt der Satz „Erneuerbare Energien sind gut, nicht erneuerbare schlecht"?

Herr Müller: Im Prinzip schon. Nicht erneuerbare Energien belasten in jedem Fall die Umwelt. Fossile Brennstoffe wie Kohle, Erdöl und Erdgas haben einen großen Anteil an der Klimaerwärmung, das ist Fakt.

Interviewer: Warum nutzen wir dann nicht ausschließlich die erneuerbaren Energien?

Antwort: Als Techniker muss ich sagen, dass die Kosten für die Energieerzeugung ausschließlich aus erneuerbaren Energien heute noch zu hoch sind. Aber im Bereich **Biokraftstoffe** gibt es schon Beispiele für eine wettbewerbsfähige Produktion. Ich glaube auch, dass es in Zukunft eine große Vielfalt von technischen Lösungen zur Energiegewinnung geben wird – nicht nur **Wind- und Solaranlagen**.

Interviewer: Können Sie mal ein Beispiel geben?

Antwort: Ich finde die Idee eines Aufwindkraftwerkes ganz interessant. Grundlage ist das Gewächshausprinzip. Unter Glas erwärmt sich bei Sonneneinstrahlung die Luft. Sie hat das Bestreben aufzusteigen. Das macht man sich zunutze und führt diese Luft in einen Turm, eigentlich eher ähnlich einem Schornstein, wo sie eine Turbine antreibt. Diese erzeugt Strom. Verstärkt wird die Strömungsbewegung durch den Kamineffekt. Die Luft tritt dabei durch die obere Öffnung aus. Im Inneren entsteht ein Unterdruck gegenüber dem Außendruck. Die Luft strömt von unten in das Kraftwerk hinein.

Interviewer: Hat man ein Aufwindkraftwerk schon mal gebaut?

Antwort: Ja, in Spanien stand ein Prototyp und er funktionierte. Leider hat ein Sturm die Anlage zerstört. Ein Problem war aber hier auch die geringe Wirtschaftlichkeit. Das heißt, der Kostenaufwand war im Vergleich zum Nutzen einfach zu hoch.

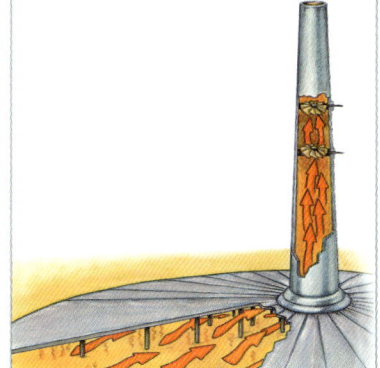

Schematische Darstellung eines Aufwindkraftwerkes

Interviewer: Es geht also immer um die Kosten?

Antwort: Ja, natürlich auch um diese. Aber die Entwicklung geht ja immer weiter. Die Techniker arbeiten mit Hochdruck an der Kostensenkung für Energieerzeugungsanlagen. Es ist auch nicht unerheblich, wie die Politik dies steuert. Unterstützungen des Staates oder Steuern beeinflussen die Kosten stark.

Interviewer: Welche Bedeutung werden die nicht erneuerbaren Energien in Zukunft spielen?

Antwort: Es wird auch auf lange Sicht nicht ohne sie gehen, um unsere Energieversorgung sicherzustellen. Der Ausstieg aus der Kernenergie hinterlässt eine Versorgungslücke, die auch mit nicht erneuerbaren Energien geschlossen werden muss.
Aber auch hier gilt, dass die technische Entwicklung voranschreitet. Selbst ein modernes Kohlekraftwerk ist heute viel weniger umweltbelastend als noch vor einigen Jahren. Neu gebaut werden in Deutschland gegenwärtig einige Kraftwerke auf Erdgasbasis. Erdgas verbrennt fast vollständig und ist der zurzeit sauberste Brennstoff.

Erdgaskraftwerk

M2 *Interview mit dem Techniker Herrn Müller über erneuerbare und nicht erneuerbare Energien*

❶ Erläutere die Begriffe erneuerbare und nicht erneuerbare Energien. Finde Beispiele für beide Gruppen.

❷ M1 B zeigt den weltweiten Energieverbrauch der letzten Jahrzehnte.
a) Fasse jeweils die erneuerbaren und die nicht erneuerbaren Energien zusammen.
b) Ermittle den Anteil der Energiearten am Gesamtenergieverbrauch für die Jahre 1961, 1980, 2010 und 2050.

❸ M1 A zeigt den Anteil der einzelnen Energieträger am deutschen Gesamtenergieverbrauch 2010.
a) Beschreibe M1 A.
b) Erläutere die Anteile der Energieträger am Gesamtenergieverbrauch.

❹ In M2 äußert sich Herr Müller zur gegenwärtigen Energiesituation. Formuliere mit eigenen Worten die Positionen von Herrn Müller zur Nutzung einzelner Energiearten.

Erdöl – Entstehung und Verwendung

INFO 1

Kohlenwasserstoffe

Kohlenwasserstoffe sind eine Gruppe von Stoffen, die aus den Elementen Wasserstoff und Kohlenstoff bestehen. Diese chemischen Verbindungen sind sehr energiereich. Bei ihrer Verbrennung setzen sie deshalb viel Wärmeenergie frei. Kohlenwasserstoffe können zum Beispiel gasförmig oder flüssig als Erdgas beziehungsweise Erdöl auftreten. Oft sind sie aber auch an andere Gesteine gebunden. Beispiele sind Ölsande, Ölschiefer und Schiefergas. Im Gehalt an Kohlenwasserstoffen übertreffen diese Lagerstätten weltweit gesehen die Erdgas- und Erdölvorräte bei Weitem. Die Kosten für ihre Gewinnung sind allerdings viel höher.

Erdöl ist ein Gemisch von vielen verschiedenen Stoffen, vor allem aber von Kohlenwasserstoffen (Info 1). Erdöl entsteht aus abgestorbenen Kleinstlebewesen, die sich am Grunde eines Meeres ansammeln. Dort können sie unter Luftabschluss nicht verrotten oder verfaulen. Infolge vieler physikalischer und chemischer Prozesse bildet sich aus den abgestorbenen Lebewesen Erdöl (M1) und **Erdgas**. Das Erdgas sammelt sich in der **Lagerstätte** über dem Erdöl, weil es leichter ist. Gespeichert wird das Erdöl oft in einem festen Gesteinskörper. Es füllt die Hohlräume zwischen den Gesteinskörnern aus.

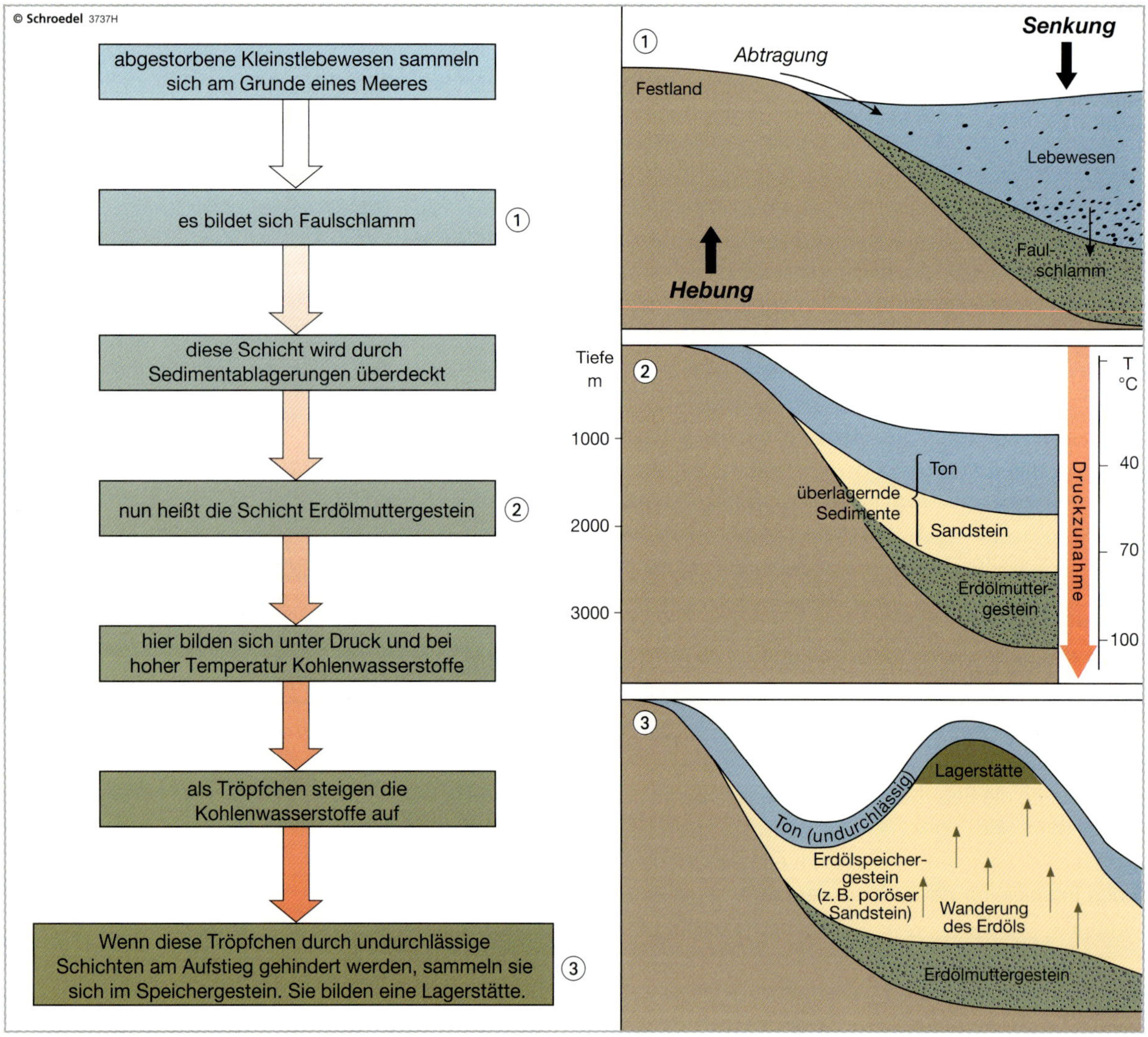

M1 *Entstehung des Erdöls*

INFO 2

Ölsande

Ölsande sind Sande, deren Erdölanteil so zähflüssig ist, dass das Öl nicht mehr fließfähig ist. Die Ölsandvorkommen umfassen etwa zwei Drittel der weltweiten Erdölvorkommen. Bei Ölsanden haftet das Öl fest an den Sandkörnern. Während der Gewinnung muss diese Verbindung wieder getrennt werden. Das erfolgt durch eine Mischung von heißem Wasserdampf und verschiedenen Chemikalien.

Im Tiefbau wird diese Mischung in die Lagerstätte eingepresst und später das Öl abgepumpt. Nach Förderung im Tagebau werden die Ölsande in großen Hallen verarbeitet. Diese Art der Gewinnung ist aber nur bei hohen Weltmarktpreisen für Erdöl wirtschaftlich, da das Gewinnungsverfahren teuer ist. Auch ist die Gewinnung belastend für die Umwelt.

Die größten Vorkommen von Ölsanden befinden sich in Kanada, den USA, Venezuela und dem Nahen Osten. Kleinere Vorkommen finden sich auch in Deutschland.

M2 *Erdöl*

M3 *Jugendzimmer mit (A) und ohne Erdölprodukte (B)*

M4 *Verwendung von Erdöl (Auswahl)*

❶ Nenne Gegenstände in deinem Klassenzimmer und in Abbildung M3, die aus Erdöl hergestellt wurden (M4).

❷ Erdöl entsteht in einem komplizierten Prozess (M1).
a) Erläutere die Entstehung des Erdöls. Fertige dir dazu einen Stichwortzettel an.
b) Erkläre, was eine Lagerstätte ist.

❸ Informiere dich im Internet über die Ölsandvorkommen und die Probleme der Ölgewinnung. Halte vor deiner Klasse einen Kurzvortrag zum Thema.

Grundwissen / Übung

Förderung und Transport von Erdöl

Das flüssige Erdöl wird oft über das Anbohren einer Lagerstätte gewonnen. Anfangs muss nicht gepumpt werden, da das Öl in der Lagerstätte meist unter Druck steht. Lässt der Druck nach, kommen Pumpen zum Einsatz. Um eine Lagerstätte noch weiter auszubeuten, wird danach Wasser oder ein Chemikaliengemisch eingepresst und später das Öl abgepumpt.

Besonders aufwendig ist die Erdölgewinnung im Meer. Diese wird als **Offshore-Förderung** bezeichnet. Dabei kommen schwimmende oder fest verankerte **Bohrinseln** (M1) zum Einsatz. Das dort geförderte Erdöl wird mit Tankschiffen oder durch **Pipelines** transportiert. Die anschließende Verteilung erfolgt mit Binnenschiffen, Tankwagen oder per Bahn. Häufig wird das Erdöl auf dem Transportweg schon in **Raffinerien** aufbereitet und zwischengelagert (M3).

Aber die Verarbeitung und der Transport können auch gefährlich für die Umwelt sein (M4–M6).

1. Unterkünfte für 200 Personen, Speiseraum, Bibliothek, Kino, Büros
2. Hubschrauberlandeplatz
3. Kräne zur Entladung der Versorgungsschiffe
4. Bohrturm
5. Verbrennung überflüssigen Gases
6. Betonpfeiler
7. Anlage zur Trennung von Wasser, Gas und Öl
8. Tankerladeplattform mit Hubschrauberlandeplatz

M1 *Bohrplattform Statfjord A*

„14 Tage hintereinander und jeweils 12 Stunden pro Tag leisten wir Knochenarbeit auf der Bohrplattform Statfjord A. Die Bohrinsel liegt vor der norwegischen Küste in der Nordsee. Rund neun Millionen Euro kostet die Erschließung eines Bohrlochs. Sobald wir das Speichergestein erreichen, schießt das unter Druck stehende Öl von selbst nach oben. Es ist dünnflüssig und 80 °C heiß. Später pumpen wir Wasser in die Lagerstätte, damit der Druck nicht nachlässt. 159 Millionen Liter Öl können wir unter der Plattform in riesigen Öltanks zwischenlagern. Insgesamt arbeiten hier etwa 200 Mann. Wir verdienen Spitzenlöhne, holen aber auch täglich 20 000 Tonnen Öl aus dem Untergrund der Nordsee.

Heute, an meinem letzten Arbeitstag, ist das Wetter gut. So wird der Hubschrauber, der uns nach Hause fliegt, sicher keine Mühe haben, auf der Bohrinsel zu landen. Aber im Winter, bei Eiseskälte, über 20 Meter hohen Wellen und Windgeschwindigkeiten bis zu 210 Stundenkilometern ist dies unmöglich."

M2 *Ein Bohrarbeiter berichtet*

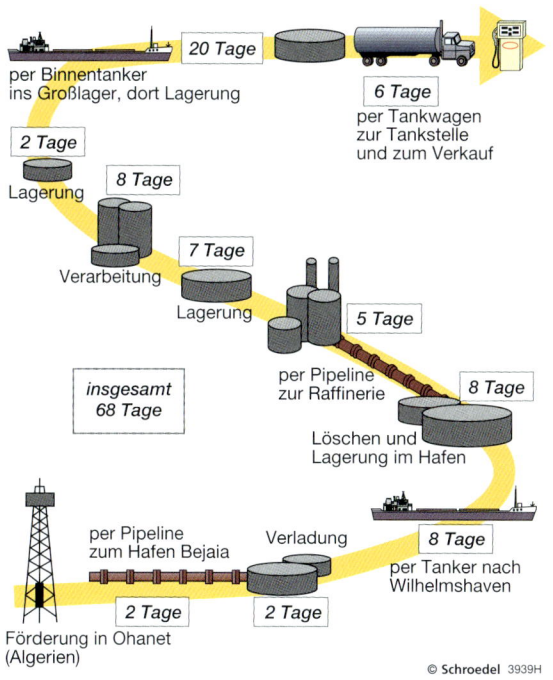

M3 Der „Weg des Erdöls" – Beispiel: von Algerien nach Deutschland

M4 Brennende Ölplattform vor den USA (2010)

M5 Ölverschmierter Papageientaucher

Eines der verheerendsten Tankerunglücke ereignete sich im März 1989 vor der Küste Alaskas. Der Öltanker Exxon Valdez lief auf Grund, weil der Kapitän betrunken war. 39 000 Tonnen Erdöl liefen in den Golf von Alaska.
Durch einen Sturm vergrößerte sich der Ölteppich noch zusätzlich. Zur Zeit der größten Ausdehnung war er 7500 Quadratkilometer groß. 2000 Kilometer Küste wurden verschmutzt. Nach Schätzungen verendeten über 400 000 Vögel und Säugetiere. Hunderte Fischer verloren ihre berufliche Existenz. Drei Jahre lang säuberten bis zu 11 000 Hilfskräfte die Strände. Wissenschaftler stellten sogar 20 Jahre später immer noch Schädigungen fest. Sie vermuteten, dass erst im Jahr 2030 alle krebserregenden Substanzen abgebaut sein werden.

M6 Tankerunglück der Exxon Valdez im Jahr 1989

❶ Eine Bohrinsel ist eine kleine Stadt im Meer.
a) Beschreibe den Aufbau einer Bohrinsel (M1).
b) Erläutere die Lebens- und Arbeitsbedingungen der Arbeiter auf einer Ölplattform (M1, M2).

❷ Der meiste Teil des Erdöls wird nicht in den Ländern verbraucht, wo es gefördert wird.
a) Beschreibe die Haupthandelswege für Erdöl mithilfe des Atlas.
b) Zeige die Haupthandelswege für Erdöl an einer Wandkarte.
c) Beschreibe den Weg des Öls in M3.
d) Berechne die Länge des Transportweges von Algerien bis Erfurt (M3).

❹ Die Förderung und der Transport des Erdöls bergen Gefahren.
a) Erstelle ein Wirkungsgefüge (vgl. S. 108/109) einer Erdölkatastrophe (M4–M6).
b) Informiere dich im Internet über Ölkatastrophen und berichte deinen Mitschülern darüber (Exxon Valdez 1989, Deepwater Horizon 2010 usw.).

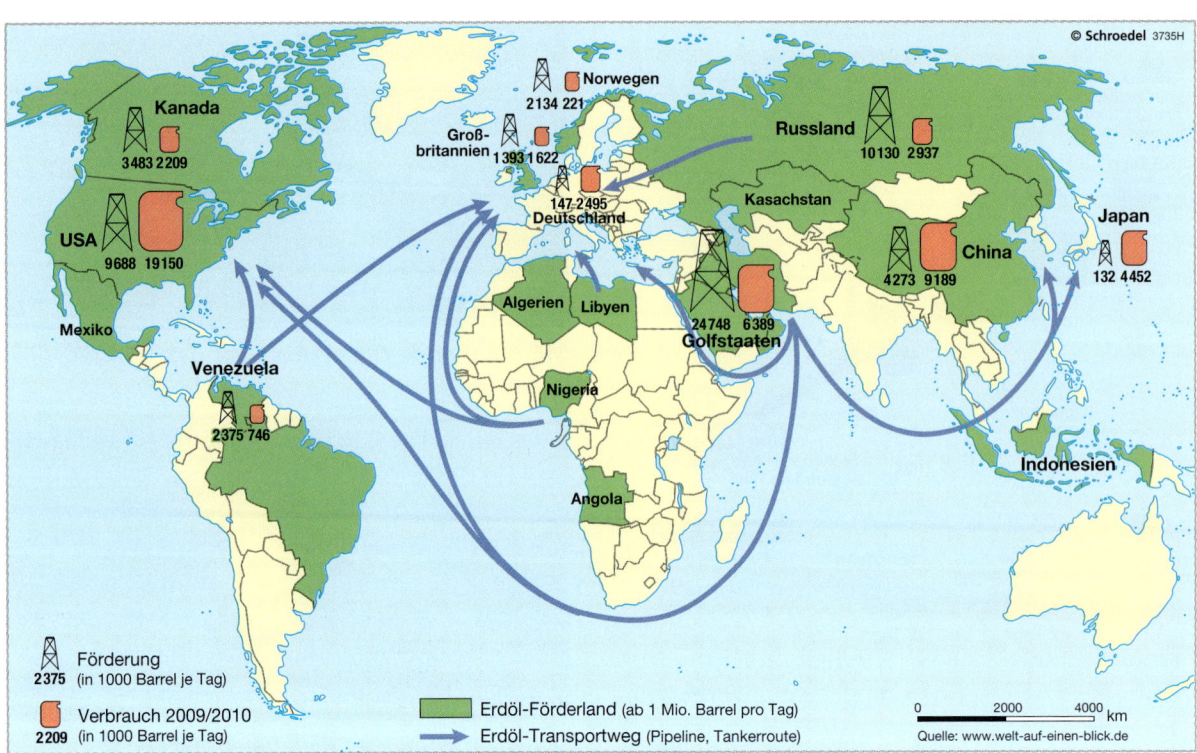

M1 *Erdöl: Förderung – Transport – Verbrauch*

Erdöl – Schmiermittel der Weltwirtschaft

Viele Lebens- und Wirtschaftsbereiche sind vom Erdöl abhängig. Seine Verfügbarkeit und sein Preis sind entscheidend für die wirtschaftliche Entwicklung der Länder der Erde. Auch heute werden ständig neue Lagerstätten entdeckt oder bisher unwirtschaftliche Ölquellen aufgrund der hohen Preise für Erdöl ausgebeutet. Trotzdem bleibt Erdöl ein endlicher Rohstoff.

Preiserhöhungen treffen vor allem die Länder mit hohem Ölverbrauch beziehungsweise mit hohem Importanteil des Rohstoffs. Länder ohne eigene Öllagerstätten geraten so in Abhängigkeit von den Lieferländern. Rohstoffarme Industrieländer, wie zum Beispiel Deutschland, suchten deshalb nach den Ölpreisanstiegen in den 1970er-Jahren verstärkt nach Auswegen, um diese Abhängigkeit zu verringern. Es wird seitdem darauf geachtet, von möglichst vielen Ländern Öl zu kaufen. So vermeidet Deutschland, von einem Land oder einer Region abhängig zu sein. Daneben wird durch viele Maßnahmen Energie eingespart, z. B. durch die bessere Dämmung von Häusern oder die Entwicklung von Benzin sparenden Motoren.

Andere Länder, wie China, Indien oder Brasilien, die sich in einem rasanten Wirtschaftsaufschwung befinden, werden aber noch viele Jahre ihren Ölverbrauch steigern und so einen hohen Erdölpreis bewirken.

Die Erdölförderländer in der Golfregion oder auch Russland befinden sich dagegen in einer sehr günstigen Position, da sie viel Geld für Erdöl und Erdgas einnehmen. Aber auch sie müssen vorsorgen für die Zeit, wenn ihnen das Erdöl ausgeht.

> Die Mengenangaben für Erdöl erfolgen oft in Tonnen (t). Weit verbreitet ist aber auch die Angabe in Barrel (bl oder bbl). Das Wort Barrel ist abgeleitet vom englischen Wort für Fass. Das Barrel ist ein Raummaß und steht für 159 Liter. Es entspricht etwa 0,137 Tonnen Erdöl.
> Es gibt sehr unterschiedliche Erdölsorten. Deshalb sind Qualität und Preis auch unterschiedlich. Bekannte Sorten sind Brent (Nordsee), Arab Light (Persischer Golf) oder Urals (Russland).

M2 *Was du sonst noch wissen solltest*

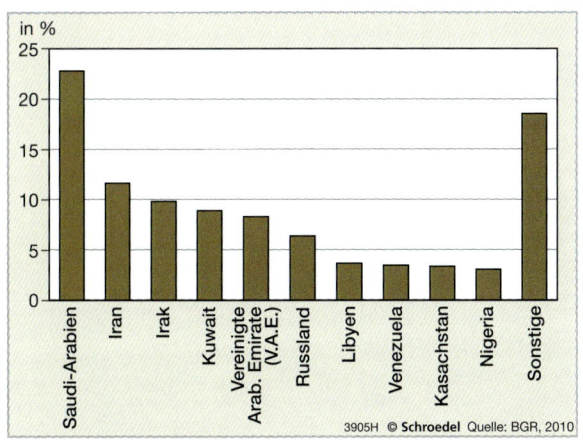

M3 *Länder mit den größten Erdölvorräten (2010)*

INFO

Die OPEC

Die Organization of the Petroleum Exporting Countries (OPEC) wurde 1960 von den wichtigsten Erdölexportländern Afrikas, Lateinamerikas und des Persischen Golfes gegründet. Ziel war, das Preisdiktat der westlichen Ölkonzerne zu brechen und mehr Gewinn in die armen Länder zu leiten. Lange Zeit konnte die OPEC so den Preis diktieren. Aber gegenwärtig kontrolliert sie nur noch etwa 40 Prozent des Welthandels. Es ist jedoch damit zu rechnen, dass in Zukunft die OPEC wieder an Bedeutung gewinnt, da diese Ländergruppe über die größten Reserven dieses Rohstoffes verfügen.

M4 *Kritische Darstellung (= Karikatur)*

❶ Erdölförder- und Erdölverbrauchsgebiete sind ungleich über die Erde verteilt (M1, M3).
Stelle in einer Übersicht die Länder zusammen,
a) die Erdöl fördern und exportieren;
b) den Großteil des benötigten Erdöls importieren;
c) selbst viel fördern und zusätzlich importieren (M1).

❷ Erläutere folgende Aussage: „Erdöl ist das Schmiermittel der Weltwirtschaft."
Nutze auch die Seiten 132 bis 137.

❸ Nenne die 12 OPEC-Staaten und informiere dich über die politischen Verhältnisse in diesen Ländern (Info, Internet).

❹ Zwischen Ölimport- und Ölexportländern können leicht Abhängigkeiten entstehen.
a) Diskutiert diese Aussage und leitet Gegenmaßnahmen ab.
b) Werte die Karikatur M4 aus:
• Beschreibe, was der Karikaturist gezeichnet hat.
• Überlege, welche Probleme dargestellt sind und wie diese dargestellt sind.
• Äußere deine eigene Meinung zu diesem Problem.
• Beziehe in deine Betrachtungen M5 ein.

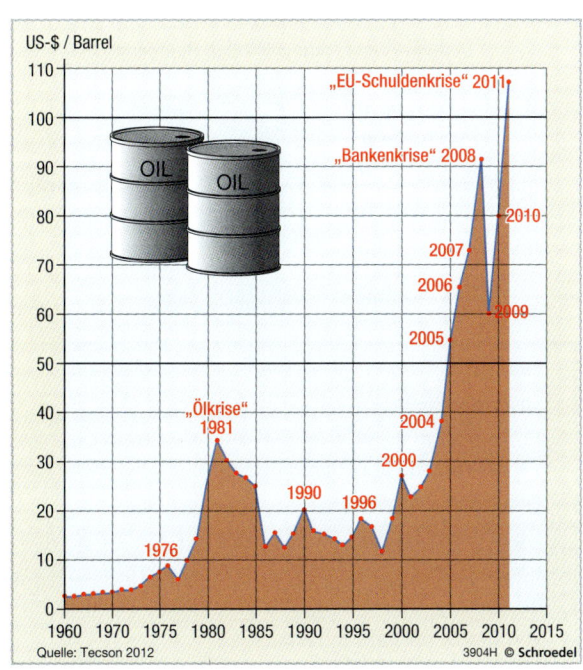

M5 *Entwicklung des Rohölpreises*

Grundwissen/Übung

M1 *Dubai um 1970*

M2 *Dubai im Jahr 2012 mit Burj Khalifa*

Methode: Fragegeleitete Raumanalyse – Raumbeispiel Dubai

Wenn wir einen Raum näher untersuchen, das heißt eine **Raumanalyse** durchführen wollen, müssen wir in verschiedenen Arbeitsschritten herausfinden, welche Merkmale, Strukturen und Prozesse diesen Raum geprägt haben und heute noch prägen. Zu den wichtigen Vorüberlegungen gehört dabei:
- die Gliederung in Arbeitsschritte, die als Fragen formuliert werden können und
- die Auswahl der zu untersuchenden Faktoren,
- die Suche nach einer Leitfrage.

Um diese übergeordnete Leitfrage beantworten zu können, untersuchen wir verschiedene Merkmale der Räume mit gezielten Teilfragen.

❶ Auf S. 140–143 (Dubai) werden die Leit- und die Teilfragen noch vorgegeben. Im Beispiel Nigerias (S. 144/145) sollst du diese Fragen selbst erarbeiten. Führt mithilfe der Schrittfolge (S. 140) fragegeleitete Raumanalysen zum Emirat Dubai und zu Nigeria durch.

Sechs Schritte einer fragegeleiteten Raumanalyse

1. **Materialsammlung anlegen**
2. **Herausarbeiten der Leitfrage und der Teilfragen**
3. **Arbeitsphase**
   Bearbeite die Materialien hinsichtlich der Teilfragen und der Leitfrage. Recherchiere neues Material, wenn die Fragen es erfordern.
4. **Vorbereitung der Präsentation**
5. **Präsentation**
6. **Beantwortung der Leitfrage**

Schema einer fragegeleiteten Raumanalyse

- Lage in der Region/zu Nachbarstaaten und Anrainern
- Lage zu anderen Wirtschaftsregionen
- Klimazone(n)/Klimaeigenschaften
- Vegetationszone(n)/Pflanzenwelt
- Gewässer
- Oberflächengestalt
- Bodenschätze
- Bewertung der Voraussetzungen für die Entwicklung von Landwirtschaft und Industrie

M3 *Analysemerkmale Lage und Naturraum*

Leitfrage: Wie bereitet sich das Emirat Dubai auf die Zeit nach dem Ende der Erdölförderung vor?

Teilfragen:
1. Welche natürlichen Voraussetzungen sind für die Wirtschaft im Emirat ausschlaggebend?
2. Welche Wirtschaftsbereiche wurden gefördert?
3. Welche Ergebnisse wurden bis heute erzielt?
4. Welche Probleme sind mit dem Wandel verbunden?

Dubai ist eine der sieben Provinzen in den Vereinigten Arabischen Emiraten (V. A. E.).
In den 1960er-Jahren wurden hier große Erdölvorkommen entdeckt. In wenigen Jahren gelangte Dubai durch den Verkauf des „Schwarzen Goldes" zu großem Reichtum. Von diesem profitierte bis heute jedoch überwiegend nur die einheimische Bevölkerung. Die Gastarbeiter aus anderen Ländern arbeiten als Bauarbeiter meist zu sehr geringen Löhnen auf den Großbaustellen der Stadt oder auch als Beschäftigte im Dienstleistungsbereich.
Das Emirat Dubai wird geleitet wie ein Familienbetrieb. Die Herrscher und ihre Angehörigen kontrollieren das gesamte politische und wirtschaftliche Leben des Landes. Schon früh brachten aber die weltoffenen Scheichs mit wegweisenden Entscheidungen den Aufstieg Dubais in Gang.
Heute ist Dubai eines der wirtschaftlichen Zentren in der Region. Und das Emirat ist schon lange nicht mehr ausschließlich vom Erdöl abhängig. In der Region entwickelte sich eine vielfältige Wirtschaft, die Dubai zu einem wichtigen Knotenpunkt im weltweiten Wirtschaftsnetz machte.

Lage des Emirats Dubai

Fläche: 3885 km²
Einwohner (2012): 2,04 Millionen
Hauptstadt: Dubai-Stadt
politisches System: konstitutive Monarchie
Religion: Der Islam bestimmt alle Lebensbereiche.
BIP (2011): 83,4 Mrd. US-Dollar

M4 *Dubai – ein allgemeiner Überblick*

Innerhalb der Vereinigten Arabischen Emirate werden die Erdöleinnahmen solidarisch auf die einzelnen Emirate verteilt. Das Emirat Dubai fördert derzeit aus vier Ölfeldern, die 60 Kilometer vor der Küste liegen. Ein fünftes wurde 2010 entdeckt und ist noch nicht erschlossen.
Der Anteil Dubais an der Ölförderung der Vereinigten Arabischen Emirate liegt unter 10 Prozent. Zum Bruttoinlandsprodukt Dubais trägt die eigene Erdöl-/Erdgaswirtschaft nur einen Anteil von sieben Prozent bei.
Nach neueren Schätzungen reichen die Erdölvorkommen bei Beibehaltung des heutigen Förderumfangs in den Vereinigten Arabischen Emiraten mindestens 100 Jahre – in Dubai aber nur 10 bis 30 Jahre.

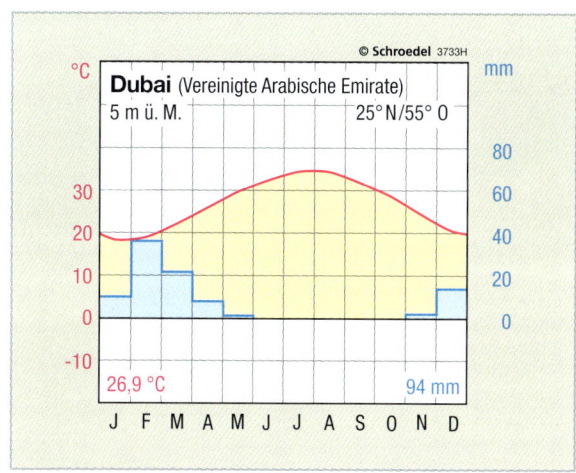

M5 *Daten zum Erdöl*

M6 *Klimadiagramm Dubai*

Raumbeispiel Dubai

M7 Dubailand – der zukünftig größte Freizeitpark der Welt (im Bau)

M8 Der Dubai World Central in der Wüste – nach Fertigstellung der größte Flughafen der Welt

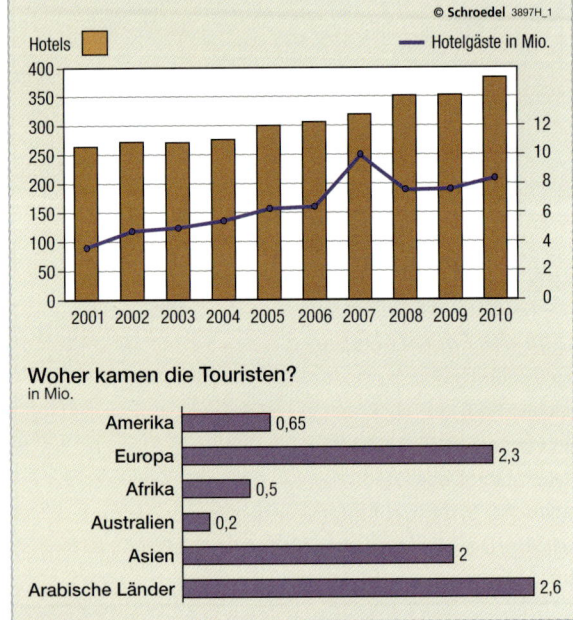

M9 Entwicklung des Tourismus in Dubai

Dubai empfängt den Besucher mit einer atemberaubenden Skyline. Die supermodernen Hochhauskomplexe – darunter das mit 828 m höchste Gebäude der Welt, der Burj Khalifa (M2) – sind aber nur äußere Zeichen eines rasanten Wachstums. Das Ziel der Herrscherfamilie, Dubai vom Erdöl unabhängig zu machen, trägt bereits Früchte. Da aber die Voraussetzungen für die Industrie nicht günstig sind, wurde die Idee, Dubai zu einem weltweit bedeutenden Verkehrs-, Handels- und Dienstleistungszentrum zu machen, entwickelt. Infolge dieser Maßnahmen war der Hafen von Dubai schon 2011 nach Umschlag der achtgrößte der Welt. Auch als Kreuzfahrthafen ist Dubai weltweit bekannt. Am Rande der Stadt entsteht der Dubai World Central Airport (M8). Er soll der größte Flughafen der Welt werden. Zudem möchte das Emirat auch das wichtigste Finanz- und Handelszentrum der Region werden. Weiterhin fließen Milliarden US-Dollar in den Tourismus (M7, M9) und den Wohnungsbau.

M10 Wirtschaftsstandort Dubai

M11 (Geplante) Bauprojekte in Dubai

Raumbeispiel Dubai

Am Ende des Größenwahns

Bisher galt in Dubai die Devise „Baue, und sie werden kommen" [...]. Dieses Geschäftsmodell war für eine Weile sehr erfolgreich. [...] Allerdings mit der Folge, dass in der Eile die Einhaltung grundlegender Prinzipien einer gesunden Stadtentwicklung vergessen wurden: Dubai besitzt in weiten Teilen keine Kanalisation. Die Fäkalien werden in Sickergruben gesammelt, später abgepumpt und mit Lkws abtransportiert. Die vermutlich längste Schlange von Gülletankwagen der Welt zieht täglich zur Kläranlage am Rand der Stadt.

Nicht bedacht wurde auch, Wohngebiete und Büroviertel nahe beieinanderliegend zu planen. Obwohl Dubai flächenmäßig klein ist, verbringen die Autofahrer oft Stunden in Staus – bei der Hitze meist mit auf Hochtouren laufenden Klimaanlagen.

Die Häuser auf den Inselpalmwedeln der Palm Jumeirah stehen so eng aneinander und zwischen den Zweigen ist so wenig Platz, dass das Wasser in der Lagune nicht zirkulieren kann. [...]

Obwohl es auf der Arabischen Halbinsel monatelang unerträglich heiß ist, gab es bis 2008 keinerlei Isolationsvorschriften für neu gebaute Häuser. [...] So muss eine Armada von Kühlaggregaten Außentemperaturen von bis zu 50 Grad herunterfrosten. [...]

Die Wasserversorgung der 1,5 Millionen Wüstenbewohner ist ein weiterer Engpass. Dubai gewinnt fast 95 Prozent seines Lebensquells aus Meerwasser, für dessen Entsalzung Unmengen Öl und Gas verheizt werden. Den Durst verschlimmern die zahlreichen Grünflächen und Golfplätze, die auf dem Wüstensand nur dank künstlicher Bewässerung gedeihen. [...]

Vor Jahren noch undenkbar: Dubai startete in diesem Sommer eine Energiesparoffensive für Einwohner, Handel sowie Industrie und stellte kürzlich einen Green Building Code für den Bau neuer Gebäude auf, inspiriert von amerikanischen Energie- und Umweltstandards.

(FOCUS Magazin, Nr. 34, 2009, S. Kunz, gekürzt)

M12 *Dubai – bereit für die Zukunft?*

Ganz unten in Dubai

Khaled arbeitet zwar in Dubai, einem Ort der Superreichen und der milliardenschweren Projekte, aber er werde wie ein Sklave gehalten, sagt er. Der maximalen Arbeitszeit stehe ein minimaler Monatslohn gegenüber. Überstunden inklusive erhält er umgerechnet knapp 200 Euro.

Mehr als eine Million Einwanderer verdingen sich in der Wüstenwunderstadt, in der nur 200 000 Einheimische leben. Immer wieder hat die Menschenrechtsorganisation „Human Rights Watch" auf ihre unwürdigen Lebensumstände hingewiesen. So würden etwa die Löhne, so mickrig sie auch seien, häufig zurückbehalten. Der Fremdarbeiter sei praktisch rechtlos. Den Pass müsse er gleich bei Antritt seines Jobs abgeben. [...] Das Arbeiten auf der Baustelle ist zudem lebensgefährlich. „Es gibt kaum Sicherheitsbestimmungen", sagt Khaled. Jedes Jahr sterben Hunderte ausländischer Bauarbeiter.

(Handelsblatt, 18.03.2008, P. Heumann, gekürzt)

M13 *Khaled – ein indischer Gastarbeiter in Dubai*

Der Fastenmonat **Ramadan** hat im Jahr 2013 am 9. Juli begonnen. Der neunte Monat des islamischen Kalenders ist für muslimische Gläubige wichtig. Sie fasten in dieser Zeit von Sonnenaufgang bis Sonnenuntergang. Die gläubigen Muslime nehmen keine Speisen und Getränke zu sich. Zudem ist vor allem in dieser Zeit das Spenden an Arme und Bedürftige wichtig für viele Gläubige.

Für Nichtmuslime bedeutet der Fastenmonat nur wenig Einschränkung in Dubai: Tagsüber darf nicht öffentlich gegessen und getrunken werden, auf passende Kleidung sollte geachtet werden, anstößiges Verhalten sowie Livemusik sind verboten. Nach dem Sonnenuntergang und dem Abendgebet findet das allabendliche Fastenbrechen „Iftar" statt. In den öffentlichen Ramadanzelten sind auch Gäste zu den üppigen arabischen Mahlzeiten willkommen.

M14 *Lebensweisen in Dubai*

M1 *Lagos – ehemalige Hauptstadt von Nigeria*

Fragegeleitete Raumanalyse – Raumbeispiel Nigeria

Nigeria ist mit 162 Millionen Einwohnern der bevölkerungsreichste Staat Afrikas. Das heutige Staatsgebilde ist ein Ergebnis der **Kolonialzeit**. Die Briten legten die Grenzen fest, ohne Rücksicht auf die dort lebenden Völkerschaften. Als Nigeria 1960 unabhängig wurde gab es deshalb mehr Unterschiede zwischen den Menschen als Gemeinsamkeiten. Mehrere Hundert verschiedene Volksgruppen leben heute in dem Land. Sie unterscheiden sich stark in ihren Religionen, Kulturtraditionen und Wirtschaftsweisen. Mehrere Völker streiten sich um die Macht im Land. Bis 1999 herrschten **Militärdiktaturen**.

Die wirtschaftlichen Grundlagen Nigerias bildeten bis in die 1970er-Jahre die Produktion und der Export von Kakao, Palmöl und Erdnüssen. Seit der Erschließung der Erdölfelder im Niger-Delta Mitte der 1970er-Jahre wird aber fast nur noch Erdöl ausgeführt.

Obwohl Nigeria zu den sechs wichtigsten Erdölexportländern der Erde gehört, haben 90 Prozent der Bevölkerung nur zwei US-Dollar pro Tag oder sogar noch weniger zum Leben. Die Gründe dafür sind vielfältig: So ist zum Beispiel die exportorientierte Landwirtschaft wegen der geringen Gewinnaussichten zusammengebrochen. Hier verdienten viele Menschen ihren Lebensunterhalt.

Die Erdölwirtschaft ist staatlich, aber die Beamten vertreten die Interessen ihrer Stämme, was zu großen Konflikten führte. Dazu kommt noch die weit verbreitete Korruption. Zudem investierte der Staat die Erdöleinnahmen oft in Großprojekte, die schlecht geplant und umgesetzt wurden. Dazu kamen in der Vergangenheit gewaltige Rüstungsausgaben der Militärherrscher. Dieser Schuldenberg konnte bis heute nicht abgetragen werden. Nach dem Ende der Militärdiktatur 1999 gibt es aber Anzeichen von Verbesserungen.

M2 *Die Wirtschaft Nigerias*

M3 *Nigerias Wirtschaft wächst*

Nigeria war in den Jahren 2011 und 2012 der Schauplatz einer massiven Welle von Terroranschlägen der islamistischen Sekte „Boko Haram", die das Land an den Rand eines Bürgerkriegs zwischen Christen und Muslimen brachte. Die Boko-Haram-Sekte plant ihre Anschläge vor allem im Norden des Landes. Dieser Teil wird von muslimisch gläubigen Menschen dominiert.

Hinzu kamen erneut ethnisch-religiös motivierte Auseinandersetzungen zwischen verschiedenen Volksgruppen. So kam es im Bundesstaat Ebonyi, 100 Kilometer östlich von Enugu, zu blutigen Auseinandersetzungen zwischen Angehörigen der Gemeinde Ezza und der Gemeinde Ezilo. Häuser wurden niedergebrannt, und es wurde mit scharfer Munition geschossen. Dabei kamen etwa 50 Menschen ums Leben.

(nach: Fischer Weltalmanach 2013, S. 336–339)

M4 *Ethnische und religiöse Konflikte*

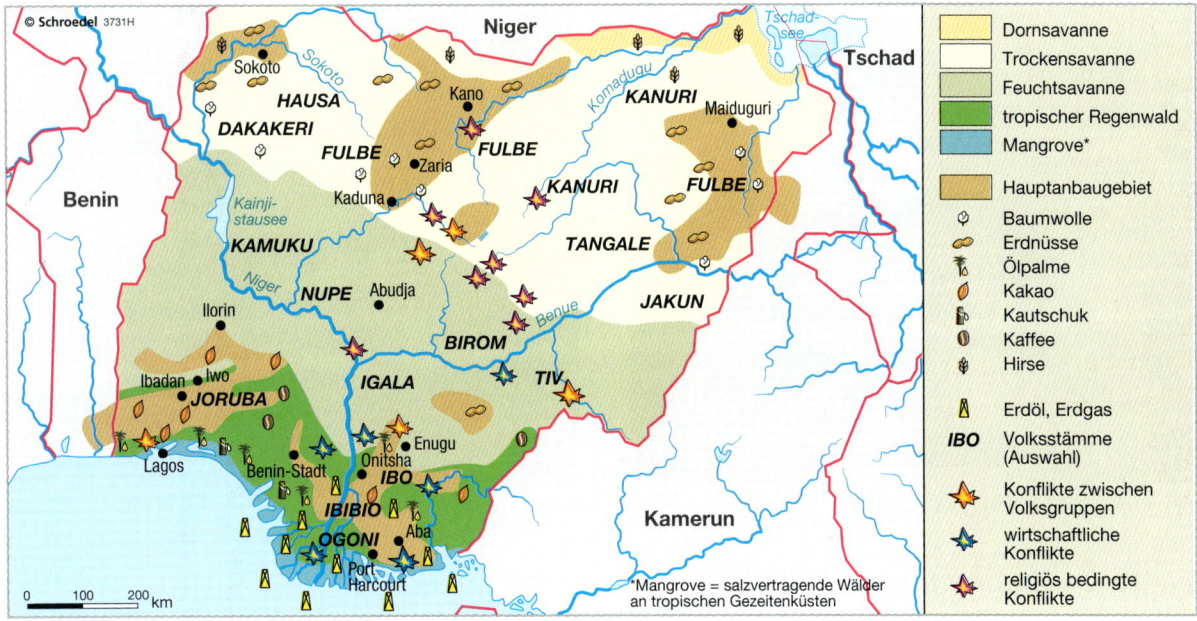

M5 *Nigeria: Landwirtschaft, Bergbau und Stammeszugehörigkeit*

	2005	2007	2009	2011
Importe	25,6	38,8	33,9	64,0
Exporte	50,1	62,4	49,9	125,6
Differenz	+24,5	+23,6	+16	+61,6

M6 *Der Außenhandel Nigerias in Milliarden US-Dollar*

Urteil zu Ölpest in Nigeria:
Shell hätte Pipeline besser schützen müssen

Früher hat Eric Dooh Fisch gefangen. So wie schon sein Vater, Chief Eric Dooh. 30 Jahre hat die Familie davon gelebt in Goi, einem Küstendorf in Nigeria. Im Oktober 2004 dann kam das Öl: Eine Pipeline leckte, Feuer brach aus. Drei Tage brannte es um das Dorf. Aus den Gewässern wurden schwarze Tümpel, die Obstbäume verbrannten, die Gemüsefelder sind seither mit Öl verseucht.

Eric Dooh und drei Bewohner anderer Dörfer in Nigeria haben deshalb einen Gerichtsprozess begonnen: Sie verklagten den Ölkonzern Shell auf Schadensersatz, weil sie durch dessen Verschulden ihr Land und ihre Lebensgrundlage verloren hätten. 2008 begann der Prozess vor einem Gericht in Den Haag – weil Royal Dutch Shell seinen Hauptsitz in den Niederlanden hat. Am Dienstag nun hat das Gericht den Mutterkonzern zwar freigesprochen, die Tochterfirma Shell Nigeria dagegen teilweise verurteilt.

In einem der fünf Fälle muss Shell Nigeria Schadensersatz zahlen. In den anderen vier Fällen urteilte das Gericht, die Öllecks seien nicht die Folge mangelnden Unterhalts von Shell gewesen, sondern durch Sabotage entstanden.

(nach: Spiegel Online, 30.01.2013, B. Dürr)

M7 *Pipeline-Explosion nach Öldiebstahl durch Einheimische*

M8 *Pressemitteilung zu Ölverschmutzungen im Nigerdelta*

M1 *Steinkohleabbau in China im Tagebau ...*

M2 *... und im Tiefbau*

Kohlegewinnung in China

Steinkohle ist mit einem Anteil von etwa 70 Prozent der wichtigste Energieträger in der Volksrepublik China. Das Land fördert jährlich circa drei Milliarden Tonnen, das sind etwa 45 Prozent der gesamten Förderung von Steinkohle weltweit. Wegen des starken Wirtschaftswachstums muss seit 2007 sogar zusätzlich Kohle importiert werden. Der große Energiehunger des Staates bewirkt derzeit, dass durchschnittlich ein großes Kohlekraftwerk pro Woche in Betrieb genommen wird. Und der Weltkohleverband (WCA) schätzt, dass sich der Kohleabbau in China bis zum Jahr 2030 noch einmal verdoppeln wird.

Der Abbau der Steinkohle

Der Abbau erfolgt in China überwiegend im **Untertagebau**. In einigen Gebieten kann die Steinkohle aber auch im **Tagebau** abgebaut werden. Die kohleführenden Schichten – die **Flöze** – lagern dort oberflächennah. Bei der Förderung im Tagebau wird das über dem Kohleflöz liegende Gestein abgetragen und dann die Kohle abgebaut. Die Bergleute können bei dieser Abbauform mit Lkw's oder Kohlebahnen direkt in den Tagebau einfahren und die Kohle abbauen. Diese Methode ist im Vergleich zum Tiefbau billig. Sie hat aber auch eine extreme Veränderung der Erdoberfläche zur Folge. Um die Landschaft wieder in ihren ursprünglichen Zustand zu versetzen, fallen anschließend hohe Kosten an. Die Wiederherstellung einer nutzbaren Landschaft nach dem Ende des Bergbaus nennt man **Rekultivierung**. In China wird aber nur selten rekultiviert.

Beim Untertagebau treiben die Bergleute senkrechte Schächte in das Gestein. Von diesen zweigen die waagerechten Förderschächte ab. Dieses Verfahren ist aufwendiger, verändert aber die Landschaft weniger.

Der Bereich der Wirtschaft, der sich mit der Suche, der Erschließung und der Gewinnung von Bodenschätzen beschäftigt, wird als **Bergbau** bezeichnet. Im chinesischen Bergbau leben die Bergleute sehr gefährlich (M4, M5). Arbeitsschutz und Sicherungsmaßnahmen gibt es kaum. Deshalb kommt es oft zu Unfällen. Doch in letzter Zeit versucht die chinesische Regierung, dies zu ändern.

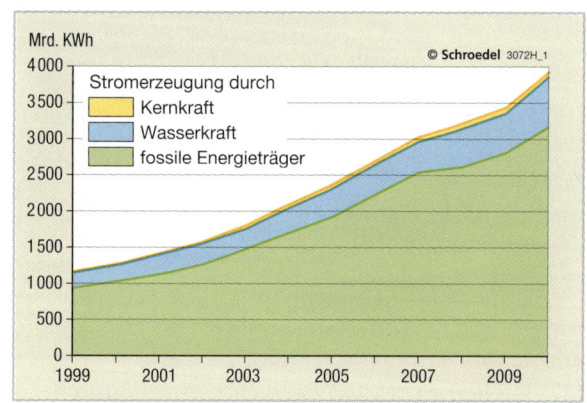
M3 *China – Anstieg des Energieverbrauchs*

China: 20 Kumpel bei Grubenunglück gestorben

Peking/Youzhou – Bei einem Unglück in einem Kohlebergwerk im zentralchinesischen Youzhou sind am Samstagmorgen mindestens 20 Bergleute getötet worden. Weitere 17 seien nach einer Gasexplosion vermutlich unter Tage eingeschlossen, meldete die staatliche Nachrichtenagentur Xinhua. Das Unglück habe sich gegen 6 Uhr Ortszeit ereignet, als gerade 276 Arbeiter in der Mine arbeiteten, so die staatliche Agentur. Das Kohlebergwerk liegt in der Provinz Henan und gehört dem staatlichen Unternehmen China Power und einer weiteren Firma. Rettungsarbeiten sind angelaufen.

Die rund 16 000 chinesischen Bergwerke gelten als die gefährlichsten der Welt. Jedes Jahr sterben Tausende Bergleute bei Unfällen, allein 2009 waren es nach offiziellen Angaben mehr als 2600 Kumpel. Es ist davon auszugehen, dass tatsächlich mehr Bergleute starben als offiziell angegeben.

Am Freitag hatte die Regierung eine landesweite Inspektion der Bergwerke angekündigt.

(nach: Spiegel Online, 16.10.2010, cht/dpa/AFP)

M4 *Pressemitteilung*

M5 *Lebensgefährliche Steinkohleförderung*

Der deutsche Maschinenbauer Wirtgen testet in einem Tagebau in China eine umweltschonendere Abbauform der Kohle – das Surface Mining. Dabei fördert und zerkleinert der Surface Miner die Kohle in einem Arbeitsgang. Die Kohle kann sofort verladen und abtransportiert werden. Bohren und Sprengen entfällt. So lassen sich auch sehr dünne Flöze wirtschaftlich abbauen.

M6 *Moderne Abbaumethode: Surface Mining*

❶ Chinas wichtigster Energierohstoff ist die Steinkohle.
a) Beschreibe die Verteilung der Räume in China, in denen Steinkohle abgebaut wird (Atlas).
b) Erkläre folgende Begriffe: Bergbau, Tagebau, Untertagebau, Rekultivierung.

❷ Chinas Energiehunger ist unstillbar.
a) Beschreibe den Energieverbrauch Chinas (M3, Text).
b) Beurteile, warum die chinesische Regierung so stark auf die Kohle als Energieträger setzt.

❸ Chinesische Bergwerke sind die gefährlichsten der Welt (M4, M5).
a) Erläutere, was diese Tatsache über China aussagt.
b) Diskutiert in der Klasse, wie China die Probleme im Steinkohlebergbau lösen könnte.

Energetische Ressourcen

Grundwissen/Übung

M1 *Im Januar 2007 in der Stadt Qiqihar im Nordosten Chinas*

Umweltbelastungen durch Kohlenutzung in China

Die Kohle ist der mit Abstand am meisten genutzte Energieträger Chinas. Sie wird vor allem zur Stromerzeugung und zum Heizen im kälteren nördlichen Teil des Landes benötigt.

Bei der Verbrennung der Kohle entstehen aber zum Beispiel Ruß, Flugasche, **Kohlenstoffdioxid** und Schwefeldioxid (M3). Darüber hinaus ist die in China geförderte Kohle besonders schwefelhaltig. Neben der **Klimaerwärmung** der Erde durch Kohlenstoffdioxid sind die Menschen auch durch die Abgase und Schwebstoffe in ihrer Gesundheit unmittelbar gefährdet.

Besonders im Winter bildet sich in den großen Städten **Smog** (engl.: aus Smoke = Rauch und Fog = Nebel). Im Dezember 2012 musste in Peking sogar der Straßenverkehr eingestellt werden, weil die Sicht durch Smog stark behindert war. Und der Abgasnebel ist äußerst gesundheitsschädlich. Nach Schätzungen der Weltbank sterben jedes Jahr rund 300 000 Menschen an den unmittelbaren Folgen der Luftverschmutzung.

Regen wäscht einen Teil der chemischen Verbindungen aus der Luft aus. Das Niederschlagswasser wird aber dadurch verschmutzt. **Saurer Regen** entsteht. Dieser schädigt die Wälder und belastet das Trinkwasser. Diese Folgen sind schon heute auf einem Drittel der Staatsfläche Chinas nachweisbar. Und dort leben die meisten Chinesen. Die Verschmutzungen wirken sich sogar bis nach Korea und Japan aus (M2).

Die Regierung versucht, dem durch die Förderung erneuerbarer Energien entgegenzusteuern (Info). Aber der Energiehunger Chinas ist groß. Eine schnelle Trendwende scheint unmöglich.

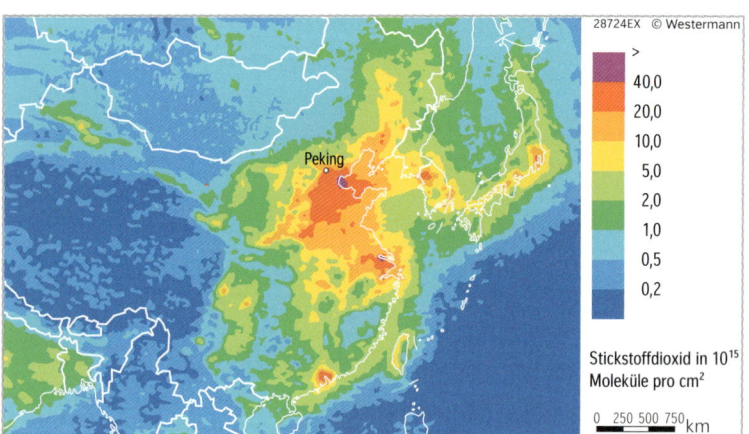

M2 *Stickstoffdioxid-Belastung in Ostasien*
Stickstoffdioxid in 10^{15} Moleküle pro cm^2

- **Ruß, Flugasche:** Schädigung der Lunge, krebserregend, Klimaeinfluss (z. T. erwärmende oder abkühlende Wirkung: Einfluss auf Wolkenbildung und Rückstrahlung bzw. Aufnahme von Wärmestrahlung)

- **Kohlenstoffdioxid:** Erderwärmung, Gefährdung der Gesundheit von Mensch, Tier und Pflanze

- **Schwefeldioxid:** Gefährdung der Gesundheit von Mensch, Tier und Pflanze (saurer Regen)

- **Stickstoffoxide:** Schädigung der Lunge, Schädigung des Waldes (saurer Regen)

M3 *Einige Abgase und ihre schädliche Wirkung*

INFO
Erneuerbare Energien in China
- 2005: Gesetz zu erneuerbaren Energien (Senkung des Preises für Windenergie in China)
- China hat im Jahr 2006 16 Mio. Yuan in erneuerbare Energien investiert – 2010 370 Mio. Yuan (ca. 46 Mio. Euro)
- politische Führung fördert die Einspeisung der Windenergie in das Stromnetz
- 2008: sechs Gigawatt Windenergie (5. Weltrang)
- zunehmende Produktion von Windkraftanlagen
- 2010: 7 % des Stroms aus erneuerbaren Energien (geplanter Anteil im Jahr 2020: 17 %)

M4 *Kohlebrand in China*

❶ Beschreibe M1.

❷ Die Luftverschmutzung in China geht vor allem auf den hohen Kohleverbrauch zurück.
a) Erstelle ein Schema zum Thema „Folgen der Kohlenutzung auf die Umwelt in China".
b) Erläutere, was die Belastungen durch die Nutzung der Kohle für die Menschen bedeuten.
c) Erörtere Möglichkeiten Chinas, die Belastungen für die Menschen und die Umwelt zu verkleinern (Info).

❸ M2 zeigt die Belastung durch Stickstoffdioxid in Ostasien.
a) Schreibe einen Steckbrief zum Stickstoffdioxid (M3, Internet).
b) Beschreibe die Belastung durch Stickstoffdioxid in Ostasien.

❹ Die Kohlebrände in China sind in mehrfacher Hinsicht eine Zeitbombe. Begründe diese Aussage (M5).

Feuer unter der Erde

Unter China brennt es. An einigen Orten schlagen Flammen aus dem Boden. Rauchsäulen steigen weit sichtbar in den Himmel. Schwefelgeruch legt sich über Landschaften.

Die Brandherde sind bekannt: Kohleflöze, die weit unter der Erde liegen. Teilweise sind die Spalten, in denen das Gestein glüht, mehr als 100 Meter tief.

Regionen von der Größe deutscher Bundesländer sind in China von Bränden unterwandert – einige lodern seit Jahrhunderten. Die Flammen untergraben auch Städte, zudem fangen regelmäßig Wälder und Wiesen Feuer.

Die Kohlefeuer in China gelten als eine der größten ökologischen Katastrophen der Welt. Jährlich verbrennen dort rund 25 Millionen Tonnen Kohle, schätzen Fachleute des Deutschen Zentrums für Luft- und Raumfahrt DLR. Das entspricht der jährlichen Kohleförderung Deutschlands. Die Kohle in der Umgebung der Brände wird unbrauchbar.

Jährlich gehen China rund 200 Millionen Tonnen für den Abbau verloren, berichtet Christian Fischer vom DLR. Die Feuer setzen gewaltige Mengen des Treibhausgases Kohlendioxid (CO_2) frei: einer Rechnung zufolge jährlich etwa so viel wie der gesamte deutsche Straßenverkehr.

Jüngst meldete China Fortschritte im Kampf gegen die unterirdischen Feuer: Zwei der größten Kohlefeuer des Landes seien gelöscht worden, erklärten die Behörden im November. Doch nun warnen die Experten, dass sich diese Flöze wieder entzünden könnten.

(nach: Sueddeutsche.de, 17.05.2010, A. Bojanowski)

M5 *Zeitungsbericht*

M1 *Palmölplantage auf ehemaligem Regenwaldgebiet in Indonesien*

Palmöl – Energie aus dem tropischen Regenwald

Palmöl ist aus unserem Leben nicht mehr wegzudenken. Es ist das billigste Pflanzenöl und wird deshalb auch in Deutschland in sogenannten Blockheizkraftwerken zur Gewinnung von Strom und Wärme eingesetzt. Darüber hinaus ist Palmöl in vielen Nahrungsmitteln und Kosmetikprodukten enthalten.

Über 80 Prozent der Weltproduktion des Rohstoffes stammen aus Indonesien und Malaysia. Dort wurden riesige Urwaldgebiete gerodet, um Palmölplantagen anzulegen. Dafür wurde die ursprüngliche Vegetation zerstört und damit auch der Lebensraum der Tiere vernichtet. Eine weitere Folge des Anbaus ist die Freisetzung großer Mengen des klimaschädlichen Gases Kohlenstoffdioxid (CO_2) zum Beispiel durch Brandrodungen.

In den Erzeugerländern werden die Probleme des Palmölanbaus oft verharmlost. Es lassen sich mit dem Verkauf des Palmöls große Gewinne erzielen und viele Menschen arbeiten auf den Plantagen. Die Arbeit ist hart und nicht selten werden gesundheitsschädliche Chemikalien eingesetzt. Dennoch ist es für viele Menschen eine Chance, der Armut zu entrinnen.

In Deutschland nutzen Blockheizkraftwerke schon seit Jahren das billige Palmöl. Seit 2013 gilt aber ein Gesetz, dass in solchen Kraftwerken nur nachhaltig erzeugtes Palmöl verarbeitet werden darf.

M2 *Produkte aus Palmöl*

	1982/84	2003/04	2010/11
Indonesien	1106	11 500	23 000
Malaysia	3440	13 420	18 600
Welt	6204	29 586	47 912

M3 *Wichtigste Erzeugerländer und Weltproduktion von Palmöl (in 1000 t)*

Reporter: Warum engagieren Sie sich für die Erhaltung des tropischen Regenwaldes?
Frau Pratiwi: Vor allem seit meinen Begegnungen mit den Orang-Utans. Erst habe ich sie im Zoo gesehen, dann auch in freier Wildbahn. Mich begeistern ihre Verhaltensweisen, die den unsrigen manchmal sehr ähnlich sind.

Reporter: Was hat Palmöl mit Orang-Utans zu tun?
Frau Pratiwi: Oh, sehr viel. Orang-Utans gibt es heute nur noch auf Borneo und Sumatra. Sie sind Baumbewohner und finden ihre Nahrung im Regenwald. Genau dieser Lebensraum wird durch die ständige Ausdehnung der Palmölplantagen zerstört.

Reporter: Da gibt es doch sicher neben den Menschenaffen auch noch andere Verlierer?
Frau Pratiwi: Vollkommen richtig. In der Zukunft werden wir alle die Verlierer sein. Denn die CO_2-Bilanz ist katastrophal. Allein durch die Brandrodung wird mehr klimaschädliches CO_2 freigesetzt, als durch die Nutzung des Palmöls als erneuerbare Energiequelle eingespart wird. Dazu kommt noch der Transport nach Europa. Und in Deutschland können die Bauern ihren Raps nicht mehr an die Kraftwerke verkaufen, weil Palmöl billiger ist. Eigentlich ein Irrsinn.

Reporter: Warum ist Palmöl so billig?
Frau Pratiwi: Im Äquatorialklima gibt es keine Wachstumspausen. Jede Ölpalme liefert pro Woche ein Fruchtbündel. Dazu kommen die niedrigen Löhne in Malaysia und Indonesien.

Reporter: Aber das Palmöl ist für die Menschen in den Ländern doch eine gute Einnahmequelle?
Frau Pratiwi: Zuerst einmal verdienen die Großunternehmen daran. Wenn die Klimafolgekosten, die jetzt nicht berücksichtigt werden, aufgeschlagen würden, wäre alles anders. Dann könnte man auch Leute dafür bezahlen, dass sie den Regenwald erhalten, für die ganze Menschheit wohlgemerkt.

Reporter: Was können wir tun, um dem entgegenzusteuern?
Frau Pratiwi: Ganz wichtig sind wir als Verbraucher. Wir müssen uns informieren, was in unseren Produkten enthalten ist, woher die Inhaltsstoffe kommen und wie sie angebaut wurden. Es ist zum Beispiel kaum bekannt, dass etwa 50 Prozent der Supermarktprodukte Palmöl enthalten. Auch müssen Herkunftsnachweise auf die Produkte. Eine Aufgabe der Politik. Auch die Mitarbeit bzw. die Unterstützung verschiedener Organisationen wie dem WWF wäre eine Maßnahme.

M4 *Die Umweltaktivistin Frau Pratiwi stellt sich den Fragen des Reporters*

❶ Der tropische Regenwald ist ein einzigartiger Lebensraum (vgl. auch S. 56/57).
Erläutere anhand von M1, was es bedeutet, wenn der Regenwald zerstört wird.

❷ Palmöl ist ein wichtiger Rohstoff.
a) Nenne Produkte, die Palmöl enthalten (M2).
b) Überprüfe mit dem Internet, ob sich der rasante Produktionsanstieg bei Palmöl (M3) fortgesetzt hat.

❸ Die Nutzung von Palmöl gefährdet unseren Lebensraum. Erstelle eine Stichwortliste zum Thema und diskutiert die These anschließend in der Klasse (M4, Text).

INTERNET
www.suedwind-institut.de
www.regenwald.org
www.greenpeace.de
www.abenteuer-regenwald.de
http://umweltblick.de

Grundwissen/Übung

Energieversorgung – Beispiel: Europäisches Energieverbundnetz

In der Europäischen Union wird grenzübergreifend die sichere Versorgung mit elektrischem Strom angestrebt. Dadurch würden sich die Lebensbedingungen für alle EU-Bürger verbessern. Auch wären die Wirtschaft und die Verkehrssysteme bei Engpässen weniger anfällig. Ausfälle wie in Italien und der Schweiz (M1) könnten in einem größeren Netz besser ausgeglichen werden.

Das Stromnetz stärker zu „europäisieren" könnte auch ökologische Verbesserungen bewirken: Die Leitungsverluste sind bei höheren Stromspannungen geringer. Zudem gäbe es immer wieder Zeiträume, in denen zu viel Strom aus erneuerbaren Energien in das Netz eingespeist werden würde. So gibt es Zeiten, wo so viel Wind weht, dass der erzeugte Strom nicht komplett verbraucht bzw. gespeichert werden kann. Normalerweise stellen die Stromunternehmen dann die Windräder ab. In einem europäischen Verbundnetz würde dieser Strom in europäische Regionen geleitet werden, die ihn benötigen. Hierzu ist der Ausbau des europäischen Netzes notwendig. Gleichzeitig müssten die von Staat zu Staat unterschiedliche Technik und die nationalen Interessen zusammengeführt werden.

Insgesamt waren fast 57 Mio. Italiener und große Teile der Südschweiz vom Stromausfall am 28. September 2003 betroffen. In Rom saßen Hunderte von Menschen in der U-Bahn fest. Der Zugverkehr zwischen Italien und der Schweiz war bis acht Uhr morgens vollständig lahmgelegt. Schuld an dem Stromausfall war möglicherweise der durch ein Gewitter verursachte kurzfristige Ausfall zweier Hochspannungsleitungen zwischen Frankreich und Italien. Dies habe das italienische Netz vom Rest des europäischen Stromverbunds abgeschnitten. Der Ursprung könnte aber auch ein auf eine 380-Kilovolt-Leitung umgestürzter Baum in der Nähe der Schweizer Ortschaft Brunnen gewesen sein. Dieser Ausfall führte gegen drei Uhr zu einer Überlastung anderer Leitungen, über die der Strom nach Italien exportiert wird. Italien hatte schon im Juni infolge überlasteter Stromnetze – aufgrund der außergewöhnlichen Hitze – mit Stromausfällen zu kämpfen.
(nach: welt.de/dpa/Ap/AFP, 28.09.2003)

M1 *Stromengpässe in Europa*

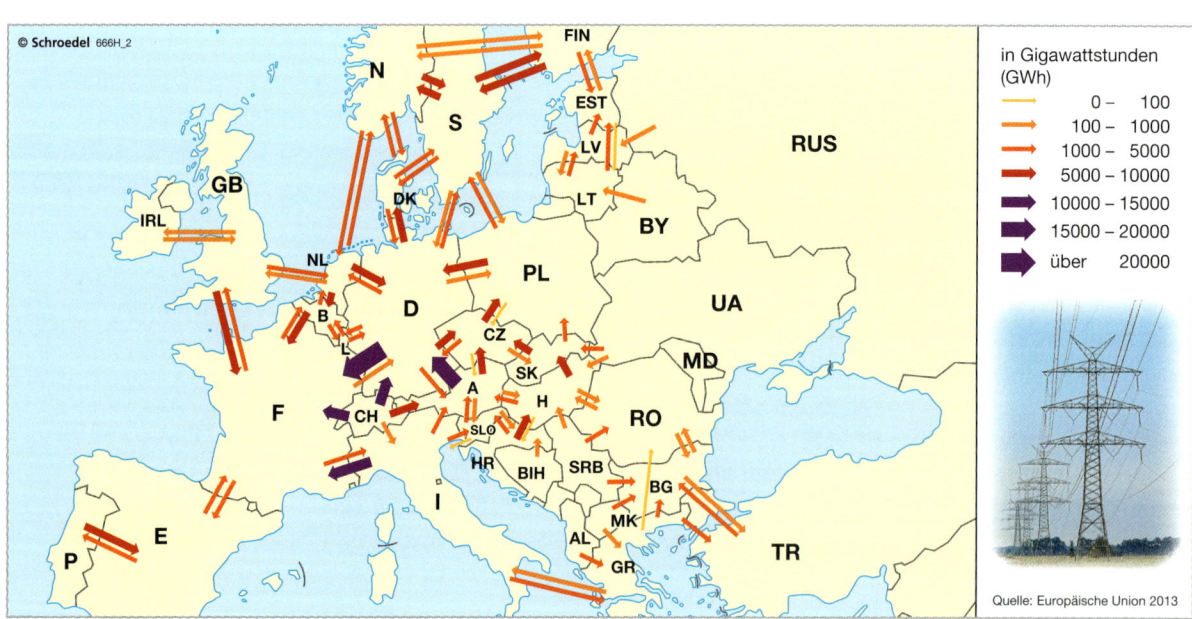

M2 *Energieflüsse in Europa (2013)*

Das Vorzeigedorf liegt wenige Kilometer östlich von Jena. Auf vereinzelten Dächern fangen Solarzellen die Sonnenstrahlen ein. Doch wo stehen die Windräder?
Der Bürgermeister Hans-Peter Perschke lächelt. „So viel Wind gibt es in Thüringen gar nicht", sagt er. Dann erklärt er die Philosophie, die hinter dem Bioenergiedorf steckt – und die überraschend wenig mit Technologie zu tun hat. „Wenn ein Dorf wie unseres eine Überlebenschance haben will, muss man alle Dinge neu betrachten", sagt er und betont zuerst den demografischen Faktor: Der Bevölkerungsschwund müsse gestoppt werden.
Einrichtungen wie Kindergarten, Grundschule, Familienzentrum, Dorfladen mit Cafe, Einkaufs- und Ärztebus erhöhen die Attraktivität des Ortes und sind auf ihre Art die Voraussetzung für die **Biogasanlage**, die zum Jahresende in Betrieb gehen soll. Denn diese Anlage wird durch die Genossenschaft betrieben – sie gehört dem Dorf und seinen Bürgern.
Die Anlage selbst wird abseits vom Dorf neben dem Agrarunternehmen entstehen. Aus Gülle, Maisabfällen und Mist entsteht dort Biogas, das zum Teil in einem modernen Blockheizkraftwerk verbrannt wird.
Um den Bedarf in Spitzenzeiten zu decken ist ein zusätzlicher Holzhackschnitzelkessel geplant, der mit Holz aus den nahen Wäldern und mit Gartenschnitt bestückt wird.

(nach: Thüringer Allgemeine, 20.07.2011, H. Wetzel)

M3 *Medienbericht zum Energiedorf Schlöben*

Das Projekt
Einwohner: 480
Haushalte: 187
Stromverbrauch: 2,18 Millionen Kilowattstunden pro Jahr
Wärmeenergieverbrauch: 3,90 Millionen kWh pro Jahr

Ziel: komplette, klimaneutrale und unabhängige Energieversorgung aus Biomasse

Technologie: Biogasanlage, Blockheizkraftwerk

Abnehmer: etwa 50 % der Gebäude (z. B. Schulen)

Bedarfsdeckung: über 100 % des Stromverbrauchs, über 50 % des Gesamtwärmebedarfs

Betreiber: Bioenergiedorf Schlöben (Genossenschaft)

M4 *Daten zum Energiedorf Schlöben*

❶ Europa wird auch für die Stromversorgung immer wichtiger. Erläutere die Notwendigkeit eines europäischen Energieverbundnetzes.

❷ Werte M2 aus. Ermittle dazu Länder und Regionen, die
a) einen großen Energieaustausch haben,
b) einen geringen Energieaustausch haben,
c) überwiegend Energieempfänger sind,
d) überwiegend Energielieferanten sind.

❸ Das Bioenergiedorf Schlöben ist ein Beispiel für Energieunabhängigkeit von außen (M3, M4).
a) Begründe, warum gerade in Schlöben das Projekt erfolgreich umgesetzt werden konnte.
b) Überprüfe, ob solche Projekte auf andere Dörfer übertragbar sind.

Grundwissen / Übung

Reichweite und Potenzial der Energieträger

Für die Energieversorgung der Zukunft sind drei Ziele zentral: Umweltverträglichkeit, Versorgungssicherheit und Wirtschaftlichkeit. Die verschiedenen Energieträger erfüllen diese Ziele in unterschiedlicher Gewichtung:

Erneuerbare Energien sind praktisch unerschöpflich (M5). Ihr Vorteil ist zumeist ihre Umweltverträglichkeit (M6). Darüber hinaus sind oft spezielle Lösungen vor Ort möglich. So kann zum Beispiel am Meer die Nutzung von Windenergie sinnvoll sein, in sonnigen Regionen dagegen die Nutzung von Solarenergie. Nachteilig ist ihre ungleichmäßige Verteilung über die Erde und die oft geringe Wirtschaftlichkeit.

Die nicht erneuerbaren Energien sind dagegen meist umweltbelastend und nur noch über einen begrenzten Zeitraum verfügbar. Dennoch behalten sie ihre Bedeutung, da sich mit ihnen große Gewinne erzielen lassen und die notwendige Infrastruktur vorhanden ist. Die Belieferung mit Strom und Wärme kann durch sie gleichmäßig, ohne Unterbrechungen erfolgen.

Eine entscheidende Rolle spielt der Energiepreis. In diesem Preis werden bisher die Umweltkosten nicht berücksichtigt. Viele Kosten lassen sich aber in Zukunft durch Energieeinsparungen vermeiden.

M1 *Wärmekraftwerk und Solaranlage*

INFO 1

Mit dem Begriff **Reichweite** wird der Zeitraum bezeichnet, in dem ein Bodenschatz abgebaut werden kann, wenn man den Abbau so fortführt, wie es zum gegenwärtigen Zeitpunkt geschieht.

Reserven umfassen die nachgewiesenen und wirtschaftlich gewinnbaren Bodenschatzvorkommen.

Ressourcen sind Vorkommen von Bodenschätzen, die nicht sicher nachgewiesen sind oder die noch nicht wirtschaftlich förderbar sind.

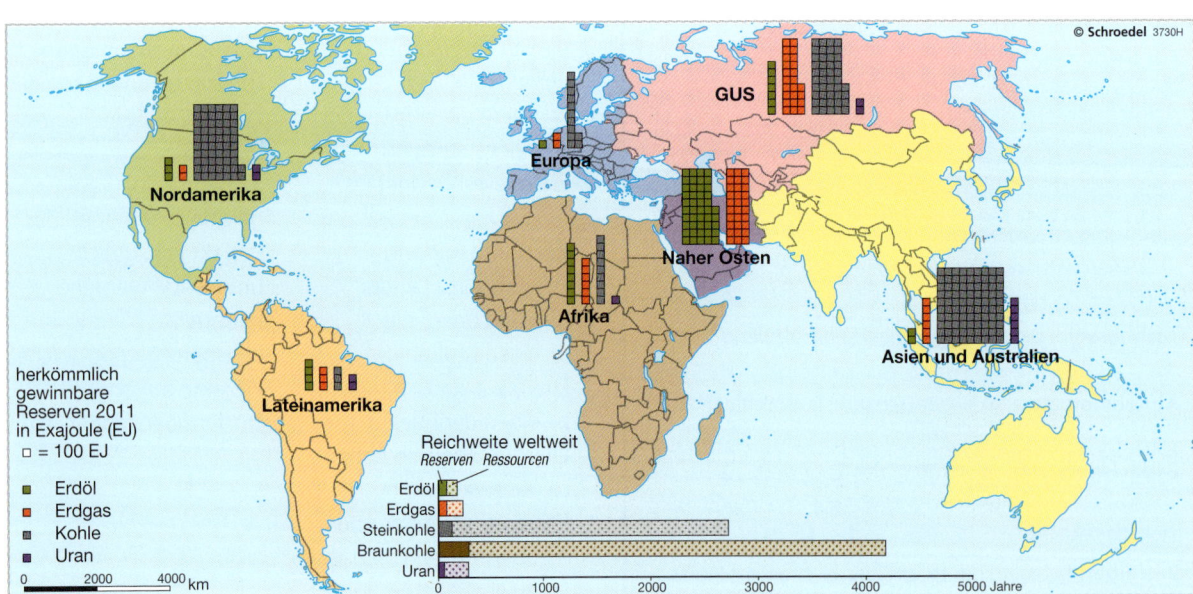

M2 *Verteilung der Energierohstoffe und Reichweite weltweit (2011)*

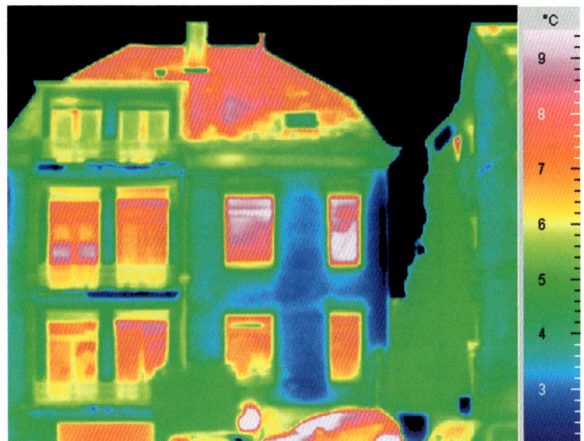

M3 *Wärmebild eines teilsanierten Hauses*

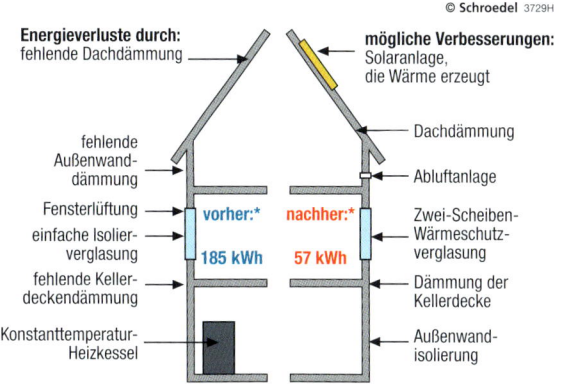

M4 *Was kann man verbessern (=sanieren)?*

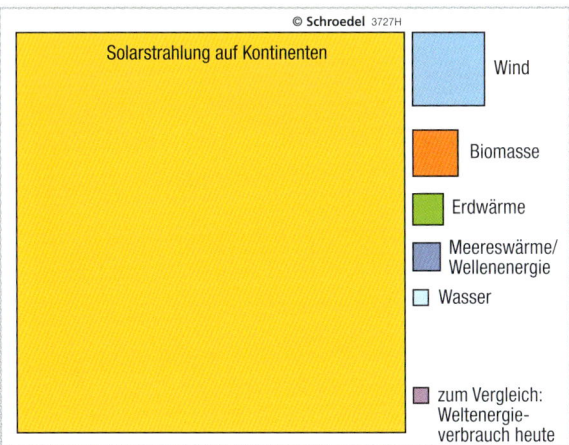

M5 *Mögliches Angebot an erneuerbaren Energien*

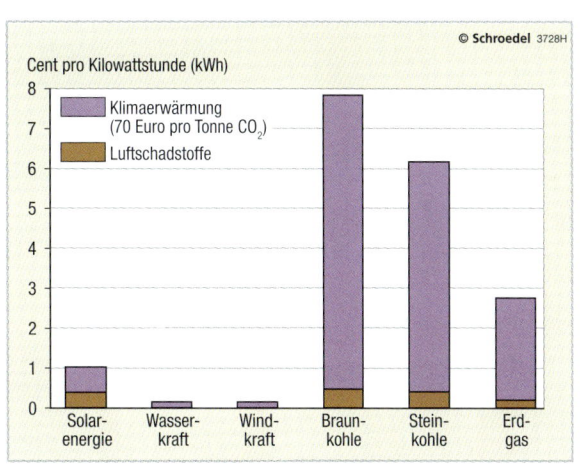

M6 *Externe Kosten der Stromerzeugung*

❶ Die nicht erneuerbaren Energieträger sind ungleich über die Erde verteilt.
a) Nenne Gebiete mit geringen bzw. großen Reserven (M2).
b) Beschreibe, was dies für Europa und Deutschland bedeutet.

❷ Erneuerbare Energien stellen die Zukunft der Energieversorgung dar.
a) Nenne erneuerbare Energieträger.
b) Nenne Vorteile der erneuerbaren Energien.

c) Informiere dich im Internet über das Potenzial der erneuerbaren Energien in Deutschland (z. B. www.bmu.de).
d) Es wird auch in Zukunft nicht an Energie mangeln.
Diskutiert diese Aussage in der Klasse (M2–M5).

❸ Der Preis entscheidet über die Nutzung einzelner Energieträger. Finde Argumente für und gegen diese Aussage.

INFO 2

Externe Kosten sind durch die Produktion oder den Verkehr entstandene Kosten, die nicht vom Unternehmen bzw. Verursacher getragen werden.
Dazu gehören:
- Schäden oder Wertverlust usw. durch Schadstoffe oder Lärm,
- Beanspruchung von Ressourcen ohne Bezahlung (z. B. Luft, Wasser).

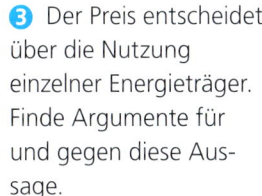

❹ Notiere dir für einen Tag deine Tätigkeiten mit Energieverbrauch. Finde Einsparmöglichkeiten.

Gewusst – gekonnt: Energetische Ressourcen

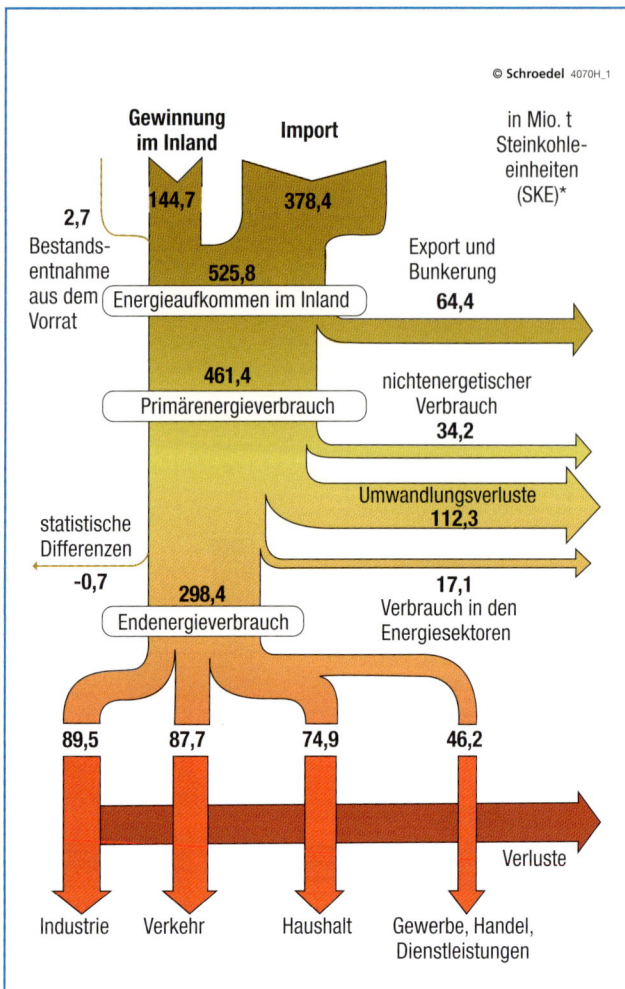

1. Das Energieflussbild für Deutschland
a) Kläre die fehlenden Begriffe.
b) Nenne die Energieträger, aus denen in Deutschland Energie erzeugt wird.
c) Beschreibe die Verteilung des Energieverbrauchs.
d) Lege dar, wo Energie für die Nutzung verloren geht.

Primärenergieverbrauch:
Verbrauch der in der Natur vorkommenden Primärenergieträger (Steinkohle, Braunkohle, Erdöl, Erdgas, Uran) sowie erneuerbarer Energiequellen. Die Primärenergie wird in Kraftwerken, Raffinerien, Kokereien u. a. in verbrauchsgerechte Formen, die Endenergie, umgewandelt (Strom, Fernwärme, Heizöl, Koks …).

Endenergieverbrauch:
Verbrauch des Teils der Primärenergie, die dem Verbraucher nach Abzug von Umwandlungs- und Transportverlusten zur Verfügung steht.

2. Der Abbau von Kohle
Diese Aufgabe stellt für dich eine Wiederholungsübung aus Klasse 5/6 dar.
Erstelle mithilfe der nachfolgenden Begriffe einen Schülervortrag zum Thema „Der Abbau von Kohle". Der Vortrag sollte auch Skizzen zum Tagebau und Untertagebau enthalten.

Tagebau: Abraum, Abraumförderbrücke, Bandanlagen, Filterbrunnen, Kohlebagger, Abraumbagger, Absetzer, Gleisanlagen
Untertagebau: Flöz, Schacht, Förderturm, Belüftungsanlage, Fördermaschine, Förderband, Zechenbahn, Streb, Förderkorb, Schildausbau

3. Fachbegriffe des Kapitels
Bergbau
Bohrinsel
Kohlenwasserstoff
Lagerstätte
Offshore-Förderung
Organization of the Petroleum Exporting Countries (OPEC)
Pipeline
Reichweite
Rekultivierung
Reserven
Ressourcen

Tagebau
Untertagebau

4. Karikatur auswerten

Werte die Karikatur aus:
- Beschreibe, was der Karikaturist gezeichnet hat.
- Überlege, welche Probleme dargestellt sind und wie diese dargestellt sind.
- Äußere deine eigene Meinung zu diesem Problem.

„So leben wir, so leben wir, so leben wir alle Tage ..."

5. Arbeit mit dem Nachhaltigkeitsmodell

Überprüfe die Nachhaltigkeit der Energiegewinnung und Energienutzung an Fallbeispielen dieses Kapitels. Nutze dazu das Nachhaltigkeitsdreieck (S. 66 M2).
- Erdölförderung in Nigeria
- Kohleförderung und -nutzung in China
- Palmölgewinnung in Indonesien/Malaysia
- Europäisches Energieverbundnetz
- Bioenergiedorf Schlöben

6. Arbeit mit dem Internet: die Energieverbrauchskennzeichnung

a) Informiere dich über die Effizienzklassen bei Haushaltsgeräten (Energielabel).
b) Bewerte die Wirksamkeit dieses Instruments.

7. Energieeinsparungen im Haushalt

a) Erläutere die in den Abbildungen dargestellten Energieeinsparmöglichkeiten im Haushalt.
b) Diskutiert weitere Einsparmöglichkeiten in der Klasse.

Lampentypen	Leistung in Watt	Kosten in Euro
alte Glühbirne	75	44,47
Halogen-Glühlampe	60	44,54
Halogenlampe (12 V)	50	33,33
Halogenlampe (12 V, infrarotbeschichtet)	35	26,16
Energiesparlampe	15	11,26

* bei 2000 Stunden Betriebsdauer; Energiekosten von 26 Cent pro Kilowattstunde; Lichtstrom von 1000 Lumen

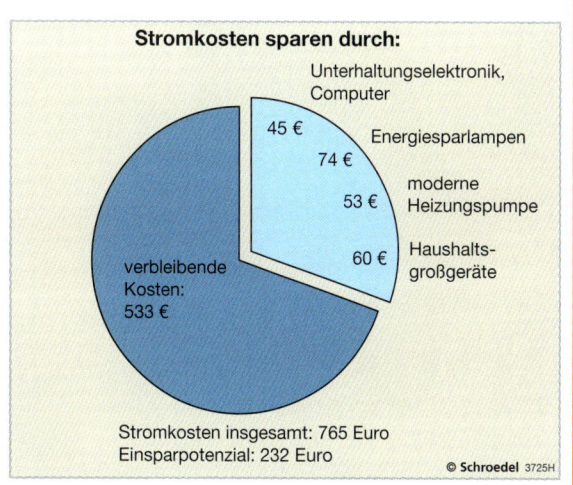

Übung

Die Entwicklung der Weltbevölkerung

Nahrungsmittelhilfslieferung im Südsudan

Sieben Milliarden Menschen auf der Erde und kein Ende in Sicht?

Betrachten wir heute die rasante **Bevölkerungsentwicklung**, so kann von einer Bevölkerungsexplosion gesprochen werden. Die Weltbevölkerung wächst pro Minute um 158 Menschen. Pro Jahr ist das ein Wachstum von etwa 83 Millionen Menschen. Zum Vergleich: In Deutschland lebten im Jahr 2012 etwa 80 Millionen Menschen.

Bevölkerungsentwicklung und Tragfähigkeit

Im letzten Jahrhundert hat sich die Weltbevölkerung vervierfacht. Bei gleicher Entwicklung würde sie sich zwischen 2000 und 2050 fast verdoppeln. Wissenschaftler schätzen aber „nur" ein Wachstum von ca. drei Milliarden Menschen. Prognosen für die Zukunft treffen häufig nicht vollkommen zu. Das liegt daran, dass zum Zeitpunkt der Berechnung nicht alle Faktoren vorhergesehen werden können (z. B. Hungersnöte, Kriege). Auch die veränderte Einstellung zu Familie und Kindern ist eine weitere Einflussgröße. In Deutschland beispielsweise wollen viele Menschen kein bzw. nur ein Kind. Wissenschaftler versuchen heute mithilfe von Computerprogrammen genaue Prognosen der zukünftigen Entwicklung, sogenannte Szenarien zu entwickeln (Info).

Verteilung und Zuwachs der Bevölkerung sind weltweit gesehen unterschiedlich. In Ländern mit geringem Entwicklungsstand wächst die Bevölkerung oft stark. In vielen europäischen Staaten wächst sie dagegen nur wenig oder geht sogar zurück.

Auch die Frage nach der **Tragfähigkeit** der Erde wird immer drängender. Die Tragfähigkeit beschreibt die Menge der Menschen, die langfristig unter menschenwürdigen Bedingungen in einem Raum leben kann.

M1 *Karikatur*

M2 *Do-Ndo Okalah aus dem Tschad ist stolz auf ihre fünf Kinder. Im Tschad bekommt jede Frau sogar durchschnittlich sechs Kinder.*

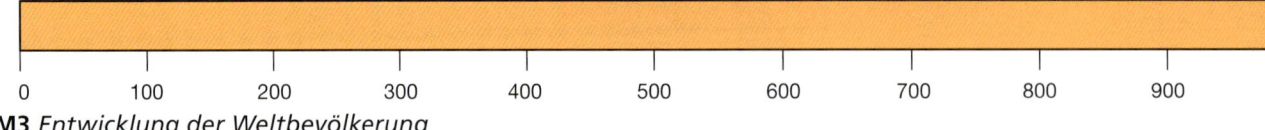

M3 *Entwicklung der Weltbevölkerung*

INFO

Wie viele Menschen leben 2050 auf der Erde? In welchen Ländern leben sie? Wissenschaftler der **UNO** erstellen regelmäßig **Szenarien** zur weltweiten Bevölkerungsentwicklung. Dabei gehen sie von der bisherigen Entwicklung aus und führen diese in komplizierten Berechnungen in die Zukunft fort.

Die Szenarien zeigen dann, wie die Entwicklung unter verschiedenen Voraussetzungen verlaufen könnte (z. B. wenn in Entwicklungsländern weniger Kinder geboren würden oder die Lebenserwartung zunehmen würde).

Bevölkerungszahl	Nigeria	Deutschland
1950	30 Mio.	68 Mio.
2000	115 Mio.	82 Mio.
2050	433 Mio.	69 Mio.
Bevölkerungswachstum (2012)	+2,6 %	−0,2 %
Kinder pro Frau (2012)	5,6	1,4
Lebenserwartung (2012)	51 Jahre	80 Jahre

M4 *Ein Entwicklungs- und ein Industrieland im Vergleich*

... wenn die Welt ein Dorf mit nur 100 Einwohnern wäre? Dann wären davon:

 5 Nordamerikaner,
 9 Lateinamerikaner,
11 Europäer,
15 Afrikaner und
60 Asiaten.

... wenn die Zahl der Dorfbewohner jährlich um eine Person steigen würde? Dann würde das Dorf im Jahr 2050 137 Einwohner haben. Davon wären:

 7 Nordamerikaner,
10 Europäer,
11 Lateinamerikaner,
34 Afrikaner und
75 Asiaten.

M5 *Was wäre, ...*

Szenarien für 2050:
Die Szenarien unterscheiden sich vor allem in der zu erwartenden Zahl von Kindern je Frau weltweit.

10,9 Mrd.
(angenommen: 3,0 bis 2,7 Kinder je Frau)

9,6 Mrd.
(2,5 bis 2,2 Kinder je Frau)

8,3 Mrd.
(2,0 bis 1,7 Kinder je Frau)

Oktober 2011: 7 Mrd.
1999: 6 Mrd.
1987: 5 Mrd.
1974: 4 Mrd.
1960: 3 Mrd.
1927: 2 Mrd.
1804: 1 Mrd.

Die Entwicklung der Weltbevölkerung

❶ Die Weltbevölkerung verändert sich.
a) Beschreibe die Entwicklung der Bevölkerungszahl (M3).
b) Erläutere die Karikatur (M1).

❷ Die Bevölkerung wächst unterschiedlich.
a) Vergleiche die Bevölkerungsdaten (M4).
b) Erläutere die mögliche zukünftige Entwicklung der beiden Staaten (M4).
c) Nenne Regionen der Erde, in denen das Bevölkerungswachstum besonders hoch ist (M5, Atlas).
d) Veranschauliche die Daten aus M5 in einem Diagramm.
e) Berechne, um wie viel Prozent sich der Anteil der einzelnen Kontinente an der Weltbevölkerung verändern wird (M5).

Grundwissen / Übung

M1 *Zwei Familien – zwei Welten (A: Indien; B: Deutschland)*

Ursachen des explosionsartigen Bevölkerungswachstums

Nur wenige der rund 158 pro Minute geborenen Kinder erblicken in den sogenannten Industrieländern das Licht der Welt. Das Bevölkerungswachstum findet fast ausschließlich in den armen Ländern der Erde statt.

Mit den Ursachen und Folgen des Bevölkerungswachstums beschäftigen sich Bevölkerungsentwicklungsforscher – die Demographen. Sie untersuchen die **Fruchtbarkeitsrate**, die **Geburtenrate**, die **Sterberate** und die **Wachstumsrate** der Bevölkerung (Info). Auf die Geburten- und die Sterberate haben Faktoren wie Bildung, Ernährung, medizinische Betreuung und Zugang zu sauberem Trinkwasser einen großen Einfluss.

Warum gibt es aber in den am wenigsten entwickelten Ländern die meisten Kinder?
Das Bevölkerungswachstum wird von verschiedenen Faktoren bedingt. Kinder sind in den wenig entwickelten Staaten wichtig für die gesamte Lebensplanung. In vielen Staaten gibt es keine Renten-, Arbeitslosen- und Krankenversicherung. Alte Menschen leben in ihren Großfamilien. Werden die Eltern krank, versorgen die Kinder die Familie. Sie müssen die Arbeit verrichten und das Geld für Medikamente aufbringen. In vielen Ländern steigt auch das Ansehen eines Mannes mit der Anzahl seiner Kinder, vor allem der Söhne. Zudem haben Mädchen und Frauen seltener Zugang zu Bildung. Etwa 65 Prozent der **Analphabeten** weltweit sind Frauen. So wissen auch viele arme Frauen zu wenig über Verhütungsmethoden (M3).
Und fast die Hälfte der heute in den wirtschaftlich gering entwickelten Ländern lebenden Menschen ist jünger als 20 Jahre. Selbst wenn die jungen Paare in Zukunft weniger Kinder bekommen sollten als ihre Eltern, wird die Bevölkerung noch jahrzehntelang weiterwachsen. Die Zielgruppe der sexuellen Aufklärung müssen demnach die heute Zwölf- bis Fünfzehnjährigen sein. Denn sie sind die Eltern von morgen.

INFO

Geburtenrate
Zahl der Geburten pro 1000 Einwohner und Jahr (z. B. 35 ‰ = 35 Geburten pro 1000 Einwohner)

Sterberate
Zahl der Sterbefälle pro 1000 Einwohner und Jahr (z. B. 10 ‰ = 10 Sterbefälle pro 1000 Einwohner)

Wachstumsrate
natürlicher Bevölkerungszuwachs pro Jahr bezogen auf 1000 Einwohner (Differenz zwischen Geburtenrate und Sterberate; z. B. 25 ‰ = Wachstum von 25 Menschen pro 1000 Einwohner)

Fruchtbarkeitsrate
durchschnittliche Anzahl Lebendgeborener pro Frau im gebärfähigen Alter (zwischen 15 und 45 Jahren)

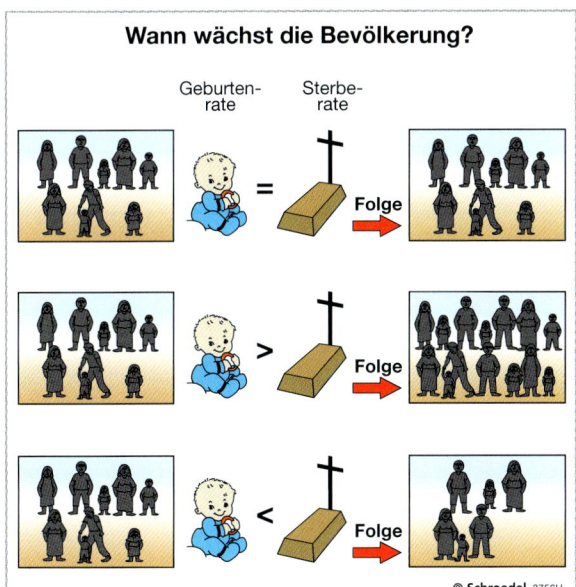

M2 *Bevölkerungswachstum?*

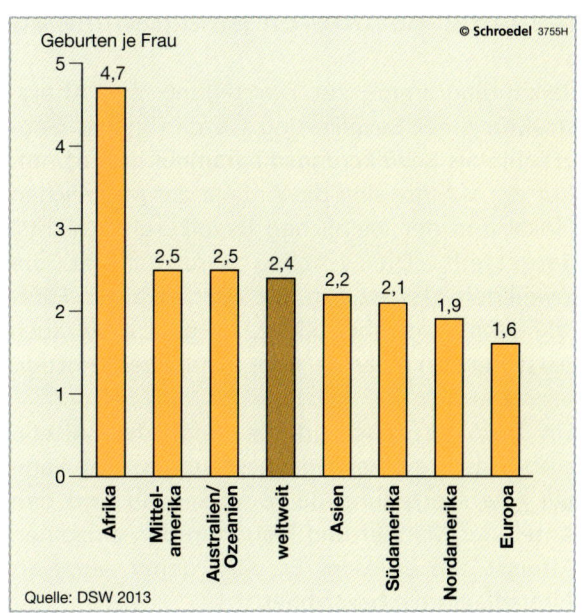

M3 *Fruchtbarkeitsrate der Kontinente (2012)*

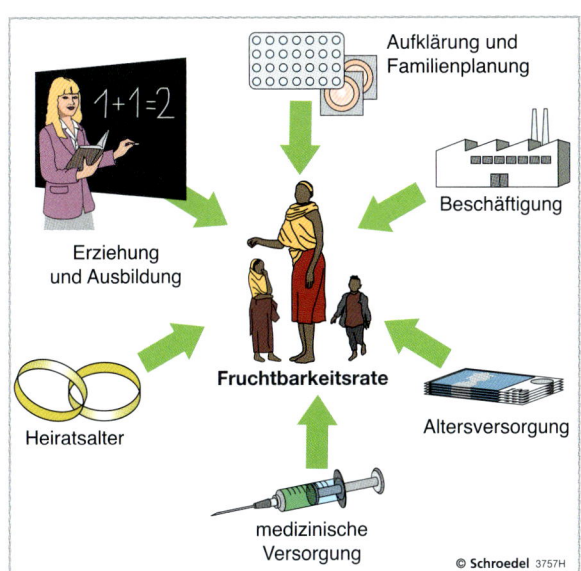

M4 *Mögliche Einflüsse auf die Fruchtbarkeitsrate*

	Anteil der Analphabeten	durchschnittliche Kinderzahl pro Frau
Deutschland	<5 %	1,4
Japan	<5 %	1,4
USA	<5 %	1,9
Brasilien	10 %	1,9
Peru	10 %	2,6
Südafrika	11 %	2,4
China	6 %	1,5
Indien	37 %	2,5
Mali	69 %	6,3
Niger	71 %	7,1

M5 *Analphabeten und Kinderzahl pro Frau (2012)*

Die Entwicklung der Weltbevölkerung

❶ Demographen erforschen die Entwicklung der Bevölkerung.
a) Erkläre den Zusammenhang zwischen der Geburtenrate, der Sterberate und der Wachstumsrate (M2).
b) Erläutere Faktoren, die die Fruchtbarkeitsrate beeinflussen (M3, M4).

❷ Bildung ist wichtig, um Probleme in armen Ländern zu bekämpfen.
a) Erläutere die Abbildung M5.
b) Stelle dar, welche Aufgaben sich daraus für die Regierung einzelner Staaten ergeben.

c) „Die Zielgruppe der sexuellen Aufklärung müssen die heute 12- bis 15-Jährigen sein."
Beurteile diese Aussage.

Grundwissen/Übung

Methode: Bevölkerungsdiagramme auswerten

Balkendiagramme zur Darstellung der **Altersstruktur** einer Bevölkerung werden in der Geographie als **Bevölkerungsdiagramme** bezeichnet. Auf der x-Achse sind die Anteile der männlichen (links) und der weiblichen Bevölkerung (rechts) dargestellt. Die y-Achse kennzeichnet die jeweiligen Altersstufen. Sie werden oft in Fünfjahresschritten abgebildet, es gibt aber auch Darstellungen in Jahres- oder Zehnjahresschritten.

Ein Bevölkerungsdiagramm zeigt den Altersaufbau der Bevölkerung eines Raumes. Man kann die Altersverteilung der Bevölkerung und den Anteil der Männer und Frauen in den einzelnen Altersstufen ablesen. Es wird daher auch als Altersdiagramm bezeichnet.
Stark sinkende oder steigende Geburten- bzw. Sterbezahlen weisen auf tiefgreifende soziale, politische oder wirtschaftliche Veränderungen in einem Land hin (z. B. Kriege oder Wirtschaftskrisen).

INFO
Modelle stellen komplizierte Sachverhalte in vereinfachter Form dar. Bevölkerungsdiagramme sind einfache Modelle, da sie nur einen Zustand abbilden.

Indien 2012 – Land der Kinder
10,7 % der Bevölkerung sind jünger als fünf und 31,8 % sind jünger als fünfzehn Jahre. Um allen Sechsjährigen einen Schulbesuch zu ermöglichen, müssten jährlich 1270 neue Schulen gebaut und 313 000 Lehrer ausgebildet und eingestellt werden.

Indien 2012 – Land der Arbeitsuchenden
In Indien sind 63 % der Bevölkerung im arbeitsfähigen Alter zwischen 15 und 65 Jahren. Schon heute gibt es nicht genügend Ausbildungs- und Arbeitsplätze. Jährlich kommen etwa acht Millionen junge Arbeitsuchende hinzu.

M1 *Fakten zu Indien im Jahr 2012*

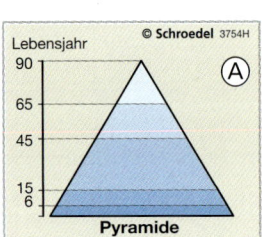
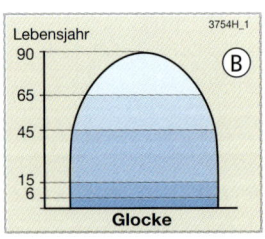
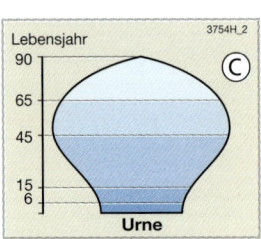

M2 *Grundformen des Altersaufbaus der Bevölkerung*

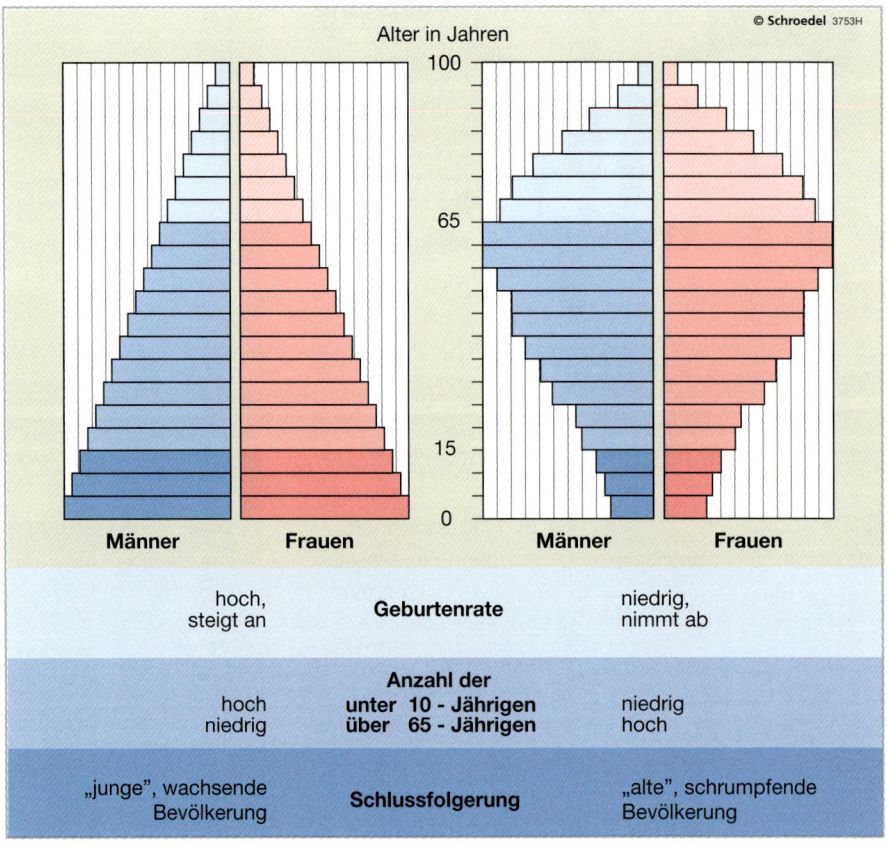

M3 *Typische Bevölkerungsdiagramme (schematisch)*

Vier Schritte zur Auswertung eines Bevölkerungsdiagramms

1. Form beschreiben
- Betrachte das Diagramm und gib an, welche Grundform (Pyramide, Glocke, Urne, Pilz) du erkennst.
- Benenne Auffälligkeiten – zum Beispiel hoher Bevölkerungsanteil der Kinder zwischen 0 bis 5 Jahren, hohe Anzahl der Männer über 80 Jahre usw.

2. Inhalte des Diagramms analysieren
Überlege dir:
- Gibt es eine breite Basis, d.h., gibt es viele Geburten und die Bevölkerung wächst? Oder ist die Basis kleiner oder gleich und die Bevölkerung schrumpft bzw. stagniert (=wächst nicht mehr)?
- Verjüngt sich das Diagramm nach oben, d.h., sterben die Menschen früh? Oder ist die Lebenserwartung hoch?
- Gibt es Unterschiede zwischen den Geschlechtern?

3. Abweichungen von der Grundform erfassen
Beschreibe, an welcher Stelle sich gut sichtbare Abweichungen von der Grundform des Modells ergeben (z.B. besonders viele Männer oder Frauen in einer Altersgruppe). Versuche, diese Abweichungen zu erklären. Nutze dazu auch Zusatzinformationen aus dem Internet oder Zeitschriften.

4. Schlussfolgerungen ziehen und Probleme für die Zukunft ableiten
Trage Schlussfolgerungen, die aus dem Diagramm ablesbar sind, zusammen.
Untersuche dabei z.B.:
- Wie wird sich die Bevölkerung in Zukunft entwickeln?
- Was bedeutet die Bevölkerungsentwicklung für die Ernährung, die Bildung, den Arbeitsmarkt, die Versorgung der älteren Bevölkerung?

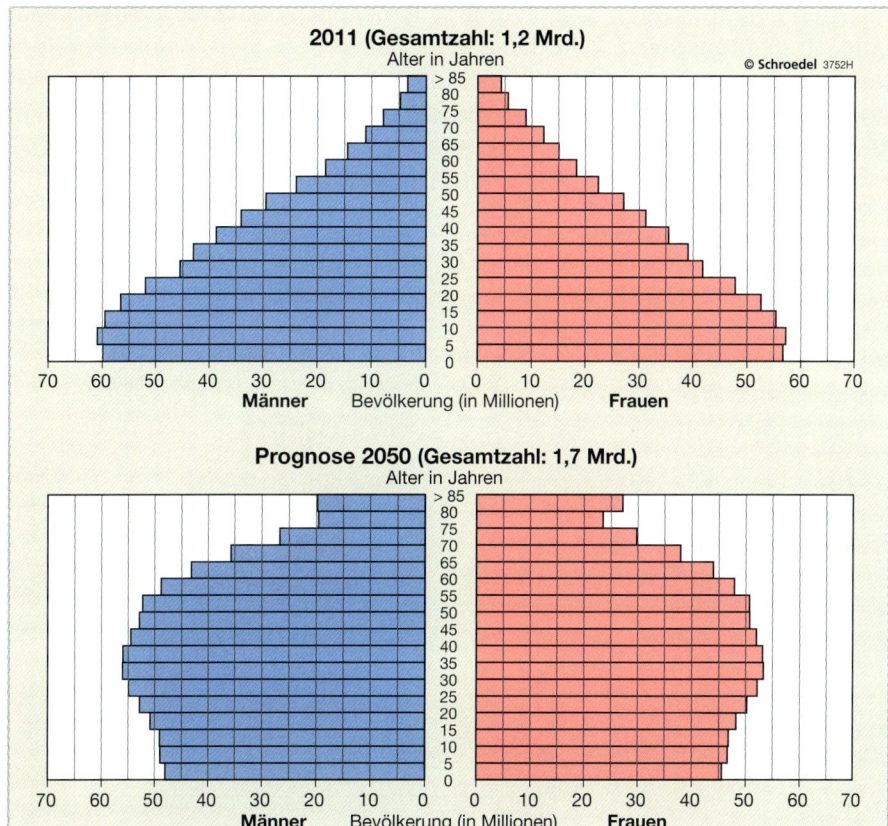

❶ Bevölkerungsdiagramme sind eine Möglichkeit, um die Bevölkerungsentwicklung eines Raumes darzustellen. Beschreibe die Bevölkerungsdiagramme M3.

❷ Nutze die Arbeitsschritte der Methode.
a) Werte das Bevölkerungsdiagramm Indiens im Jahr 2011 aus (M4).
b) Beschreibe die Veränderungen im Jahr 2050 zu 2011 (M4).
c) Erläutere Probleme, die sich für Indien daraus entwickeln könnten (M1).

M4 *Bevölkerungspyramiden Indiens 2011 und 2050 (Prognose)*

Grundwissen / Übung

Raumbeispiel Indien – ein Land mit mehr als 1,2 Milliarden Menschen

Wachstum ohne Ende?

Etwa alle 1,2 Sekunden wird in Indien ein Kind geboren. Jährlich wächst die Bevölkerung um 16 Millionen Menschen. Nach Hochrechnungen wird Indien mit über 1,5 Milliarden Menschen im Jahr 2030 das bevölkerungsreichste Land der Erde sein.

Indien hat seine Anstrengungen in der Familienplanung verstärkt, aber auch heute noch nicht alle Familien damit erreicht. Das indische Gesundheitsministerium klagt: „Es gibt noch immer viele Ehepaare, die nicht über Verhütung aufgeklärt sind oder nicht bereit sind, Verhütungsmittel zu benutzen." Auch die Werbung für die Zweikindfamilie (M4) brachte keinen durchschlagenden Erfolg. Die Fruchtbarkeitsrate ist mit fast drei Kindern pro Frau noch immer hoch.

In Indien fallen zudem Kinderreichtum und Armut zusammen. Vielen fehlt das Geld für Verhütungsmittel. Da diese Menschen oft noch Analphabeten sind, können sie auch die Anwendungshinweise nicht lesen. Zusätzlich ist durch die fehlende Altersversorgung die funktionierende Großfamilie für die alten Menschen wichtig. Sie müssen im Alter versorgt werden. Deshalb sollten Maßnahmen zur Familienplanung und die Modernisierung des **Sozialsystems** gemeinsam erfolgen.

M1 *Zug fahren in Indien*

Folgen der Bevölkerungsexplosion

Das Wachstum der Städte – infolge Zuwanderung und hoher Geburtenraten – führte dazu, dass in Indien über 30 Prozent der Menschen in Städten wohnen. Die bevölkerungsreichsten Städte (**Megastädte**) sind: Bombay, Kalkutta, Delhi, Madras, Bangalore und Hyderabad. Viele Menschen leben hier unter dem Existenzminimum – aber zumeist immer noch besser als auf dem Land. Auch die **Kinderarbeit** ist in Indien weit verbreitet. Es gibt hier 45 Millionen Kinderarbeiter. Dies sind Kinder, die das Leben eines Erwachsenen führen. Sie müssen viele Stunden für wenig Geld oder Lebensmittel arbeiten.

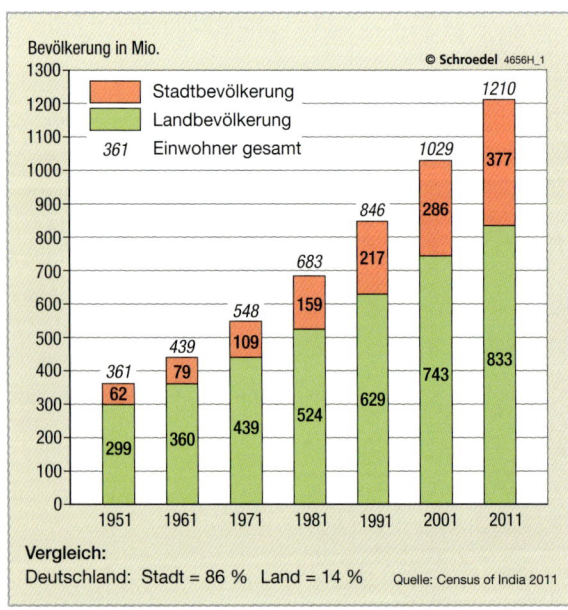

M2 *Bevölkerungsentwicklung in Indien*

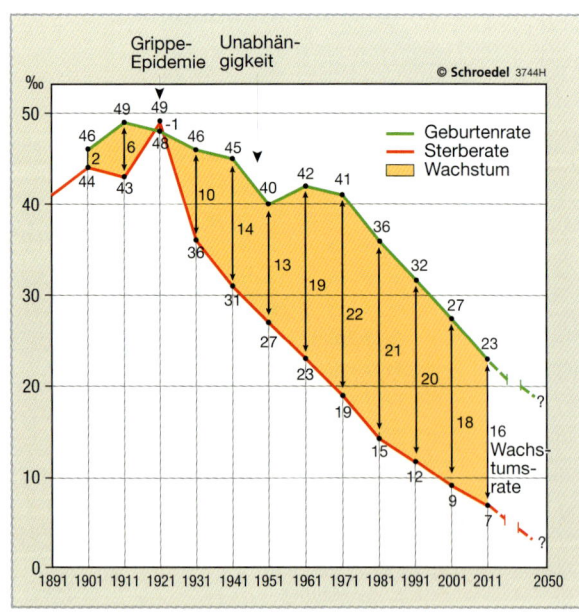

M3 *Indien: Geburten-, Sterbe- und Wachstumsrate*

M4 *Indische Werbung für Familienplanung*

- Hautausschläge,
- Vergiftungen,
- Rückenprobleme,
- Augenerkrankungen,
- Verbrennungen,
- Aids,
- Atemwegserkrankungen,
- Geschlechtskrankheiten infolge Kinderprostitution

M5 *Mögliche körperliche Folgen der Kinderarbeit*

Heute wehren sich immer mehr Menschen gegen die Kinderarbeit in Indien. Deshalb werden in Deutschland immer mehr Waren mit Gütesiegel gegen Kinderarbeit verkauft. Die Fair Wear Foundation (FWF) ist zum Beispiel eine Einrichtung, die sich für bessere Arbeitsbedingungen in der Textilindustrie einsetzt. Ihr Hauptsitz ist in Amsterdam. Die Mitglieder der Einrichtung werden zur Einhaltung von Standards verpflichtet. Diese umfassen zum Beispiel die freie Arbeitsstellenwahl, das Verbot von Kinderarbeit, faire Löhne und Arbeitszeiten, Arbeitsverträge, die Versammlungsfreiheit und das Recht auf gemeinschaftliche Verhandlungen ohne Erniedrigung von Personen.

M6 *Gütesiegel – eine Maßnahme gegen Kinderarbeit*

Indien steht vor gewaltigen Herausforderungen bei der Armutsbekämpfung und in der Bildungs- und Infrastrukturentwicklung. Das durchschnittliche jährliche Pro-Kopf-Einkommen liegt bei nur 1127 US-Dollar. Etwa 30 Prozent der Bevölkerung leben unterhalb der Armutsgrenze von etwa einem US-Dollar pro Kopf und Tag. Rund 70 Prozent haben weniger als 2 US-Dollar pro Kopf und Tag.

Doch Indien hat auch die meisten Millionäre und Milliardäre weltweit. Das hohe Wirtschaftswachstum verschärft die Unterschiede zusätzlich. So wächst der Lebensstandard in der Stadt schneller als auf dem Land. Doch auf dem Land leben etwa 70 Prozent aller Inder.

(nach: Auswärtiges Amt, 04/2013)

M7 *Indien – Land der Gegensätze*

- arbeiten bis zu 12 Stunden in schlecht beleuchteten Räumen der Teppichknüpfereien;
- bauen in Steinbrüchen Rohstoffe ab – häufig kommt es dort zu Unfällen;
- arbeiten auf Plantagen – die Chemikalien von Unkraut- und Schädlingsbekämpfungsmitteln rufen Haut- und Augenkrankheiten hervor;
- Viele Kinder zwischen 6 und 16 Jahren leben auf der Straße. Sie haben ihre Eltern verlassen, um Geld für Nahrungsmittel zu verdienen. Häufig leben sie von Prostitution und haben Aids.
- Allein in Bombay leben über 100 000 Straßenkinder. Sie verkaufen auch Zeitungen, putzen Schuhe oder sammeln Müll. Mit dem verdienten Geld versorgen sie oft ihre Eltern und jüngeren Geschwister.

M8 *Beispiele für Kinderarbeit in Indien*

❶ Indien ist einer der bevölkerungsreichsten Staaten der Erde.
a) Beschreibe die Entwicklung der Bevölkerung zwischen 1951 und 2011 (M2).
b) Erläutere Abbildung (M3).
c) Stelle dar, woran die Familienplanung bisher scheiterte.
d) Für die Zweikindfamilie wird mit wenigen Worten geworben (M4). Begründe.

❷ Kinderarbeit ist in Indien weit verbreitet (M5, M6, M8).
a) Nenne Ursachen der Kinderarbeit in Indien.
b) Stelle dar, welche Folgen die Kinderarbeit mit sich bringen kann.
c) Diskutiert, wie ihr als Käufer von Waren Einfluss auf Kinderarbeit nehmen könnt.
d) Diskutiert in der Klasse, wie die Wirtschaftslage in Indien Kinderarbeit fördert (M7).

Grundwissen / Übung

Raumbeispiel China – die Einkindpolitik

Bevölkerungswachstum in China

China gehört schon seit langer Zeit zu den bevölkerungsreichsten Staaten der Erde. Von 1949 bis heute wuchs die Bevölkerung von 450 Millionen Menschen auf über 1,3 Milliarden. Für dieses enorme Wachstum gibt es verschiedene Gründe:
- Traditionell haben die chinesischen Familien viele Kinder. Die Söhne sollen im Alter die Versorgung der Eltern übernehmen. Über Jahrhunderte waren deshalb Söhne ein Zeichen für Glück und Wohlstand.
- In vielen bäuerlichen Familien waren Kinder wichtige Arbeitskräfte.
- Der geringe Bildungsstand ließ die Menschen in Unkenntnis über die Verhütungsmethoden und -mittel.
- Die Sterberate sank durch verbesserte Lebensbedingungen und medizinische Betreuung.
- Die Geburtenrate blieb unvermindert hoch.

Die Einkindpolitik in China

In den 1970er-Jahren war immer mehr zu sehen, dass der Bevölkerungszuwachs mehr Arbeitsplätze, Nahrungsmittel, Schulen, Wohnungen und soziale Sicherungssysteme benötigte. Die Landwirtschaft, Industrie und Infrastruktur war diesen Aufgaben aber nicht gewachsen. Deshalb beschloss die chinesische Regierung das Programm zur Einkindfamilie. 1982 wurde es in die Verfassung aufgenommen. Verstöße gegen die staatlichen Maßnahmen wurden mit harten Strafen geahndet.

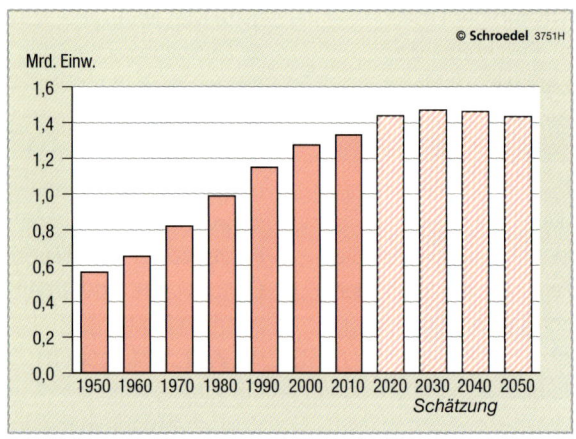

M1 *Bevölkerungsentwicklung in China*

M2 *Familie Jun im Urlaub in Shanghai*

Die Bevölkerung wächst aber auch heute noch stark. Deshalb werden in ländlichen Gebieten Vorträge zur Geburtenkontrolle gehalten. Zudem lässt die Regierung Verhütungsmittel kostenlos verteilen. Auch Plakate und Fernsehspots werben für die Einkindfamilie. Zusätzlich wurde das Mindestheiratsalter für Männer auf 22 Jahre und für Frauen auf 20 Jahre festgelegt. Diese Maßnahmen können nur in einem politisch autoritären Staat durchgesetzt werden. In China nimmt die Regierung dadurch großen Einfluss auf die Privatsphäre der Menschen im Land.

Ein Kind = glückliche Familie?

Im Laufe der Zeit stellte sich aber heraus, dass immer mehr Mädchen abgetrieben, nach der Geburt getötet oder ausgesetzt wurden. Vor allem auf dem Land gebaren die Menschen mehr Jungen als Mädchen. Deshalb werden heute sogar in einigen ländlichen Regionen junge Frauen aus dem Ausland angeworben.

Doch trotz der **Einkindpolitik** ist nur jedes fünfte Kind in China ein Einzelkind. Immer mehr gut verdienende junge Chinesen zahlen lieber die hohen Strafen und entziehen sich damit der Regelung. Die Küstenregionen werben sogar für mehr Kinder, da die Bevölkerung überaltert ist und es Probleme mit der Altersversorgung gibt.

Sorgt euch um die Mädchen!

Familienplaner in China haben jetzt Parolen ausgegeben, mit denen die Menschen auf dem Lande davon überzeugt werden sollen, dass auch Mädchen es wert sind, geboren und großgezogen zu werden. Die Aktion heißt: „Sorgt euch um die Mädchen!" Auf vielen Spruchbändern steht beispielsweise: „Die Zeiten haben sich geändert, Mädchen und Jungen sind gleich gut." Oder: „Wer sagt, dass Jungen besser sind als Mädchen?" Und eine der wichtigsten staatlichen Weisheiten ist: „Nur Mädchen und Jungen zusammen sind die Hoffnung der Nation."

M3 *Werbung für Mädchen*

M4 *Werbung für die Einkindfamilie*

Familien mit nur einem Kind erhalten z. B. folgende Vergünstigungen:
- zusätzlicher Urlaub;
- höhere Altersversorgung;
- kostenlose medizinische Betreuung des Kindes;
- Vorzugsplatz in Kindergarten, Schule, Hochschule und Arbeitsstätte;
- bevorzugte Zuweisung von Wohnungen;
- Zuteilung von qualitativ hochwertigem Saatgut.

Wird ein zweites Kind in der Familie geboren, muss die Familie mit folgenden Nachteilen rechnen:
- Geldstrafen (bis zu einer Höhe von sechs Jahreseinkommen);
- Kürzung des Arbeitslohnes (bis zu 10 Prozent);
- Verlust staatlicher Leistungen;
- Zwangssterilisation oder Zwangsabtreibung bei weiteren Schwangerschaften;
- Rückzahlung aller beim ersten Kind erhaltenen Vergünstigungen.

M5 *„Heiratet später und habt weniger Kinder!", fordert die chinesische Regierung*

M6 *Maßnahmen zur Familienplanung in China*

Die Entwicklung der Weltbevölkerung

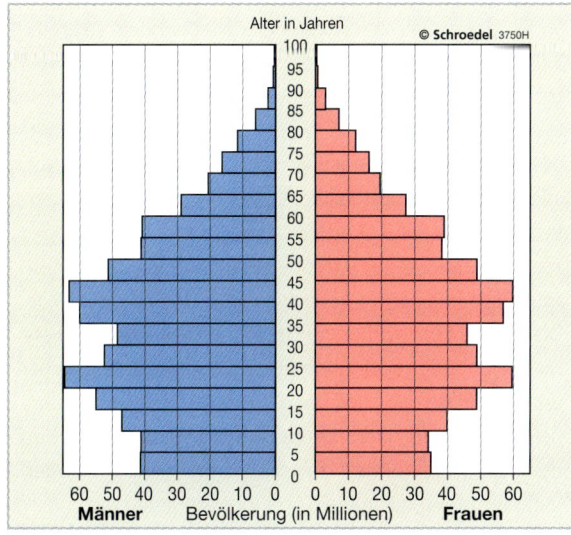

M7 *Bevölkerungsdiagramm Chinas 2010*

❶ China ist das bevölkerungsreichste Land der Erde. Beschreibe die Bevölkerungsentwicklung Chinas (M1, Text).

❷ China versucht, dem Bevölkerungswachstum entgegenzuwirken.
a) Beschreibe Maßnahmen, die das explosive Bevölkerungswachstum bremsen sollen (M4–M6).

b) Nimm Stellung zu den Maßnahmen der Bevölkerungspolitik in China.

c) Beurteile, ob die Maßnahmen wirken (M3, M7).

Raumbeispiel Deutschland – Achtung, die Bevölkerung schrumpft!

Auch in den meisten Industriestaaten wird Bevölkerungspolitik betrieben. Junge Paare sollen wieder mehr Kinder zeugen. In einigen Staaten Europas und in Japan schrumpft die Bevölkerung. Das bedeutet, die Sterberate ist größer als die Geburtenrate. Es sterben demnach mehr Menschen als geboren werden. Vor allem die veränderte Einstellung zu Kindern und wirksame Verhütungsmittel führen seit dem Ende der 1960er-Jahre zu einem drastischen Bevölkerungsrückgang. Und die „Weichen" für die nächsten Jahrzehnte sind dadurch unumkehrbar gestellt. Die deutsche Bevölkerung wird wahrscheinlich bis 2050 um etwa 12 Millionen, ohne Zuwanderung sogar um 23 Millionen Menschen abnehmen. Die Probleme, wie zum Beispiel die Versorgung der vielen alten Menschen und die Sicherung der **Renten**, wird dann eine Herausforderung für alle Menschen in Deutschland.

Die Politik versucht, dem entgegenzusteuern. Heute steigen die Vermählungen wieder. Seit August 2013 gibt es sogar garantierte Kinderbetreuungsplätze für unter dreijährige Kinder. Werden dadurch aber die Geburtenzahlen wieder steigen?

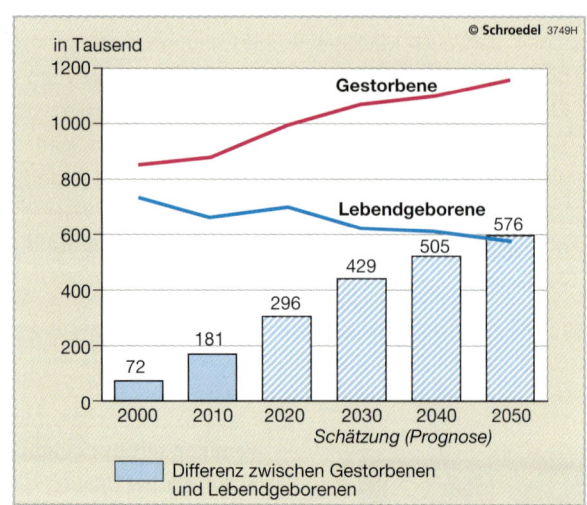

M1 *Die Deutschen sterben aus?*

> **Alarm!!**
>
> Nur in 29 Prozent der Haushalte Deutschlands lebten im Jahr 2011 überhaupt noch Kinder. Die Familie mit Kind gehört zu den bedrohten Lebensweisen. Viele der Menschen ohne Kinder haben ihren Nachwuchs schon großgezogen und ihren 60. Geburtstag schon hinter sich. In der dramatischen Zahl der kinderlosen Haushalte spiegelt sich demnach auch die Alterung der Gesellschaft wider. Wenn die Deutschen immer älter werden, steigt die Zahl der Haushalte mit älteren Menschen und der Anteil der Haushalte mit Kindern sinkt.
>
> Weshalb gibt es aber so wenige Haushalte mit Kindern? „Es fehlt an Einrichtungen für Kinder", sagen die Politiker. „Es fehlt der richtige Partner", sagt die Hälfte der Kinderlosen. „Kind und Karriere sind schwer miteinander zu vereinbaren", erklären die Frauenrechtlerinnen. Journalisten geben zu bedenken: „Was fehlt, ist der Wille. Die Menschen wollen ungestört leben und Karriere machen. Kinder sind ihnen zu teuer." Meinungsforscher erklären dagegen: „Während vor Jahrzehnten die Paare heirateten, dominieren heute die Zweifel am Partner, an der Fähigkeit, Eltern zu sein, und an der langen Verantwortung, die mit einem Kind verbunden ist."

M2 *Karikatur: Deutschland sieht alt aus*

M3 *Bevölkerungsentwicklung Deutschlands*

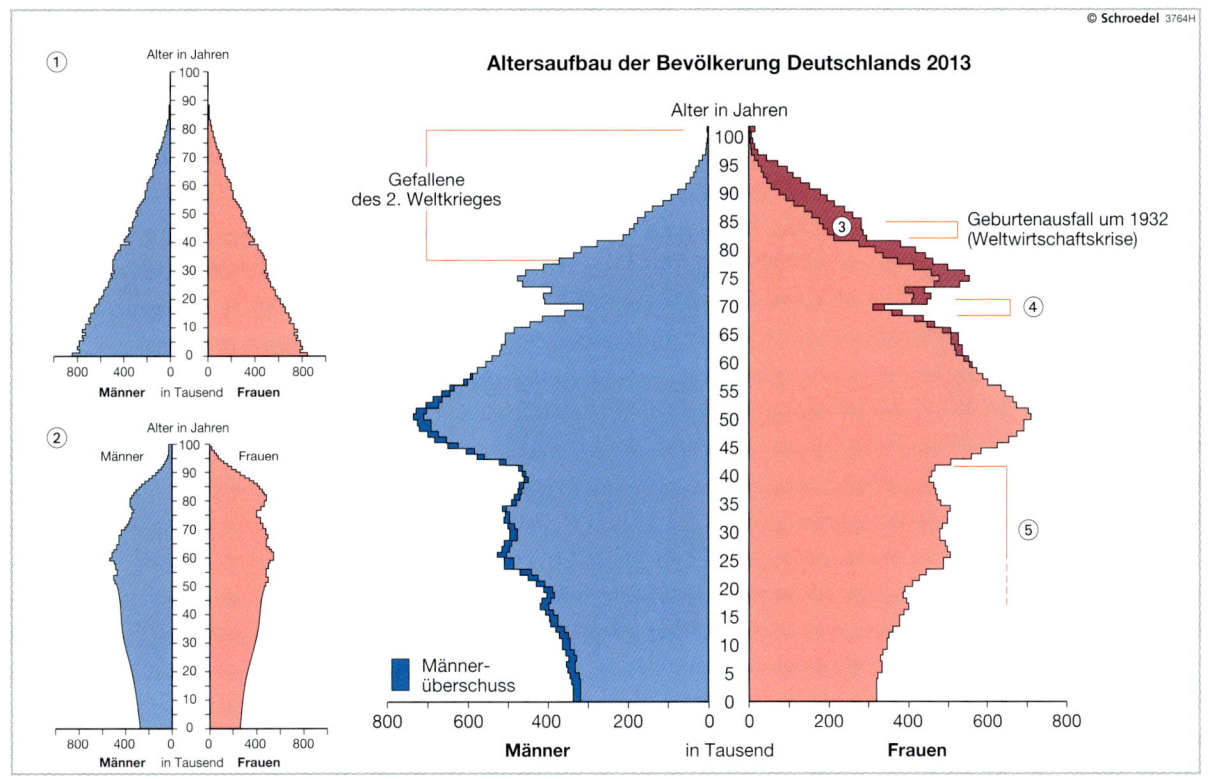

M4 *Bevölkerungsdiagramme von Deutschland*

❶ Die junge Generation zahlt für die ältere Generation. Erläutere unter diesem Gesichtspunkt die Karikatur M2.

❷ Deutschlands Bevölkerung hat sich über 100 Jahre entscheidend verändert.
a) Ordne die Textbausteine den korrekten Ziffern (1–5) in Abbildung M4 zu:

- Frauenüberschuss,
- „Pille",
- Geburtenausfall am Ende des Zweiten Weltkriegs,
- Bevölkerungspyramide im Jahr 1910,
- Bevölkerungspyramide im Jahr 2050.

b) Bestimme in allen Bevölkerungsdiagrammen (M4) den Geburtsjahrgang, der 30 Jahre alt ist.
c) Beschreibe die Form des Bevölkerungsdiagramms im Jahr 2013.

❸ Deutschland – deine Zukunft.
a) Erläutere den Begriff Zensus (M5).
b) Beurteile die Einstellung der Deutschen im Jahr 1910 zu Kindern (M4).
c) Diskutiert in der Klasse, ob sich diese Einstellung bis heute verändert hat (M3).
d) Informiere dich über Bevölkerungsmaßnahmen der Politik (z. B. Internet, Zeitung).

Die Europäische Union (EU) verpflichtete alle Mitgliedsstaaten für das Jahr 2011 zur Durchführung einer Bevölkerungs-, Gebäude und Wohnungszählung. Die Ergebnisse dieser Zählungen sind von allen Staaten der EU miteinander vergleichbar. Wichtigstes Ziel war die aktuelle Einwohnerzahl.

Für Deutschland ergab sich für das Jahr 2011:
Bevölkerung:	81,8 Millionen
Lebendgeborene:	662 685
Gestorbene:	852 328
private Haushalte:	40,4 Millionen
Familien mit minderjährigen Kindern:	8,1 Millionen
Wanderungssaldo:	+279 207
Ausländeranteil:	8,8 %
Bevölkerung mit Migrationshintergrund:	19,3 %

M5 *Zensus*

Grundwissen/Übung

Methode: Erstellen von Bevölkerungsdiagrammen mit Microsoft Excel 2010

Mit dieser Anleitung kannst du in wenigen Schritten aus einer Tabelle mit Bevölkerungsdaten ein Bevölkerungsdiagramm erstellen.

M1 *Tabellen erstellen*

In fünf Schritten zum Bevölkerungsdiagramm in Microsoft Excel

1. Tabelle erstellen (M1)
Übertrage die vorgegebenen Bevölkerungsdaten in eine Tabelle des Programms Microsoft Excel. Da die männlichen Personen in der Regel links dargestellt werden, muss diesen Zahlen ein negatives Vorzeichen zugeordnet werden.

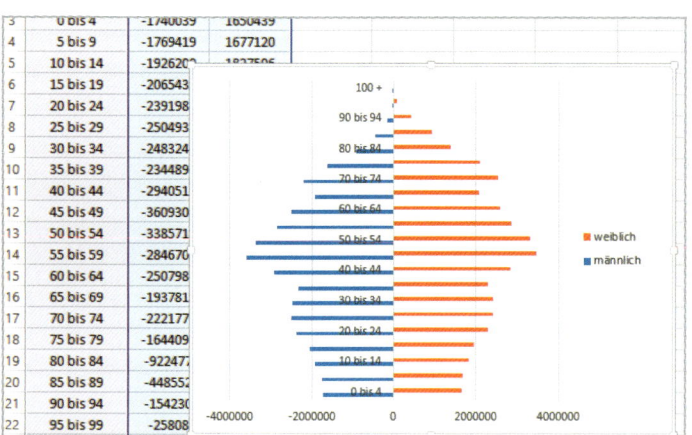

M2 *Balkendiagramm erstellen*

2. Balkendiagramme erstellen (M2)
Erstelle ein Balkendiagramm, indem du die ganze Tabelle – ohne die Hauptüberschrift (hier: „Bevölkerung in Deutschland 2013") – markierst.
Danach klickst du unter „Einfügen", „Balken", „2-D Balken", „gruppierte Balken".
Das fertige Diagramm sollte nun aussehen wie in Abbildung M2. Damit hat es aber noch nicht das Aussehen eines Bevölkerungsdiagramms.

M3 *X-Achse formatieren*

3. X-Achse bearbeiten (M3)
a) Entferne zunächst die negativen Vorzeichen. Klicke dazu auf die negativen Zahlen der X-Achse und mit der rechten Maustaste auf „Achse formatieren". Füge unter „Zahl", „benutzerdefiniert" den Formatcode „0;0" ein. Klicke „Hinzufügen" und schließe das Fenster.
b) Um die Achse übersichtlicher zu gestalten müssen die viele Nullen verschwinden. Unter „Achse formatieren", „Achsenoptionen" lege als „Einheit" „Millionen" fest und schließe das Fenster.

4. Y-Achse formatieren

Nun soll die Beschriftung der Y-Achse aus der Mitte des Diagramms auf die linke Seite gerückt werden. Klicke dazu doppelt auf die Schrift der Y-Achse und dann auf „Achse formatieren". Setze unter „Achsenoptionen" die „Achsenbeschriftung" auf „niedrig" und schließe das Fenster.

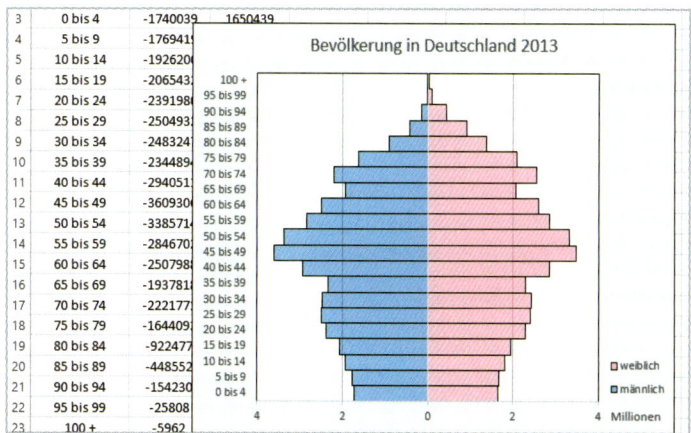

M4 *Balken formatieren; Diagrammtitel eingeben; Aussehen verbessern*

5. Balken formatieren, dem Diagramm einen Titel geben und das Aussehen verbessern (M4)

a) Abschließend wird das Aussehen der Tabellenbalken verbessert. Klicke mit der rechten Maustaste auf die Balken. Danach wähle „Datenreihe formatieren". Unter „Reihenoptionen" stellst du die „Reihenachsenüberlappung" auf „überlappend". Abschließend wird die Abstandsbreite auf „kein Abstand gestellt". Dann schließe das Fenster.

b) Zur Eingabe eines Diagrammtitels klickst du auf die Diagrammfläche. Unter „Layout" klickst du „Diagrammtitel" und „über Diagramm". Nun kannst du den Titel „Bevölkerung in Deutschland 2013" eingeben (M5).

c) Verändere nun je nach Wunsch das Aussehen der „Datenreihen", der „Zeichnungsfläche" oder des „Diagrammbereiches" indem du mit der rechten Maustaste jeweils darauf klickst. Jetzt kannst du je nach Vorliebe z. B. die Farbe ändern oder Rahmen und Schatten hinzufügen.

❶ Erstelle ein Bevölkerungsdiagramm von Deutschland 2050 nach der Schrittfolge. Verwende die Daten aus M5.

Jahre	männlich	weiblich
0 bis 4	1 299 000	1 230 000
5 bis 9	1 332 000	1 261 000
10 bis 14	1 385 000	1 310 000
15 bis 19	1 478 000	1 407 000
20 bis 24	1 637 000	1 580 000
25 bis 29	1 811 000	1 756 000
30 bis 34	1 894 000	1 838 000
35 bis 39	1 895 000	1 844 000
40 bis 44	1 927 000	1 879 000
45 bis 49	2 012 000	1 971 000
50 bis 54	2 186 000	2 151 000
55 bis 59	2 212 000	2 194 000
60 bis 64	2 465 000	2 470 000
65 bis 69	2 259 000	2 348 000
70 bis 74	2 026 000	2 204 000
75 bis 79	1 822 000	2 108 000
80 bis 84	1 969 000	2 461 000
85 bis 89	1 440 000	2 035 000
90 bis 94	647 000	1 053 000
95 bis 99	185 000	335 000
100 +	32 000	66 000

M5 *Bevölkerungsstruktur Deutschlands im Jahr 2050*

Grundwissen/Übung

Methode: Statistiken kritisch hinterfragen

Vorsicht Statistik!

Auf den ersten Blick erscheinen viele Materialien sehr genau und zuverlässig. Leider ist das häufig nicht der Fall. Viele Statistiken sind ungenau oder gar fehlerhaft. Mit manchen Abbildungen soll der Betrachter bewusst manipuliert werden. Aus diesem Grund ist es wichtig, Materialien kritisch zu hinterfragen.

Vier Schritte zum kritischen Umgang mit Statistiken

1. Glaubwürdigkeit der Datenquelle überprüfen
Um die Glaubwürdigkeit einer Statistik einschätzen zu können, ist es notwendig, die Datenquelle zu kennen. Amtliche Statistiken wie vom Statistischen Bundesamt, der Europäischen Union oder den Vereinten Nationen (UNO) gelten als seriös. Andere Statistiken können unter einer bestimmten Zielsetzung entstanden sein. Sie geben eine „geschönte" Situation wieder (vgl 4.).

2. Genauigkeit der Datenerhebung überprüfen
Fehlen Möglichkeiten der genauen Datenerhebung, so können nur Schätzungen erfolgen. In vielen armen Staaten gibt es zum Beispiel keine Einwohnermeldeämter. So können Geburten- und Sterbefälle lediglich geschätzt werden. Auch genaue Volkszählungen finden nur in größeren Zeitabständen statt.

a) Informiere dich, wann die Datenerhebung stattfand.
b) Informiere dich, wie die Daten erhoben wurden (z. B. Zählungen, Schätzungen).

3. Vergleichbarkeit der Daten überprüfen
Nach der Weltbank ist beispielsweise ein Mensch über 15 Jahren alphabetisiert, wenn er einen Text lesen, schreiben und verstehen kann.
Wer überprüft aber diese Fähigkeiten in einem Land ohne kontrollierte Schulpflicht und Einwohnermelderegister? Informiere dich deshalb zum Beispiel über den sozialen Entwicklungsstand des Raumes.

4. „Geschönte" Statistiken erkennen
Daten können in Grafiken hinsichtlich ihrer Aussage je nach Ziel angepasst werden (M1). Die Veränderung der Aufteilung von X-und Y-Achse in einem Säulendiagramm lassen zum Beispiel die Entwicklungen eines Merkmals besonders gut oder schlecht erscheinen. Betrachte deshalb auch die Darstellungsweise der Daten kritisch.

M1 *Drei Darstellungen zur Bevölkerungsentwicklung Deutschlands*

Die Wohnbevölkerung der Bundesrepublik Deutschland ist selbst unmittelbar nach Volkszählungen nur ungenau bekannt; und zwischen zwei Volkszählungen erst recht. Von acht Ziffern der Bevölkerungszahl ist bestenfalls auf die Richtigkeit der ersten zwei Verlass – und oft nicht einmal das.

(Walter Krämer: So lügt man mit Statistik. München 2011, S. 21)

Die neue Berechnungsgrundlage Zensus 2011 offenbart, dass am 31.12.2011 nur 80,3 Millionen Einwohnerinnen und Einwohner in Deutschland lebten statt der bisher auf Grundlage früherer Zählungen errechneten 81,8 Millionen. Das entspricht einer Differenz von 1,5 Millionen Menschen bzw. einem Minus von 1,9 %.

(www.destatis.de, 09/2013)

Noch schlimmer ist das Messproblem bei Teilmengen der Bevölkerung wie bei Ausländern und Arbeitslosen. Durch minimale Änderungen der Definition (Wer gilt als Ausländer? Wer zählt zu den Arbeitslosen?) verschieben wir deren Zahl um mehrere Hunderttausend in jede Richtung.

(Walter Krämer: So lügt man mit Statistik. München 2011, S. 21)

Kritisch werden auch die Waldstatistiken der UN-Ernährungs- und Landwirtschaftsorganisation (FAO) gesehen, wonach sich die Abholzung der Regenwälder verlangsamt hat. Die FAO hat einfach großzügiger definiert, was noch als Wald angesehen wird: Sie hat neu festgelegt, zu wie viel Prozent eine Fläche im Luftbild von Baumkronen bedeckt sein muss.

(Karl-Albrecht Immel: Der schöne Schein der Zahlen.
In: Weltsichten, 2–3 2008, S. 57)

M2 *Achtung, veränderte Berechnungsmethoden!*

Wenn wir im Radio hören, dass ein Reisbauer in Bangladesch exakt 49 Euro und 7 Cent verdient, so suggeriert diese Zahl ganz ohne böse Absicht eine Recherche auf Heller und Pfennig, die nie stattgefunden hat. Vermutlich hat man nur das grob auf zwei Milliarden Taka (Landeswährung) geschätzte Volkseinkommen auf die rund 91 Millionen Einwohner umgelegt und dann mit dem aktuellen Euro-Taka-Wechselkurs umgerechnet. Von diesen Zutaten ist nur der Wechselkurs exakt; das Sozialprodukt und die Bevölkerungszahl sind wilde Schätzungen. Es kommt aber wieder eine (vermeintlich) exakte Zahl heraus.

(Walter Krämer: So lügt man mit Statistik. München 2011, S. 24)

M3 *Achtung, geschätzte Daten!*

Die Vereinten Nationen (UNPP: UN Population Prospects) weisen für China im Jahr 2013 eine Einwohnerzahl von 1 417 534 000 aus; das World Fact Book des CIA nennt als Einwohnerzahl von China 1 349 585 838.
Ägypten hatte 2013 laut UNPP 80 830 000 Einwohner; nach dem World Fact Book des CIA waren es 85 294 388 Einwohner.

M4 *Achtung auch bei genauen Zahlenangaben*

Werden Daten in Grafiken umgesetzt, ergeben sich verschiedene Möglichkeiten, die Aussage zu manipulieren:
- durch die Wahl der Abmessung (Höhe, Breite);
- durch die Begrenzung der Werteskala;
- durch das Weglassen bestimmter Zeiträume;
- durch das Hinzufügen von Schätzungen, die einen gewünschten Trend verstärken.

M5 *Achtung, geschönte Diagramme!*

*Im Durchschnitt ist das Gewässer nur 1,20 Meter tief!
**Wo?

M6 *Karikatur*

❶ Statistiken können bearbeitet werden.
a) Erkläre die verschiedenen Darstellungen in M1.
b) „Traue nur der Statistik, die du selbst gefälscht hast." Nimm Stellung zu dieser Aussage (M2–M5).
c) Erkläre die Karikatur M6.

❷ a) Recherchiere aus verschiedenen Quellen für Deutschland, China, Indien und Mali die
1. Einwohnerzahl,
2. Zahl der Analphabeten,
3. Zahl der Einwohner pro Arzt.
b) Stelle die Daten aus Aufgabe 2a (1., 2. oder 3.) in zwei Diagrammen unterschiedlich „geschönt" dar.
c) Vergleiche deine Diagramme.

M1 *Eine afrikanische Familie*

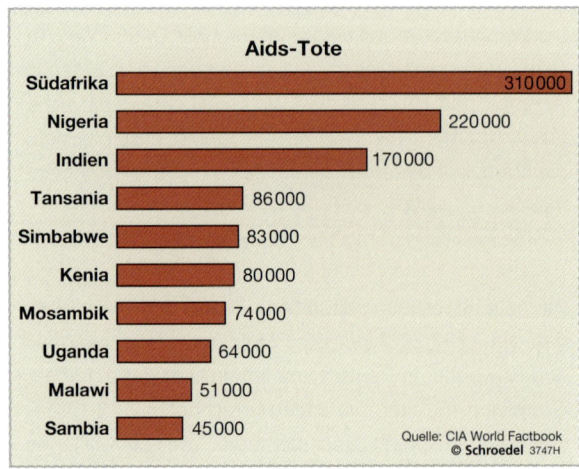

M2 *Länder mit den meisten HIV-Toten (2011)*

Aids – eine Gefahr für die Menschheit

Aids ist heute weltweit die fünfthäufigste Todesursache, in Afrika sogar die häufigste. Südlich der Sahara leben etwa 10 Prozent der Weltbevölkerung. Von diesen 10 Prozent tragen etwa 60 Prozent der Menschen das **HI-Virus**. Auf dem Kontinent sterben täglich über 5000 Menschen an Aids. Über zehn Millionen Kinder sind Waisen oder Halbwaisen. Durch die Krankheit ist die **Lebenserwartung** in Afrika deutlich gesunken. So lag sie im Jahr 2012 zum Beispiel in Uganda bei 53 Jahren, in Deutschland dagegen bei 80 Jahren.

Viele Kinder infizieren sich bereits im Mutterleib, denn jede vierte Frau südlich der Sahara trägt das Virus in sich.

Die Folgen von Aids sind gravierend. Erkranken die Eltern, müssen die Kinder für den Unterhalt der Familie sorgen. Da sie nicht zur Schule gehen, fehlt ihnen das Wissen über Aids und Verhütungsmethoden. Dadurch sind vor allem Analphabeten von der Krankheit betroffen.

Auch in Deutschland leben rund 78 000 Menschen mit dem HI-Virus.

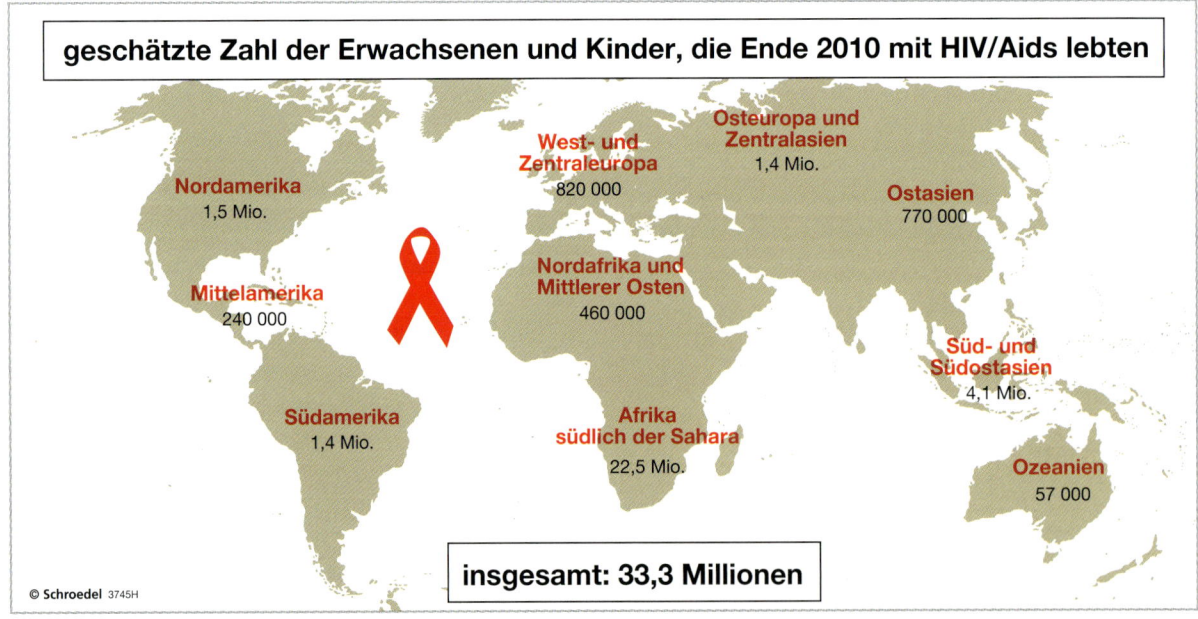

M3 *Verbreitung von Aids (HIV)*

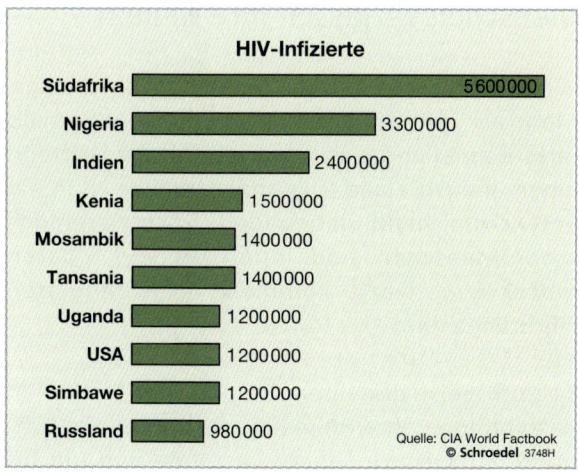

M4 *Länder mit den meisten HIV-Infizierten (2011)*

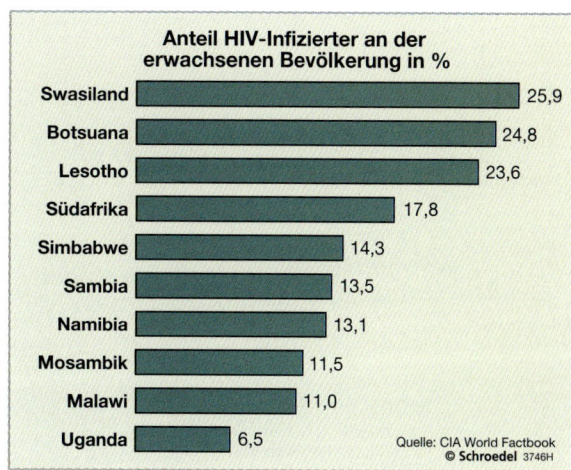

M5 *Länder mit den höchsten HIV-Raten (2011)*

INFO 1

HIV

Ist ein menschliches Immunschwächevirus. Übertragungswege sind vor allem Geschlechtsverkehr, Bluttransfusionen, verschmutzte Spritzen (z.B. von Drogensüchtigen) und bei der Geburt (Übertragung von der Mutter auf das Kind).

Aids

ist die durch HIV hervorgerufene Immunschwächekrankheit. Sie führt zur Zerstörung der körpereigenen Abwehrkräfte bis zum Tod des Erkrankten. Es gibt noch keine Heilungsmöglichkeiten. Bester Schutz vor Aids sind noch immer Kondome.

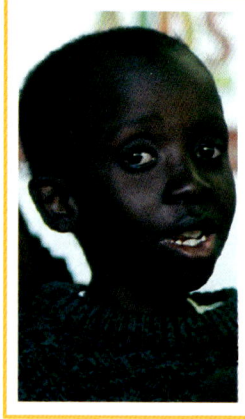

Dembe lebte in Uganda. Er starb am 1. März 2012 im Alter von zwölf Jahren an Aids. Dembe wurde vor seiner Geburt durch die an Aids erkrankte Mutter mit dem HI-Virus angesteckt. Im Alter von zwei Jahren kam er in ein Heim für HIV-infizierte Kinder, weil er und seine Mutter wegen der Krankheit von der Familie verstoßen wurden.

M6 *Aids betrifft auch viele Kinder*

INFO 2

Der Welt-Aids-Tag, am 1. Dezember, wurde 1988 von der World Health Organization (WHO) ins Leben gerufen. An diesem Tag sollen wir uns mit HIV und Aids auseinandersetzen. Weltweit leben etwa 33 Millionen Menschen mit dem HI-Virus. Jedes Jahr sterben über 2 Millionen Menschen an Aids. In Deutschland organisiert die Bundeszentrale für gesundheitliche Aufklärung diesen Tag.

INTERNET

www.aidshilfe.de
www.gib-aids-keine-chance.de
www.unaids.org
www.weltbevoelkerung.de
www.youth-to-youth.org

❶ An Aids sterben jedes Jahr Millionen Menschen.
a) Beschreibe die weltweite Verbreitung des HI-Virus (M2–M5).
b) Erkläre, weshalb die Zahl der HIV-infizierten Menschen in Afrika besonders hoch ist.
c) Informiere dich im Internet und Zeitschriften über Aids in Deutschland (Aufklärung, medizinische Behandlung).
d) Vergleiche mit Afrika.
e) Diskutiert in der Klasse die Aussage: „Aids raubt Afrika die Zukunft."

❷ Informiert auch andere Menschen über Aids und den HI-Virus. Erstellt eine Wandzeitung zu diesem Thema.

Menschen verlassen ihre Heimat

Weltweit sind Millionen Menschen unterwegs: Mehr als 200 Millionen leben heute außerhalb ihres Heimatlandes, davon mehr als die Hälfte in einem **Industrieland**. Die andere Hälfte ist in ein **Entwicklungsland** umgesiedelt. Noch wesentlich mehr Menschen sind innerhalb von Staaten gewandert. Dazu kommen noch Millionen **Flüchtlinge** (Info 1).

Es sind meist dieselben Gründe, die Menschen dazu bringen, ihre Heimat zu verlassen: die Hoffnung auf bessere Lebensumstände und um ihr Überleben zu sichern. Auch politische oder religiöse Gründe können Abwanderungen auslösen. Teilweise versuchen die **Migranten**, auf nicht legalem Weg in Länder einzureisen.

Die heutigen Verkehrsmittel ermöglichen es, dass viele Menschen in kurzer Zeit und zu relativ geringen Kosten ihr Heimatland verlassen und auch immer wieder zurückkehren können. Außerdem ermöglicht den Migranten die weltweite Verbreitung von u.a. Telefon und E-Mail, Kontakt zu Verwandten und Freunden in ihren Herkunftsländern zu halten.

„... Fast verdurstete und verhungerte Menschen in kleinen Booten auf hoher See ..."

„... gestrandete Flüchtlingsboote an den Badestränden der Kanarischen Inseln ..."

„... Menschenschmuggel: In Containern im Hamburger Hafen fanden BGS Beamte ..."

„Europa hat Pflichten zu erfüllen"

„Wohin mit den vielen Flüchtlingen?"

„... sichert die Grenzen der ‚Wohlstandswelt' ..."

M1 *Nachrichten wie diese hören und sehen wir fast täglich in unseren Medien*

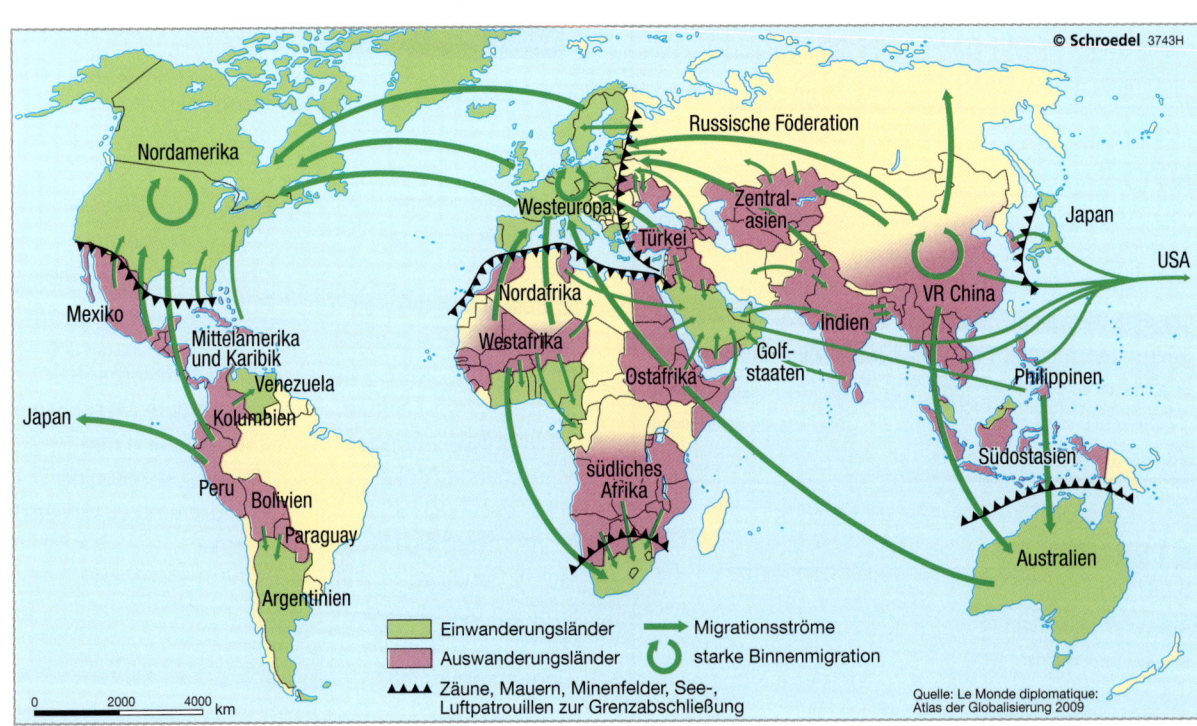

M2 *Weltkarte der Migration*

M3 Amadou's Odyssee

INFO 1

Flüchtlinge sind Menschen, die ihre Heimat aufgrund von Krieg, politischer Verfolgung, Armut, Hunger oder Umweltschäden verlassen. Diese Flucht ist oft mit dem Verlassen des Heimatlandes verbunden.

INFO 2

Migration bedeutet die Wanderung von Einzelpersonen oder Menschengruppen, die mit einem dauerhaften Wohnsitzwechsel verbunden ist. Gründe dafür können die Suche nach einem neuen Arbeitsplatz, aber auch die Flucht vor Hunger und Krieg sein. Binnenmigration erfolgt innerhalb eines Staates, zum Beispiel aus dem ländlichen Raum in die Stadt.

Amadou's Vater ist Hirsebauer im Senegal. Sein kleines Stück Land kann die Familie gerade ernähren. Amadou begann mit 12 Jahren in einer Autowerkstatt zu lernen, obwohl er nie eine Schule besuchte. Er arbeitete dort, bis sein Chef starb und der Betrieb geschlossen wurde. Mit 20 entschloss er sich, seine Heimat zu verlassen: „Ich wollte nach Europa. Was sollte ich noch zu Hause? In Spanien arbeitete ein Cousin. Dort sollte man leicht Arbeit auf dem Bau oder in der Landwirtschaft finden. Außerdem kann man von Spanien aus gehen, wohin man will."

Er reise mit dem Bus und lange Strecken zu Fuß durch die Wüste. Schleuser brachten ihn über die marokkanische Grenze. Mit dem Bus reiste er zur Stadtgrenze von Melilla. Dieser Ort ist spanisches Territorium auf dem afrikanischen Kontinent. Ein riesiger Zaun trennte ihn von Marokko. Amadou fand hier keinen Weg in die EU. Er wurde von der Polizei aufgegriffen und nach Algerien geschickt.

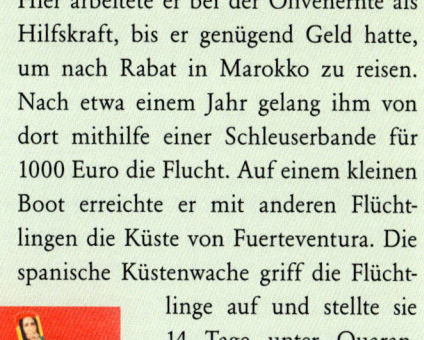

Amadou D., geboren in Kaolack (Senegal)

Hier arbeitete er bei der Olivenernte als Hilfskraft, bis er genügend Geld hatte, um nach Rabat in Marokko zu reisen. Nach etwa einem Jahr gelang ihm von dort mithilfe einer Schleuserbande für 1000 Euro die Flucht. Auf einem kleinen Boot erreichte er mit anderen Flüchtlingen die Küste von Fuerteventura. Die spanische Küstenwache griff die Flüchtlinge auf und stellte sie 14 Tage unter Quarantäne – sie ließen sie auf Krankheiten überprüfen. Die Polizei konnte Amadou's Identität nicht feststellen, sodass er nicht abgeschoben werden konnte. Er nahm an einem Spanischkurs für Einwanderer teil. Ein Mann aus Sierra Leone verkaufte ihm für 100 Euro eine Arbeitserlaubnis. Zuletzt arbeitete er in einer kleinen Stadt als Gärtner. Hier verdiente er 650 Euro im Monat. Eigentlich würde er gern wieder nach Hause in den Senegal, doch das kommt für ihn nicht infrage: „Was soll ich meiner Mutter sagen? Wenn ich so zurückkehrte, wäre das eine große Schande."

M4 Amadou's Geschichte – ein Erfahrungsbericht

❶ Migration findet weltweit statt.
a) Beschreibe den Verlauf der weltweiten Migrationsströme (M2).
b) Erstelle eine Übersicht, die beinhaltet: Kontinente mit vielen Auswanderungen; Einwanderungsregionen und -länder; Länder, die sich abschotten.
c) Fasse die Kartenaussagen (M2) zusammen.

❷ Amadou ist ein afrikanischer Auswanderer.
a) Nenne Städte, Länder und Inseln, über die Amadou's Reise führte (M3, M4).
b) Amadou – ein Flüchtling oder ein Migrant? Begründe deine Entscheidung.
c) Schreibe einen Brief, den Amadou am Tag seiner Abreise an einen Freund geschrieben haben könnte. Er beschreibt im Brief, warum er seine Heimat verlässt und wie er sich seine Zukunft vorstellt.

Die Entwicklung der Weltbevölkerung

Grundwissen / Übung

Ursachen und Folgen von Migration: das Beispiel des Senegal

Die Ursachen der Migration werden in einem Modell zusammengefasst (M2). Das Modell unterscheidet zwischen **Push-** und **Pull-Faktoren**. Push-Faktoren sind Gründe, die die Menschen antreiben, ihre Heimat zu verlassen. Pull-Faktoren sind dagegen die Erwartungen, die sie zu einem bestimmten Ziel ziehen. Die Pull-Faktoren sind jedoch oft unrealistische Hoffnungen, die sich dann nach der Wanderung nicht erfüllen. Dennoch ist zum Beispiel das Leben in der Stadt in den ärmsten Ländern der Welt häufig besser als die Hoffnungslosigkeit und Armut auf dem Land.

Oft sind es gar nicht die ärmsten Menschen, die ihr Heimatland verlassen. Den armen Menschen fehlt zumeist das Geld, um die Reisen oder die Schleuserdienste zu bezahlen. Vor allem junge und zum Teil gut ausgebildete Menschen sind es, die das Risiko eingehen abzuwandern.
In ihrem Heimatland fehlen sie dann als Fachkräfte. Diesen Prozess bezeichnet man als **Brain Drain**. Dieser „Abfluss an Gehirn" beschreibt den Verlust an Wissen und qualifizierten Arbeitskräften im Heimatland der Migranten. Die Heimatstaaten haben in deren Ausbildung zum Teil hohe Summen investiert. Diese Abwanderung

◁ **M1** *Neha – hier im Alter von 16 Jahren – stammt aus einem Dorf in der Nähe von Dakar im Senegal. Nachdem sie ihr Abitur gemacht hatte, ging sie zum Studium nach Großbritannien. Heute arbeitet sie in einer Kanzlei in London.*

von Fachleuten behindert die Entwicklung des Staates, und die Armut der Menschen bleibt bestehen.

Andererseits hat die Migration auch positive Folgen. Die Migranten, die in ihre Heimat zurückkehren, können mit ihrem Wissen die Entwicklung im Heimatland fördern. Zudem überweisen sie insgesamt große Geldmengen an ihre Familien. Die Summe dieser Gelder übersteigt die weltweit gezahlte Entwicklungshilfe deutlich. Die Familien nutzen das Geld unter anderem für den Einkauf von Waren, die medizinische Versorgung der Familienangehörigen sowie deren Bildung.
Doch die Wirtschaft in vielen Herkunftsländern profitiert von diesem Geld nur indirekt. Selten wird das Geld langfristig in die heimatlichen Betriebe investiert.

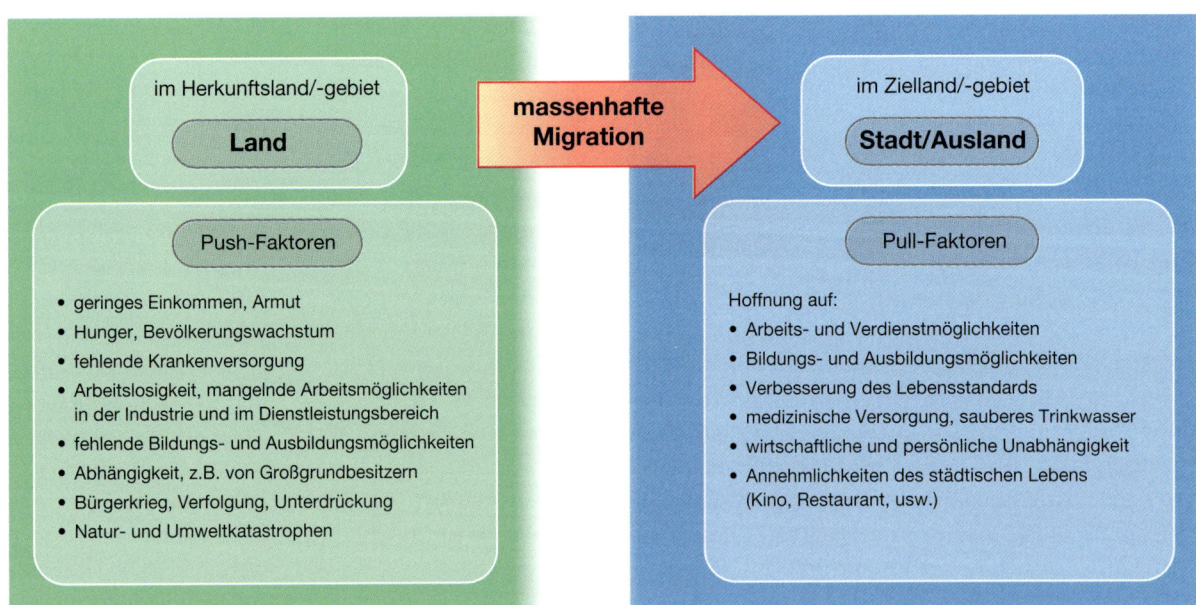

M2 *Gründe für Migration: Das **Push- und Pullmodell***

M3 *Im Senegal bei Kaffarine*

M4 *An der Küste von Fuerteventura (Kanaren)*

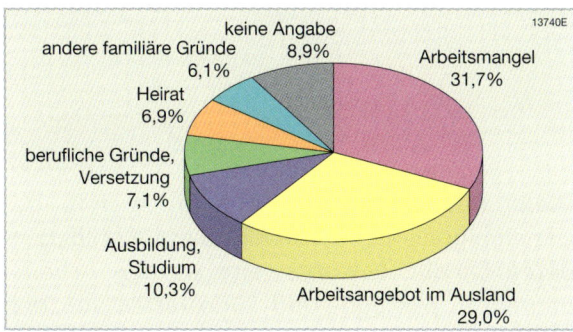
M5 *Gründe für die Auswanderung aus dem Senegal*

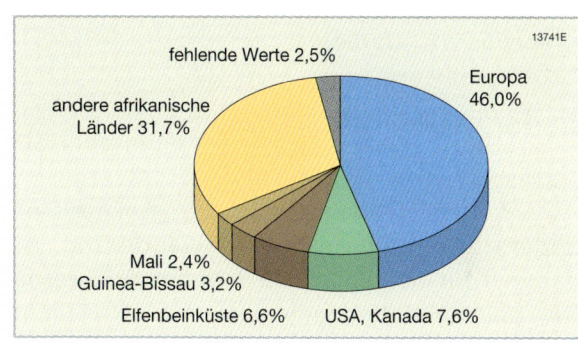
M6 *Zielländer senegalesischer Migranten*

Bevölkerung
1960: 3,3 Millionen; 2011: 12,8 Millionen;
2050 (Schätzung): 25,3 Millionen
Wachstumsrate (2011): 2,8 %
Anteil der Bevölkerung unter 15 Jahren: 44 %
Anteil der Bevölkerung über 65 Jahren: 2 %

Im Ausland leben:
4 % der Bevölkerung; 24 % der Senegalesen mit höherer Berufsausbildung, 51 % der im Senegal ausgebildeten Ärzte und 27 % des Pflegepersonals.
70 % der Haushalte haben einen Angehörigen im Ausland.

Geldtransfer der Migranten aus dem Ausland
1998: 91 Mio. US-$; 2011: 1478 Mio. US-$ (etwa fünf Prozent der Wirtschaftsleistung des Landes)

M7 *Steckbrief des Senegal*

❶ Neha (M1) ist ein Beispiel für einen Prozess, der oft mit der Migration zusammenhängt.
a) Nenne den Namen des Prozesses.
b) Erläutere den Prozess.

❷ Das Push- und Pullmodell enthält Faktoren, die die Migration beeinflussen (M2).
a) Wende das Push- und Pullmodell auf das Beispiel des Senegal an (M3–M7). Gehe auch auf Amadou's Geschichte ein (S. 179 M4).
b) Beschreibe, welche Maßnahmen der Senegal ergreifen müsste, um die Migrantenzahl zu verringern (M2, M5).
c) Erläutere, weshalb senegalesische Migranten in etwa die gleichen Zielländer wie andere afrikanische Migranten haben (M6).
d) „Der Senegal sollte die Auswanderung fördern und Arbeitskräfte exportieren." Stelle dazu Pro- und Kontra-Argumente zusammen.

M1 *Über 3000 Kreuze erinnern zwischen den USA und Mexiko an Menschen, die beim illegalen Grenzübertritt starben*

In der neuen Heimat

Auswanderer gehen meist in den „Fußstapfen" anderer Migranten. Die Auswanderung ist dadurch für den Einzelnen weniger risikoreich. Die Menschen finden in ihrer neuen Heimat Anlaufstellen, an denen sie Unterstützung erhalten, um sich in der neuen Umgebung zurechtzufinden. Dies ist vor allem wichtig, da viele Migranten die Sprache des neuen Landes nicht sprechen.

Probleme der Einwanderung

An vielen Wunschzielen von Auswanderern, wie der EU oder den USA, ist aber die Möglichkeit zur Einwanderung eng begrenzt. Nicht gewollte Einwanderungen werden an den Grenzen mit Zäunen und Seepatrouillen sowie mit Einreise- und Aufenthaltsbestimmungen verhindert (vgl. Seite 178 M2).

Viele Migranten nehmen große Gefahren auf sich, um solche Hindernisse zu überwinden, weil sie hoffen, Arbeit zu finden und Geld zu verdienen. Sie sind aber auch die Stützen ganzer Branchen (M2, M3) in diesen Ländern. Vor allem die illegal eingereisten Menschen arbeiten für geringste Löhne und es müssen für sie keine Beiträge zu Kranken-, Arbeitslosen- und Rentenversicherungen bezahlt werden. Die Einwanderer können sich nirgendwo beschweren oder Klage erheben, da sie sonst fürchten müssen, abgeschoben zu werden.

Viele Migranten gelangen auch mit der Genehmigung des Staates in diese wohlhabenderen Länder. Beispielsweise werden Arbeitsmigranten aus Süd- und Südostasien von den reichen Erdölstaaten in Westasien angeworben. So besteht die Bevölkerung Dubais zu etwa 80 Prozent aus ausländischen Arbeitskräften. Ob als Arbeiter in der Bauwirtschaft, im Tourismus oder in Banken – in allen Bereichen sind dort Ausländer unverzichtbar.

Um hoch qualifizierte Migranten ist in den Industriestaaten sogar ein regelrechter Wettbewerb entbrannt. Die Einwanderung von Computerspezialisten, Ärzten, Krankenschwestern oder auch von Geistlichen wird in zahlreichen Ländern gefördert. Der Brain Drain der Entwicklungsländer wird somit zum „Brain Gain" (engl.: gain = Ertrag, Gewinn) der Industrieländer. Auch ist die Einwanderung ein möglicher Ansatz zur Lösung der Probleme im Zusammenhang mit der schrumpfenden und alternden Bevölkerung in vielen Industrieländern. Junge, aktive Einwanderer verändern die Altersstruktur, beleben Nachfrage und Wirtschaft und stützen als Steuerzahler den Staatshaushalt sowie die Kranken- und Rentenkassen.

Dennoch gibt es in vielen Industrieländern Menschen, die die Einwanderer als Bedrohung ihres Arbeitsplatzes und Wohlstandes ansehen.

Hier hat kaum einer Papiere – und es hat auch noch nie jemand nach welchen gefragt. Jeden Morgen stellen sich die Männer auf der Landstraße auf, in einer langen Reihe, und warten auf die Unternehmer. Die [...] nehmen so viele Arbeiter mit, wie sie brauchen. Für acht bis zehn Stunden Arbeit im Plastik verdienen die Afrikaner zwischen 28 und 30 Euro – [...] immer noch genug, um weitere Arbeiter anzulocken. Nur: [...] „Ich habe schon so oft ohne Lohn gearbeitet, dass ich es gar nicht erzählen kann", seufzt Samba aus Mali, der seit einem Jahr hier lebt. [...] „Wir können ja nichts tun. Sollen wir etwa zur Polizei gehen? Das brächte uns nur Probleme – es gibt uns offiziell ja gar nicht." Er hat heute den Tag damit verbracht, Wassermelonenpflanzen mit Pestiziden einzunebeln. „Das ist die schwerste Arbeit, weil man davon ganz dumm im Kopf wird. Schon nach einer halben Stunde siehst du kaum noch und kannst kaum noch atmen, aber du hast noch acht Stunden vor dir", erzählt er. Atemschutz hat keiner bekommen, er hatte aber vorsorglich ein altes T-Shirt mitgenommen, das er sich vor das Gesicht band. „Manche geben dir Masken, manche nicht – wir müssen nehmen, was kommt, wir haben keine Möglichkeit, etwas zu verlangen", sagt Titi aus Senegal. [...] Die Gemüsebauern von Almeria brauchen solche Arbeiter, um beim harten Preiskampf um die Regale der mitteleuropäischen Supermärkte mithalten zu können.

(Gestürmte Festung Europa, Einwanderung zwischen Stacheldraht und Ghetto, Wien 2006, S. 66 f., C. Milborn)

M2 *Aus einer Reportage über illegale Migranten im Süden Spaniens, die in Gewächshäusern arbeiten*

M3 *Etwa 80 000 Afrikaner und Osteuropäer arbeiten in Almeria, die Hälfte davon ohne Einreise- und Arbeitserlaubnis. Sie leben meist in Slums am Rand der Dörfer.*

❶ Die Situation der Einwanderer in den Zielländern ist sehr unterschiedlich.
a) Beschreibe das Leben der Einwanderer in den Zielländern (Text).
b) Begründe die unterschiedlichen Lebensverhältnisse.

❷ Das Beispiel der illegalen Migranten im Süden Spaniens zeigt einige der Probleme dieser Gruppe von Einwanderern.
a) Erstelle einen kurzen Text zum „Plastikmeer" bei Almeria (M2, M3). Gehe dabei auf folgende Themen ein:
• Wirtschaftsbedingungen in Südspanien,
• Anbautechniken,
• Lebens- und Arbeitsbedingungen,
• Bedeutung für Deutschland.

b) „Im Plastikmeer von Almeria fragt man sich, ob die Illegalität von Einwanderern tatsächlich unerwünscht ist!" (Corinna Milborn) Nimm Stellung zur Aussage der Journalistin.

❸ Stelle mithilfe der Seiten 178 bis 183 in einer Mindmap die Folgen der Migration für Herkunfts- und Zielländer dar.

Gewusst – gekonnt: Die Entwicklung der Weltbevölkerung

1. Buchstabensalat

Im Buchstabensalat sind 10 Begriffe zum Thema Weltbevölkerung enthalten. Finde diese und notiere sie in dein Heft.

E	B	H	N	U	A	P	O	K	F	A	H	R	T	U	Z	A	D	E	M
B	E	V	Ö	L	K	E	R	U	N	G	A	L	S	A	N	I	B	I	S
D	A	K	L	N	U	S	D	F	G	R	O	S	G	D	E	D	K	M	H
U	N	G	M	S	C	H	R	U	M	P	F	U	N	G	A	S	H	N	K
H	N	E	U	D	E	U	T	S	C	H	L	A	N	D	F	E	R	S	T
B	R	B	T	E	E	T	T	E	N	A	S	S	G	K	A	C	E	R	S
N	U	U	T	N	G	K	T	R	A	G	F	Ä	H	I	G	K	E	I	T
S	K	R	I	N	P	K	N	U	T	S	C	H	E	R	N	B	A	L	L
W	L	T	E	V	O	L	K	S	Z	Ä	H	L	U	N	G	E	I	M	E
F	U	E	L	B	V	O	M	M	D	R	F	G	H	D	E	i	G	E	R
H	G	N	S	Ä	V	O	R	I	A	A	N	R	S	V	O	R	W	Z	U
U	M	R	T	R	U	M	S	G	M	M	S	E	T	I	G	G	A	E	P
A	W	A	E	B	D	R	E	R	A	P	D	E	E	T	E	A	I	I	G
S	G	T	R	L	A	L	S	A	E	L	S	A	R	A	B	L	S	S	U
X	U	E	W	A	G	E	R	T	N	A	M	W	B	L	I	L	E	A	Z
K	S	O	U	N	Z	U	M	I	D	M	P	E	E	I	R	E	N	F	K
U	L	P	T	G	R	U	M	O	E	F	H	K	R	E	G	B	A	D	D
D	L	I	Z	E	S	U	I	N	N	G	G	K	A	N	E	A	U	V	D
F	A	R	A	B	E	R	S	T	U	T	E	N	T	Z	K	S	T	O	A
A	N	F	L	Ü	C	H	T	L	I	N	G	A	E	U	O	I	E	P	B

2. Kennst du dich aus?

Werte das Bevölkerungsdiagramm Nigerias nach der Schrittfolge auf Seite 165 aus.

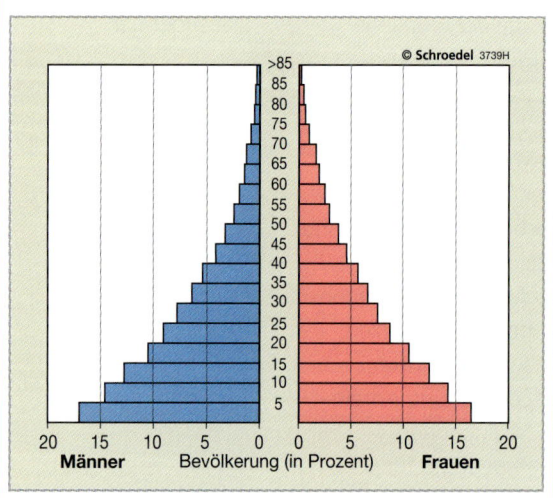

3. Indische Städte wachsen

a) Erläutere die Entwicklung der Stadtbevölkerung am Beispiel der indischen Städten in der nachfolgenden Tabelle.
b) Erkläre den Satz: „Will man den Städten in Indien helfen, muss zuerst den Menschen auf dem Land geholfen werden."

	1960	2009	2011
Bombay	4,8	13,9	18,4
Delhi	2,8	12,3	16,3
Kalkutta	4,7	5,0	14,1
Bangalore	1,4	5,3	8,5
Hyderabad	1,3	4,0	7,7

Entwicklung der Einwohnerzahl (in Millionen) in ausgewählten indischen Städten

4. Warum abwandern?
Übertrage das Schema in dein Heft und ergänze die Push- und Pull-Faktoren der Migration aus dem Wortspeicher.

Wortspeicher:
- geringes Einkommen
- bessere Arbeits- und Verdienstmöglichkeiten
- bessere Gesundheitsversorgung und Bildungsmöglichkeiten
- Krieg und Verfolgung
- Arbeitslosigkeit
- Natur- und Umweltkatastrophen
- hohes Bevölkerungswachstum
- besserer Lebensstandard
- Auflösung der traditionellen Großfamilien

Push-Faktoren
- ?
- ?
- ?
- ?
- ?
- ?
- ?
- ?
- ?

Pull-Faktoren
- ?
- ?
- ?
- ?
- ?
- ?

5. Karikatur
Erläutere die Karikatur in Hinblick auf die zukünftige Entwicklung der Weltbevölkerung.

6. Entwicklung der Bevölkerung in Industrieländern
Erläutere Folgen, die sich aus der in der Tabelle dargestellten Bevölkerungsentwicklung ergeben könnten.

Staat	Jahr	Anteil der über 60-Jährigen an der Bevölkerung des Landes
Deutschland	2012	27 %
	2050	48 %
China	2012	12 %
	2050	31 %

7. Wahrheit oder Lüge
Finde die falschen Aussagen und berichtige sie.
a) Indien ist nach China das bevölkerungsreichste Land der Erde.
b) Aids ist heilbar.
c) Auf der Erde leben über 7 Milliarden Menschen.
d) Aufklärung ist die wichtigste Ursache der weltweiten Bevölkerungsexplosion.
e) Migranten siedeln ausschließlich in ihrem Heimatland um.

8. Aids – Gesundheitsproblem Südafrikas
Erläutere die Entwicklung der Lebenserwartung in Südafrika mithilfe der Überschrift.

Lebenserwartung in Jahren bei der Geburt					
	1995	2000	2005	2010	2013
männlich	56,9	52,9	49,8	50,0	50,4
weiblich	64,2	58,8	53,8	53,1	48,5

9. Fachbegriffe des Kapitels
Bevölkerungsdiagramm
Bevölkerungsentwicklung
Bevölkerungsexplosion
Bevölkerungspolitik
Bevölkerungsstruktur
Bevölkerungswachstum
Geburtenrate
Geburtenrückgang
Flüchtlingsströme
Fruchtbarkeitsrate
Migration
Push- und Pullmodell
Schrumpfung
Sterberate
Tragfähigkeit
Volkszählung
Wachstumsrate

Gesteine – ihre Entstehung, Nutzung und Zerstörung

Vulkanausbruch auf Hawaii

M1 *Magmatisches Gestein: Basalt*

M2 *Sedimentgestein: Sandstein*

M3 *Metamorphes Gestein: Marmor*

Kreislauf und Entstehung der Gesteine

Ein Sprichwort sagt: „Stehe mit beiden Beinen fest auf dem Boden." Doch wie stabil ist die Erdoberfläche eigentlich? Beobachtungen über lange Zeit zeigen, dass sich die Erde ständig verändert.
An der Erdoberfläche sind die **Gesteine** vor allem Regen, Schnee, Wind, Frost und Hitze ausgesetzt. Durch die Wirkung dieser Faktoren werden sie zerkleinert. Das feine Material wird danach zum Beispiel durch Wasser, Wind oder Eis abgetragen, transportiert und als **Sediment** im Meer bzw. auf dem Land abgelagert. Dies geschieht über längere Zeit und die Sedimente werden durch andere Schichten überlagert. Durch den Druck der oberen Sedimentschichten verfestigt sich das tiefer liegende Material zu Sedimentgestein (= Ablagerungsgestein, M2). Abtragungs-, Transport- und Ablagerungsprozesse wirken von außen auf die Erdkruste und werden als exogene Prozesse bezeichnet.
Gelangen verfestigte Sedimentgesteine in große Tiefen, werden sie durch hohe Temperaturen und Druck in metamorphe Gesteine (M3, M4) umgewandelt. Schmelzen sie auf, entsteht Magma.
Wenn das Magma dann wieder in Richtung Erdoberfläche dringt und nahe der Erdoberfläche im Untergrund aushärtet, bildet sich ein Tiefengestein. Steigt das Magma bis an die Erdoberfläche auf, entsteht ein Ergussgestein (M1). Die Vorgänge im Erdinneren sind die endogenen Prozesse.

Magmatische Gesteine
Magmatische, vulkanische Gesteine sind meist feinkörnige bis dichte, massige Gesteine. Sie entstehen, wenn sich Magma – das ist das flüssige Gestein aus dem Erdinneren – schnell abkühlt. Dieses Ergussgestein finden wir zum Beispiel an Vulkanen.
Beispiel: Basalt (schwarz, grau, seltener bräunlich, hart, bruchfest, wenig porös, M1)

Wenn Magma knapp unter der Erdoberfläche langsam abkühlt, entsteht ein magmatisches Tiefengestein aus richtungslosen Gesteinsbestandteilen (= Minerale).
Bsp.: Granit (körnige Struktur, oft schwarz-weiß bis rötlich gesprenkelt, hart, wenig porös)

Metamorphe Gesteine
Entstehen unter hohem Druck und Temperatur. Neue Gesteinsbestandteile (Minerale) bilden sich.
Bsp.: Mamor (schwarz-weiß bis rötlich, Minerale sehr klein, oft in Bändern angeordnet, hart, kaum porös)

Sedimentgesteine
Entstehen durch Zerkleinerung des Gesteins. Im Anschluss kann es tief in die Erde gelangen und wird wieder fest.
Bsp.: Sandstein (gelblich bis rötlich, Einbettung der Gesteinsstückchen in eine verbindende Gesteinsmasse, Schichtungen manchmal erkennbar, teilweise porös)

M4 *Beispiele und Merkmale der Gesteinsfamilien*

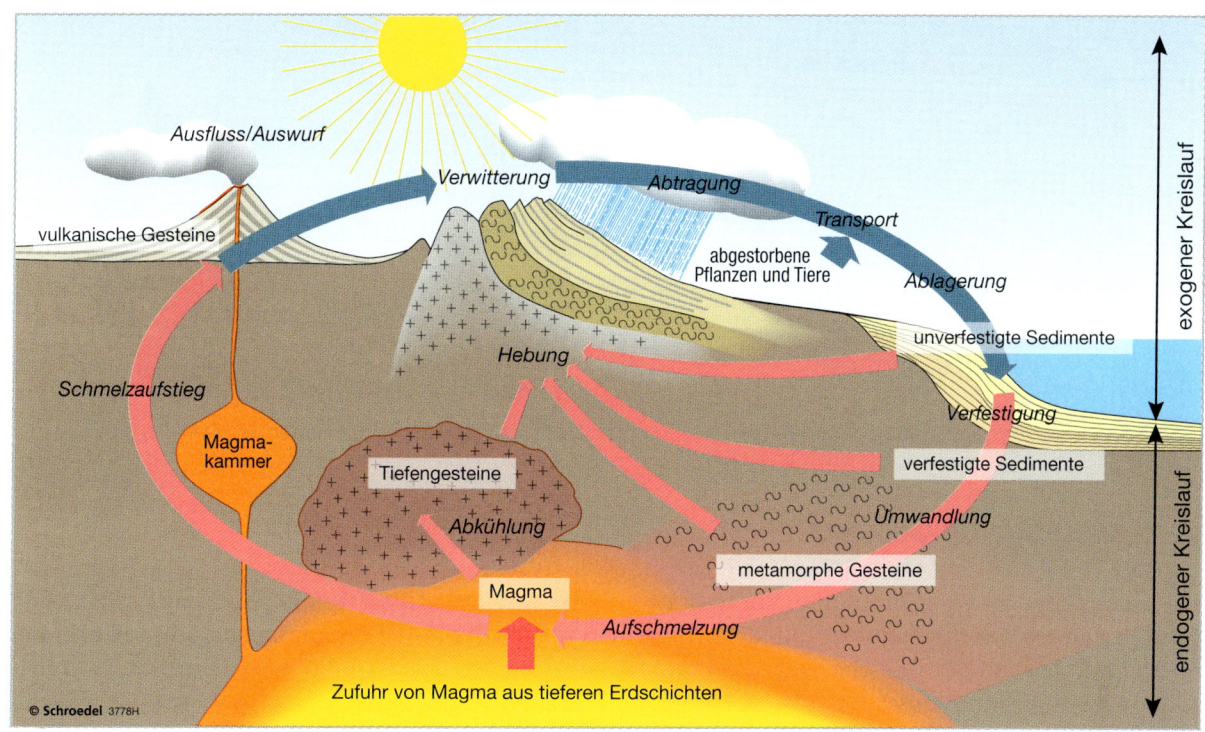

M5 *Der Kreislauf der Gesteine*

M6 *Aus dem Leben der Gesteine …*

❶ Gesteine können in Gesteinsfamilien unterteilt werden.
a) Ordne die Gesteine in M6 ihrer Familie zu: Sedimentgestein, metamorphes Gestein, magmatisches Gestein.

b) Ordne jeder Gesteinsfamilie (M4) ein weiteres Gesteinsbeispiel zu.

❷ Gesteine durchlaufen auf der Erde einen „Lebenskreislauf". Beschreibe die Reise eines Sandkorns von der kühleren Erdoberfläche bis ins heiße Erdinnere (M5).

Grundwissen / Übung

M1 *Granit vor Temperaturverwitterung*

M2 *Granit nach Temperaturverwitterung*

Verwitterung von Gesteinen

Bei vielen Menschen gibt es die Vorstellung, Gesteine wären für die Ewigkeit gemacht. Doch schon der **Kreislauf der Gesteine** (vgl. S. 189 M5) zeigt, dass Gesteine entstehen und auch wieder zerfallen. Befinden sich Gesteine in der Nähe oder an der Erdoberfläche, sind sie unter anderem den Einflüssen von Eis, Wasser, Flora und Fauna und Temperatur ausgesetzt. Diese verändern durch den Prozess der **Verwitterung** die Gestalt der Gesteine (M1, M2). Es werden drei Arten der Verwitterung unterschieden (M3).

Voraussetzung für die **physikalische Verwitterung** sind Druck- und Temperaturveränderungen. Wenn zum Beispiel salzhaltiges Wasser in die Hohlräume von Gesteinen eindringt, bilden sich bei der Verdunstung des Wassers Salzkristalle. Die Kristalle wachsen und dehnen sich aus. Dadurch erzeugen sie einen Druck, der das umgebene Gestein auseinanderbrechen lässt (**Salzsprengung**). Auch bei starken und häufigen Temperaturschwankungen können Spannungen im Gestein auftreten. Die Gesteinsbestandteile dehnen sich unterschiedlich aus. So kann es zur **Temperaturverwitterung** kommen.

Bei der **chemischen Verwitterung** ändert sich die stoffliche Zusammensetzung des Gesteins. Viele Steine reagieren z. B. mit dem Sauerstoff der Luft, sie **oxidieren**.

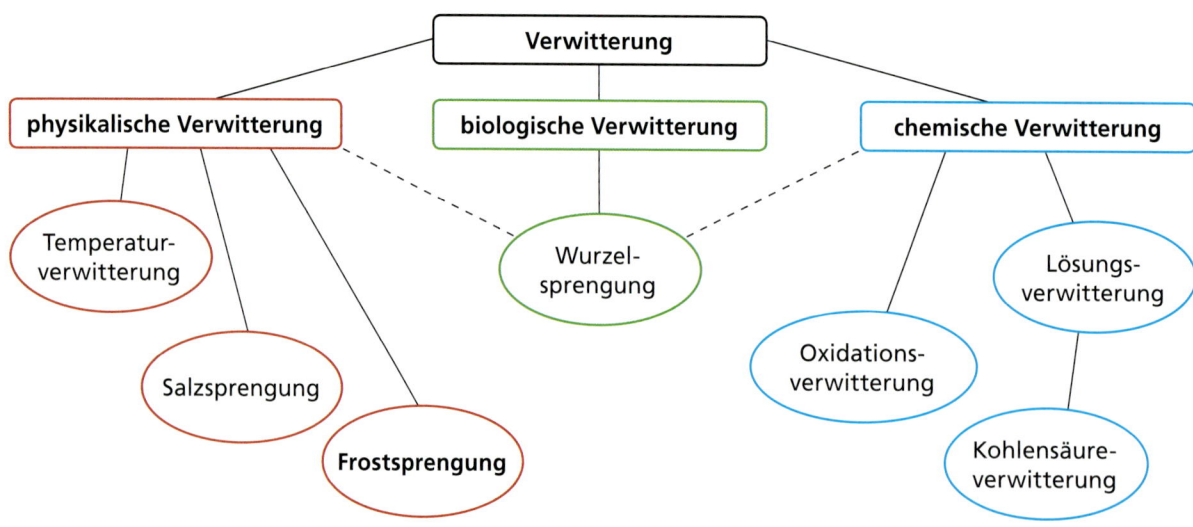

M3 *Verwitterungsarten im Überblick (Auswahl)*

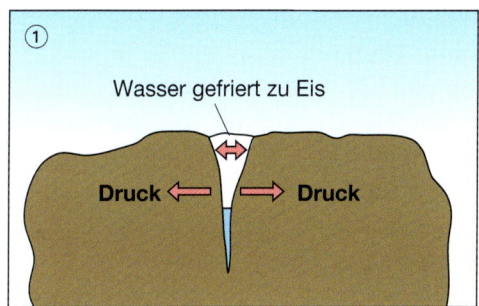
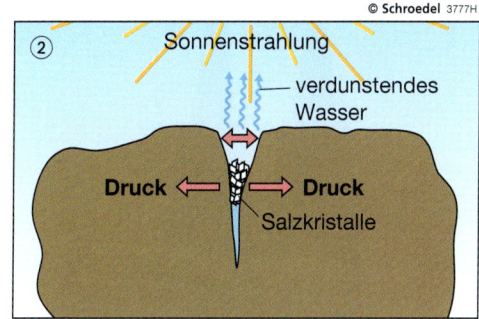

Verwitterung

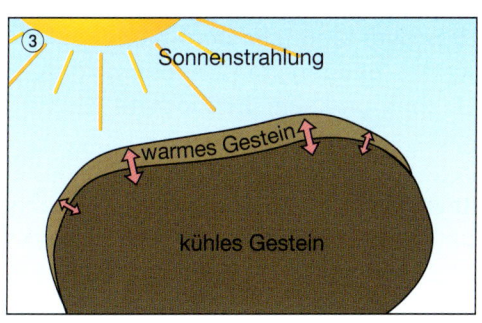
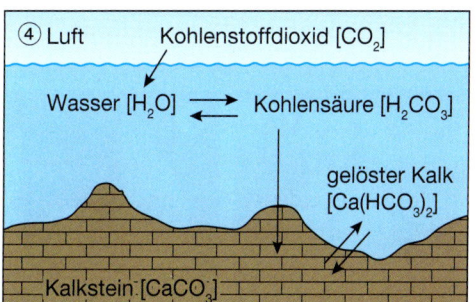

M4 *Schematische Darstellung ausgewählter Verwitterungsformen*

Auch Pflanzenwurzeln können in die __1__ des Gesteins eindringen. Wenn sie sich dort durch ihr Wachstum __2__, üben sie auf ihre Umgebung __3__ aus und können die Steine auseinanderdrücken. Aber auch die Säureproduktion von __4__ an den Wurzeln und im Boden führt zur __5__ der Struktur der Steine. Die Wurzelsprengung stellt also eine __6__ aus physikalischer und __7__ Verwitterung dar.

M5 *Lückentext zur biologischen Verwitterung*

M6 *Wurzelsprengung*

❶ Es gibt verschiedene Verwitterungsarten.
a) Ordne die Darstellungen M4 den Verwitterungsarten in M3 zu.
b) Beschreibe den Ablauf der Frostsprengung und der Kohlensäureverwitterung (M4 ① und ④).

❷ Auch Pflanzen können Gestein verwittern lassen.
a) Ergänze den Lückentext (M5) mit folgenden Begriffen:
ausdehnen, Mischform, kleinen Lebewesen, Zerstörung, chemischer, Klüfte, Druck.

b) Erkläre, warum die Wurzelsprengung nicht eindeutig der physikalischen oder chemischen Verwitterung zugeordnet wird.

Grundwissen / Übung

M1 *Das Kölner Wahrzeichen: der Dom*

M2 *Schäden durch sauren Regen an einer Statue des Kölner Doms (A) und nach der Restaurierung (B)*

M3 *Steinmetzarbeiten in der Dombauhütte*

Verwitterung am Kölner Dom

Der Kölner Dom – ein Wahrzeichen Kölns und Deutschlands

„Wenn der Dom vollendet ist, geht die Welt unter", lautet ein altes Kölner Sprichwort.

Doch dieser Tag wird wohl nie eintreten. Noch heute sind etwa 70 Menschen ständig damit beschäftigt, den Dom zu erhalten. Sie ersetzen die alte Bausubstanz durch neue und bewahren den Dom so vor dem Verfall. Für den Erhalt und den Betrieb des Doms werden jedes Jahr etwa elf Millionen Euro benötigt.

Doch der Einsatz lohnt sich: Es werden bis zu 20 000 Besucher täglich im Dom gezählt. Damit ist er eine der beliebtesten Sehenswürdigkeiten Deutschlands und die dritthöchste Kirche der Welt.

Warum verfällt der Kölner Dom?

Der Kölner Dom wurde in über 600 Jahren aus 12 verschiedenen Gesteinen erbaut. Diese halten Umwelteinflüssen wie Regen, Wind und Abgasen unterschiedlich gut stand. Sandsteine sind zum Beispiel gegenüber der Verwitterung anfälliger als Basalt.

Im vergangenen Jahrhundert produzierten die Dampflokomotiven in Deutschland noch viel Ruß und die Industrieanlagen bliesen über ihre Schornsteine Massen an Schwefel in die Luft. Das Schwefeldioxid in der Luft verband sich mit Wasser und reagierte zu Schwefelsäure. Diese griff das Gestein an. Man spricht vom sogenannten Steinfraß durch sauren Regen.

Der Ruß in der Luft konnte sich nun besonders gut auf den angegriffenen Gesteinsoberflächen absetzen. Dies führte unter anderem zur Schwarzfärbung des Gesteins.

Doch nicht nur der Anblick des Gebäudes verändert sich durch die Verwitterung. Sind die Strebwerke stark vom Steinfraß betroffen, kann der Dom sogar einstürzen. Um die Stabilität und Schönheit des Doms zu bewahren, sind ständig Mitarbeiter der Dombauhütte damit beschäftigt, alte Steine zu ersetzen und Statuen zu restaurieren (M3). Dafür wurden im Jahr 2011 fünf Kubikmeter Naturstein verbraucht. Im Jahr 2010 waren es sogar elf Kubikmeter.

vulkanische Gesteine

Drachenfels im Siebengebirge (1248 bis 1560), zerbröckelt langsam, mittlerer Gefährdungsgrad

v. a. aus dem Siebengebirge (1829 bis 1875), schalt ab, mittlerer Gefährdungsgrad

Sandstein

Baden-Württemberg, Rheinland-Pfalz (1842 bis 1863), sandet stark ab, höchste Gefahr

Niedersachsen (1845 bis 1880), vorerst keine Gefahr

Kalkstein

Main-Muschelkalk (1904 bis 1939), zerfällt bereits, Gefahr für die Zukunft

Frankreich (1845 bis 1875) in geschützeren Lagen (Portale) keine Gefahr, ungeschützt meist bereits zerstört

Basaltlava

Eifel (1826 bis 1972) keine Gefahr
Hessen (seit 1952) keine Gefahr

M4 *Welche Bereiche des Kölner Doms sind besonders gefährdet?*

M5 *Kosten für die Erhaltung des Kölner Doms zwischen 1960 und 2012*

Seit 1842 unterstützt der Zentral-Dombau-Verein zu Köln (= ZDV) finanziell die Erhaltung des Kölner Wahrzeichens. Dabei wurden in den letzten Jahren von den 14 000 Mitgliedern bis über 60 % der jährlichen Baukosten zu Erhaltung des Doms übernommen. Nur etwa die Hälfte der Vereinsmitglieder leben in Köln.

M6 *Der Kölner muss erhalten bleiben!*

❶ Der Kölner Dom ist bedroht.
a) Vergleiche die Fotos M2 A und B.
b) Erkläre die Zerstörung der Statue M2 A.
c) Erkläre den Begriff Restaurierung.
d) Schreibe einen Zeitungsartikel zur Gefährdung des Kölner Doms. Gehe dabei auf Ursachen und Wirkungen der Verwitterung ein (M4, Text).

❷ Der Dom muss gerettet werden.
a) Nenne Gründe, weshalb der Kölner Dom gerettet werden sollte.
b) Erläutere das Logo des Zentral-Dombau-Vereins zu Köln (M6).
c) Nimm Stellung zu der Aussage: „Der Kölner Dom ist ein ewiger Patient (M3, M5)."
d) Begründe, warum der ZDV auch von Menschen unterstützt wird, die nicht in Köln wohnen.

Grundwissen/Übung

M1 *Die Wartburg in Eisenach*

Die Nutzung von Gesteinen

Was haben der Erfurter Dom, die Wartburg in Eisenach, Schloss Friedenstein in Gotha, das Schloss Sanssouci in Potsdam und das Reichstagsgebäude in Berlin gemeinsam?
Sie alle wurden zu großen Teilen aus **Sandstein** errichtet, der im Seeberger Steinbruch bei Gotha abgebaut wurde.
Schon seit langer Zeit werden Baurohstoffe in Thüringen gewonnen. Von Bedeutung ist vor allem der Abbau von **Kalkstein**, Sandstein, Basalt, Gips, Kies, Sand und Ton.

In einigen Regionen prägen dort vorkommende Baustoffe sogar das Erscheinungsbild ganzer Städte und Dörfer. So sind viele Außenwände und Dächer im Thüringer Wald durch Schieferplatten, sogenannte Schindeln, verkleidet. Der Schiefer wird bereits seit dem 13. Jahrhundert im Thüringer Schiefergebirge abgebaut. Im 19. Jahrhundert kam es zur Blütezeit des Schieferabbaus. Sehr häufig werden in Thüringen auch Kiessande gefördert. Diese werden zum Beispiel zur Herstellung von Beton und Asphalt im Straßenbau verwendet. Sand und Sandstein aus Thüringen kommen u. a. zur Herstellung von Elektro- und Haushaltsporzellan sowie im Straßen- und Gebäudebau zur Anwendung. Thüringer Kalksteine und **Hartgesteine** (z. B. Basalt, Granit, Gneis) werden zur Herstellung von Schotter und Splitt genutzt.
Auch als Werk- und Dekorationsstein verwenden viele Menschen Thüringer Gestein. Zudem werden z. B. Tonschiefer, Kalksteine, Sandsteine und Kalksande als Klinker, Dachziegel, Zementrohstoff, Filtermaterial, Bodenfliesen, Töpferton und als Ausgangsmaterial zur Herstellung optischer Gläser genutzt.

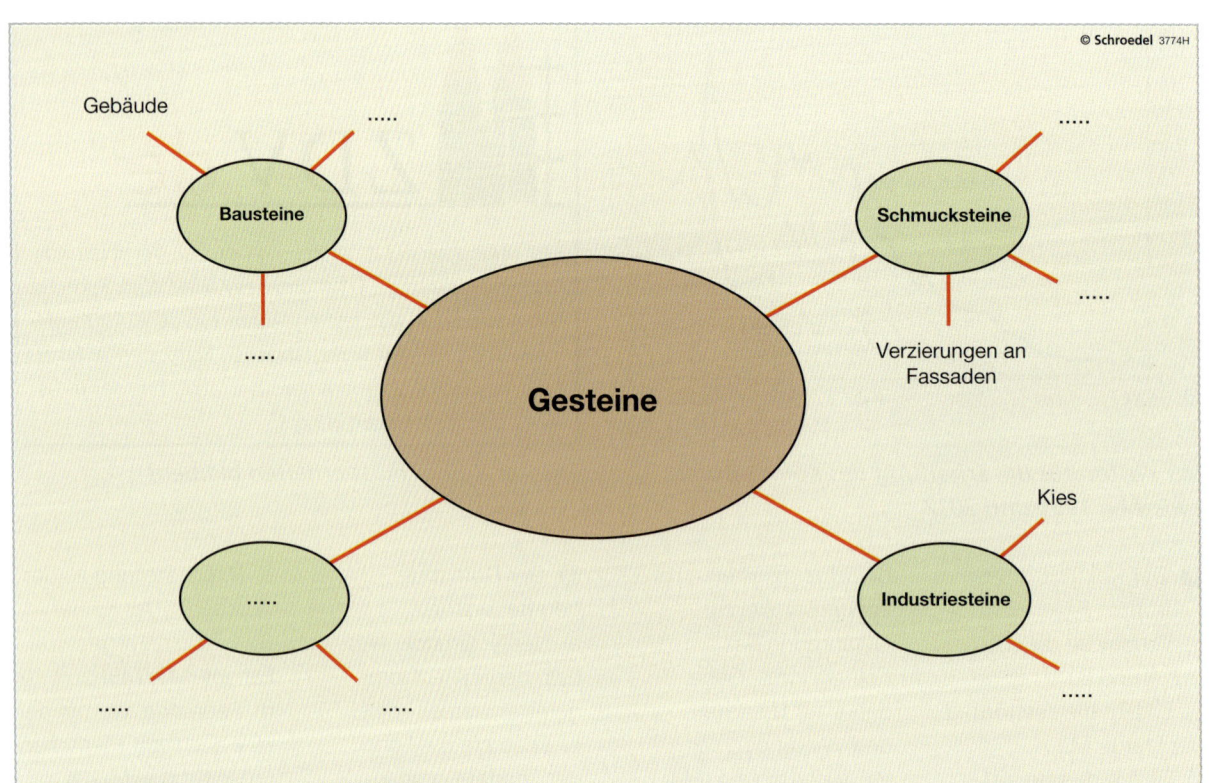

M2 *Mindmap: Verwendung von Gesteinen*

Sand und Kies	245 t	Quarzsand	9 t
Hartsteine	215 t	Gips	7 t
Braunkohle	170 t	Aluminium	3 t
Erdöl	105 t	Kupfer	2 t
Erdgas (1000 m³)	95	Torf	2 t
Kalkstein	70 t	Zink	0,7 t
Steinkohle	65 t	Schwefel	0,5 t
Stahl	40 t	Blei	0,4 t
Zement	27 t	Feldspat	0,4 t
Steinsalz	14 t	Phosphate	0,1 t
Tone	12 t		

M3 *Wie viele Rohstoffe verbraucht ein Deutscher in seinem Leben (Lebensalter: 80 Jahre)?*

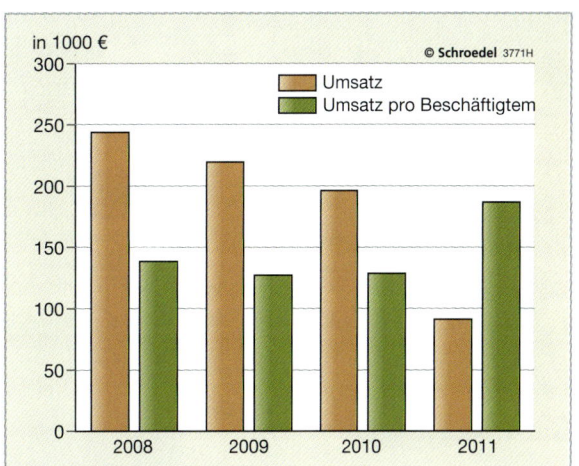

M4 *Entwicklung der Umsätze im Bergbau in Thüringen*

❶ Gesteine werden vielfältig genutzt.
a) Ergänze die Mindmap (M2).
b) Berechne, wie viele mineralische Rohstoffe du in deinem Leben schon verbraucht hast, und überlege wofür (M3).

❷ Gesteine werden im Bergbau gewonnen. Beschreibe die jüngsten Entwicklungen im Bergbau in Thüringen (M4).

❸ Erläutere die Aussage der Dornburger Zement GmbH: „Der sorgfältige Umgang mit Rohstoffen aus der Natur ist für uns eine Selbstverständlichkeit (M5)."

„Die Gewinnung von Baustoffen und die Sicherung der Rohstoffvorkommen sind Aufgaben der Gesellschaft. Ohne Baustoffe können Zukunftsaufgaben nicht gemeistert werden.
Unterschiedliche Nutzungsinteressen ‚verbrauchen' Landschaft [...]. Rohstoffe können nur dort gewonnen werden, wo zugängliche und ergiebige Lagerstätten sind. [...] Aber auch Naturschutz und Umweltschutz spielen [...] bei der Baustoffgewinnung eine entscheidende Rolle. [...] Durch neue Verfahren wird die bei früheren Sprengungen übliche Erschütterungswelle weitgehend vermieden. Lärmschutz und Staubschutzmaßnahmen im Bereich der Gesteinsaufbereitung verhindern Belästigungen durch Lärm und Staub. Mit fortschreitendem Abbau sorgen Rekultivierungs- und **Renaturierungsmaßnahmen** dafür, dass die ‚Wunden' in der Landschaft schneller geschlossen werden. Für viele Tier- und Pflanzenarten entstehen im Dornburger Kalksteinbruch sogar neue Lebensräume. [...]"

(nach: www.thomas-gruppe.de)

M5 *Abbau des Dornburger Kalksteins*

M1 *Beispielhandstück aus Südschweden*

 **Sechs Schritte zur Gesteinsbestimmung**

1. Beschreibung der Farbe
2. Bestimmung des Gefüges
3. Bestimmung der Härte und Bruchfestigkeit
4. Bestimmung der Dichte
5. Abschätzung der Hohlräume (Porosität)
6. Bestimmung der Gesteinsart

Methode: Wir bestimmen Gesteine

Viele haben schon einmal interessante Steine von Ausflügen mitgebracht. Wie kann man aber herausfinden, um welches Gestein es sich handelt? Dazu muss man einige Merkmale und Eigenschaften des Gesteins bestimmen.

1. Beschreibung der Farbe

Die Farbe des Gesteins ergibt sich aus der Farbe der verschiedenen Gesteinsbestandteile, der Minerale. Eine rötliche Färbung kann z. B. ein Hinweis auf einen hohen Eisengehalt sein.

Bsp.: Das Handstück (M1) ist schwarz, weiß und grau gefleckt. Einige wenige Minerale sind leicht rötlich.

Härte	Mineral	Ritzbarkeit
1	Talk	mit Fingernagel einfach ritzbar
2	Gips	mit Fingernagel ritzbar
3	Kalkspat	mit Bronzemünze ritzbar
4	Flussspat	mit Eisennagel ritzbar
5	Apatit	mit Glasscherbe ritzbar
6	Feldspat	mit Taschenmesserklinge ritzbar
7	Quarz	mit Stahlfeile ritzbar
8	Topas	mit Sandpapier ritzbar
9	Korund	ritzt Fensterglas, schlägt mit Stahl Funken
10	Diamant	ritzt Fensterglas, schlägt mit Stahl Funken

M2 *Mohs'sche Härteskala*

2. Bestimmung des Gefüges

Das Gefüge beschreibt die Größe, Form und Anordnung der Minerale im Raum. Man unterscheidet zwischen der Textur (= räumliche Anordnung der Körnchen) und der Struktur (= Aussehen der Körnchen).

Bsp.: Das Handstück ist grobkörnig. Es ist keine Ausrichtung der Körnchen zu erkennen. Die Körnchen liegen dicht aneinander.

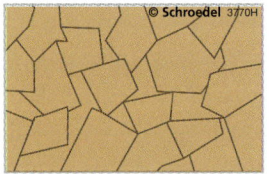 

grobkörnig, ungeordnet   feinkörnig, geordnet

3. Bestimmung der Härte und Bruchfestigkeit

Je nach enthaltenen Mineralen unterscheidet sich die Härte und Bruchfestigkeit des Gesteins. Mit den Ritzversuchen in Tabelle M2 kann der Mineralbestand abgeleitet werden. Die Bruchfestigkeit kann nur abgeschätzt werden.

Bsp.: Es handelt sich um ein hartes, weitgehend bruchfestes Gestein. Die Mohs'sche Härte beträgt oft 7. Quarz ist somit ein Hauptbestandteil des Gesteins (schmutzig grau). Weiterhin existieren Minerale mit der Härte 6 (Feldspat) und leicht in Schichten aufspaltbare schwarze Minerale (hier dunkler Glimmer, Härte 2 bis 3).

4. Bestimmung der Dichte

Die Dichte eines Steins kann mit einem Experiment bestimmt werden. Dazu benötigst du das Handstück, eine Waage, ein zylinderförmiges, durchsichtiges Gefäß, einen abwischbaren Folienstift und ein Lineal.

Durchführung des Experiments

Wiege zuerst das Handstück ab. Befülle dann ein zylindrisches Gefäß mit einer festgelegten Menge an Wasser (z. B. 100 ml). Markiere den Wasserstand am Gefäß. Tauche das Handstück vorsichtig ins Gefäß, bis es auf dem Boden liegt. Bitte die Hand wieder aus dem Wasser nehmen! Markiere dann den neuen Wasserstand. Berechne die Volumenveränderung im Gefäß und leite mithilfe der Masse die Dichte des Gesteins ab.

$V = \pi \cdot r^2 \cdot h$ V … Volumen
$\varphi = \frac{m}{V}$ φ … Dichte
  r … Radius des Zylinders
  h … Höhe des Wasserstandes
  m … Masse des Handstücks

M3 *Beginn (A) und Abschluss (B) des Experiments*

5. Bestimmung der Porosität

Die Porosität beschreibt, wie viele Hohlräume es in einem Gestein gibt.

Bsp.: Es sind keine Hohlräume im Gestein vorhanden. Das Handstück ist nicht porös.

6. Bestimmung der Gesteinsart

Bestimme anhand der Tabelle M4 und der beobachteten Merkmale und Eigenschaften die Gesteinsart deines Handstücks.

Bsp.: Es handelt sich um einen Granit. Darauf weist auch schon die Herkunft des Handstücks hin. Es stammt aus Südschweden, wo viele Granite an der Erdoberfläche zu finden sind.

Merkmale des Gesteins	Granit	Basalt	Sandstein	Kalkstein	Marmor	Gneis
hell			[x]	[x]	x	
dunkel		x	[x]	[x]		
hell und dunkel	x					x
Kristalle (glitzern)	x				x	x
blasige Hohlräume		x				
verbackene runde Körnchen			x	x		
glatte Oberfläche				x		
raue Oberfläche	x	x	x		x	x
geschichtet			[x]	[x]		
gebändert/geschiefert					x	x
Dichte in g/cm³	2,60 bis 2,78	2,74 bis 3,20	2,60 bis 2,76	2,60 bis 2,80	2,70 bis 2,99	2,64 bis 2,80
Mohs'sche Härte	2–7	6–9	3–4	2–4	3–4	6–7

M4 *Tabelle zur Gesteinsbestimmung (x = Merkmal trifft zu; [x] = Merkmal trifft manchmal zu)*

M5 *Handstück, Gesteinsart unbekannt*

❶ Bestimme die Gesteinsart eines eigenen Handstücks. Alternativ kannst du auch die Gesteinsart des Handstücks in M5 bestimmen.

M1 *Inlandeis heute*

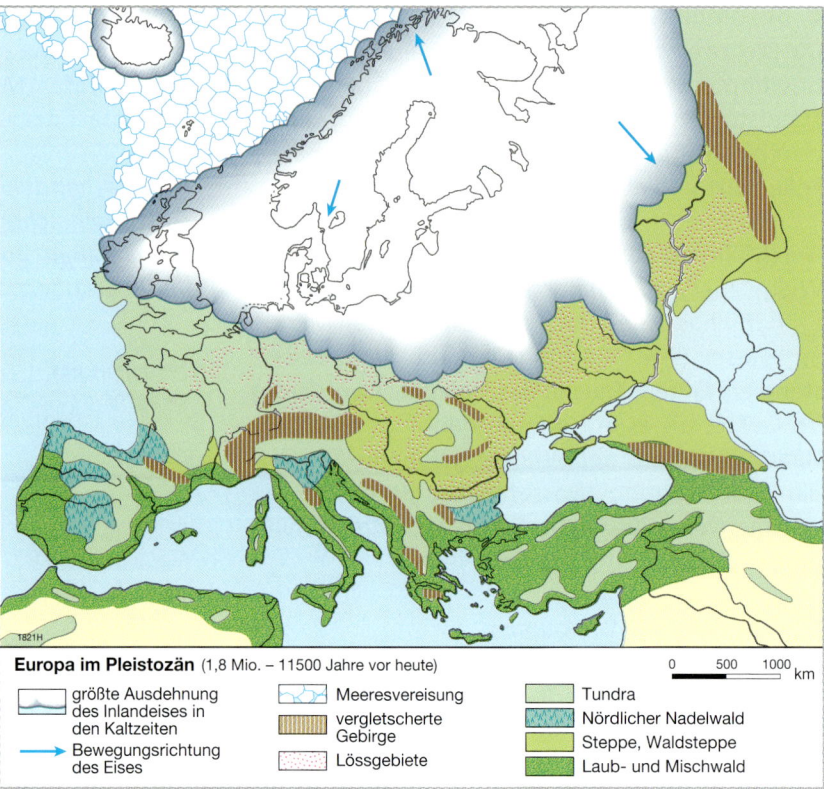

Europa im Pleistozän (1,8 Mio. – 11500 Jahre vor heute)

- größte Ausdehnung des Inlandeises in den Kaltzeiten
- Bewegungsrichtung des Eises
- Meeresvereisung
- vergletscherte Gebirge
- Lössgebiete
- Tundra
- Nördlicher Nadelwald
- Steppe, Waldsteppe
- Laub- und Mischwald

M2 *Europa im Pleistozän*

Formung der Landschaften durch Eis

Vor etwa 1,8 Millionen Jahren begann ein besonderer Abschnitt der Erdgeschichte – das **Eiszeitalter** (= Pleistozän). Im Eiszeitalter wechselten sich Warm- und Kaltzeiten ab.

In den Kaltzeiten sanken die Temperaturen weltweit um bis zu 10 °C im Vergleich zu heute. Auch in Gebieten, die weiter von den Polen entfernt lagen, fielen Niederschläge nur noch als Schnee. So türmte sich eine riesige Schneedecke im Bereich des Skandinavischen Gebirges (Norwegen, Schweden, Finnland) auf. Diese hatte ein so großes Gewicht, dass der lockere Schnee über die Zeit zu einer Eismasse zusammengepresst wurde. Das bis über 3000 Meter mächtige **Inlandeis** breitete sich mit der Zeit auch weiter nach Süden aus (M2). Zeitgleich bildeten sich **Gletscher** in den Hochgebirgen (z. B. Alpen).

Die Landschaftformen der Eiszeit

Während der Eiszeiten entstandene Oberflächenformen werden als glaziale Formen bezeichnet. Auch heute noch sind die Auswirkungen des Eiszeitalters sichtbar: Im Ablagerungsgebiet sind **Findlinge** anzutreffen (M3, M4). Diese Steine wurden während der Eiszeit vom Inlandeis aus dem Untergrund herausgerissen und im Eis nach Süden transportiert.

Während der Bewegung in Richtung Süden zerrieb die riesige Eismasse im Kontaktbereich zur Erdoberfläche Teile des mitgeschleppten Gesteins und des Gesteins an der Erdoberfläche. Die Fläche unter dem ehemaligen Inlandeis ist die **Grundmoräne** (M5). Als **Endmoräne** wird der Wall an Sedimenten bezeichnet, der vor der Gletscherzunge abgelagert wurde.

Das Schmelzwasser der Gletscher spülte feines Gesteinsmaterial – meist Kiese oder Sande – aus den Moränen und lagerte es vor der Endmoräne ab. Die leicht geneigten Ablagerungsgebiete dieser lockeren Sedimente werden **Sander** genannt. Das abfließende Wasser vereinigte sich weiter südlich zu einem riesigen Fluss, dem **Urstromtal**. In ihm flossen die Wassermassen zum Meer.

M3 „Alter Schwede" am Hamburger Elbufer

Der „Alte Schwede" in Hamburg

Im September 1999 wurde bei Baggerarbeiten in der Elbe in ca. 15 m Tiefe ein großer Findling gefunden. Ein erster Bergungsversuch mit einem Schwimmkran schlug leider fehl: Beim Herausheben des Findlings aus dem Elbwasser riss sich dieser los und versank wieder. Erst der zweite Versuch war erfolgreich. Der Findling wurde am Elbufer bei Övelgönne an einem vorbereiteten Platz abgesetzt. Der riesige Stein hat ein Gewicht von 217 Tonnen und einem Umfang von fast 20 Metern, seine Höhe beträgt etwa 4,5 Meter.

M4 Zeitungsmeldung vom 24. Oktober 1999

❶ Europa ist durch die Eiszeit geprägt. Beschreibe die Ausdehnung der Eisbedeckung in Deutschland und Europa während der Eiszeit (M2, Atlas).

❷ Die Eiszeit erschuf typische Formen.
a) Erkläre anhand von M5A und M5B die Entstehung und Abfolge der glazialen Serie (Text).
b) Der „Alte Schwede" ist seit 1999 eine Attraktion am Elbufer. Erkläre den Namen dieser Sehenswürdigkeit (M3, M4).

INFO

Die typische Abfolge der eiszeitlichen Landschaftselemente Grundmoräne, Endmoräne, Sander und Urstromtal wird als **glaziale Serie** bezeichnet.

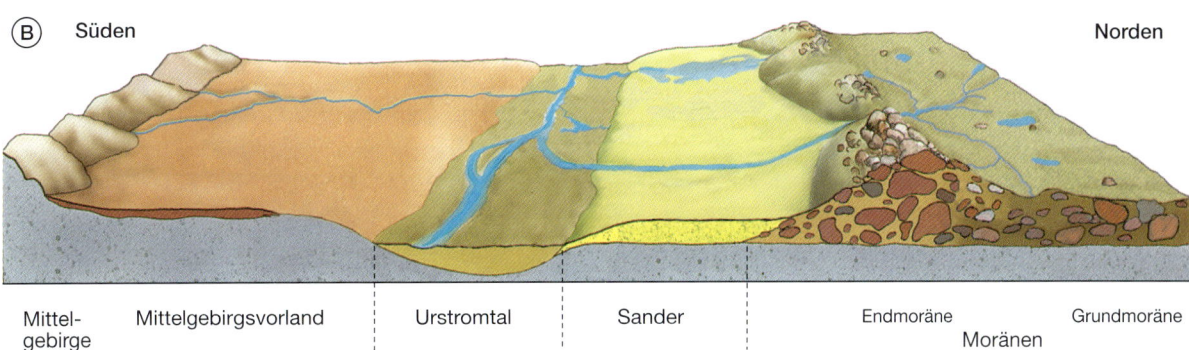

M5 Bereich des Norddeutschen Tieflandes während der Eiszeit (A) und heute (B)

M1 *Eingangsportal der Marienkirche in Berlin*

Land- und Forstwirtschaft auf den Sedimenten der Eiszeit

Seit vielen Tausend Jahren ist das Eis der letzten Kaltzeit in Deutschland inzwischen verschwunden. Doch noch immer prägen die Hinterlassenschaften des Eises die Landschaft und das Leben der Menschen im Norddeutschen Tiefland. Und das vom Eis abgelagerte Material beeinflusste auch die Bodenbildung. So besitzen die Böden im Raum oft unterschiedliche Eigenschaften (M3).

Über Jahrtausende wurden bei der Bearbeitung der Böden auch immer wieder Findlinge unterschiedlicher Größe an die Erdoberfläche befördert. Da sie die Feldarbeit behinderten, wurden sie ausgelesen und als Steinhaufen am Feldrand abgelagert. Die Bewohner Norddeutschlands nutzten sie auch als Baumaterialien zum Beispiel für Kirchen und Mauern (M1).

Die Börden
Nördlich der deutschen Mittelgebirge hat sich in Niederungen ein fruchtbarer Boden ausgebildet. Dessen Ausgangsmaterial ist **Löss**. Löss entstand während und kurz nach der Eiszeit. Winde wehten aus den Sandern und Moränen feinkörniges, kalkhaltiges Material aus. Dieses Material wurde bis an die Mittelgebirge geweht. Dort setzte es sich ab. Heute werden diese fruchtbaren **Börden** intensiv landwirtschaftlich genutzt.

Die Grundmoränen
Die Grundmoränengebiete werden wie die Börden ackerbaulich genutzt. Auf dem durch das Inlandeis fein zerriebenen Material entwickelten sich fruchtbare Böden. Diese werden heute vielerorts mit anspruchsvollen Pflanzen wie Weizen, Zuckerrüben und Raps bebaut. Die Seenlandschaften der Grundmoränen dienten der Erholung. In einigen Seen wird Fischerei betrieben.

Die Endmoränen
Auf den steinigen, oft grobkörnigen Ablagerungen wachsen vor allem Buchenmischwälder. Hier überwiegt die Forstwirtschaft.

Die Sander
Die eiszeitlich abgelagerten **Kiese** und **Sande** werden heute als Baustoffe verwendet. Auf den Flächen stehen hauptsächlich Kiefernforste.

Im Urstromtal
Auf den Flächen wird zumeist Viehwirtschaft betrieben. Entwässerte Flächen nutzen die Menschen zum Ackerbau.

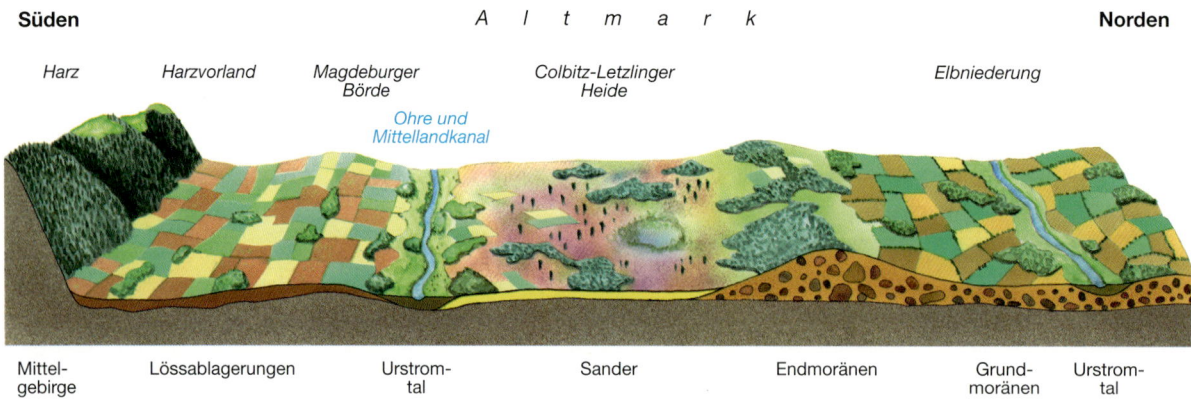

M2 *Nutzungsformen der glazialen Serie*

Landschaft	Börde	Urstromtal	Sander	Endmoräne	Grundmoräne
Relief	eben bis wellig	Senke zwischen Uferböschungen	flach geneigt	deutlich hügelig	flachwellig bis eben
Material	Löss	feines Material	Sand, Kies (größensortiert)	Gemisch aus feinem und grobem Material (auch Findlinge)	feines Material mit Steinen
Böden	sehr fruchtbar	oft fruchtbar, aber nass	nährstoffarm, trocken	oft unfruchtbar	fruchtbar
Verbesserungs-maßnahmen	kaum notwendig, wenig düngen	Entwässerung, dann befahrbar	düngen und in trockenen Sommern bewässern	Steine entfernen	mäßig düngen, Steine entfernen
typische Nutzung	Ackerbau; vor allem Zuckerrübe, Weizen, Getreide	Wiesen und Weiden, nach Trockenlegung Ackerbau möglich	Kartoffeln, Gerste, Wiesen/ Weiden, Forst (meist Nadelwald)	Forst, Wiesen/ Weiden, Ackerbau in flacheren Bereichen	überwiegend Ackerbau

M3 *Merkmale der Bördelandschaft und der glazialen Serie*

❶ Die glaziale Serie prägt die Nutzung Norddeutschlands.
a) Gib den Fotos M4 bis M6 jeweils eine Bildunterschrift. Es sollten enthalten sein: Name des Teils der glazialen Serie, Nutzung.
b) Beschreibe M2.
c) Erkläre Zusammenhänge zwischen der heutigen Bodennutzung in Norddeutschland und dem Wirken des Eises oder des Schmelzwassers.

❷ Löss ist ein weitverbreitetes Material Nord- und Mitteldeutschlands. Skizziere den Prozess der Lössbildung in deinem Heft.

M4 ???

M5 ???

M6 ???

M1 *Bachmäander*

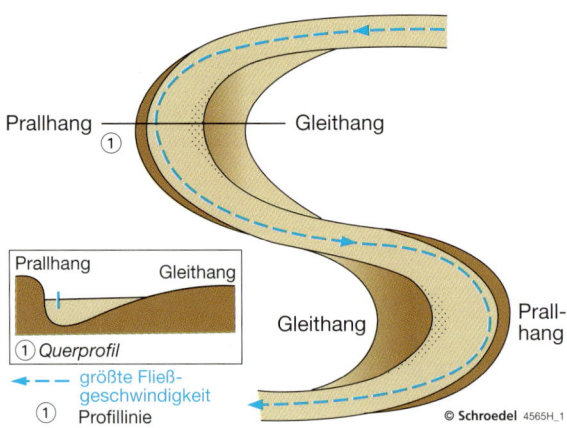

M2 *Mäander in Aufsicht und im Querprofil*

Formung der Landschaft durch Flüsse

Meist entspringen Flüsse in einem Gebirge. Sie sammeln auf ihrem Weg zum Meer das oberflächlich abfließende Wasser eines Raumes. Der entwässerte Raum wird als **Einzugsgebiet** bezeichnet. Auf dem Weg zum Meer nimmt die Abflussmenge des Flusswassers ständig zu.

Das Wasser muss Hindernisse umfließen oder sie durchbrechen. Fließendes Wasser kann ähnlich einem Wasserstrahl Material wie Gestein oder Boden abtragen und transportieren. Der Abtragungsvorgang wird auch als Erosion bezeichnet. Sobald die Fließgeschwindigkeit im Mittel- und Unterlauf des Flusses abnimmt, werden Teile der Fracht abgelagert – zuerst die schwereren Teile, dann die leichten.

Im Mittellauf halten sich Abtragung und Ablagerung die Waage. Hier bilden sich Flussschlingen, sogenannte **Mäander** (M1). Die Flussschlingen bestehen aus Prall- und Gleithängen (M2). Am **Prallhang** wird Material seitlich abgetragen (erodiert), während es am **Gleithang** abgelagert wird. Nähern sich Eintritt und Austritt einer Flussschlinge an, entsteht in der Mitte eine kleine Insel (M3). Diese wird als **Umlaufberg** bezeichnet. Komplett vom Flusslauf abgetrennte Mäanderschlingen bezeichnen Wissenschaftler als **Altwasserarme** (M5).

Nimmt die Fließgeschwindigkeit im Unterlauf stark ab, lagert der Fluss seine Sedimentfracht ab. So kann zum Beispiel ein **Flussdelta** entstehen.

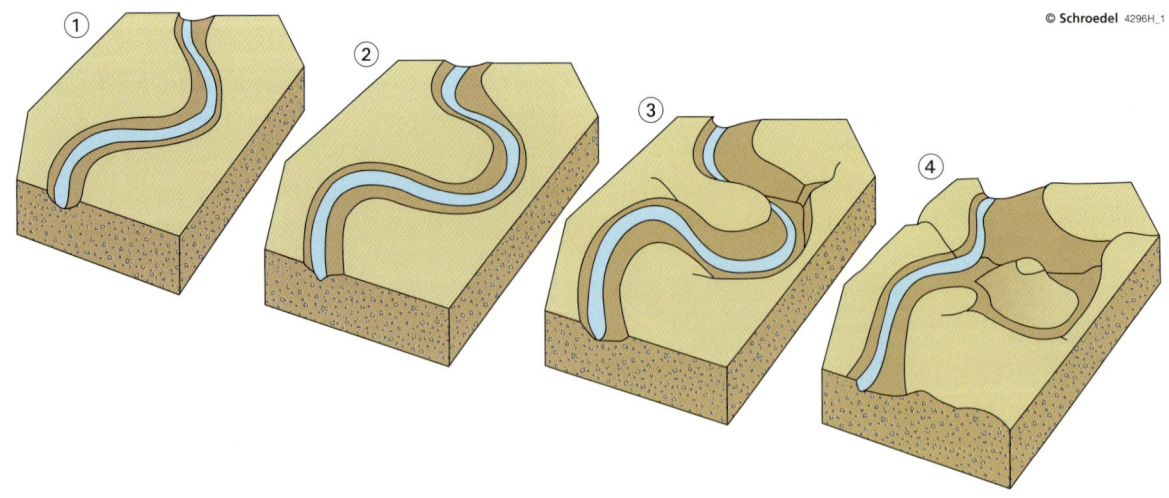

M3 *Entstehung eines Umlaufberges*

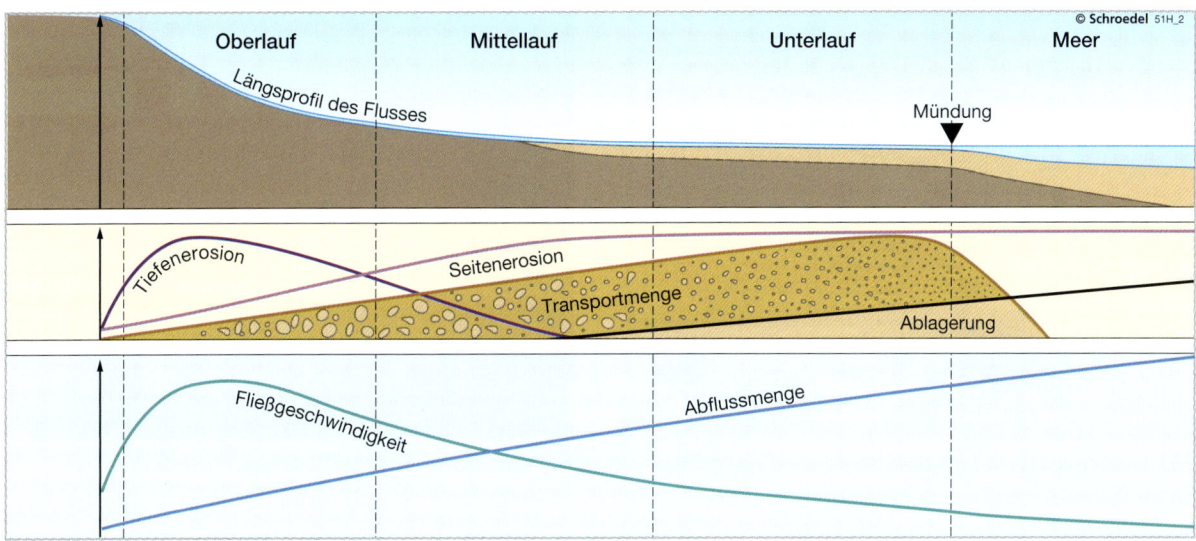

M4 *Die Veränderung der Kräfte am Ober-, Mittel- und Unterlauf eines Flusses*

Durch diesen Teil des Flussbettes floss schon lange kein Wasser mehr. Die Mäanderschlinge ist an ihrem oberen Ende seit vielen Jahren vom Fluss abgeschnitten. Der Bereich versumpfte. Doch das schwierige Relief des Mäanders und das knapp unter der Erdoberfläche anstehende Grundwasser verhindern die intensive Nutzung durch den Menschen. So konnten sich hier ungestört einzigartige Tier- und Pflanzenarten entwickeln.

M5 *Altes Wasser – frisches Leben*

❶ Ein Fluss kann in verschiedene Abschnitte unterteilt werden.
a) Nenne die Abschnitte eines Flusses (M4).
b) Beschreibe die Vorgänge in den einzelnen Flussabschnitten. Ergänze dazu Tabelle M6 in deinem Heft.

❷ a) Erkläre den Begriff Mäander.
b) Nenne Flussabschnitte, in denen Mäander gehäuft vorkommen.

c) Erläutere die Entstehung eines Umlaufberges (M3).

❸ Nimm Stellung zu folgender Aussage: „Ein abgetrennter Flussarm ist ein wichtiger Teil unserer Umwelt (M5)."

Gesteine – ihre Entstehung, Nutzung und Zerstörung

	Flussabschnitt A	**Flussabschnitt B**	**Flussabschnitt C**
Wassermenge	gering	?	?
Transportkraft	?	mäßig	?
Seitenerosion	?	?	stark
Tiefenerosion	?	?	?
transportierte Sedimentgröße	?	?	?
Gesamtfracht	?	?	?
Geschwindigkeit	?	?	?

M6 *Tabelle zu Aufgabe 1b*

Grundwissen / Übung

M1 „Jetzt wird mal ganz konsequent nach den Ursachen des Hochwassers gesucht."

M2 Der Rhein um 1800 am Isteiner Klotz (20 km nördlich von Basel): Trügerisches Idyll?

Beispiel Oberrhein – die Gewässer sind unter Kontrolle?

Vor etwa 200 Jahren verzweigte sich der Oberlauf des Rheins zwischen Basel und Worms in Seitenarme und Flussschlingen um Hunderte von Inseln und Sandbänke. Der Fluss war umgeben von **Auewäldern** (M2). Bei Hochwasser war der träge dahinfließende Strom bis zu 30 Kilometer breit.

Die Lebensbedingungen für die Bevölkerung waren sehr schwierig: Wegen des hohen Grundwasserspiegels war der Boden in der Rheinniederung für den Ackerbau zu feucht. Bei Hochwasser wurden die Wiesen und Felder überschwemmt und für Monate unbrauchbar. Mit jedem Hochwasser änderte der Fluss seinen Lauf. Viele Siedlungen waren deshalb über Wochen von der Außenwelt abgeschnitten. Die Bauern mussten um ihr Land, ihre Ernten und ihr Vieh fürchten. Die Schiffskapitäne liefen Gefahr, auf eine Sandbank aufzulaufen, da diese ihre Lage ständig veränderten.

Die Korrekturen am Rhein

Der Wasserbauingenieur Johann Gottfried Tulla arbeitete im Jahr 1812 einen gigantischen Plan aus. Er schlug vor, 30 Mäander zu durchstechen und den Fluss durch **Deiche** in ein höchstens 250 Meter breites Flussbett zu zwingen. Durch diese Flusskorrektur wurde die Fließstrecke zwischen Basel und Worms um etwa 80 Kilometer verkürzt. Auch das Gefälle erhöhte sich. Das Wasser benötigte deshalb nur noch etwa 25 anstatt 65 Stunden von Basel nach Worms.

Durch die Korrekturen konnten die Überflutungen am Oberrhein gebannt werden. Die ehemaligen Überflutungsflächen wurden bebaut. Problematisch entwickelte sich aber der Ausbau für die flussabwärts liegenden Gebiete. Das Hochwasser des Rheins durchfloss schneller den Oberlauf. So geschah es häufiger, dass das Hochwasser des Rheins mit den Hochwasserwellen der Nebenflüsse (z. B. Main und Neckar) zusammentraf. So verschärfte sich das Hochwasser flussabwärts.

Heute werden aus diesem Grund wieder Überflutungsflächen geschaffen. Dies sind Wiesen oder Weideflächen, auf die sich das Wasser während eines Hochwassers ausbreiten kann.

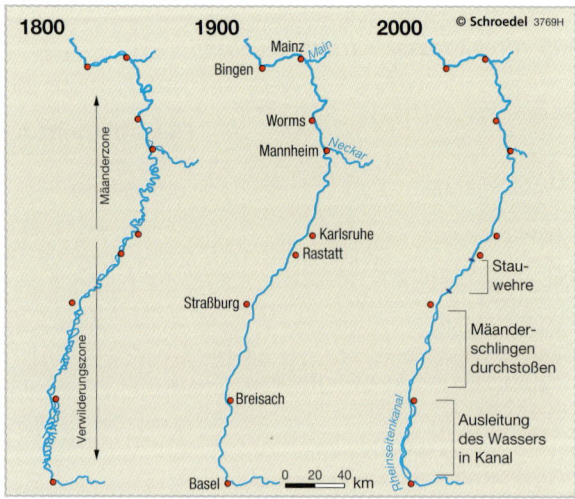

M3 Die Laufänderungen am Oberrhein

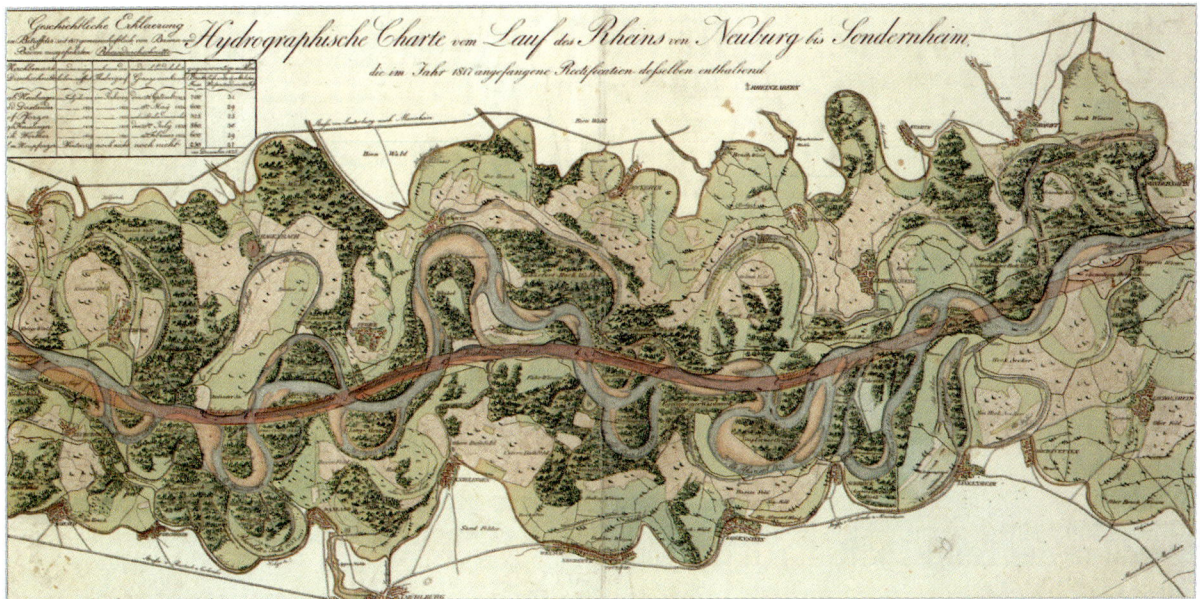

M4 *Plan zur Rheinbegradigung bei Karlsruhe aus dem Jahr 1822*

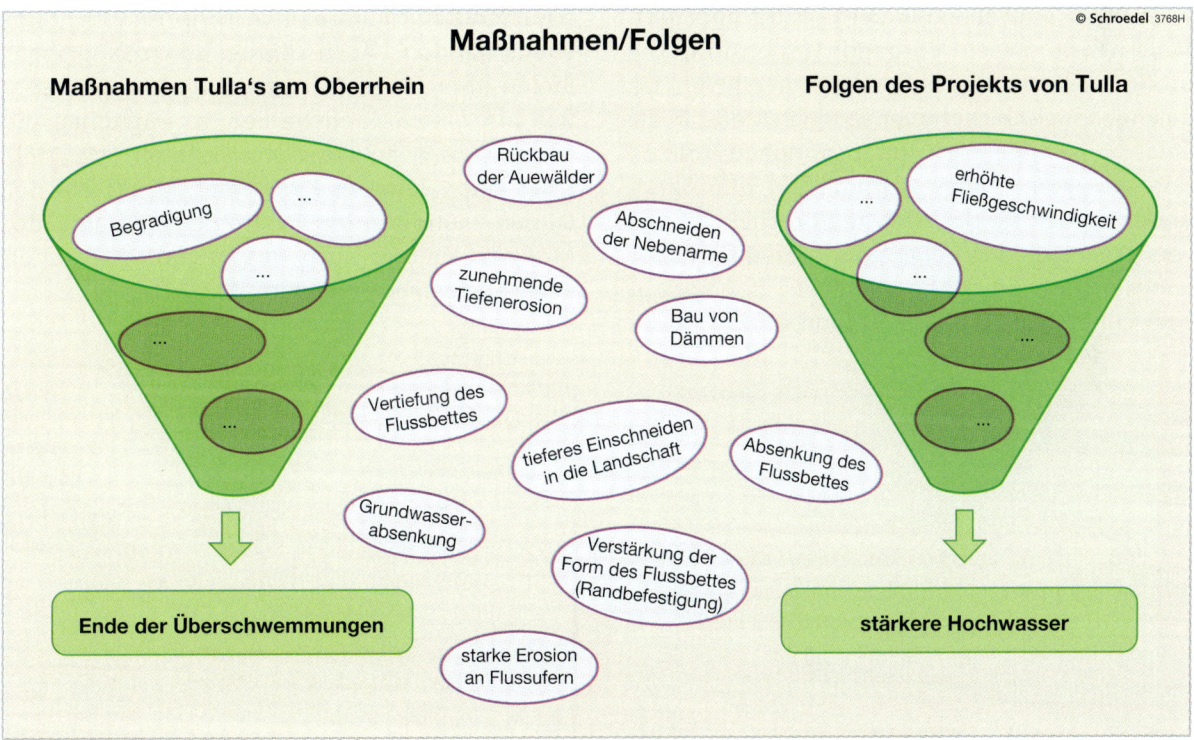

M5 *Die Rheinbegradigung im 19. Jahrhundert und ihre Folgen*

❶ Der Rhein um 1800. Erkläre, warum das Gemälde von Peter Birmann (M2) mit „Trügerisches Idyll" unterschrieben ist.

❷ Der Oberrhein wird verändert.
a) Vergleiche die Pläne zur Rheinbegradigung zwischen Neuburgweier und Sondernheim (M4) mit einer aktuellen Karte (https://maps.google.de).
b) Ordne die Stichpunkte in M5 den Maßnahmen oder Folgen zu.

❸ Die Flüsse heute. Nenne Maßnahmen, die heute zum Schutz vor Hochwasser getroffen werden.

Grundwissen / Übung

M1 *Dünen an der Ostsee*

Formung der Landschaft durch den Wind

Der Wind kann lockeres Material der Erdoberfläche bewegen. Kleine Körnchen, Staub genannt, werden oft schwebend in der Luft transportiert. Man nennt diesen Vorgang Suspension. Die größeren Körnchen sind dafür zu schwer. Sie gelangen meist nicht höher als einen Meter in die Luft. Sie bewegen sich somit springend, rollend oder kriechend. Beim Aufprall auf den Sandboden stoßen sie das nächste Körnchen an und versetzen auch dies in Bewegung. Sind sehr viele Sandteilchen in Bodennähe in Bewegung, bezeichnet man dies auch als Sandsturm.

Der Wind kann die Erdoberfläche formen. Er weht zum Beispiel **Dünen** auf (M1, M4), die ohne schützenden Pflanzenbewuchs in Windrichtung weiterwandern. Auch können durch Sand sogar Steine über lange Zeit abgeschliffen werden – wie mit einem Sandstrahler. So entstehen die Formen wie Windkanter und Pilzfelsen (M5, M6). Über lange Zeiträume kann der Wind nicht nur Dünen, sondern im Zusammenspiel mit der Meeresströmung auch das gesamte Aussehen einer Küstenlinie verändern (M2, M3).

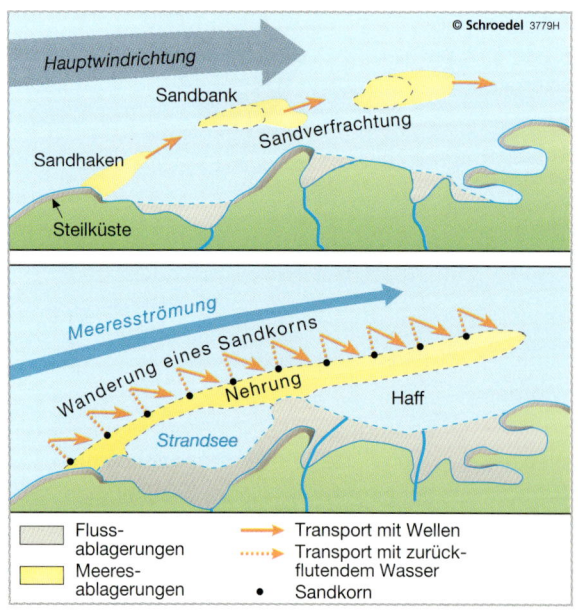

M2 *Entstehung einer Nehrungs-/Haffküste*

Typische Beispiele für die Veränderung der Küstenlinie sind die Ausgleichsküsten an der deutschen und polnischen Ostsee. Das Lockermaterial an diesen Küsten stammt unter anderem von Steilküsten, vom Meeresboden oder auch aus in das Meer mündenden Flüssen. Durch Küstenströmungen und Wind wird es mobilisiert, transportiert und wieder abgelagert. Am Ablagerungsort entstehen Sandbänke.

Im Laufe der Zeit siedeln sich Pflanzen auf den Sandbänken an. Diese unterbrechen den Windstrom. Das vom Wind transportierte Material lagert sich deshalb dort ab. Aus den Sandbänken können so Inseln entstehen. Eine Insel ist ein vollständig vom Wasser umgebenes Stück Land, das kleiner als ein Kontinent ist. Auch die Inseln wachsen immer weiter und können sich schließlich zu einer Nehrungsküste verbinden. Die durch die Nehrung vom Meer abgetrennte Bucht wird als Haff bezeichnet.

M3 *Entstehung einer Nehrungs-/Haffküste*

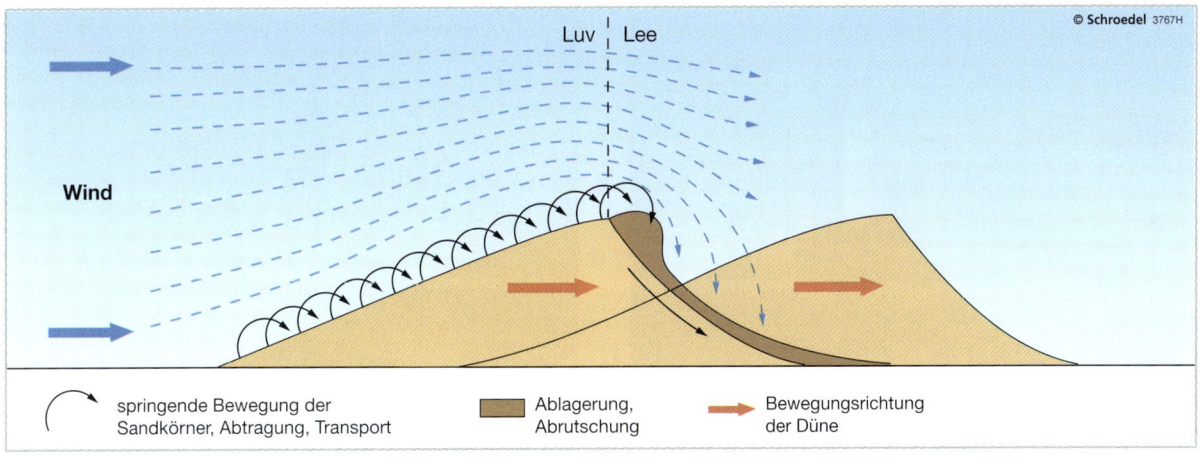

M4 *Entstehung einer Düne durch Sandtransport*

M5 *Durch Winderosion geschaffene Windkanter*

M6 *Pilzfelsen in der Negev-Wüste (Israel)*

❶ Dünen sind Oberflächenformen, die vom Wind geschaffen wurden (M1, M4).
a) Beschreibe die Entstehung einer Düne.
b) Erkläre, wie Dünen wandern.

❷ Die deutsche Ostseeküste wird durch den Wind mitgestaltet.
a) Erläutere mithilfe von M2 und M3 die Veränderung der Küste bei Heiligenhafen (M7).
b) Nenne mögliche Folgen für den Ort Heiligenhafen (M7).

❸ Der Wind kann auch Steine abtragen. Erläutere die Entstehung von Windkantern und Pilzfelsen (M5, M6).

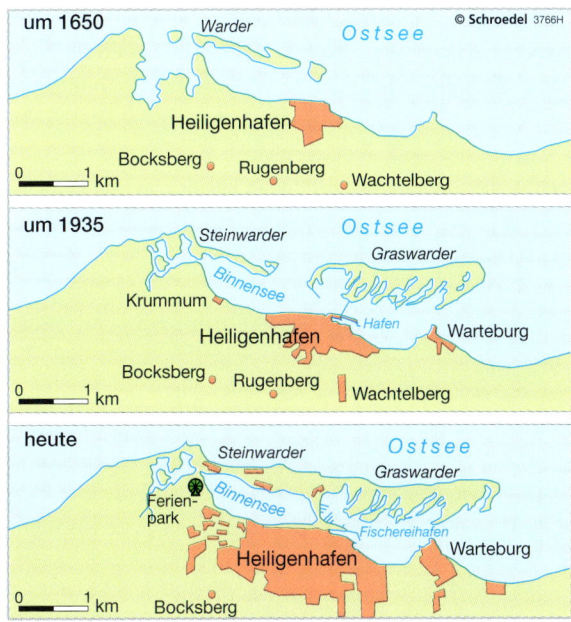

M7 *Veränderung der Küstenlinie bei Heiligenhafen*

Grundwissen / Übung

M1 *Wanderdüne auf Jütland (Dänemark) verschlingt langsam einen Leuchtturm*

M2 *Wanderdüne hat die Nebengebäude verschlungen*

Das Beispiel der Wanderdünen auf Jütland – wenn Sand sich in Bewegung setzt

Wie die Fotos M1 und M2 des Leuchtturmes auf Jütland zeigen, hat der Mensch auf lange Sicht wenig Chancen, der Natur Einhalt zu gebieten. Die Gebäude um den Leuchtturm verschwinden mit der Zeit unter dem Sand einer Wanderdüne. Abhängig von der vorherrschenden Windrichtung, der Bodenfeuchtigkeit und der Vegetation können sich unterschiedliche Dünenformen ausbilden (M7).

Der Mensch versucht, die Bewegung großer Sandmassen zum Beispiel durch gezielte Bepflanzung mit widerständigen Pflanzen zu unterbinden. Dadurch sollen ganze Küstenabschnitte stabilisiert und vor Zerstörung geschützt werden.

Wanderdünen reisen und sterben

Es war von Anfang an ein aussichtsloser Kampf, den die Jütländer am Ende des Jahres 1900 an der Westküste Dänemarks begannen. Aussichtslos deshalb, weil der Sieger schon vor Beginn der Auseinandersetzung feststand: Der Sand, auf Dauer gewinnt er immer. Er verschlingt blühende Landschaften und begräbt ganze Städte unter sich. Gewusst haben das die Dänen sehr wohl, die ihren 23 Meter hohen Leuchtturm mitsamt vier Nebengebäuden am Strand unweit des kleinen Dörfchens Lønstrup errichteten.

Aber sie haben ihn unterschätzt, den Sand oder, besser gesagt, die kleine unscheinbare Sanddüne am Strand, die zu dieser Zeit nur wenig über zwei Meter hoch ist. Sie wird in nur kurzer Zeit zur größten Wanderdüne Europas wachsen mit einer Länge von fast zwei Kilometern und einer Höhe von über 100 Metern. Sie wird die Gebäude begraben und den Leuchtturm überragen, ja sie wird ihm so schwer zusetzen, dass sein Betrieb eingestellt werden muss. Anfangs wird sie den Menschen noch Hoffnung machen, mit ein paar Schaufeln alles wieder ins Lot bringen zu können, dann aber wird sie den gesamten Landstrich verschlingen. Nachdem sie alles verwüstet hat, wird sie weiterziehen, so wie manche Dünen es tun, und im neuen Jahrtausend, im Jahr 2004, werden die ersten Gebäude wieder immer mehr zum Vorschein kommen. Dann werden alle ihren Namen kennen: Rubjerg Knude.

Auch heute noch bläst der Wind hart in dieser Region, so hart, dass er zusammen mit seinem Verbündeten, dem Meer, das Land unablässig in die Fluten stürzen lässt, viele Meter Jahr für Jahr. Dieser Wind ist es auch, der den Dünen ihre Nahrung bringt, neuen Sand, um zu wachsen, und er ist es auch, der sie wandern lässt, von einer Verwüstung zur nächsten. Ja, ohne ihn könnten sie gar nicht erst entstehen. Überall dort, wo Winde auf große Sandmengen treffen, wo es möglichst trocken ist und kaum Vegetation gibt, finden sie beste Voraussetzungen; in Wüsten oder an Stränden etwa. [...]

(nach: Die Welt, 31.07.2009, C. Satorius)

M3 *Zeitungsmeldung*

M4 *An der dänischen Küste: Düne mit Strandhafer und Reisigbündeln als „Sandfänger"*

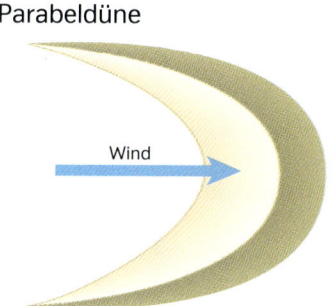

Parabeldüne

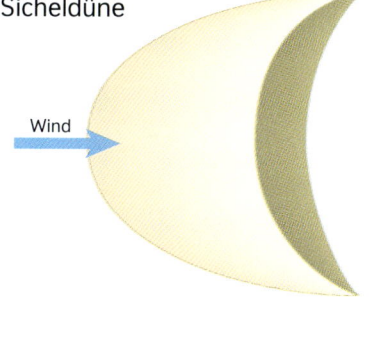

Sicheldüne

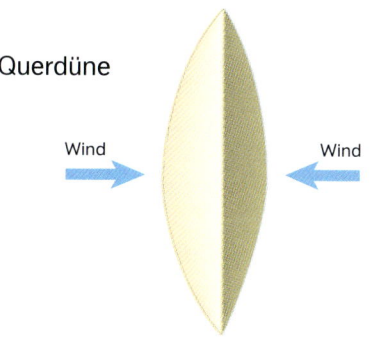

Querdüne

Ein dänischer Umweltschützer berichtet:

„Viele Küsten Dänemarks sind durch feinen Sand geprägt. Dieser Sand würde wegwehen, wenn er nicht befestigt wäre. Den besten Halt bietet ein Bewuchs der Dünen mit Pflanzen, wie zum Beispiel dem Strandhafer und der Stranddistel.

Wir schützen daher alle Pflanzen, die uns beim Festhalten des Sandes helfen. Damit die Pflanzen der Dünen nicht zertrampelt werden, haben wir für die Touristen Bohlenwege zum Meer angelegt.

Wir scheuen keine Mühen, immer wieder neue Dünengräser anzupflanzen oder Reisigbündel in die Dünen zu stecken, um den Sand festzuhalten. Leider gibt es Urlauber, die achtlos die Dünen zertrampeln."

M5 *Wie wir uns vor dem Sand schützen*

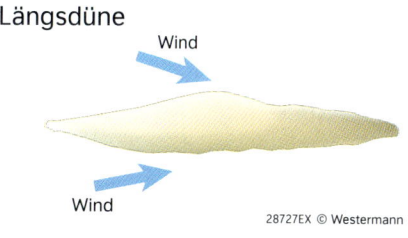

Längsdüne

M6 *Dünenschutz in Deutschland*

M7 *Dünenformen*

❶ Dünen sind durch den Wind geschaffene Oberflächenformen.
a) Beschreibe die Gestalt der Dünenformen (M7).
b)  Beschreibe die Unterschiede in der Entstehung der Sicheldüne, der Längsdüne und der Querdüne (M7).

❷ Die Wanderdünen
a) Fasse den Text M3 in wenigen Sätzen zusammen.
b) Beschreibe, wie sich die Menschen vor Wanderdünen schützen (M4–M6).
c) „Wanderdünen – Naturschauspiel oder Naturgefahr?" Nimm Stellung zu dieser Frage.

Grundwissen / Übung

Tipps zur Anfertigung von Präsentationen

1. große, gut lesbare Überschrift
2. Abbildung kann für Erklärung genutzt werden
3. wenig, aber gehaltvoller Text
4. helle Hintergrundfarbe
5. Angabe von Quellen

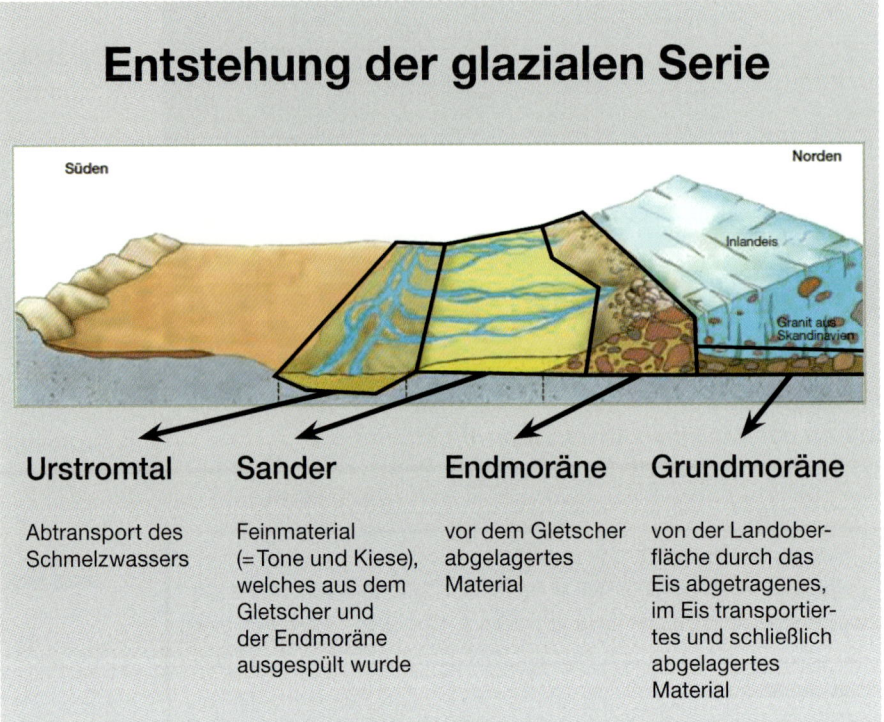

M1 *Beispiel einer PowerPoint-Präsentation*

Methode: Präsentationen durchführen

„Eine gute Rede soll das Thema erschöpfen, nicht die Zuhörer." (Winston Churchill)

Einen überzeugenden Vortrag zu einem Thema zu halten – ein Thema zu präsentieren – ist im Leben immer wieder wichtig. Unter einer Präsentation versteht man das geplante, geordnete Informieren eines Publikums. Dabei ist die richtige „Wellenlänge" zwischen dem „Sender" und dem „Empfänger" entscheidend. Der Vortragende sollte sein Publikum begeistern und dadurch dessen Interesse wecken. Nur so erreicht er die notwendige Aufmerksamkeit.

Es gibt einige Dinge, die für einen Vortrag wichtig sind: die Körpersprache, die Stimme des Präsentators und der Inhalt.

Grundsätzlich sind zwei Präsentationstechniken möglich: die Präsentation mit und die ohne Computer (M1, M2). Zu den Präsentationen ohne Computer gehören Folien, Tafelbilder und Plakate. Die Präsentation mit dem Computer ist zum Beispiel mit dem Programm Microsoft PowerPoint möglich.

Tipps für einen gelungenen Vortrag

Länge des Vortrages
- vorher Vortrag proben und dabei Zeit stoppen
- anschließend Inhalte kürzen oder ausweiten

Sprechen
- deutlich sprechen
- richtige Lautstärke
- richtiges Tempo
- ohne Ablesen sprechen

Körpersprache
- Blickkontakt zu allen Zuhörern
- Handbewegungen
- freundlicher Gesichtsausdruck
- offene Körperhaltung

Kontakt zum Zuhörer
- interessanten Einstieg wählen
- Spannung aufbauen
- Arbeitsaufträge an die Zuhörer (Quiz)

M2 *Beispiel einer Präsentation mit einem Plakat*

Fünf Schritte zur Präsentation mit einem Plakat

1. Botschaft formulieren
Lege fest, an wen sich das Plakat richten soll. Formuliere eine kurze, aber einprägsame Überschrift.

2. Vorarbeiten zur Gestaltung
Lege die Plakatgröße und das Format (Hoch- oder Querformat) fest. Fertige eine Entwurfsskizze an.

3. Material beschaffen und verarbeiten
Sammle Informationen und Bildmaterial zum Thema. Die Bilder und Kartenskizzen (auch selbst gezeichnet) sollten möglichst groß und aussagekräftig sein. Die Farben, die du auswählst, müssen zum Inhalt passen. Die Texte bestehen nur aus Stichworten und müssen noch aus 2 bis 3 Metern Entfernung lesbar sein.

4. Plakat fertigstellen
Ordne das Material übersichtlich auf dem Papierbogen an und klebe es auf. Mache Zusammenhänge durch Verbindungslinien oder Pfeile deutlich.

5. Plakat der Klasse vorstellen

In drei Schritten zur Computer-Präsentation

1. Grundlegende Gestaltung
- Wähle zuerst eine geeignete Masterfolie aus. Aber Vorsicht, viele Folien sind überfrachtet!
- Die Überschrift sollte auf jeder Folie an derselben Stelle sein.
- 1. und 2. Folie enthalten Thema und Gliederung.
- Die Art der Texteinblendung muss gleich bleiben.

2. Gestaltung der Folien
- Schreibe keine kompletten Sätze. Eine Folie muss von dir erläutert werden.
- Pro Folie solltest du höchstens sieben bis acht Zeilen in einer Schriftgröße von 32 pt verwenden. Überschriften sollten dieselbe Größe haben.
- Erweitere die Präsentation durch Fotos und Zeichnungen, Texte, Karikaturen, Karten usw.
- Setze Zahlen in Diagramme um.

3. Ende der Präsentation
- Auf der vorletzten Folie stehen die Quellen.
- Auf der letzten Folie bedankst du dich für die Aufmerksamkeit. Gibt es Rückfragen?

Grundwissen / Übung

Gewusst – gekonnt: Gesteine – ihre Entstehung, Nutzung und Zerstörung

1. Gräber der Steinzeit

Erläutere die Herkunft der großen Steinblöcke, die in der Steinzeit in Mitteleuropa zur Anlage von Großsteingräbern genutzt wurden.

2. Fachbegriffe des Kapitels

Ablagerung
Börde
Düne
Endmoräne
endogene Prozesse
exogene Prozesse
Erosion
Findling
glaziale Serie
Gletscher
Grundmoräne
Inlandeis
Mäander
Oxidationsverwitterung
Pleistozän
Salzsprengung
Temperaturverwitterung
Umlaufberg
Urstromtal
Verwitterung
Wurzelsprengung

3. Gitterrätsel

1. Übertrage das Rätsel auf ein kariertes Blatt Papier und löse es.
2. Erkläre, wie der Lösungsbegriff mit dem Kölner Dom in Verbindung gebracht werden kann.

1. Prozess, der Material abträgt
2. Fachbegriff für das Eiszeitalter
3. durch den Wind in Norddeutschland abgelagertes Sediment
4. Prozess, der Gesteine verändert
5. ein schwarzes, magmatisches Gestein
6. Oberbegriff für das Aussehen der Körnchen im Gestein
7. durch Sandverlagerung entstandene Küstenform
8. geschmolzene Gesteinsmasse im Erdinneren
9. Oberbegriff für die räumliche Anordnung der Körnchen im Gestein
10. Vorhaben von Johann G. Tulla
11. vor und unter dem Gletscher abgelagerter Gesteinsschutt
12. Baustein des Erfurter Doms und des Schlosses Sanssouci

4. Wahr oder falsch?

Entscheide, ob die folgenden Aussagen wahr oder falsch sind.

1. Das Inlandeis erreichte eine Mächtigkeit von maximal 40 Metern.
2. Die Inlandeismassen drangen während der Eiszeit aus Skandinavien nach Mitteleuropa.
3. Börden sind ein Landschaftselement der glazialen Serie.
4. Findlinge findet man vor allem im Vorland der Mittelgebirge.
5. Das Landschaftselement Sander besteht vor allem aus großen Gesteinsblöcken.
6. Grundmoränen findet man südlich der Urstromtäler.
7. Endmoränen sind ein Wall, der vor dem Inlandeiskörper abgelagert wurde.
8. Gesteinsmaterial bleibt beim Transport im Eis in seiner ursprünglichen Form erhalten.
9. Urstromtäler bilden die Abflussrinnen des Schmelzwassers.
10. Findlinge bestehen z. B. aus skandinavischen Graniten.

6. Flüsse verändern die Landschaft

Erkläre, warum es im Mündungsbereich von Flüssen häufig zu starken Sandablagerungen kommt. Beziehe dabei die Begriffe Fließgeschwindigkeit und Transportmenge mit ein.

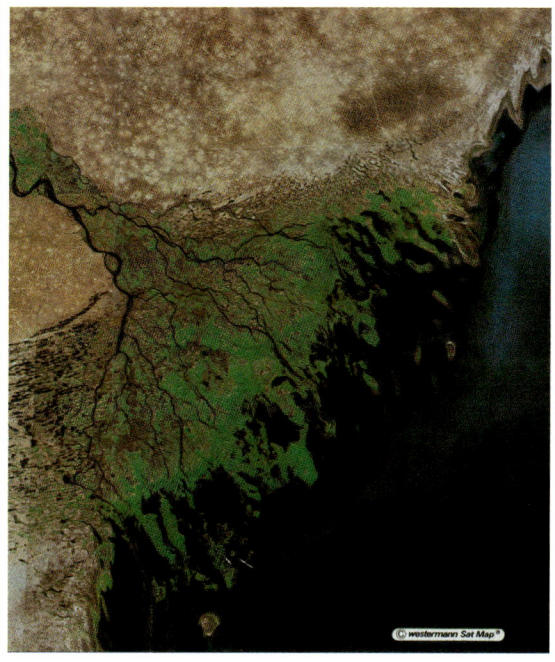

5. Die Arbeit des Windes

1. Lies den unten stehenden Zeitungsartikel.
2. Erkläre die Entstehung eines Sandsturms in Deutschland.
3. Nimm Stellung zu der Aussage:
„Der Sedimenttransport durch Wind spielt in Deutschland nur eine untergeordnete Rolle."

M4 *Sandsturm auf der Autobahn A19*

Massenkarambolage auf der A19 bei Rostock

Der schlimmste Verkehrsunfall im Land Mecklenburg-Vorpommern ereignete sich am 08. April 2011, als durch einen Sandsturm auf der Autobahn A19 auf beiden Richtungsfahrbahnen eine Massenkarambolage verursacht wurde. Bei plötzlich auftretenden extrem schlechten Sichtverhältnissen von weniger als zehn Metern rasten 83 Autos ineinander, darunter auch drei Lastkraftwagen, einer von ihnen ein Gefahrguttransporter. Mehrere Fahrzeuge brannten aus. Acht Menschen starben und 139 weitere wurden verletzt. Auch der gesamte Einsatz der Feuerwehren wurde durch den Sand behindert und erschwert. Ein Sturm mit der Geschwindigkeit von 108 km/h hatte […] Sand von einem frisch gepflügten Acker auf die Fahrbahn der Autobahn 19 geweht."

(Feuerwehr-Magazin, 08.04.2011, T. Jann)

7. Stimmt das?

Nimm Stellung zu folgender Aussage: „Der Sand hat viele Tausend Kilometer und Jahre gebraucht, bis er in einem norddeutschen Sandkasten ankam."

Ausgewählte Arbeitsmethoden – kurz und knapp

Ein Wirkungsgefüge anfertigen (S. 108–109)

[Flussdiagramm: Bau von Tiefbrunnen + Einsatz starker Motorpumpen → Absenkung des Grundwasserspiegels → Wassermangel → Pflanzen vertrocknen → Der Boden verliert seinen Schutz. + Wind → Bodenabtragung → Ausdehnung der Wüste → Hungersnot]

1. Markiere die wichtigen Begriffe und Aussagen im Text.
2. Notiere die Begriffe oder Aussagen stichwortartig.
3. Ordne sie in logischer Abfolge (z. B. Ursache – Wirkung).
4. Schreibe die Stichwörter nacheinander auf, verbinde sie mit Pfeilen. (Achtung, die Pfeile müssen immer dieselbe Bedeutung haben, z. B. „hat zur Folge".) Zusatz: Überlege, ob mehrere Gründe für eine Wirkung verantwortlich sind. Überlege, ob auch eine andere Reihenfolge der Stichwörter möglich wäre.
5. Stelle deiner Klasse das Wirkungsgefüge vor.

Bevölkerungsdiagramme auswerten (S. 164–165)

1. Welche Grundform (Pyramide, Glocke, Urne, Pilz) erkennst du? Benenne Auffälligkeiten.
2. Analysiere die Inhalte des Diagramms, indem du die Fragen beantwortest:
   Gibt es eine breite Basis oder ist die Basis kleiner oder gleich? Verjüngt sich das Diagramm nach oben? Gibt es Unterschiede zwischen den Geschlechtern?
3. Beschreibe, an welcher Stelle sich Abweichungen von der Grundform des Modells ergeben.
4. Ziehe Schlussfolgerungen und leite Probleme für die Zukunft ab.
   Zum Beispiel: Wie wird sich die Bevölkerung in Zukunft entwickeln? Was bedeutet die Bevölkerungsentwicklung für die Ernährung, die Bildung, den Arbeitsmarkt, die Versorgung der älteren Bevölkerung?

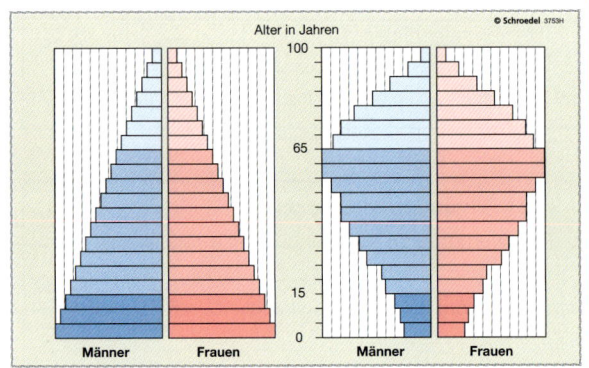

Klimadiagramme auswerten (aus Klasse 5/6)

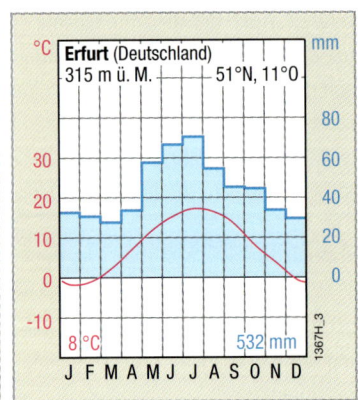

Um dich z. B. auf eine Reise vorzubereiten, solltest du das Klima kennen.

1. Welches Gebiet wird dargestellt?
   (Höhe über dem Meeresspiegel, Lage zum Meer)
2. Welche Temperatur herrscht dort?
   (Jahresdurchschnittstemperatur, Jahrestemperaturverlauf, Jahrestemperaturschwankung, maximale und minimale Monatsdurchschnittstemperatur)
3. Wie hoch ist der Niederschlag?
   (Jahresniederschlagssumme, Jahresniederschlagsverteilung, trockene und feuchte Monate)
4. Welche Schlussfolgerungen können gezogen werden?
   (Ursachen für Temperatur- und Niederschlagswerte, Auswirkungen auf die Vegetation, Einordnen in Klima- und Vegetationszone)

Einen Vortrag / eine Präsentation vorbereiten (S. 210–211 und Klasse 5/6)

1. Welches Thema bearbeite ich?
2. Was soll der Kurzvortrag beinhalten (Stichworte)?
3. Wie gliedere ich den Vortrag?
4. Wo suche ich die Informationen (Quellenangabe!)?
5. Sortiere das Material und arbeite eigene Texte aus.
6. Erstelle deinen Stichwortzettel.

Ein Rollenspiel durchführen (aus Klasse 5/6)

1. Macht euch mit dem Thema vertraut und legt die handelnden Personen fest. Anschließend verteilt ihr die Rollen und versetzt euch in die Lage der zu spielenden Person.
2. Spielt die Versammlung ohne Drehbuch nach. Die Schülerinnen und Schüler ohne Rolle beobachten das Spiel und machen Notizen.
3. Wertet das Spiel aus, indem ihr die Szene besprecht: Die Spieler erzählen, wie sie sich in ihrer Rolle gefühlt haben. Die Zuschauer berichten, was ihnen aufgefallen ist. Hätte das Spiel wirklich so ablaufen können? Macht Vorschläge für Änderungen und ergänzt Argumente.

Thematische Karten auswerten (aus Klasse 5/6)

Willst du eine Karte lesen, musst du dir folgende Fragen stellen:

1. Wie ist das Thema der Karte? (Unterschrift)
2. Welches Gebiet wird dargestellt?
3. Wie groß ist das dargestellte Gebiet? (Maßstab, Maßstabsleiste)
4. Was bedeuten die eingetragenen Signaturen? (Legende)
5. Wie ist der Karteninhalt verteilt? Sind die Signaturen über die Karte verstreut oder an einigen Punkten konzentriert?
6. Gibt es Zusammenhänge zwischen den Aussagen, die du bei der Beschreibung des Karteninhalts gemacht hast?

Diagramme auswerten (aus Klasse 5/6)

1. Zu welchem Thema werden Aussagen gemacht?
2. Wie sind die einzelnen Werte verteilt (Extremwerte, Verteilung der anderen Werte)?
3. Wie ist die Gesamtaussage des Diagramms?

Bilder beschreiben und auswerten (aus Klasse 5/6)

Folgende Fragen sollte man stellen:
1. Was? Wo? Wann?
   Welchen Ort oder welche Landschaft zeigt das Bild?
   Wo und wann wurde es aufgenommen?
   Wo liegt der Ort/die Landschaft (Atlas)?
2. Welche Einzelheiten kann man erkennen?
3. Was ist die wichtigste Aussage des Bildes?
4. Wie kann man das auf dem Bild Dargestellte erklären? Was kannst du über den abgebildeten Ort/die Landschaft sagen?

Fachtexte themenbezogen auswerten (aus Klasse 5/6)

Texte wertest du in fünf Schritten aus:
1. Lies den Text aufmerksam durch. Schlage unbekannte Wörter nach.
2. Gliedere den Text und formuliere Zwischenüberschriften.
3. Schreibe aus jedem Abschnitt die wichtigsten Begriffe, die Schlüsselwörter, heraus.
4. Fasse den Text in vollständigen Sätzen zusammen.
5. Überlege, welche Absichten der Verfasser dieses Textes verfolgt.

Methoden

Geo-Lexikon

Abtragung (Seite 52)
Zerstörung und Abtransport von → Gestein und/oder → Boden unter dem Einfluss von Wind, Wasser, Eis (→ Gletscher) und Schwerkraft

Aggregatzustand (Seite 10)
Von Temperatur und Druck abhängiger Zustand eines Stoffs. Die drei bekanntesten Aggregatzustände sind fest, flüssig und gasförmig.

Agrarland (Seite 118)
Land, in dem der größte Teil der Beschäftigten in der Landwirtschaft arbeitet. Hier wird auch der größte Teil der Wirtschaftskraft erzeugt. Viele → Entwicklungsländer sind Agrarländer.

Agroforstwirtschaft (Seite 97)
Eine Form der nachhaltigen Landwirtschaft im → tropischen Regenwald und in Oasen. Es werden Feldfrüchte unter Bäumen angebaut. Die Bäume dienen als Schattenspender und vermindern die → Abtragung des → Bodens.

Aids (Seite 176)
Aids steht für die englische Bezeichnung „Acquired Immune Deficiency Syndrome" (deutsch: „erworbener Immundefekt"). Aids vermindert die Abwehrfähigkeit des Körpers gegenüber Krankheitserregern. Der am schlimmsten von Aids betroffene Erdteil ist Schwarzafrika mit ca. 23 Millionen → HIV-Infizierten. In Europa leiden fast 1 Million Menschen unter der Krankheit.

Altersstruktur (Seite 164)
Beschreibt die Zusammensetzung einer Bevölkerung eines Raumes in Bezug auf ihr Alter. Die Altersstruktur kann mithilfe von → Bevölkerungsdiagrammen dargestellt werden.

Altwasserarm (Seite 202)
Eine abgeschnittene Flussschlinge, die oft noch mit Wasser gefüllt ist, jedoch nicht mehr vom Flusswasser durchströmt wird. Ein Altwasserarm kann sich auf natürlichem Weg zum Beispiel durch Flussbettverlagerung oder auf künstlichem Weg zum Beispiel infolge der Flussregulierung durch den Menschen (u.a. Altrheinarme am Oberrhein) entwickeln.

Analphabet (Seite 162)
Mensch, der weder lesen noch schreiben kann. Eine hohe Anzahl von Analphabeten ist ein typisches Merkmal für ein → Entwicklungsland.

Animation (Seite 72)
hier: Unterhaltungsprogramm mit zum Beispiel Ausflügen, Showveranstaltungen und Sportereignissen in Urlaubsanlagen

äquatoriale Zone (Seite 39)
Das Klima der inneren Tropen. Über das ganze Jahr fallen ausreichend Niederschläge. Die Tagesschwankungen der Temperatur sind höher als die Jahresschwankungen.

Asthenosphäre (Seite 10)
Oberer Teil des → Erdmantels, der bis in eine Tiefe von etwa 400 km reicht. Das → Gestein in diesem Bereich ist verformbar und wird über lange Zeiträume umgewälzt. Auf der Asthenosphäre „treiben" die → Lithosphäreplatten.

Auewald (Seite 204)
Wald im Überschwemmungsbereich großer Flüsse. Durch Flussregulierungen wurden die Auenwälder in Mitteleuropa großflächig vernichtet.

Ballungsgebiet (-raum) (Seite 81)
Ein Ballungsgebiet ist ein Raumausschnitt, in dem besonders viele Menschen auf engem Raum leben. Hier gibt es Arbeitsplätze und ein ausgebautes Verkehrsnetz.

Beleuchtungszone (Seite 36)
Die Erde wird aufgrund unterschiedlicher Sonneneinfallswinkel in drei große Beleuchtungszonen gegliedert: die → Polarzone (polare Breiten), die → gemäßigte Zone (Mittelbreiten) und die Tropenzone (tropische Breiten).

Bergbau (Seite 146)
Gewinnung nutzbarer Bodenschätze (z.B. Kohle, → Erdöl, Erze) im → Tagebau oder → Untertagebau

Bevölkerungsdiagramm (Seite 164)
grafische Darstellung der → Altersstruktur einer Bevölkerung

Bevölkerungsentwicklung (Seite 160)
Veränderung der Größe und Zusammensetzung der Bevölkerung eines bestimmten Raumes. Die Entwicklung ist einerseits abhängig von Geburten und Sterbefällen und andererseits von Ein- und Auswanderung.

Bewässerungsfeldbau (Seite 116)
Form der landwirtschaftlichen Nutzung, bei der die Niederschläge in der Regenzeit nicht ausreichen und künstlich bewässert werden muss (→ Trockenfeldbau)

Biogasanlage (Seite 153)
technische Anlage, in der aus verschiedenen biologischen → Rohstoffen (z.B. Bioabfall, Klärschlamm, Pflanzen) Biogas erzeugt wird, das zur Strom- und Wärmeerzeugung genutzt wird

Biokraftstoff (Seite 133)
energiehaltige Substanz, die durch Umwandlung pflanzlicher → Rohstoffe (z.B. Raps) oder Gülle gewonnen wird

Boden (Seite 56)
Der Boden ist die oberste Schicht der Erdoberfläche, die oft aus umgewandeltem → Gestein sowie aus Pflanzen und Tierresten besteht. Der Boden ist eine wichtige Voraussetzung für den Anbau in einem landwirtschaftlichen Betrieb. Fruchtbarer Boden verspricht gute Erträge.

Bodenerosion (Seiten 96, 110)
→ Abtragung des → Bodens v. a. durch Wasser und Wind. Sie tritt insbesondere dann auf, wenn die schützende Pflanzendecke zerstört ist. Bodenerosion wird häufig vom Menschen ausgelöst, z.B. durch Rodung von Wäldern bzw. Überweidung.

Bohrinsel (Seite 136)
Eine von Menschen gebaute Plattform im Meer, von der aus → Erdöl oder → Erdgas aus dem Meeresboden gefördert wird.

Börde (Seite 200)
Mit → Löss bedeckte Landschaft, in der die fruchtbarsten → Böden Deutschlands zu finden sind. Hier wachsen vor allem Zuckerrüben und Weizen.

Brache (Seite 96)
Ackerfläche, die ein oder mehrere Jahre nicht mehr bearbeitet wird

Brain Drain (Seite 180)
englisch Gehirn-Abfluss; Ein Begriff für die Abwanderung gut ausgebildeter Menschen (z.B. Wissenschaftler, Facharbeiter) aus ihrer Heimat in Regionen mit besseren Arbeits- und Verdienstmöglichkeiten.

Brettwurzel (Seite 56)
bis zu 10 m hohe, sternförmig angeordnete, meist rippenartige Wurzel, die den hohen Bäumen im → tropischen Regenwald besondere Standfestigkeit verleiht

Bruchschollengebirge (Seite 20)
Gebirgsentstehungstyp, bei dem alte, verhärtete Gesteinstafeln an Linien aufbrechen. Die entstandenen Schollen können gehoben (Hochschollen) oder abgesenkt (Tiefschollen) werden. So kann eine → Mittelgebirgslandschaft entstehen.

Bruttoinlandsprodukt (Seite 141)
Wert sämtlicher Güter (Waren und → Dienstleistungen), die während eines Jahres innerhalb eines Landes von In- und Ausländern produziert werden. Das Bruttoinlandsprodukt (BIP) pro Kopf wird z.B. zum weltweiten Vergleich des Wohlstandes der Staaten genutzt.

Cash Crop (Seiten 96, 100)
Englischer Begriff für ein Agrarprodukt, das nicht zur Ernährung der Menschen des Landes angebaut wird, sondern überwiegend für den Export bestimmt ist. Cash Crops werden meist großflächig auf → Plantagen angebaut, wie z.B. Kaffee, Erdnüsse oder Baumwolle.

chemische Verwitterung (Seite 190)
Durch eine chemische Reaktion verändert sich die stoffliche Zusammensetzung eines → Gesteins. Dadurch wird der Gesteinszusammenhalt vermindert, was langfristig zur Zerstörung des Gesteins führen kann.

Deich (Seite 204)
künstlich aufgeschütteter Damm an Meeresküsten oder Flussufern zum Schutz vor Überflutungen

Desertifikation (Seite 106)
Landschaftswandel in Trockengebieten, der vor allem durch falsche oder zu intensive Nutzung des Raumes ausgelöst wird und ein Vordringen der → Wüste verursacht

Deutsche Demokratische Republik (Seite 70)
Zwischen 1949 und 1990 existierte auf dem Gebiet der heutigen Bundesländer Mecklenburg-Vorpommern, Brandenburg, Sachsen-Anhalt, Thüringen und Sachsen ein eigener Staat mit dem Namen Deutsche Demokratische Republik (DDR). Die Hauptstadt war Ostberlin.

Dienstleistung (Seite 62)
Zum Dienstleistungsbereich zählen Betriebe und Einrichtungen, die ihren Kunden Dienste anbieten, so z. B. Arztpraxen, Banken, Kaufhäuser, Versicherungen oder Universitäten (→ tertiärer Sektor).

Düne (Seite 206)
Eine Düne ist eine Sandablagerung, die durch den Wind aufgeschüttet wird. Dünen gibt es vor allem an Küsten und in → Wüsten. Bei einer Düne ist die dem Wind zugewandte Seite (Luv) meist flacher, die windabgewandte Seite (Lee) steiler.

Edelholz (Seite 98)
Meist → tropisches Holz, das wegen seiner besonderen Eigenschaften große wirtschaftliche Bedeutung (z. B. in der Möbelindustrie) hat. Qualitätsmerkmale von Edelholz sind z. B. Härte, gleichmäßige Maserung, Farbe und Polierfähigkeit.

Einkindpolitik (Seite 168)
Seit 1979/1980 staatlich gesteuerte Familienpolitik in der Volksrepublik China, die das schnelle Wachstum der chinesischen Bevölkerung bremsen soll. Ehepaaren ist es meist nur erlaubt, ein gemeinsames Kind zu haben.

Einzugsgebiet (Seite 202)
das gesamte von einem Fluss mit all seinen Nebenflüssen entwässerte Gebiet, außerdem: das Umland einer Stadt

Eiszeitalter (Seite 197)
Auch Pleistozän genannt. Bezeichnung für den Abschnitt der jüngeren Erdgeschichte (1,8 Mio. bis etwa 12 000 Jahre vor heute), in dem es durch Klimaschwankungen zum Wechsel von Kalt- und Warmzeiten und zur → Inlandeisbedeckung kam.

Endmoräne (Seite 198)
am Rand des → Inlandeises abgelagerte Kuppen und Hügel, die meist ketten- oder girlandenförmig verlaufen und aus Gesteinsschutt bestehen

endogene Kraft (Seiten 18, 188)
Endogen bedeutet „aus dem Erdinneren wirkend". Auf endogene Kräfte sind Erdbeben, Vulkanismus und Gebirgsbildung zurückzuführen (→ exogene Kraft).

Energieträger (Seite 132)
→ Rohstoff, der Energie in sich speichert, z. B. Kohle, → Erdöl, → Erdgas. Durch Verbrennen wird Wärme erzeugt, mit deren Hilfe man Strom gewinnen, heizen oder Auto fahren kann.

Entwicklungsland (Seite 178)
Entwicklungsländer sind Staaten, die gegenüber → Industrieländern wirtschaftlich weniger entwickelt sind. Merkmale sind z. B. eine unzureichende Nahrungsmittelversorgung, ein durchschnittlich niedriges Einkommen und ein hohes Bevölkerungswachstum. Der Begriff ist heute umstritten, da die Einteilung der Länder auf den Wertvorstellungen der Industriestaaten beruht (→ Schwellenland).

Erdbebenwelle (Seite 10)
Jedes Beben erzeugt Erdbebenwellen, auch seismische Wellen genannt. Diese Wellen breiten sich vom Erdbebenherd annähernd ringförmig an der Erdoberfläche aus, dringen aber auch ins Erdinnere vor.

Erdgas (Seite 134)
Brennbares Gas, das oft zusammen mit → Erdöl vorkommt. Erdgas ist ein wichtiger, nicht erneuerbarer → Energieträger.

Erdkern (Seite 10)
Innerster Teil des Erdkörpers. Der Erdkern reicht von etwa 2900 km Tiefe bis zum Erdmittelpunkt in 6371 km Tiefe. Man unterscheidet zwischen einem äußeren flüssigen und einem inneren festen Erdkern.

Erdkruste (Seite 10)
Äußere verfestigte Schale der Erde, die etwa 5 bis 60 km mächtig sein kann. Man unterscheidet zwei Arten von Erdkruste: die 5 bis 10 km mächtige → ozeanische Erdkruste und die 25 bis 60 km mächtige → kontinentale Erdkruste.

Erdmantel (Seite 10)
Zwischen → Erdkruste und → Erdkern gelegene, mächtige Schale des Erdkörpers. Es wird zwischen einem oberen und einem unteren Erdmantel unterschieden. Die Grenze liegt bei etwa 700 km.

Erdöl (Seite 134)
flüssiger → Energieträger und Rohstoff für u. a. die chemische Industrie. Erdöl ist ein nicht erneuerbarer Rohstoff.

erneuerbare Energie (Seite 132, 154)
Energie, die durch natürliche Energiespender ständig erneuert wird und so in menschlichem Maßstab unerschöpflich ist (z. B. Windkraft, Wasserkraft, Sonnenenergie)

Erosion (Seite 52, 202)
linienhafte → Abtragung und Transport von → Boden und → Gestein, vor allem durch fließendes Wasser oder Wind

Europäische Union (Seite 102)
Staatenbündnis von 28 europäischen Mitgliedsländern, die wirtschaftlich und politisch sehr eng zusammenarbeiten

Event (Seite 78)
Englisch für „Ereignis". Ein Event ist eine besondere, meist große Veranstaltung, die zeitlich begrenzt ist. Dies kann z. B. eine Sportveranstaltung, ein Musikkonzert oder eine Kunstausstellung sein.

Eventisierung (Seite 78)
aktueller Trend, aus kleinen Veranstaltungen große Events zu machen, das heißt immer häufiger immer größere Veranstaltungen anzubieten

exogene Kraft (Seiten 18, 188)
Exogen bedeutet außenbürtig und bezeichnet in der Geographie Vorgänge, die von außen auf die → Erdkruste einwirken. Zu den exogenen Kräften zählen die Arbeit von Wasser, Eis und Wind (→ endogene Kraft, → Abtragung, → Erosion).

fairer Handel (Seite 101)
Im Englischen als Fair Trade bezeichnet. Handelsbewegung, die sich meist auf den Export von Waren aus → Entwicklungs- in → Industrieländer beschränkt. Die höheren Produktpreise sichern u. a. den Produzenten ein höheres und verlässliches Einkommen.

Faltengebirge (Seite 18)
Beim Aufeinanderstoßen zweier Erdplatten (→ Plattentektonik) können Erdschichten durch Stauchung und Hebung zu einem Faltengebirge geformt werden.

Fast Food (Seite 124)
Die deutsche Übersetzung von Fast Food bedeutet „schnelles Essen" oder „Schnellimbiss". Fast Food bezeichnet also Speisen, die in sehr kurzer Zeit zubereitet werden, um schnell gegessen zu werden. Die bekanntesten Formen von Fast Food sind Hamburger, Pizza oder Pommes Frites.

Faszination (Seite 82)
besondere Begeisterung oder Bewunderung für eine Sache oder Person

Fels- und Steinwüste (Seite 52)
auch Hamada genannt; Ausprägung der → Wüste mit großen, steinigen Schutthalden, die aufgrund der starken Temperaturschwankungen zwischen Tag und

Geo-Lexikon

Nacht entstanden sind und sich oft am Fuß von Bergen und Gebirgen angesammelt haben (→ physikalische Verwitterung).

Findling (Seite 198)
Gesteinsblock, der vom → Inlandeis verfrachtet wurde

Flöz (Seite 146)
abbauwürdige Schicht von Kohle

Flüchtling (Seite 178)
Flüchtlinge sind Menschen, die wegen Krieg, Hunger, politischer Verfolgung, Naturkatastrophen oder anderen Gründen gezwungen sind, ihre Heimat zu verlassen.

Flussdelta (Seite 202)
fächerförmige Flussmündung

Fossil (Seite 28)
Überrest oder Abdruck eines vorzeitlichen Tieres oder einer Pflanze, die unter besonderen Ablagerungsbedingungen abgelagert und heute meist in ein → Sediment bzw. → Sedimentgestein eingebettet sind

Frauenförderung (Seite 118)
In vielen Ländern der Erde werden noch immer Frauen gegenüber Männern benachteiligt. Deshalb gibt es dort Programme, um Frauen besonders zu unterstützen – z. B. bei der Bildung oder um sich selbstständig zu machen.

Freizeitpark (Seite 81)
Vergnügungspark, der auf einem größeren Gelände mehrere Attraktionen, wie z. B. Fahrgeschäfte, Shows, Ausstellungen oder Museen, vereinigt.

Frostsprengung (Seite 190)
Zerkleinerung von Gestein durch die Ausdehnung von Wasser beim Gefrieren zu Eis

Fruchtbarkeitsrate (Seite 162)
Anzahl der Kinder, die in einer bestimmten Region von einer Frau im Durchschnitt geboren werden

Geburtenrate (Seite 162)
Zahl der Geburten pro 1000 Einwohner innerhalb eines bestimmten Zeitraumes

gemäßigte Klimazone (Seite 37, 39)
→ Beleuchtungs- oder → Klimazone zwischen den Polar- und → Wendekreisen

Gentechnik (Seite 120)
Methoden zum gezielten Eingriff in das Erbgut von Pflanzen oder Tieren; dient z. B. der Verbesserung des Saatgutes und der Erhöhung der Erträge (→ Hochleistungssaatgut)

geologische Zeittafel (Seite 28)
Tabelle, welche die Erdgeschichte zeitlich gegliedert darstellt

Gestein (Seite 188)
Natürliches Gemenge, das aus Mineralien bzw. einem Mineral (natürlich vorkommender, fester, chemischer Stoff), Bestandteilen von Lebewesen usw. aufgebaut wird. Je nach Entstehung unterscheidet man magmatische und metamorphe Gesteine sowie Sedimentgesteine.

Gleithang (Seite 202)
Durch einen Fluss entstandener, flacher Hang, der gegenüber dem → Prallhang liegt. Da an dieser Uferseite die Fließgeschwindigkeit geringer ist, lagert sich hier vom Fluss mitgeführtes Material ab.

Gletscher (Seite 198)
Eisstrom, der sich langsam aus hohen Gebirgen in tiefere Bereiche bewegt. Gletscher bilden sich oberhalb der Schneegrenze, wo mehr Schnee fällt, als abtauen kann.

Global Player (Seite 126)
ein Unternehmen, das weltweit Produktionsstandorte hat, den → Weltmarkt beliefert und einen großen Einfluss auf die Produktionsländer besitzt (z. B. Politik)

Golfstrom (Seite 30)
Warme Meeresströmung im Nordatlantik. Sie beeinflusst die Temperatur großer Teile West-, Nord- und Mitteleuropas.

Grabenbruch (Seite 20)
Talförmiger, lang gestreckter Einbruch an der Erdoberfläche, der durch Bewegungen in der → Lithosphäre entstanden ist. Ein Beispiel ist der Oberrheingraben im Südwesten Deutschlands.

Grundmoräne (Seite 198)
Oberflächenform und abgelagertes Gesteinsmaterial, im Bereich des ehemaligen → Inlandeises. Der Raum weist ein ebenes bis kuppiges → Relief auf.

Grundnahrungsmittel (Seite 92)
Nahrungsmittel, die für die Weltbevölkerung besonders wichtig sind, da sich zahlreiche Menschen überwiegend von ihnen ernähren. Wichtige Grundnahrungsmittel sind beispielsweise Mehl, Reis und Kartoffeln.

Grundwasser (Seite 110)
Die Hohlräume des → Bodens füllender Wasserkörper. Das Wasser stammt vor allem aus Niederschlägen und Gewässern.

Grüne Revolution (Seite 120)
Landwirtschaftprogramm zur Steigerung der Nahrungsmittelproduktion durch den Anbau neuer Getreidesorten, Bewässerung, Düngung und den Einsatz von Pflanzenschutzmitteln. Zudem werden die Bauern landwirtschaftlich geschult. Die Folgen des Programms sind umstritten, da die Grüne Revolution oft vor allem Großgrundbesitzern zugute kam (→ Hochleistungssaatgut).

Hackbau (Seite 96)
Form des Ackerbaus, bei dem die Felder mit primitiven Hacken und Grabstöcken bearbeitet werden

Haff (Seite 206)
ehemalige Meeresbucht, die durch einen Strandwall (→ Nehrung) vom Meer abgeschnitten wird

Halbpension (Seite 73)
Form der Verpflegung in einem Hotel oder einer Pension. Die Halbpension umfasst zwei Mahlzeiten, meist das Frühstück und das Abendessen (→ Vollpension).

Hartgestein (Seite 194)
Nichtwissenschaftlicher Begriff für → Gestein wie Basalt oder Gips. Die Einteilung in Hart- und Weichgestein kommt aus der Steinverarbeitung. Dabei werden die Gesteine danach eingeteilt, welches Werkzeug zur Bearbeitung notwendig ist.

HI-Virus (Seite 176)
Erreger von → Aids, der z. B. durch Geschlechtsverkehr, bei der Geburt oder dem Stillen von der Mutter auf das Kind bzw. bei Bluttransfusionen übertragen werden kann. Bislang gibt es noch keine Heilungsmöglichkeiten.

Hochdruckgebiet (Seite 42)
Gebiet, in dem der Luftdruck in gleicher Höhe über der Erdoberfläche gegenüber der Umgebung erhöht ist (→ Tiefdruckgebiet)

Hochleistungssaatgut (Seite 120)
Eine Saatgutart, die unter bestimmten Bedingungen (Bewässerung, Düngung, Einsatz von → Pestiziden) besonders hohe Erträge liefert. Meist sind diese besonderen Sorten → gentechnisch verändert worden (→ Grüne Revolution).

Höhenstufe der Vegetation (Seite 34)
Regelhafte Abfolge verschiedener Vegetationsformen mit zunehmender Höhe. Die Höhenstufen unterscheiden sich aber nicht nur in der Pflanzenbedeckung, sondern auch in der Art ihrer Bewirtschaftung (→ Kältegrenze, → Trockengrenze).

Humus (Seite 56)
Organische Stoffe im → Boden. Der Anteil an Humus bestimmt weitestgehend die Fruchtbarkeit des Bodens. Humus kann z. B. durch Stallmist vermehrt werden.

Individualtourismus (Seite 64)
Form des Tourismus, bei dem der Reisende nicht wie bei einer → Pauschalreise den gesamten Urlaub als Paket bei einem Reiseveranstalter bucht, sondern alle Bestandteile seines Urlaubs, wie z. B. die Anreise und die Unterkunft, selbst und meist getrennt voneinander bucht.

Industriebrache (Seite 81)
Grundstück eines ehemaligen Industriebetriebes, das z. B. aus wirtschaftlichen Gründen oder Problemen mit Schadstoffen derzeit nicht genutzt wird

Geo-Lexikon

Industrieland (Seite 178)
Ein Industrieland ist im Vergleich zum → Entwicklungsland ein hoch entwickeltes Land mit einem hohen → Bruttoinlandsprodukt pro Kopf. Kennzeichnend war früher, dass die erwerbstätige Bevölkerung zu einem großen Teil im → sekundären Sektor beschäftigt war. In den letzten Jahrzehnten wurde der → tertiäre Sektor in den Industrieländern zum vorherrschenden → Wirtschaftssektor (→ Schwellenland).

Industrielle Revolution (Seite 62)
Industrialisierung ab etwa 1769. Die Industrielle Revolution ging von Großbritannien aus und veränderte auch die Gesellschaft.

Infrastruktur (Seite 70)
Dazu zählen alle Einrichtungen, die zur Entwicklung eines Raumes notwendig sind, wie Verkehrswege, Wasser- und Stromleitungen, Entsorgungsanlagen, Bildungs- und Erholungseinrichtungen, Krankenhäuser.

Inlandeis (Seite 198)
bis zu mehrere Kilometer mächtige, zusammenhängende Eismasse, die einen großen Raum überdeckt (heute z. B. Antarktika)

Innertropische Konvergenzzone (Seite 42)
Zone in den inneren Tropen mit tiefem Luftdruck am Boden (→ Tiefdruckgebiet). In diesem Bereich treffen die Passatwinde der Nord- und Südhalbkugel im → Passatkreislauf zusammen. Das führt zu schnell aufsteigenden Luftmassen und Niederschlag.

Inszenierung (Seite 82)
besonders eindrucksvolle und aufmerksamkeitserregende Darstellung eines Raumes, eines Objekts oder Ereignisses, das in Szene gesetzt wurde

Kalkstein (Seite 194)
→ Sedimentgestein aus verfestigtem Kalk

Kältegrenze (Seite 94)
Ackerbau kann nur bis zu einer bestimmten Temperatur betrieben werden. Ab der Kältegrenze ist die Wärmezufuhr zu gering, um Pflanzen reifen zu lassen.

Kies (Seite 200)
Kies nennt man ein Lockergestein, bei dem die Gesteinsteile einen Durchmesser zwischen etwa 2 mm und 6 cm haben.

Kieswüste (Seite 52)
→ Wüstenform, auch Serir genannt, in der → Kies das Landschaftsbild bestimmt

Kinderarbeit (Seite 168)
Aufgrund der Situation in vielen → Entwicklungsländern ist es üblich, dass dort Menschen unter 14 Jahren bereits arbeiten, um den Lebensunterhalt der Familie zu sichern. Sie erledigen meist „niedere" Aufgaben und erhalten nur einen geringen Lohn.

Kleinstkredit (Seite 118)
Auch Mikrokredit genannt. Kleinstkredite sind kleine Geldbeträge, die von einer Bank an eine Person oder Personengruppe, meist in → Entwicklungsländern, verliehen werden. Erfinder der Kleinstkredite war Professor M. Yunnus, der 1983 in Indien die Grameen-Bank gründete, um armen Menschen Geld zu verleihen.

Klimaerwärmung (Seite 148)
Prozess des allmählichen weltweiten Temperaturanstiegs und die Ursache der Zunahme von Unwettern. Die Klimaerwärmung wird stark mit dem Wirken des Menschen auf der Erde in Verbindung gebracht.

Klimazone (Seite 38)
Gürtelartig um die Erde angeordneter Raum mit ähnlichem Klima. Die Klimazonen sind wesentlich durch die unterschiedlichen Einstrahlungswinkel der Sonne bedingt.

Kohlenstoffdioxid (Seite 148)
Farbloses, geruchloses und nicht brennbares Gas (CO_2) in der Atmosphäre. Es entsteht bei Verbrennung von kohlenstoffhaltigen Materialien wie Holz, Kohle oder Öl. Pflanzen wandeln CO_2 in Sauerstoff um. Eine Erhöhung des Kohlenstoffdioxids in der Erdatmosphäre ist unter anderem für die → Klimaerwärmung verantwortlich.

Kolonialzeit (Seite 144)
Als Kolonialzeit bezeichnet man den Zeitraum der Herrschaft von Kolonialmächten über ihre Kolonien. Kolonialmächte besitzen neben ihrem ursprünglichen Hoheitsgebiet weitere auswärtige Ländereien, die Kolonien. Diese sind wirtschaftlich und politisch von der Kolonialmacht abhängig. Die meisten Kolonien konnten sich nach 1945 ihre Unabhängigkeit erkämpfen.

Kommerzialisierung (Seite 84)
Entwicklung, bei der das wirtschaftliche Handeln immer mehr in den Vordergrund rückt

kontinentale Erdkruste (Seite 11)
Anteil der Kontinente an der → Erdkruste. Häufig vorkommende → Gesteine sind Granit und Gneis.

Kontinentalität (Seite 30)
Kontinentales Klima herrscht im Innern der Kontinente. Es ist geprägt von kühlen bis kalten Wintern und warmen Sommern. Außerdem sind große Tagesschwankungen der Temperatur kennzeichnend.

Kreislauf der Gesteine (Seite 190)
Begriff aus der Geologie, der die regelmäßige Abfolge, in der → Gesteine aus der Tiefe an die Erdoberfläche und danach wieder in die Tiefe gelangen, beschreibt

Kulturlandschaft (Seite 92)
Der Teil der Erde, welcher vom Menschen z. B. durch Landwirtschaft, Siedlungen, Verkehrswege usw. umgestaltet wurde. Die verschiedenen Formen der Kulturlandschaft sind zum einen durch die unterschiedlichen natürlichen Voraussetzungen bedingt, zum anderen durch verschiedene Anbautechniken und Lebensweisen der Menschen.

Kulturtourist (Seite 74)
Tourist, der sich auf seiner Reise insbesondere für die Kultur eines Landes interessiert. Wichtige Bestandteile seiner Reise sind z. B. die Besichtigung historischer Bauwerke oder der Besuch von Museen, Konzerten oder Theateraufführungen.

Lagerstätte (Seite 134)
Anreicherung von nutzbaren → Rohstoffen, die abgebaut werden können

Land Grabbing (Seite 102)
Der Begriff bezeichnet den Kauf oder die Pacht von Landflächen durch ausländische Regierungen und Unternehmen zur landwirtschaftlichen Nutzung. Land Grabbing findet vorwiegend in → Entwicklungsländern statt.

Landwechselwirtschaft (Seite 96)
Landwirtschaft „an einem Ort". Sie ist gekennzeichnet durch einen Wechsel der Landnutzung auf einer Anbaufläche, z. B. zwischen Acker, Grünland und → Brache.

Lebenserwartung (Seite 176)
durchschnittliche Lebensdauer eines Menschen, der in einem bestimmten Jahrgang geboren ist

Lithosphäre (Seite 10)
Durch festes → Gestein geprägter Teil der Erde. Die Lithosphäre umfasst die → Erdkruste und den obersten → Erdmantel.

Löss (Seite 200)
Windanwehung von fein zerriebenem Gesteinsmehl – in Deutschland vor allem aus dem → Eiszeitalter. Der daraus entstandene Lössboden ist besonders fruchtbar, meist tiefgründig, locker und kann schwammartig Wasser speichern.

Mäander (Seite 202)
Fluss- oder Talschlinge

Mantelkonvektion (Seite 10, 12)
Wärmetransport durch auf- und absteigendes → Gestein im → Erdmantel

Maritimität (Seite 30)
Vom Ozean beeinflusstes Klima, das im Gegensatz zum kontinentalen Klima (→ Kontinentalität) durch kühle Sommer und milde Winter gekennzeichnet ist. Der Temperaturunterschied zwischen Sommer und Winter ist gering.

Geo-Lexikon

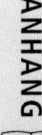

McDonaldisierung (Seite 124)
beschreibt die Verbreitung der US-amerikanischen Vorstellung eines Fast-Food-Restaurants über die ganze Welt

Meerwasserentsalzungsanlage (Seite 94)
Teure und viel Energie verbrauchende Anlage, in der in einem technischen Verfahren aus Salzwasser Süßwasser gewonnen wird. Sie wird in Trockengebieten eingesetzt – vor allem in Staaten mit großen Energievorräten (z. B. Saudi-Arabien).

Megastadt (Seite 166)
nach Definition der → Vereinten Nationen eine Stadt mit mehr als zehn Millionen Einwohnern

Migrant (Seite 178)
Mensch, der aus verschiedenen Gründen (z. B. wirtschaftlichen, politischen oder persönlichen) sein Herkunftsland verlässt und offiziell in ein Land einreist, um dort zu leben

Militärdiktatur (Seite 144)
In einer Diktatur konzentriert sich die gesamte politische Macht in der Hand einer einzigen Person oder einer Personengruppe. Menschrechte, Bürgerrechte und allgemein geltende Gesetze werden missachtet bzw. ausgeschaltet. In einer Militärdiktatur ist die machthabende Personengruppe das Militär.

Mittelgebirge (Seite 20)
In den Mittelgebirgen sind die höchsten Berge nicht höher als 1500 m. Steile Gipfel und hohe Felswände gibt es kaum, die Berge sind abgerundet und häufig bewaldet. Beispiele für Mittelgebirge in Deutschland sind: Eifel, Erzgebirge, Schwarzwald, Thüringer Wald, Harz.

Mittelozeanischer Rücken (Seite 12, 14)
lang gestreckter Gebirgszug in Ozeanen, an dem neuer Ozeanboden entsteht

Moho-Grenze (Seite 10)
Abkürzung für Mohorovičić-Grenze bzw. -Diskontinuität. Sie trennt im Schalenbau der Erde die feste → Erdkruste vom oberen → Erdmantel.

Mohs'sche Härteskala (Seite 196)
Skala, die angibt, wie hart ein Gesteinskörnchen ist. Harte Stoffe ritzen dabei weiche. Gips hat z. B. Härtegrad 2, da er schon mit dem Fingernagel ritzbar ist. Diamant besitzt dagegen Härtegrad 10, da es keinen härteren natürlichen Stoff gibt, mit dem er ritzbar wäre.

Monokultur (Seite 100)
Langjährig einseitige Nutzung einer bestimmten Fläche durch eine Nutzpflanze (z. B. Kakao, Bananen). Diese Form der Nutzung entzieht dem → Boden viele Nährstoffe, sodass er stark gedüngt werden muss, um die Erträge zu sichern.

Monsun (Seite 44)
Beständig wehende Winde, die abhängig von der Jahreszeit halbjährlich ihre Richtung ändern. In Indien weht der Monsun im Sommer aus Richtung Südwest, im Winter aus Richtung Nordost. Er wird im Sommer, besonders in Indien und Indonesien, in der Regel von schweren Regenfällen begleitet.

nachhaltige Verkehrsentwicklung (Seite 68)
Konzept, um den Verkehr in der Zukunft umwelt- und klimaschonender zu organisieren

nachhaltiger Tourismus (Seite 66)
Auch sanfter Tourismus genannt. Bezeichnung für einen umwelt- und sozialverträglichen Tourismus, bei dem die Interessen von Umwelt, einheimischer Bevölkerung und Touristen gleichermaßen berücksichtigt werden.

Nachhaltigkeit (Seiten 66, 110)
Der Begriff meint: Es wird so gewirtschaftet, dass später lebende Menschen noch die gleichen Möglichkeiten zum Leben haben wie wir heute.

nicht erneuerbare Energie (Seite 132)
Energie, die sich während der Nutzung „verbraucht". Sie ist nicht unendlich verfügbar.

Nehrung (Seite 206)
Strandstreifen, der durch Sandverlagerung entsteht und flache Buchten vom Meer abtrennt (→ Haff)

Nomadenwirtschaft (Seite 104)
Lebensweise, bei der die Menschen einer Volksgruppe oder eines Stammes mit ihrem gesamten Besitz von einer Weide zur nächsten ziehen. Nebenher betreiben sie Tauschhandel.

Nutzungskonflikt (Seite 84)
Kommt es zwischen Interessensgruppen bei der Nutzung eines Gebiets zu Auseinandersetzungen, spricht man von einem Nutzungskonflikt.

öffentlicher Raum (Seite 84)
Raum, der im Besitz einer Gemeinde, eines Bundeslandes oder des Staates und für jeden frei zugänglich ist

Offshore-Förderung (Seite 136)
Form der Erdölförderung, die auf offener See mithilfe von → Bohrinseln stattfindet

Ökolabel (Seite 72)
Auch Umweltzeichen genannt. Kennzeichnet Produkte oder → Dienstleistungen, die besonders umweltfreundlich sind. Bekannte Ökolabel sind z. B. der Blaue Engel oder das EU-Bio-Siegel.

Online-Dienst (Seite 86)
Anbieter, der seinen Kunden die Einwahl in ein Computernetz ermöglicht und selbst erzeugte Inhalte in diesem Netz anbietet

OPEC (Seite 139)
OPEC steht für Organization of Petroleum Exporting Countries (engl. Organisation der Erdöl exportierenden Länder). Durch Absprache unter den Ländern sollen Preisschwankungen auf dem → Weltmarkt vermieden werden.

Oxidation (Seite 190)
Allgemein bezeichnet Oxidation eine chemische Reaktion, bei der ein Atom oder Molekül ein Elektron abgibt. Ursprünglich bedeutete Oxidation lediglich die chemische Reaktion eines Stoffes mit Sauerstoff (→ chemische Verwitterung).

ozeanische Erdkruste (Seite 11)
Anteil der → Erdkruste, der sich unter den Ozeanen befindet und zu hohen Anteilen aus Basalt – einem dunklen, vulkanischen → Gestein – besteht

Palmöl (Seite 150)
Pflanzenöl, das aus dem Fruchtfleisch der Ölpalme gewonnen wird

Pangäa (Seite 18)
Urkontinent, der als Riesenkontinent im Wesentlichen alle heute existierenden Kontinente vereinte. Er existierte in der späten Erdaltzeit und der frühen Erdmittelzeit (ca. 300–200 Millionen Jahre vor heute).

Passatklimazone (Seite 39)
Zone, in der Passatzirkulation vorherrscht. Sie reicht maximal bis 35° Nord und Süd.

Passatkreislauf (Seite 42)
Windsystem zwischen Äquator und → Subtropen. Die Passate sind die bodennahen Nordostwinde (Nordhalbkugel) oder Südostwinde (Südhalbkugel). Sie wehen beständig zwischen dem → subtropischen Hochdruckgürtel und der äquatorialen Tiefdruckrinne (→ Innertropische Konvergenzzone).

Pauschaltourismus (Seiten 64, 72)
Tourismusform, bei der ein Reiseveranstalter verschiedene Leistungen einer Urlaubsreise, wie z. B. den Transport, die Verpflegung und die Unterkunft, zu einem Gesamtpreis anbietet

Pazifischer Feuergürtel (Seite 16)
Bezeichnung für die zahlreichen Vulkane am Rande der Pazifischen → Lithosphäreplatte

Pestizid (Seite 100)
chemisches Mittel zur Unkraut- bzw. Schädlingsbekämpfung

physikalische Verwitterung (Seite 190)
Auch mechanische Verwitterung genannt. Weitgehend auf Temperaturschwankungen beruhende → Verwitterung. Der Gesteinszusammenhalt wird dadurch gelockert, und Gesteinspartikel lösen sich von der Oberfläche (→ Frostsprengung, → Salzsprengung, → Temperaturverwitterung).

Geo-Lexikon

Pipeline (Seite 136)
Rohrleitung zum Transport von Flüssigkeiten, aber auch Gasen und feinkörnigen Feststoffen, die mit Wasser vermischt werden. Am häufigsten werden Pipelines zum Transport von → Erdöl und → Erdgas über große Entfernungen hinweg eingesetzt. Pipelines werden z. B. im → Boden oder auf dem Meeresgrund verlegt.

Plantage (Seite 100)
Landwirtschaftlicher Großbetrieb in den Tropen. In ihm werden vor allem → Cash Crops (z. B. Kakao) in → Monokultur für den Export angebaut.

Plattentektonik (Seite 12)
Theorie, nach der die → Lithosphäre aus verschiedenen großen Platten besteht, die sich auf der → Asthenosphäre bewegen

polare Klimazone (Seite 39)
Das Klima der polaren Klimazone ist durch Dauerfrost, Niederschlagsarmut und ganzjährige Temperaturen unter 0 °C geprägt.

Polarnacht (Seite 36)
Naturerscheinung zwischen Pol und Polarkreis. Während dieser Zeit erscheint die Sonne nicht am Horizont. Die Dauer der Polarnacht ist je nach Breitenlage unterschiedlich, an den Polen beträgt sie ein halbes Jahr, am Polarkreis 24 Stunden (→ Polartag).

Polartag (Seite 36)
Zwischen Pol und Polarkreis die Zeit des Jahres, in der die Sonne Tag und Nacht scheint. An den Polen dauert der Polartag ein halbes Jahr, an den Polarkreisen einen Tag (→ Polarnacht).

Prallhang (Seite 202)
Durch einen Fluss entstandener, steiler Hang, der in einem → Mäander gegenüber dem → Gleithang liegt. Am Prallhang ist die Fließgeschwindigkeit des Wassers erhöht, wodurch die Uferböschung unterspült wird und Teile abgetragen werden.

primärer Sektor (Seite 62)
→ Wirtschaftssektor, zu dem vor allem die Land- und Forstwirtschaft, die Fischerei sowie der → Bergbau (ohne Aufbereitung) gehören. Es wird auch von der Urproduktion gesprochen. → Wirtschaftszweige innerhalb dieses Sektors gewinnen ausschließlich → Rohstoffe aus der Natur.

Pull-Faktor (Seite 180)
Pull-Faktoren beeinflussen, wie die → Push-Faktoren, das Wanderungsverhalten der Menschen. Die Pull-Faktoren sind die Vorstellungen der Menschen vom Zielort, d. h. den dort attraktiver erscheinenden Lebensbedingungen. Die Menschen erhoffen sich am Zielort z. B. eine Erhöhung ihres Lebensstandards, eine bessere medizinische Versorgung oder Arbeitsplätze.

Push-Faktor (Seite 180)
Diejenigen Faktoren, die Menschen dazu veranlassen, ihren Wohnort zu verlassen. Die Ursache der Abwanderung sind vor allem die schlechten Lebensbedingungen, z. B. geringes Einkommen, Hunger oder Arbeitslosigkeit.

Push- und Pullmodell (Seite 180)
Modell zu den Ursachen der Wanderung (Migration) von Menschen zwischen Räumen mit unterschiedlicher Attraktivität (→ Pull-Faktor, → Push-Faktor)

Raffinerie (Seite 136)
Technische Anlage, in der → Rohstoffe (v. a. → Erdöl) gereinigt und veredelt werden. In Erdölraffinerien wird das Rohöl in seine Bestandteile zerlegt und zu verkaufsfähigen Produkten (z. B. Benzin, Gas, Heizöl) verarbeitet.

Ramadan (Seite 143)
Ramadan ist der heilige Fastenmonat des Islam. Das Fasten beginnt jeden Tag bei Tagesanbruch und endet bei Sonnenuntergang. Fasten bedeutet, die gläubigen Muslime dürfen während dieser Zeit weder essen noch trinken.

Raubbau (Seite 98)
Wirtschaftsweise, bei der die natürlichen → Rohstoffe rücksichtslos ausgebeutet werden, ohne auf ihren Bestand bzw. ihre Erneuerung zu achten

Regenfeldbau (Seite 104, 116)
Landwirtschaft ohne künstliche Bewässerung. Für das Wachstum der Nutzpflanzen reichen die natürlichen Niederschläge aus (auch → Trockenfeldbau genannt).

Rekultivierung (Seite 146)
Wiederherstellung von Landschaften, die durch den Abbau von Kohle, → Kies oder anderen Bodenschätzen z. B. im → Tagebau zerstört wurden. Ziel ist, eine wirtschaftliche Folgenutzung (z. B. Erholung, Landwirtschaft) zu ermöglichen.

Relief (Seite 46)
die Gestalt der Erdoberfläche

Renaturierung (Seite 195)
Rückführung von Kulturlandschaften in einen naturnahen Zustand mit der Möglichkeit, sich ungestört weiterzuentwickeln, da der Einfluss des Menschen stark eingeschränkt wurde

Rente (Seite 170)
Regelmäßig ausgezahlter Geldbetrag an alte Menschen, die nicht mehr arbeiten, also in den Ruhestand gegangen sind. Die Höhe der Rente ergibt sich aus der Höhe der Beträge, die die Menschen regelmäßig an die Rentenversicherung gezahlt haben, während sie gearbeitet haben.

Reservat (Seite 99)
Gebiete, die der Urbevölkerung zur Nutzung zugesprochen wurden. Allgemein werden alle Schutzgebiete für Menschen, Tiere und Pflanzen als Reservate bezeichnet.

Richterskala (Seite 23)
Messwertleiste zur Beurteilung der Erdbebenstärke

Riftzone (Seite 12, 14, 22)
Grabenzone zwischen auseinanderdriftenden Platten. Vulkanismus ist in diesem Bereich sehr häufig.

Rohstoff (Seite 62)
Ein Rohstoff ist ein unverarbeiteter Stoff, wie er in der Natur vorkommt (z. B. Holz, Eisenerz, Rohöl). Rohstoffe werden bearbeitet und weiterverarbeitet. Man stellt daraus z. B. Fertigwaren – wie Möbel und Pkws – her.

Rucksacktourismus (Seite 76)
Form des Tourismus, bei dem der Reisende als Gepäck lediglich einen Rucksack mitnimmt. Beim Rucksacktourismus oder auch Backpacking verweilt der Tourist nicht an einem Ort, sondern reist zu vielen verschiedenen Zielen.

Sahelzone (Seite 104)
Bezeichnung für einen südlich an die Wüste Sahara grenzenden Raum mit durchschnittlichen Jahresniederschlägen zwischen 100 und 600 mm. Die Zone umschließt somit Teile der Halbwüste sowie der Dorn- und Trockensavanne. Die von → Nomaden genutzte Region ist durch häufige Dürren geplagt.

Salzsprengung (Seite 190)
Form der → physikalischen Verwitterung, bei der sich in Gesteinshohlräumen Salzwasser sammelt. Verdunstet das Wasser, bleiben Salzkristalle zurück. Diese wachsen und dehnen sich aus. Durch den Druck, den sie damit erzeugen, kann es zur Zerrüttung des → Gesteins kommen.

Sand (Seite 200)
Als Sand bezeichnet man kleine Gesteinskörner. Sie sind kleiner als 2 mm. Es handelt sich um Ablagerungen von Flüssen, Meeren, → Gletschern oder auch Wind.

Sander (Seite 198)
durch das Schmelzwasser des → Inlandeises bzw. der → Gletscher aufgeschüttete weite, leicht geneigte Fläche v. a. aus → Sand

Sandstein (Seite 194)
Sedimentgestein aus verfestigtem → Sand

Sandwüste (Seite 52)
→ Wüstenform, die auch als Erg bezeichnet wird. Ihr Aussehen ist durch Sanddünen geprägt.

Geo-Lexikon

Satellitenbild (Seite 112)
von einem Satelliten, das heißt einem unbemannten Raumflugkörper, aufgenommenes Bild der Erde

saurer Regen (Seite 148, 192)
Sammelbegriff für säurehaltige Niederschläge. Saurer Regen entsteht, wenn Schwefel über Abgase in die Luft gelangt und sich mit Wasser (Regen oder Schnee) zu Schwefelsäure verbindet. Dies führt zur Versauerung der → Böden. Saurer Regen ist auch eine Hauptursache des Waldsterbens.

Savanne (Seite 54)
Vegetationsform der → Zone tropischen Wechselklimas. Unterschieden werden die Typen der Feucht-, Trocken- und Dornsavanne.

Schichtvulkan (Seite 22)
Kegelförmiger Vulkan mit steilen Flanken. Schichtvulkane bestehen aus sich abwechselnden Lava- und Ascheschichten. Ein bekanntes Beispiel ist der Ätna.

Schildvulkan (Seite 22)
flacher, schildförmiger Vulkan, der durch das gleichmäßige und weitflächige Abfließen dünnflüssiger Lavaströme entsteht

Schwefeldioxid (Seite 149, 192)
farbloses, giftiges Gas, das vor allem bei der Verbrennung von schwefelhaltigen Brennstoffen wie Kohle oder → Erdöl entsteht

Schwellenland
Land, das sich im Übergang (auf der Schwelle) vom → Entwicklungsland zum → Industrieland befindet. Heute werden diese Länder oft als Newly Industrialised Countries (NIC) bezeichnet.

Sediment (Seite 188)
Verwittertes Gesteinsmaterial, das vor allem durch Wind, Wasser oder Eis abgelagert wurde. Sedimente können als Lockergestein (z. B. → Sand) oder Festgestein (z. B. → Sandstein) auftreten.

sekundärer Sektor (Seite 62)
→ Wirtschaftssektor, der Produkte aus der Urproduktion, dem → primären Sektor, be- oder verarbeitet. Güter werden produziert.

Sekundärwald (Seite 96)
Wald, der nach der Rodung des → tropischen Regenwaldes nachwächst. Er ist artenärmer, kleinwüchsiger und hat über lange Zeit keine → Edelhölzer.

selektiver Holzeinschlag (Seite 98)
Im Gegensatz zum Kahlschlag (totale Abholzung eines Waldgebietes) das Fällen ausgewählter Bäume. Diese Nutzung des → tropischen Regenwaldes wird aber zunehmend kritisiert, da der Wald viel stärker geschädigt wird als bisher angenommen.

Shifting Cultivation (Seite 96)
Traditionelle Anbauform – auch Wanderfeldbau genannt – in den Tropen. Wenn der → Boden erschöpft ist und die Erträge zurückgehen, werden die Felder und Häuser verlegt. Neue Anbauflächen werden vor allem durch Brandrodung gewonnen.

Skyline (Seite 142)
Ins Deutsche übersetzt bedeutet Skyline Himmelslinie oder Silhouette. Unter dem Begriff Skyline wird das Aussehen einer Stadt aus der Ferne, also vor dem Horizont, verstanden.

Smog (Seite 148)
Zusammengesetzt aus den englischen Begriffen Smoke (Rauch) und Fog (Nebel). Heute wird der Begriff Smog vor allem für starke Luftverunreinigungen in Großstädten, verursacht durch Auto- und Industrieabgase, verwendet.

Solaranlage (Seite 133)
technische Anlage, die Sonnenstrahlung in Strom oder Wärme umwandelt

soziales Netzwerk (Seite 86)
Menschen die über das Internet (sozial) miteinander verbunden sind. Das mit Abstand größte soziale Netzwerk weltweit ist zurzeit Facebook.

Sozialsystem (Seite 166)
Einrichtung eines Staates, um benachteiligte Teile der Bevölkerung zu unterstützen. Dafür erhebt der Staat Steuern und andere Abgaben. In Deutschland geht ein Teil des Arbeitslohns an den Staat. Dieser unterstützt damit z. B. → Arbeitslose oder zahlt die Rente der alten Menschen.

Staatshaushalt (Seite 182)
die Einnahmen und Ausgaben eines Staates

Steinkohle (Seite 146)
→ Energieträger, der aus abgestorbenen Pflanzen unter Luftabschluss entstanden ist. Steinkohle brennt gut, weil sie wenig Wasser enthält. Sie liegt aber oft so tief unter der Erde, dass man sie nur im teuren → Untertagebau abbauen kann.

Sterberate (Seite 162)
Anzahl der Gestorbenen pro 1000 Einwohner in einem bestimmten Gebiet und Zeitraum

Subduktion (Seiten 12, 16)
Vorgang, bei dem eine → Lithosphäreplatte unter eine andere in den → Erdmantel abtaucht. Dabei sind die Dichteverhältnisse von Bedeutung. So tauchen dichte → ozeanische Platten unter weniger dichte → kontinentale Platten ab.

subpolare Klimazone (Seite 39)
Die subpolare Klimazone liegt zwischen der → gemäßigten Klimazone und der → polaren Klimazone. Das Klima ist gekennzeichnet durch lange trockene, kalte Winter und geringe Sommerniederschläge.

Subsistenzwirtschaft (Seite 96)
Wirtschaften mit dem Ziel der Selbstversorgung. Subsistenzwirtschaft ist in → Entwicklungsländern weit verbreitet.

subtropische Klimazone (Seite 39, 116)
Klimazone zwischen der → Passatklimazone und der → gemäßigten Klimazone. Die subtropische Klimazone wird in das Winterregenklima der Westseiten (wie z.B. um das Mittelmeer) und das subtropische Ostseitenklima mit ganzjährigen Niederschlägen (z. B. in Japan) unterteilt.

subtropischer Hochdruckgürtel (Seite 42)
Eine Zone hohen Luftdrucks, die sich im Bereich der → Wendekreise befindet. Der subtropische Hochdruckgürtel entsteht durch die im → Passatkreislauf absinkenden Luftmassen (→ Hochdruckgebiet).

Szenario (Seite 161)
In einem Szenario wird ein mögliches Bild von zukünftigen Ereignissen oder Zuständen beschrieben. Für die Voraussage werden vergangene und gegenwärtige Entwicklungen ausgewertet.

Tagebau (Seiten 81, 146)
Bodenschätze, die nicht sehr tief unter der Erde liegen und daher direkt von der Oberfläche aus abgebaut werden können, gewinnt man im Tagebau. Der Tagebau ist deutlich kostengünstiger als der → Untertagebau, zerstört jedoch die Landschaft schwerwiegend (→ Rekultivierung).

Tageszeitenklima (Seite 56)
Klima, das vor allem durch Schwankungen der Temperatur im Tagesverlauf gekennzeichnet ist. Die Tagesschwankungen der Temperatur sind größer als die Temperaturschwankungen über das Jahr.

Temperaturverwitterung (Seite 190)
Form der → physikalischen Verwitterung, bei der im → Gestein durch extreme Temperaturschwankungen Spannungen entstehen. Die beständig im Gestein wirkenden Spannungen können es langfristig zerstören.

tertiärer Sektor (Seite 62)
→ Wirtschaftssektor, in welchem die → Dienstleistungen zusammengefasst werden. Hierzu zählen Handel, Verkehr, Verwaltung, Bildungs- und Schulwesen sowie Ärzte, Rechtsanwälte usw.

thematische Karte (Seite 40)
Dieser Kartentyp behandelt immer ein spezielles Thema. Nahezu alles, was räumlich verbreitet ist, lässt sich so darstellen. Es gibt z. B. thematische Karten zur → Wirtschaft oder zum Luftverkehr.

Tiefbrunnen (Seite 108)
Brunnen, der bis in große Erdtiefen reicht, um Wasser mit guter Qualität zu fördern

Tiefdruckgebiet (Seite 42)
Gebiet, in dem der Luftdruck niedriger ist als in der Umgebung in gleicher Höhe (→ Hochdruckgebiet)

Tiefseerinne (Seite 16)
Zone im Ozean mit einer Wassertiefe bis etwa 11 km. Tiefseerinnen befinden sich an → Subduktionszonen.

Tragfähigkeit (Seite 160)
die Menge an Menschen, die unter Befriedigung aller Grundbedürfnisse auf längere Sicht in einem Raum (Region, Kontinent, Erde) leben kann

Transformstörung (Seite 22)
Hier gleiten zwei Lithosphäreplatten seitlich aneinander vorbei. Dabei verhaken sie sich und es entstehen Spannungen, die schließlich in Erdbeben abgebaut werden.

Trockenfeldbau (Seite 116)
Methode der Bodenbewirtschaftung in Trockengebieten, die ohne Bewässerung auskommt. Die geringen Niederschläge können durch Pflügen des → Bodens und → Brachejahre gespeichert werden (→ Bewässerungsfeldbau, → Regenfeldbau).

Trockengrenze (Seite 94)
Bezeichnet die landwirtschaftliche Anbaugrenze infolge zu geringer Niederschläge bzw. zu hoher Verdunstung. Ab der Trockengrenze ist kein Ackerbau mehr möglich. Durch künstliche Bewässerung kann diese natürliche Anbaugrenze aber umgangen werden.

Trockental (Seite 52)
trockenliegendes Flussbett (Wadi) in der → Wüste, das nach plötzlichen starken Regenfällen von großen Wassermassen durchströmt wird

Tropenholz (Seite 98)
Tropische Holzart – besondere wirtschaftliche Bedeutung haben die → Edelhölzer.

tropischer Regenwald (Seite 56)
Immergrüner Wald in den Tropen. Das Klima des Regenwaldes zeichnet sich durch hohe Temperaturen (kein Monat unter 18 °C) und hohe Niederschläge (jährlich über 2000 mm) aus. Der tropische Regenwald ist für den Sauerstoffhaushalt der Erde wichtig (→ Kohlenstoffdioxid).

Tsunami (Seite 24)
Vom Wellenzentrum ausgehende und sich im Flachwasser der Küsten schließlich zum Wasserberg aufbauende Meereswelle von großer Zerstörungskraft. Ein Tsunami kann u. a. von einem heftigen Seebeben ausgelöst werden.

Umlaufberg (Seite 202)
Land innerhalb einer durchschnittenen Flussschlinge eines → mäandrierenden Flusses

UNESCO-Welterbe (Seite 67)
Die UNESCO ist die Unterorganisation der → Vereinten Nationen für die Bereiche Erziehung, Wissenschaft und Kultur. Der Welterbetitel wird an einzigartige und bedeutende Kultur- und Naturstätten vergeben.

Untertagebau (Seite 146)
Im Untertagebau werden Bodenschätze gewonnen, die tief unter der Erdoberfläche liegen (z. B. → Steinkohle). Der Abbau findet in unterirdischen Gängen (Strebe) statt, welche über Schächte von der Oberfläche aus erreicht werden können.

Urban Entertainment Center (Seite 82)
Riesiges Einkaufs- und Erlebniszentrum. Neben verschiedensten Einkaufsmöglichkeiten gibt es hier zahlreiche Freizeit-, Gastronomie-, Kultur- und Sporteinrichtungen, wie z. B. Cafés, Kinos oder Fitnessstudios.

Urstromtal (Seite 198)
breites Tal mit meist geringem Gefälle, in dem sich während der Eiszeit die Schmelzwässer des → Inlandeises sammelten

Vegetationskarte (Seite 48)
→ Thematische Karte, auf der die Pflanzenbedeckung eines Raumes eingezeichnet ist. Oft wird hier die potenzielle, das ist die natürlich vorhandene, Vegetation dargestellt.

Vegetationszone (Seite 48)
Region mit einheitlichen Pflanzengesellschaften. Die Vegetationszonen sind von den klimatischen Bedingungen (z. B. Temperatur und Niederschlag) abhängig.

Vereinte Nationen (Seite 161)
im Englischen als „United Nations" (UN) bezeichnet; Zusammenschluss von etwa 200 Staaten der Erde mit den Zielen, den Frieden auf der Welt zu bewahren und die internationale Zusammenarbeit zu fördern

Verwitterung (Seiten 18, 190)
→ Gesteine werden durch den Einfluss von z. B. Wasser, Frost und Hitze zersetzt und zerkleinert (→ chemische Verwitterung, → physikalische Verwitterung)

Virtualität (Seite 86)
Bezeichnet die Eigenschaft eines Objekts scheinbar etwas anderes zu sein, als es tatsächlich ist. Heute wird Virtualität häufig mit Computertechnologie in Verbindung gebracht. Durch sie ist es möglich, Räume und Welten zu erzeugen, die so oft nicht in der Wirklichkeit vorkommen.

Vollpension (Seite 73)
Form der Verpflegung in einem Hotel oder einer Pension. Die Vollpension umfasst drei Mahlzeiten, also das Frühstück, das Mittag- und das Abendessen (→ Halbpension).

Wachstumsrate (Seite 162)
Die Wachstumsrate beschreibt den natürlichen Bevölkerungszuwachs pro Jahr bezogen auf je 1000 Einwohner.

Wanderungssaldo (Seite 171)
Gibt den Wert für den Bevölkerungszuwachs/die Bevölkerungsabnahme in einem Gebiet an. Berechnet wird dieser wie folgt: Zuwanderung minus Abwanderung.

Weltmarkt (Seite 100)
die Gesamtheit der Märkte auf der Erde, an denen Handelsgüter ausgetauscht werden

Wendekreis (Seite 36)
Breitenkreis der Erde auf 23,5° Nord und 23,5° Süd. Die Sonne steht einmal im Jahr senkrecht über diesen Räumen.

Windanlage (Seite 133)
Anlage, mit der Strom erzeugt wird, indem man die Windenergie nutzt. Das Windrad treibt einen Stromerzeuger (Generator) an.

Wirtschaft (Seite 62)
Die Wirtschaft ist der Bereich der menschlichen Tätigkeit, der sich mit der Herstellung, Beschaffung und Verwendung von Gütern und → Dienstleistungen beschäftigt.

Wirtschaftssektor (Seite 62)
Die Wirtschaftssektoren bilden den gesamten Produktionsbereich eines Raumes. Zu ihnen gehören der → primäre Sektor, der → sekundäre Sektor und der → tertiäre Sektor.

Wirtschaftszweig (Seite 64)
auch Wirtschaftsbranche genannt, bezeichnet eine Gruppe von Unternehmen, die ähnliche Produkte herstellen oder ähnliche → Dienstleistungen anbieten

Wüste (Seite 52)
Trockengebiet mit fehlender oder nur sehr geringer Pflanzenbedeckung. Es fallen wenige Niederschläge (jährlich weniger als 100 mm).

Zenit (Seite 36)
gedachter Punkt am Himmel, der sich senkrecht über dem Beobachtungspunkt an der Erdoberfläche befindet

Zensus (Seite 171)
Zählung der Bevölkerung in regelmäßigen Abständen, meist alle 10 Jahre. Die Volkszählung wird durchgeführt, um die Größe der Bevölkerung und genauere Informationen, wie z. B. das Alter, die Bildung oder die Gesundheit der Menschen, zu ermitteln.

Zone tropischen Wechselklimas (Seite 39)
Klimazone zwischen der äquatorialen Zone und der Passatklimazone. Typisch ist der Wechsel von Trocken- und Regenzeiten.

Geo-Lexikon

Bildquellenverzeichnis

|A1PIX - Your Photo Today, Ottobrunn: AAC 90.1; SAT 201.1. |action press, Hamburg: MEYER,MICHAEL 199.1. |adpic Bildagentur, Köln: Schlutter 72.2. |akg-images GmbH, Berlin: 204.2. |Alamy Stock Photo, Abingdon/Oxfordshire: Curt Wiler 104.1; FAN travelstock 72.1; Robert Harding Picture Library Ltd 66.1; © Caro 124.2. |Alamy Stock Photo (RMB), Abingdon/Oxfordshire: Bean, Tom 27.2. |Albrecht, Jürgen, Berlin: 12.2. |Anzenberger Agentur für Fotografen, Wien: Riedler 183.1. |Arena Verlag GmbH, Würzburg: 121.1, 121.2. |Arend, Jörg, Wedel: 152.2. |argum Fotojournalismus, München: Einberger, Thomas 60.1. |artvertise fotodesign gbr, Gütersloh: artvertise 190.1. |AS-Press di Alfio Scigliano, Misterbianco: 10.1. |Association La Voûte Nubienne - AVN, Ganges: mit freundlicher Genehmigung/by courtesy of 109.1. |Avenue Images GmbH, Hamburg: Index Stock/Craig J. Brown 120.2. |Baaske Cartoons, Müllheim: Stauber, Jules 160.1. |Binter, P.: 36.1. |Bösch, Marcus, Stolzenau: 135.2, 135.3. |Böthling, Jörg, Hamburg: 110.2, 119.2. |bpk-Bildagentur, Berlin: 70.1. |Coca-Cola GmbH, Berlin: 127.4. |Colditz, Margit, Halle: 38.1. |Dombauarchiv Köln, Köln: 192.2, 192.3. |Dombauhütte Köln, Köln: Kopieren von Figuren: Wasserspeier / Hoffmann, Paul 192.4. |dreamstime.com, Brentwood: Anna Kandeaki 30.3; Bidouze Stéphane 39.2; Nan Li 162.1. |EA SPORTS / GSA, Köln: 86.2. |Eck, Thomas, Berlin: 120.1. |Evangelischer Entwicklungsdienst e.V. (EED), Bonn: Klaus Pitter 64.1. |EVENT PARK GmbH I BELANTIS, Leipzig: 81.1. |Eyferth, Konrad, Berlin: 5.1. |Fabian, Michael, Hannover: 201.2. |Fairtrade Deutschland e.V., Köln: 101.2. |Feldhaus, Hans-Jürgen, Münster: 88.1, 128.1. |Fiedler, Güglingen: 104.3, 129.2. |Fleischhauer, Tom, Erfurt: 78.1, 84.1. |Focus Photo- u. Presseagentur GmbH, Hamburg: Girard, Greg 22.2; Menzel, Peter 160.2. |Fotografie Rainer Unkel, Bonn: 110.3. |fotolia.com, New York: Aust, Undine 202.1; c 192.1; Czauderna, Henry 194.1; Deyan Georgiev 94.4; drsg98 92.1; Fotolia XIII 79.1; Fotos 50.1; gaelj 30.4; goodluz 162.2; gosphotodesign 100.3; Hähnel, Christoph 63.2; Henry, Darrin 63.1; Iurlov, Andrii 79.2; Jargstorff, Wolfgang 94.1; Light Impression 39.1; Niko 123.1; Pawlowska, Edyta 63.3; razihusin 79.6; stomur 212.2; SyB 188.3; thongsee 94.7; Torbz 86.1; Visionär 143.1; voddol 74.1; Voyant 180.1. |Frances, Stéphane, Paris: 181.1. |Franz, Sarah, Erfurt: 191.1, 197.1, 197.2, 210.1, 211.1. |Fraport AG, Frankfurt/Main: 64.3. |Gall, Eike, Enkirch: 156.2. |Gehrke, Mahlberg: 21.1, 125.1. |Generallandesarchiv Karlsruhe, Karlsruhe: 205.1. |George, Uwe, Hamburg: 52.1. |Getty Images, München: AFP/STR 44.2; Bronstein 151.1; Charles Crowell/Blomberg 140.1; Matilde Gattoni/arabianEye 142.1; Popperfoto/Popper, Paul 140.2; Roger Ressmeyer/Corbis/VCG Titel; Science Faction/Kasmauski, Karen 92.2; Steinmetz, George 129.4, 154.1; Victor Englebert/Time & Life Pictures 99.1. |Getty Images (RF), München: Houser, Dave G. 32.1; Rowell, Galen 19.2; Schafer, Kevin 12.1. |Glow Images GmbH c/o Regus, München: Agit, Oliver 208.2. |Görmann, Felix, Berlin: 170.1. |Grabowski, H., Münster: 188.2. |Gräning, Horst, Lubmin: 212.1. |Greenpeace e.V., Hamburg: Budhi, Oka 150.1. |Griese, Dietmar, Laatzen: 34.1. |Güttler, Peter - Freier Redaktions-Dienst (GEO), Berlin: 15.2, 42.1, 42.2, 42.3, 45.1, 45.2, 138.1, 145.1, 178.1. |Hachette Jeunesse, Paris cedex 15: 14.2, 17.1. |Haitzinger, Horst, München: 185.1, 204.1. |Härle, Josef, Stade: 27.4, 55.3, 114.1. |Haus der Geschichte der Bundesrepublik Deutschland, Bonn: Jupp Wolter/Künstler 157.1. |Hebel, Anja, Hinterzarten: 155.2, 188.4, 189.2, 189.3, 189.4, 189.5, 189.6, 197.3. |Helga Lade Fotoagenturen GmbH, Frankfurt/M.: Foto 136.1. |Herzig, Reinhard, Wiesenburg: 52.2, 53.2, 53.3, 53.4, 53.7. |Image & Design - Agentur für Kommunikation, Braunschweig: 6.1. |Imago, Berlin: Boegel, Waldemar 126.2. |Interfoto, München: imagebroker 80.1; Mary Evans Picture Library/Natural History Museum 207.2. |Internationales Institut für Sozialgeschichte, Amsterdam: de Jong 169.3. |iStockphoto.com, Calgary: Anouk Stricher 94.6; DebbiSmirnoff 87.3; dhughes9 94.8; fotoVoyager 18.1; freedom_naruk 100.1; gorsh13 207.1; Juanmonino 143.3; Kokhanchikov, Mikhail 79.3; Mayumi Terao 98.1; schweitzer, jean 79.5; spflaum1 124.1; Thomas, Ron 52.3; tomark 198.1; travelme 94.2. |Jochen Tack Fotografie, Essen: 142.2. |Junge, Bernd, Pattensen bei Hannover: 129.1. |juniors@wildlife Bildagentur GmbH, Hamburg: NWU 16.1. |Junker, T., Moritzburg: 30.1. |Karto-Grafik Heidolph, Dachau: 23.3, 31.1, 35.1, 49.1, 49.2, 49.3, 49.4, 49.5, 49.6, 53.5, 56.1, 58.1, 59.2, 59.3, 59.4, 96.3, 114.2, 137.1, 156.1, 163.1, 180.2, 189.1. |Köhler, Peter, Eisenach: 26.1, 46.1, 46.2, 46.3. |Komischke, Karsten, Halle/Saale: 34.3, 34.5. |Kreuzberger, Norma, Lohmar: 29.1, 209.1. |Kunstsammlung Nordrhein-Westfalen, Düsseldorf: 201.3. |laif, Köln: 23.1; Elleringmann, Stephan 149.2; Foellmi, Olivier 104.2; Grabka 144.1; Hoa-Qui 15.1; Rosenthal, Daniel 129.3; Tjaden, Oliver 143.2; Ulufunok 106.2. |Leiterer, Franka/www.mit-dem-rad.de, Weida: 76.1, 76.2, 76.3. |Lineair Fotoarchief, Berlin: Edwards, Mark 118.1. |Mager, Franz-Peter, Gengenbach: 54.1, 55.2, 93.1. |Marckwort, Ulf, Kassel: 172.1. |Marx, Dipl.-Ing. Hagen, Andernach: 155.1. |mauritius images GmbH, Mittenwald: 64.2, 100.2; age fotostock 137.3; Glöckner 19.1; Vidler 169.2; Warburton-Lee, John 8.1. |McDonald's Deutschland LLC, München: 124.4. |Milimo, Britta, Nairobi: 107.2. |Miller, Carla, Dortmund: 41.1, 59.1. |Müller, H., Fürth: 28.2. |NASA, Washington: 112.1. |NASA - Earth Observatory: 115.3, 115.4. |NASA/GSFC, Houston/Texas: 113.1, 113.2. |Naturfoto-Online, Steinburg: G. Nowak 74.2. |Nußbaum, Dennis, Koblenz: 210.2. |Ochsenwadel, Brigitte, Möckmühl: 26.2, 26.3, 26.4, 27.1, 27.3, 190.2. |PantherMedia GmbH (panthermedia.net), München: Charlotte Erpenbeck 133.2; E., Walter 53.1; Kakalik, Thomas 14.1. |Picture Press Bild- und Textagentur GmbH, Hamburg: Haderer/Stern 88.2. |Picture-Alliance GmbH, Frankfurt a.M.: 136.2, 166.1; AP 110.1, 137.4; AP/Bull 182.1; AP/R.PERALES 181.2; Balance/Photoshot/Cede Prudente 101.1; Bildagentur Huber/Gräfenhain 208.1; dpa / dpaweb / Michael Hanschke 82.1; dpa-Zentralbild//euroluftbild.de/Robert Grahn 84.2; dpa-Zentralbild/euroluftbild.de/Gerhard Launer 20.1; dpa-Zentralbild/Stefan Thomas 78.2; dpa/AFP 44.1; dpa/dpaweb/epa str 146.2; dpa/epa afp/Ekpei 145.2; dpa/epa Dolzhenko, Sergey 32.2; dpa/Google GeoEye 25.1, 25.2; dpa/Jantilal 177.1; dpa/Landov 124.3; dpa/Litzenberger, Joachim 118.2; dpa/Liu xianglong/Imaginechina 127.2; dpa/Rehder, Carsten 130.1; dpa/The Coca Cola Company Hand Out 126.1; dpa/Wüstneck, Bernd 213.1; epa AFP/Abbonizio 158.1; Eventpress Adolph 73.1; EYERPRESS 147.1; Godong/Lissac, Philippe 179.1; HB Verlag/Emmler, Clemens 127.1; Imaginechina/Liu Jian Xj 146.1; Imaginechina/Wang Yunlong 148.1; Koch 167.1; Lehtikuva Pekka Sakki 116.1; Photoshot 118.3, 118.4; Wildlife/Muller 56.2; ZB/Waltraud Grubitzsch 79.4; ZUMA Press/mr7 137.2. |pixelio media GmbH, München: 30.2. |Reinhardt, Pinneberg: 57.1. |Repplinger, Jasmin, Berlin: 172.2, 172.3, 172.4, 173.1. |Reus, Ferdinand, Arnhem: 106.1. |REUTERS, Berlin: New, Ho 24.1; Pierdomenico 152.1. |Richter, Michael, Erlangen: 127.3. |Ritsch und Renn, Wien: 87.1. |Rotich, Juliana, Chicago IL 60608: 102.1. |Schmidt, Hassfurt: 188.1. |Schmidt, Marianne, Teningen: 12.3, 12.4, 12.5, 16.2. |Schmidtke, Kurt-Dietmar, Bad Malente-Gremsmühlen: 94.3, 117.1, 169.1. |Schokoladenmuseum Köln GmbH, Köln: 94.5. |Scholz, Ulrich, Linden: 34.4. |Schönauer-Kornek, Sabine, Wolfenbüttel: 57.2, 62.1, 115.1, 135.4, 226.1, 226.2, 227.1, 227.2. |Schutzbach, Hans-Jürgen, Waldstetten: 135.1. |Schwanke + Raasch GbR, Langenhagen: 133.1, 149.1, 156.3, 156.4, 156.5, 156.6, 156.7, 156.8. |Schwarzstein, Yaroslav, Hannover: 23.2, 28.1, 68.1, 150.2. |Shutterstock.com, New York: Blinkov, Maxim 84.3; MacNab, Callum 34.2; michaeljung 119.1; Pinto, Arnold O. A. 111.1; pio3 85.1; Protasov AN 116.2; van de Water, Dennis 36.2. |Simper, Manfred, Wennigsen: 196.1. |Stark, Friedrich, Dortmund: 144.2. |stock.adobe.com, Dublin: Dreger, Thomas 32.4; Erlantz 32.3; lamax 43.1; voran 142.3. |Strohbach, Dietrich, Berlin: 200.1. |Thiem, Fred, Mühlberg: 107.1. |thomas gruppe, Simmern: 195.1. |Thüringer Allgemeine, Erfurt: 153.1. |Tomicek/www.tomicek.de, Werl: 139.1. |toonpool.com, Berlin, Castrop-Rauxel: 78.3. |TopicMedia Service, Mehring-Öd: 55.1; Heine 96.1. |U.S. Geological Survey/Cascades Volcano Observatory, Washington: 22.1. |UIG Images, Berlin: Environmental Images/Universal Images Group 96.2. |ullstein bild, Berlin: DHM/Schwarzer 70.2; MARK EDWARDS/Still Pictures 108.1. |UNICEF Deutschland, Köln: Giacomo Pirozzi 176.1. |vario images, Bonn: Schaefer, Norbert 209.2. |Visum Foto GmbH, München: Aufwind-Luftbilder 203.1; Mark Henley/Impact Photos 168.1. |Volkswagen Media Services, Wolfsburg: 87.2. |Waldeck, Winfried, Dannenberg: 97.1. |Wenzel, Christine, Witten: 206.1. |Werner, Stephanie, Herxheim: 115.2. |Westend 61 GmbH, München: Rietz, Martin 186.1. |Westermann Sat Map, Braunschweig: 213.2. |Wilson, Mark A., Wooster/OH: 53.6. |Wirtgen GmbH, Windhagen: 147.2. |www.flightradar24.com: 69.1. |Zentral-Dombau-Verein zu Köln, Köln: 193.1.

Karten & Grafiken

Hermes, Annette, Hardegsen-Evensen

Entwicklung der Lebewesen

Legende:
- 🟢 erdäußere Vorgänge
- 🔴 erdinnere Vorgänge
- 🔺 Klima in Mitteleuropa
- ⬛ Lagerstätten in Mitteleuropa

Ära	Periode/Epoche (Beginn vor ...Mio. Jahren)	wichtige Tier- und Pflanzenarten	erdäußere/erdinnere Vorgänge, Klima, Lagerstätten
Erdneuzeit (Känozoikum)	**Quartär** — 2,6	• Gestaltung der Landschaft durch den Menschen • Entstehung der heutigen Pflanzenwelt • Urmenschen • Mammut • Anpassung der Lebewesen an Kalt- und Warmzeiten • erstes menschliches Leben	🟢 Formung des Reliefs durch Gletscher, Wasser und Wind 🔴 alpidische Gebirgsbildung geht weiter 🔺 Wechsel von Warm- und Kaltzeiten, am Ende zunehmende Erwärmung
	Neogen — 23	• verstärkte Entwicklung und Verbreitung der Säugetiere • vielfältige Vegetation entsteht • Blütenpflanzen	🔴 Vulkanismus in Mitteleuropa 🔴 Entstehung der Bruchschollengebirge (z.B. Thüringer Wald) 🔴 alpidische Gebirgsbildung (z.B. Alpen, Himalaya) 🔺 subtropisch mit zunehmender Abkühlung ⬛ Braunkohle, Salze, Erdöl
	Paläogen — 65	• Saurier und Ammoniten sterben aus • erste Blütenpflanzen • Laubbäume • Flugsaurier	🟢 mehrfache Meeresbedeckung großer Teile Deutschlands 🟢 Ablagerung z.B. von Kalk (Kreidefelsen/Rügen) und Sand (Elbsandsteingebirge) 🔺 subtropisch
Erdmittelzeit (Mesozoikum)	**Kreide** — 145	• erste Vögel (Urvogel) • Blütezeit der Saurier (Meeres-, Flug- und Dinosaurier) und Ammoniten • Entfaltung der Nadelbäume	🟢 flache Meeresbedeckung großer Teile Deutschlands 🟢 Ablagerung von Kalk (Fränkische und Schwäbische Alb) 🔺 warm und feucht ⬛ Erdöl (Nordsee)
	Jura — 201	• Saurier und andere Reptilien beherrschen das Land • erste Säugetiere • Nadelbäume herrschen vor	🟢 Ablagerung von Sedimenten (Sand, Kalk) (z.B. im Thüringer Becken) 🔴 überwiegend Festland 🔺 Wechsel zwischen heiß und trocken, sowie feucht und warm ⬛ Sandstein, Muschelkalk (Schotter und Dekorationsgesteine) im Thüringer Becken
	Trias — 252	• Weiterentwicklung der Reptilien, Amphibien, Fische und Ammoniten • erste Nadelbäume	🟢 Meeresüberflutungen in Europa in der 2. Hälfte des Perm 🟢 Abtragung des variszischen Gebirges, Ablagerung von Sedimenten
	Perm		

© Schroedel 3780H